高等教育学校教材

环境保护概论

主　编　刘丽来　孙彩玉　盛　涛
副主编　贾明珠　董晓琪

哈尔滨工业大学出版社

内 容 简 介

本书以环境与发展、环境污染及控制对策、环境保护措施为主线,全面系统地阐述环境与环境问题、可持续发展、环境资源与环境保护、环境污染与人体健康、生态学基础、水、大气、固体废物和物理性污染及其防治措施,以及环境管理与环境质量评价等内容。本书以知识性、实用性、适度性为原则,注重对实际问题的讨论和分析。

本书可作为高等院校环境类专业的基础课教材,也可作为高等院校非环境类专业环境教育的公选课教材。同时,针对中国工程教育专业认证协会提出的"工程教育认证"需求,本书可满足化工类、机械类、电气工程类、矿业类、自动化类、地质类、安全类、材料类、测绘类等多个认证专业必须开设的通识类课程"环境保护概论"的要求。

图书在版编目(CIP)数据

环境保护概论/刘丽来,孙彩玉,盛涛主编. —哈尔滨:哈尔滨工业大学出版社,2022.7
ISBN 978-7-5767-0140-1

Ⅰ.①环… Ⅱ.①刘… ②孙… ③盛… Ⅲ.①环境保护-概论 Ⅳ.①X

中国版本图书馆 CIP 数据核字(2022)第 109911 号

策划编辑 王桂芝
责任编辑 赵凤娟
出版发行 哈尔滨工业大学出版社
社　　址 哈尔滨市南岗区复华四道街 10 号 邮编 150006
传　　真 0451-86414749
网　　址 http://hitpress.hit.edu.cn
印　　刷 哈尔滨市石桥印务有限公司
开　　本 787 mm×1 092 mm 1/16 印张 19.5 字数 457 千字
版　　次 2022 年 7 月第 1 版 2022 年 7 月第 1 次印刷
书　　号 ISBN 978-7-5767-0140-1
定　　价 55.00 元

前　言

　　环境问题可分为原生环境问题(或第一环境问题)及次生环境问题(或第二环境问题)。原生环境问题是由自然因素造成的,如洪水、旱灾、虫灾、台风、地震、火山爆发等。次生环境问题是人类不合理开发利用自然资源,使生态环境质量恶化导致的环境污染和破坏。总体来看,环境问题是人类经济社会发展与环境的关系不协调所引起的问题。

　　长期以来,一系列环境问题,如环境污染、生态破坏、资源短缺、酸雨、温室效应、臭氧层空洞等都为人类敲响了警钟。环境问题的严重威胁和危害,不仅危及当今人类的健康、生存与发展,更危及地球的命运和人类的前途,因此保护环境迫在眉睫。

　　保护环境不仅需要环境科学、工程与技术,环境政策、法规与管理等领域的理论研究与科学实践,更需要转变传统的社会发展模式和经济增长方式,将经济发展与环境保护协调统一起来,走资源节约型和环境友好型的可持续发展道路。增强国民环保意识,培养环境保护专业人才是高等院校义不容辞的责任。因此,我国许多高等院校开设了有关环境保护方面的必修或选修课程来普及环境科学知识。鉴于此,黑龙江科技大学环境教研室教师联合编写了这本介绍环境科学与工程基本知识的概述性教材,供高校师生参考选用。本书可作为高等院校环境类专业的基础课教材,也可作为高等院校非环境类专业环境教育的公选课教材。同时,针对中国工程教育专业认证协会提出的"工程教育认证"需求,本书可满足化工类、机械类、电气工程类、矿业类、自动化类、地质类、安全类、材料类、测绘类等多个认证专业必须开设的通识类课程"环境保护概论"的要求。

　　本书共分 15 章,第 1 章是绪论,第 2 章是生态学及生态环境,第 3 章是可持续发展的基本理论,第 4 章是清洁生产,第 5 章是资源环境保护,第 6 章是环境污染与人体健康,第 7 章是水污染及其防治,第 8 章是大气污染及其防治,第 9 章是固体废物污染及其防治,第 10 章是物理性污染及其防治,第 11 章是双碳战略,第 12 章是环境质量评价,第 13 章是环境管理,第 14 章是环境保护措施,第 15 章是新兴污染物。每章配有阅读材料与对应习题。

　　本书由黑龙江科技大学环境教研室教师刘丽来、孙彩玉、盛涛担任主编,由化工教研室教师贾明珠、环境教研室教师董晓琪担任副主编。主要编写分工如下:刘丽来编写第

1、2、3、4、5 章,孙彩玉编写第 6、7、8、9 章,盛涛编写第 10、11、12、13 章,贾明珠编写第 14 章,董晓琪编写第 15 章。

在本书的编写过程中,编者参阅了大量相关书籍和资料,已将主要的参考书目列于书后,在此向有关作者表示诚挚的谢意。由于编者水平有限,本书难免存在疏漏之处,希望读者批评指正。

编 者
2022 年 5 月

目　　录

第1章 绪 论

1.1 环 境 概 述

1.1.1 环境的概念

所谓环境(environment),是相对于某一中心事物而言的。环境因中心事物的不同而不同,随着中心事物的变化而变化。围绕中心事物的外部空间、条件和状况,构成中心事物的环境。我们通常所称的环境是指人类的环境,是以人为中心事物而言的,除人以外的一切其他生命体与非生命体均被视为环境的对象,因此,环境是以人为中心事物而存在于周围的一切事物。这里不考虑其对人类的生存与发展是否有影响。

对于环境科学来说,中心事物仍然是人类,但环境主要是指与人类密切相关的生存环境,包括地球表面与人类发生相互作用的自然要素及其总体。它是人类生存发展的基础,也是人类开发利用的对象。从广义上讲,环境是指围绕着人群的空间中的一切事物,或是作用于人类这一客体的所有外界事物,即所谓人类的生存环境。从狭义上讲,环境是指人类进行生产和生活的场所,尤其是指可以直接或间接地影响人类生存和发展的各种自然因素的总体。自古以来人类就与外部世界诸事物发生着各种联系,其生存繁衍的历史是人类社会与环境相互作用、共同发展和不断进化的历史。人与环境之间存在着一种对立统一的辩证关系,是矛盾的两个方面,它们之间的关系既相互作用、相互促进和相互转化,又相互对立和相互制约。

当前,世界各国对各自国家的环境保护政策都有明确的规定,但这些规定和各国法律对环境的解释不尽相同。我国颁布的《中华人民共和国环境保护法》(以下简称《环境保护法》)中明确指出:"本法所称环境,是指影响人类生存和发展的各种天然的和经过人工改造的自然因素的总体,包括大气、水、海洋、土地、矿藏、森林、草原、湿地、野生生物、自然遗迹、人文遗迹、自然保护区、风景名胜区、城市和乡村等。"法律明确规定的环境内涵就是指人类的生存和发展环境,并不泛指人类周围的所有自然因素。这里的"自然因素的总体"强调的是"各种天然的和经过人工改造的",即法律所指的"环境",既包括了自然环境,也包括了社会环境。所以人类的生存环境有别于其他生物的生存环境,也不同于所谓的自然环境。

1.1.2　环境的分类

环境是一个庞大而又复杂的多层、多元、多维系统,可以按照不同的角度、不同的原则、不同的范围、不同的组成、不同的结构等对环境进行分类。

1.按照环境的属性进行分类

环境既包括以空气、水、土地、植物、动物等为内容的物质因素,也包括以观念、制度、行为准则等为内容的非物质因素;既包括自然因素,也包括社会因素;既包括非生命体形式,也包括生命体形式。通常按照环境的属性,将环境分为自然环境、人工环境和社会环境。

(1)自然环境(natural environment)。

自然环境是指未经过人的加工改造而天然存在的环境。自然环境按环境要素又可分为大气环境、水环境、土壤环境、地质环境和生物环境等,主要就是指地球的五大圈:大气圈、水圈、土圈、岩石圈和生物圈。

(2)人工环境(artificial environment)。

人工环境是指在自然环境的基础上经过人的加工改造所形成的环境,或人为创造的环境。人工环境与自然环境的区别主要在于,人工环境对自然物质的形态做了较大的改变,使其失去了原有的面貌。

(3)社会环境(social environment)。

社会环境是指由人与人之间的各种社会关系所形成的环境,包括政治制度、经济体制、文化传统、社会治安、邻里关系等。

2.按照人类生存环境的空间范围进行分类

通常按照人类生存环境的空间范围,可由近及远、由小到大分为聚落环境、地理环境、地质环境和宇宙环境。

(1)聚落环境(settlement environment)。

聚落是指人类聚居的中心,活动的场所。聚落环境是人类有目的、有计划地利用和改造自然环境而创造出来的生存环境,是与人类的生产和生活关系最密切、最直接的工作和生活环境。聚落环境中的人工环境因素占主导地位,也是社会环境的一种类型。正是由于人类学会了修建房舍和其他保护设备,才把自己的活动领域从热带扩展到温带、寒带,以至地球的极地,并创造出各种形式的聚落环境,从自然界中的穴居和散居,直到形成密集栖息的乡村和城市。总体来说,聚落环境的发展为人类提供了更加方便、更加舒适、更加安全的工作与生活环境;但与此同时,也往往因为人口过度集中、人类活动频繁,以及对自然界的资源和能源超负荷索取,而造成局部、区域及全球性的环境污染与破坏。

聚落环境根据其性质、功能和规模可分为院落环境、村落环境、城市环境等。

① 院落环境(courtyard environment)。院落环境是由一些功能不同的建筑物和与其联系在一起的场院组成的基本环境单元。它的结构、布局、规模和现代化程度是很不相同的,因而,它的功能单元分化的完善程度也是很悬殊的。它可以简单到一座孤立的家屋,

也可以复杂到一座大庄园。由于发展的不平衡,它可以是简陋的茅舍,也可以是具有防震、防噪声和自动化空调设备的现代化住宅。它不仅具有明显的时代特征,也具有显著的地方色彩。北极地区爱斯基摩人的小冰屋,热带地区巴布亚人筑在树上的茅舍,我国西南地区少数民族的竹楼,内蒙古草原的蒙古包,黄土高原的窑洞,干旱地区的平顶房,寒冷地区的火墙、火炕等,以及我国北方讲究的"向阳门第",南方喜欢的"阴凉通风",这些都说明院落环境是人类在发展过程中为适应生产和生活的需要而因地制宜创造出来的。

院落环境在保障人类工作、生活和健康,促进人类发展过程中起到了积极的作用,但也相应地产生了消极的环境问题。譬如,南方房子阴凉通风以致冬季在室内比在室外阳光下还要冷;北方房屋注意保暖而忽视通风,以致空气污染严重。因此,在今后聚落环境的规划设计中,要加强环境科学的观念。一是在充分考虑到利用和改造自然的同时,创造出内部结构合理并与外部环境协调的院落环境,如合理布局房间的形状、大小、数量,灵活机动地利用空间,以方便生活;二是充分利用自然生态系统中能量流和物质流的迁移转化规律来改善工作和生活环境,如充分考虑到太阳能的利用,以节约燃料、减少大气污染等;三是提倡院落环境园林化,如在室内、室外、窗前、屋后种植瓜果、蔬菜和花草等。

院落环境的污染主要是由居民的生活"三废"造成的,因此,在院落环境的设计规划中提倡院落环境园林化,通过美化环境、净化环境,来调控人类、生物与大气之间的二氧化碳与氧气平衡。

② 村落环境(village environment)。村落主要是农业人口聚居的地方。由于自然条件的不同,以及农、林、牧、副、渔等农业活动的种类、规模和现代化程度的不同,因此无论是从结构、形态、规模还是从功能来看,村落的类型都是多种多样的,如平原上的农村、海滨湖畔的渔村、深山老林的山村等。

村落环境的污染主要来源于农业污染及生活污染,特别是农药、化肥的使用使污染日益增加,影响农副产品的质量,威胁人们的身体健康,甚至危及人们的生命。因此,必须加强农药化肥的管理,严格控制施用剂量、时机和方法,并尽量利用综合性生物防治法来代替农药防治,用速效、易降解农药代替难降解的农药,尽量多施用有机肥,少用化肥,提高施肥技术和效果。同时,提倡建设生态新农村,走可持续发展道路。应因地制宜地充分利用农村的自然条件,综合利用自然能源,如太阳能、风能、水能、地热能、生物能等分散性自然能源都是非常丰富并可更新的清洁能源。还可以人工建立绿色能源基地,种植速生高产的草木,以收获更多的有机质和"太阳能",从而改变自然能源的利用方式,提高其利用率。另外,用养殖业的畜禽粪便及其他有机质废物制作沼气,既可以提供生活燃料、照明、煮饭等能源,还可以降低污染,美化环境,是打造低碳新农村的可行之路。

③ 城市环境(urban environment)。城市环境是人类利用和改造环境而创造出来的高度人工化的生存环境,是为满足城市系统的正常运行而形成的在城市系统中的巨大能源流、物质流和信息流。

城市有现代化的工业、建筑、交通、运输、通信联系、文化娱乐设施及其他服务行业,为居民的物质和文明生活创造了优越条件,但是由于城市人口密集、工厂林立、交通阻塞等,使环境遭受严重的污染和破坏。

城市是以人为主体的人工生态环境,其特点是:a.人口密集;b.占据大量土地,地面被建筑物、道路等覆盖,绿地很少;c.物种种群发生了很大变化,野生动物极少,而多为人工养殖宠物;d.城市环境系统是不完全的生态系统,在城市生态系统中,消费者占主要地位,而生产者和其他消费者所占比例相对较小,与其在自然生态系统中的比例正好相反,呈现出以消费者为主体的倒三角形营养结构。城市的生产者(植物)的产量远远不能满足人们的需要,必须从城市外输入。城市因消费者而产生的大量废弃物又往往难以自身分解,必须送往异地。所以,为满足城市系统的正常运行而形成的巨大的能源流、物质流和信息流对环境产生的影响是不可低估的。

城市化的趋势是必然的,但城市过大的弊端又是明显的。城市化对环境的影响主要体现在对大气环境、水环境、生物环境等的影响。城市化对大气环境的影响主要表现在:一是城市化改变了下垫面的组成和性质,影响大气的物理性状;二是城市化改变了大气的热量状况,使城市气温明显高于郊区和农村;三是城市化过程中大量排放各种气体和颗粒污染物,这些污染物改变了城市大气环境的组成。城市化对水环境的影响主要表现在:一是对水量的影响,城市化将增加耗水量,导致水源枯竭,供水紧张,此外,地下水过度开采,常导致地下水面下降和地面下沉;二是对水质的影响,生活、工业、交通、运输及其他行业对水环境造成一定的污染。城市化对于生物环境的影响主要表现在:城市化严重地破坏了生物环境,改变了生物环境的组成和结构,使生产者有机体与消费者有机体的比例不协调。此外,城市化过程还造成振动、噪声、微波污染及交通紊乱、住房拥挤、供应紧张等一系列威胁人们安全、宁静地工作和生活的环境问题。城市规模越大,环境问题就越严重。

为了防止城市化造成的不良影响,主要应采取以下措施:控制人口;禁止在大城市兴建某些工厂;征收高额环境保护税、土地税;疏散企业和机构,建立卫星城、带状城,或有计划地建立中、小城市。

(2)地理环境(geographical environment)。

地理环境是指一定社会所处的地理位置及与此相联系的各种自然条件的总和,包括气候、土地、河流、湖泊、山脉、矿藏及动植物资源等。地理环境是能量的交错带,位于地球表层,即岩石圈、水圈、土壤圈、大气圈和生物圈相互作用的交错带上。它下起岩石圈的表层,上至大气圈下部的对流层顶,厚 $10 \sim 20$ km,包括了全部的土壤圈,其范围大致与水圈和生物圈相当。概括地说,地理环境是由与人类生存和发展密切相关的、直接影响到人类衣、食、住、行的非生物和生物等因子构成的复杂的对立统一体,是具有一定结构的多级自然系统,水、土、气、生物圈都是它的子系统,每个子系统在整个系统中有着各自特定的地位和作用。非生物环境是生物(植物、动物和微生物)赖以生存的主要环境要素,它们与生物种群共同组成生物的生存环境。这里是来自地球内部的内能和来自太阳辐射的外能的交融地带,有着适合人类生存的物理条件、化学条件和生物条件,因而构成了人类活动的基础。

① 地理环境的基本特性。

a.地理环境各成分向前发展的规律。地理环境各成分向前发展有其各自的规律,如岩石圈的组成,其开始只有火成岩,后来出现了沉积岩和变质岩。原始大气与现代大气差异很大,前者主要成分为二氧化碳、一氧化碳、甲烷和氨等,而后者的主要成分为氮、氧等。人类在生产和消费活动中所形成的人文地理环境或社会环境也是如此。

b.地理环境的完整性规律。地理环境是一个由各组成部分有机结合的整体,各成分互相作用、互相制约、互相渗透。因此,某一成分的变化都会引起其他成分和整个地理环境性质的变化。例如,大气中二氧化碳体积分数如果发生改变,就可能引起全球性地理环境的巨大变化。生态平衡就是基于这一规律的,若人类活动使某一成分发生变化,就会破坏整个生态平衡。

c.地理环境的地域分异性规律。地域分异是地理环境各组成部分和整个景观具有空间变化的现象。自然地理环境的分异主要表现在四个方面。一是纬度地带性分异,由于地球上各纬度带接受太阳辐射能的不同,因而产生了随纬度变化的地带性分异现象。二是经度地带性分异,地理现象随经度有规律变化,表现为由大陆内部向东西两岸的地理分异。三是垂直地带性分异,主要是海拔高度的变化使气温发生相应的变化,从而使自然地理环境及其各组成部分发生有规律的变化。四是构造-地貌分异,由于大地构造,形成大的地貌单元,从而使各地理成分或现象的地带性规律发生变异,呈现独特的地域特征。

② 地理环境和人类的关系。

人是自然发展的产物,从地理环境中获得生活所需的一切。在人类社会的早期,人类主要靠采集和渔猎天然动植物繁衍生息,影响地理环境的程度有限。农畜牧业阶段,人类不仅更广泛地利用了自然资源,而且对环境要素进行了重大改造。产业革命以来,随着科学技术的迅猛发展,人类在利用或改造地理环境方面取得了辉煌的成绩,但是没有正确估计地理环境的反馈作用。20 世纪 50 年代以来,由于工业化和城市化的飞速发展,人类对地理环境的影响在其性质、规模和深刻程度方面都是空前的,这表现在三个方面:一是在人文地理环境中,人口迅速而高度地集中,物质生产大量而飞跃地增长;二是人类大量地消耗地理环境贮存的各种资源,出现资源枯竭的危机;三是由于人类进行规模巨大的生产活动,排放各种废物,引起环境污染,造成生态危机,危及人类健康。所有这些都能使地理环境的功能和结构发生不利于人类的变化。

(3)地质环境(geological environment)。

地质环境主要指地表以下的坚硬地壳层,也就是岩石圈部分。地理环境是在地质环境的基础上,在宇宙因素的影响下发生和发展起来的,地理环境和地质环境及宇宙环境之间不断地进行物质和能量的交换。岩石在太阳能作用下的风化过程,使被固结的物质解放出来,释放到地理环境中去,参加到地质循环乃至宇宙物质大循环中去。

如果说地理环境为人们提供了大量的生活资料、可再生的资源,那么,地质环境则为人们提供了大量的生产资料——丰富的矿产资源和难以再生的资源。矿产资源是人类生产资料和生活资料的基本来源,对矿产资源的开发利用是人类社会发展的前提和动力。

(4)宇宙环境(cosmic environment)。

宇宙环境又称为星际环境,是指地球大气圈以外的宇宙空间环境,由广袤的空间、各种天体、弥漫物质及各类飞行器组成。我们研究宇宙环境是为了探求宇宙中各种自然现象及其发生的过程和规律对地球的影响。例如,太阳的辐射能量变化和对地球的引力作用会影响地球的地理环境,与地球的降水量、潮汐现象、风暴和海啸等自然灾害有明显的相关性。人类对太阳系的研究有助于对地球的成因及变化规律的了解;有助于人类更好地掌握自然规律和防止自然灾害,创造更理想的生存空间;同时也为星际航行、空间利用和资源开发提供可循依据。

目前,除空间站、宇宙飞船之外,聚落环境均位于地理环境之中。地理环境是在地质环境的基础上,在宇宙环境的影响下发生和发展起来的,地理环境、地质环境及宇宙环境之间不断地进行着物质和能量的交换,永远处在不停的运动发展之中,人对环境的认识是无止境的。

1.1.3　环境的基本特性

1.整体性与区域性

环境的整体性是指各环境要素或环境各组成部分之间,有其相互确定的数量与空间位置,并以特定的相互作用构成具有特定结构和功能的系统。阳光、大气、水、土壤、生物等环境要素构成了人类的生存环境,它们对人类社会的生存发展各有独特的功能。这些功能不会因时空的不同而不同,但这些要素通过物质循环和能量流动等方式相互联系、相互作用,在相互作用中存在,在相互联系中起作用,在相互联系和相互作用中发展并表现它们各自的特性,构成相对稳定的整体。人类与环境之间相互联系,是不可分割的整体,这也是环境的整体性的最重要的一点。人类通过多种渠道作用于环境,同时又不同程度地受到环境的反作用。环境的整体性特点时刻提醒我们,人类不能超然于环境之外,在改造环境的过程中,必须将自身与环境作为一个整体加以考虑,才能产生对人类的最佳效果。

环境的区域性是指环境特性的区域差异。环境因地理位置的不同或空间范围的差异,会有不同的特性。例如,滨海环境与内陆环境明显地表现出环境特性的差异。环境的区域性不仅体现了环境在地理位置上的变化,还反映了区域社会、经济、文化、历史等多样性。

2.变动性与稳定性

环境的变动性是指在自然的、人类社会行为的,或两者共同作用下,环境的内部结构和外在状态始终处于不断变化之中。人类社会在发展的过程中其实也在对自然环境进行不断的改造。万物皆运动,环境也不例外。

环境的稳定性是指环境系统具有一定的自我调节功能的特性,也就是说,环境结构与状态在自然的和人类社会行为的作用下,所发生的变化不超过一定限度时,环境可以借助于自身的调节功能使这些变化逐渐消失,环境结构和状态得以恢复到变化前的状态。

环境的变动性与稳定性是相辅相成的,变动是绝对的,稳定是相对的。"限度"是决定能否稳定的条件,而这种"限度"是由环境本身的结构和状态决定的。一般来说,环境组成越复杂,环境承受干扰的"限度"越大,环境的稳定性就越强。

3.资源性与价值性

人类的生存与发展所需要的物质和能量都来源于环境,环境就是资源。环境资源还包括非物质方面,例如,不同的环境状态为人类社会的生存和发展提供不同的条件,有的海滨城市有利于发展港口码头,有的海滨城市更适合发展旅游;有的内陆地区适合发展重工业,有的内陆地区有利于发展旅游,这些不同的环境状态都体现了环境的资源性。

环境的价值是随着人们的认识而不断变化的。最初人们从环境中取得物质资源主要是为了满足生活和生产的基本需要,对环境造成的影响也不大,人们认为环境中的资源是取之不尽、用之不竭的,因此环境不具有价值。但随着人类社会的发展进步,特别是自工业革命以来,人类社会在经济、技术、文化等方面的发展突飞猛进,对环境的要求不断增加,环境资源的破坏、匮乏已经开始影响社会经济的可持续发展,人们开始认识到环境价值的存在。

1.2 环境问题

人类与环境是一个有机整体,它们之间存在对立与统一的关系。人类产生以后,通过生产和消费活动从自然界猎取生存资源,又将经过改造和使用的自然物和各种废弃物还给自然界,从而参与了自然界的物质循环和能量流动过程,不断地改变着地球环境。在人类改造自然环境的同时,地球环境仍然遵循着自身的运动规律,不断地对人类的生产活动产生影响,因此产生了环境问题。20 世纪 80 年代以来,随着经济的发展,具有全球性影响的环境问题日益突出。

1.2.1 环境问题的概念

环境问题是指由于人类活动作用于人们周围的环境所引起的环境质量变化,以及这种变化反过来对人类的生产、生活和健康的影响问题。广义上讲,环境问题是由自然力或人力引起生态平衡破坏,最后直接或间接影响人类的生存和发展的一切客观存在的问题。狭义上讲,环境问题是由于人类的生产和生活活动,使自然生态系统失去平衡,反过来影响人类生存和发展的一切问题。

人类在改造自然环境和创建社会环境的过程中,自然环境仍以其固有的自然规律变化着。社会环境不仅受自然环境的制约,同时也以其固有的规律运动着。人类与环境不断地相互影响和作用,因此产生了环境问题。

1.2.2 环境问题的分类

按照环境问题的发生机制不同,可将环境问题划分为两大类:原生环境问题和次生环境问题。

1.原生环境问题

原生环境问题是指由自然演变和自然灾害引起的环境问题,也叫第一环境问题,主要包括地震、火山爆发、海啸、飓风、滑坡、泥石流、台风、洪涝、干旱等。以人类目前的技术水平尚不能控制原生环境问题的产生。

2.次生环境问题

次生环境问题是指由于人类生产活动引起的环境问题,也叫第二环境问题。次生环境问题一般又分为环境污染和生态破坏两大类。环境污染是由于人为因素使环境的构成或状态发生了变化,在人类生产、生活活动中产生的各种污染物(或污染因素)进入环境,当超过了环境容量的容许极限时,使环境受到污染,环境质量恶化,扰乱和破坏了生态系统和人们正常的生产和生活环境。生态破坏是人类活动直接作用于自然环境引起的,人类在开发利用自然资源时,超越了环境自身的承载能力,使生态环境遭到破坏,或出现自然资源枯竭的现象。例如,乱砍滥伐引起的森林植被的破坏,过度放牧引起的草原退化,大面积开垦草原引起的沙漠化和土地沙化,滥采滥捕引起的珍稀物种灭绝,植被破坏引起的水土流失等。

1.2.3　环境问题的由来与发展

从人类诞生开始就存在着人与环境的对立统一关系,人类利用和改造自然的能力越强,对环境的影响越大,因而环境问题是随着人类生产力的迅猛提高而日益凸显出来并随之发展和变化的。依据环境问题产生的先后和轻重程度,环境问题的由来与发展,大体上经历了以下四个阶段。

1.环境问题的萌芽阶段

人类在诞生以后很长的岁月里,对自然环境的依赖性非常大,只是自然食物的采集者和捕食者,以生理代谢过程与环境进行物质和能量转换。那时人类主要是利用环境,而很少有意识地改造环境,人类对环境的影响不大。

如果说那时也发生"环境问题"的话,则主要是由于人口的自然增长和盲目地乱采乱捕、滥用资源而造成生活资料缺乏,引起的饥荒问题。为了解除这种环境威胁,人类被迫扩大和丰富自己的食谱,或是被迫扩大自己的生活领域,学会在新的环境中生活的本领。

随后,人类学会了培育植物、驯化动物,开始发展农业和畜牧业,这在生产发展史上是一次大革命。而随着农业和畜牧业的发展,人类改造环境的作用也越来越明显地显示出来,但与此同时也产生了相应的环境问题,如大量开发森林、破坏草原、刀耕火种、盲目开荒,往往引起严重的水土流失、水旱灾害频繁和沙漠化。又如,兴修水利,不合理灌溉,往往引起土壤的盐渍化、沼泽化,以及引起某些传染病的流行。在工业革命以前,虽然已出现了城市化和手工业作坊(或工厂),但工业生产并不发达,由此引起的环境污染问题并不突出。

2.环境问题的恶化阶段

随着生产力的发展,在18世纪60年代至19世纪中叶,生产发展史上又出现了一次伟大的革命——工业革命。1776年,瓦特发明了蒸汽机,迎来了工业革命,使生产力获得了飞跃发展,从而增强了人类利用和改造自然的能力,同时大规模地改变了环境的组成和结构,也改变了环境中的物质循环系统,与此同时也带来了新的环境问题。一些工业发达的城市和工矿区的工业企业,排出大量的废弃物,使环境污染事件频频发生。例如,1873年至 1892 年,英国伦敦多次发生可怕的有毒烟雾事件;1930 年 12 月的比利时马斯河谷烟雾事件;1943 年 5 月的美国洛杉矶光化学烟雾事件;1948 年 10 月的美国多诺拉烟雾事件;等等。如果说农业生产主要是生活资料的生产,它在生产和消费中所排放的"三废"是可以纳入物质的生物循环,而能迅速净化、重复利用的,那么工业生产除了生产生活资料外,还把大量深埋在地下的矿物资源开采出来,加工利用并投入环境之中,许多工业产品在生产和消费过程中排放的"三废",都是生物和人类所不熟悉且难以降解的。可见由于蒸汽机的发明和广泛使用,生产力有了很大的提高,使大工业日益发展,而环境问题也随之发展并逐步恶化。

3.环境问题的第一次浪潮阶段(20 世纪 50～80 年代)

环境问题的第一次浪潮出现在 20 世纪 50～80 年代。20 世纪 50 年代以后,环境问题更加突出,震惊世界的公害事件接连不断,1952 年 12 月的伦敦烟雾事件,1956 年日本的水俣病事件,1961 年日本四日市哮喘事件,1968 年 3 月日本爱知县米糠油事件,1955～1972 年日本的骨痛病事件,形成了第一次环境问题浪潮。当时,工业发达国家因环境污染已达到严重程度,直接威胁到人们的生命和安全,成为重大的社会问题,激起广大人民的不满,也影响了经济的顺利发展。

第一次环境问题浪潮产生的原因主要有两个:

一是人口迅猛增长,都市化的速度加快。19 世纪初(约 1830 年),世界人口才 10 亿,经过 100 年(1930 年),人口增加了 10 亿,而世界人口增加第三个 10 亿,仅仅经过了 30年,增加第四个 10 亿仅仅用了 15 年。1975 年,世界人口增至 40 亿,到 1987 年增至 50亿,1999 年 10 月,世界人口已达 60 亿,近几十年世界人口呈现了爆炸式的增长。

二是工业不断集中和扩大,能源消耗大增。1900 年,世界能源消耗量还不到 10 亿吨煤当量,到 1950 年就猛增至 25 亿吨煤当量。1956 年,石油的消费量猛增至 6 亿吨,在能源中所占的比例增大,而且又增加了新污染,碳的排放量也迅速增加。而当时人们的环境意识还很薄弱,因此,环境问题的第一次浪潮的出现是必然的。

4.环境问题的第二次浪潮阶段(20 世纪 80 年代后)

环境问题的第二次浪潮是伴随着环境污染和大范围生态破坏,在 20 世纪 80 年代初开始出现的。此时,人们共同关心的影响范围大和危害严重的环境问题有三类:一是全球性的大气污染,如温室效应、臭氧层破坏和酸雨。二是大面积生态破坏,如大面积森林被毁、草场退化、土壤侵蚀和荒漠化。三是突发性的污染事件迭起,如印度博帕尔毒气泄漏事件(1984 年 12 月)、苏联切尔诺贝利核电站事故(1986 年 4 月)、莱茵河污染事件(1986年 11 月)等。1979～1988 年,这类突发性的严重污染事故发生了 10 多起。

环境问题的前后两次浪潮有很大的不同,有明显的阶段性,主要表现在以下几点。

(1)影响范围不同。第一次浪潮主要出现在工业发达国家,重点是局部性、小范围的环境污染问题。第二次浪潮则是大范围的乃至全球性的环境污染和大面积生态破坏。这些环境问题不仅对某个国家、某个地区造成危害,而且对人类赖以生存的整个地球环境造成危害。

（2）就危害后果而言，第一次浪潮时人们关心的是环境污染对人体健康的影响，那时环境污染虽也对经济造成损失，但问题还不突出；第二次浪潮时不但人类健康明显受到损害，而且全球性的环境污染和生态破坏已威胁到全人类的生存与发展，阻碍经济的可持续发展。

（3）就污染源而言，第一次浪潮的污染源尚不太复杂，较易通过污染源调查弄清产生环境问题的来龙去脉。通过采取适当措施，污染可以得到有效控制。第二次浪潮出现的环境问题，污染源和破坏源众多，不但分布广，而且来源杂，既来自人类的经济生产活动，也来自人类的日常生活活动；既来自发达国家，也来自发展中国家。解决这些环境问题只靠一个国家的努力很难奏效，要靠众多国家甚至全人类的共同努力才行，这就极大地增加了解决问题的难度。

（4）第一次浪潮的公害事件与第二次浪潮的突发性严重污染事件也不相同。第二次浪潮一是带有突发性，二是事故污染范围广，危害严重，经济损失巨大。例如，印度博帕尔毒气泄漏事件，受害面积达 40 km^2，据美国一些科学家估计，死亡人数在 0.6 万~1 万人，受害人数为 10 万~20 万人，其中有许多人双目失明或终身残疾。

综上所述，就环境问题本身的发生、发展来看，可分为环境问题的萌芽阶段、环境问题的发展恶化阶段、环境问题的第一次浪潮阶段和环境问题的第二次浪潮阶段四个阶段。可见，环境问题是自人类出现而产生的，又伴随人类社会的发展而发展。人与环境的矛盾是不断运动、不断变化、永无止境的。

1.2.4　当代全球性环境问题

目前，威胁人类生存并已被人类认识到的环境问题主要有温室效应、臭氧层耗竭、酸雨、淡水资源危机、大气污染、资源和能源短缺、森林锐减、土地荒漠化、生物多样性锐减、海洋污染、垃圾围城、有毒化学品污染、危险废弃物的越境转移等。

1.温室效应

温室效应是指大气中的水汽、臭氧、二氧化碳等气体，可以透过太阳短波辐射，使地球表面升温，但阻挡地球表面向宇宙空间发射长波辐射，从而使大气增温的现象。近 100 多年来，全球平均气温经历了冷—暖—冷—暖两次波动，总体为上升趋势，进入 20 世纪 80 年代后，全球气温明显上升。导致全球变暖的主要原因是人类活动和自然界排放的大量温室气体，如二氧化碳、甲烷、氟氯烃、一氧化二氮、低空臭氧等，由于这些温室气体对来自太阳辐射的短波具有高度的透过性，而对地球反射出来的长波辐射具有高度的吸收性，造成温室效应，导致全球气候变暖。其中最重要的温室气体二氧化碳来源于人类大量使用煤炭、石油和天然气等燃料。由于世界上人口的增加和经济的迅速增长，排入大气中的二氧化碳也越来越多，大气中的二氧化碳将在 50 年内加倍，这将使中纬度地区温度升高 2~3 ℃，极地升高 6~10 ℃。

全球变暖会使极地或高山上的冰川融化，导致海平面上升。据推算，全球增温 1.5~4.5 ℃，海平面会上升 20~165 cm，从而将淹没沿海大量繁华的城市、低地和海岛。

此外,温室效应可引起全球性气候变化,会对陆地自然生态系统产生难以预料的影响,如高温、干旱、洪涝、暴风雨和热带风加剧等,使热带雨林和生物多样性减少,农作物减产,从而威胁人类的食物供应和居住环境。

面对全球气候变化,急需世界各国协同降低或控制二氧化碳排放。1997 年 12 月,《联合国气候变化框架公约》第三次缔约方大会在日本京都召开。149 个国家和地区的代表通过了旨在限制发达国家温室气体排放量,以抑制全球变暖的《京都议定书》,目标是在 2008~2012 年,将发达国家的二氧化碳等 6 种温室气体的排放量在 1990 年的基础上平均削减 5.2%。2007 年 3 月,欧盟各成员国领导人一致同意,单方面承诺到 2020 年将欧盟温室气体排放量在 1990 年的基础上至少减少 20%。2009 年 12 月,联合国在丹麦哥本哈根召开了《联合国气候变化框架公约》第 15 次缔约方会议,旨在各国携手共同抑制全球变暖。2021 年 10 月 24 日,我国《中共中央 国务院关于完整准确全面贯彻新发展理念做好碳达峰碳中和工作的意见》发布,党中央对碳达峰碳中和工作进行了系统谋划和总体部署,我国二氧化碳排放力争于 2030 年前达到峰值,努力争取 2060 年实现碳中和。

2.臭氧层耗竭

在地球大气层近地面 20~30 km 的平流层里存在着一个臭氧层,其中臭氧体积分数占这一高度气体总量的十万分之一。臭氧浓度虽然极微,却具有非常强烈的吸收紫外线的功能,它能吸收波长为 200~300 nm 的紫外线。因此,它能挡住太阳紫外辐射对地球生物的伤害,保护地球上的生命。然而人类生产和生活所排放出的一些污染物,如制冷剂氟氯烃类化合物、氮氧化物,受到紫外线的照射后可被激化形成活性很强的原子,与臭氧层的臭氧(O_3)作用,使其变成氧分子(O_2),这种作用连锁发生,臭氧迅速耗减,使臭氧层遭到破坏。据统计,南极上空臭氧层空洞面积已达 2 400 km^2,约占总面积的 60%,北半球上空臭氧层比以往任何时候都薄,欧洲和北美洲上空臭氧层平均减少了 10%~15%,西伯利亚上空甚至减少了 35%。臭氧层的破坏将导致皮肤癌和角膜炎患者增加,并破坏地球的生态系统。

3.酸雨

酸雨是 pH 小于 5.6 的雨、雪或其他形式的大气降水。酸雨是由化石燃料燃烧和汽车尾气排放的二氧化硫和氮氧化物等酸性气体在大气中形成硫酸和硝酸后,又以雨、雪、雾等形式返回地面而形成的。受酸雨危害的地区,出现了土壤和湖泊酸化,植被和生态系统遭受破坏,建筑材料、金属结构和文物被腐蚀等一系列严重的环境问题。酸雨可对人体呼吸道系统和皮肤等造成损害。全球受酸雨危害严重的有欧洲、北美及东南亚地区。我国西南、华南和东南地区的酸雨危害也相当严重。

4.淡水资源危机

地球总水量不少,但可用于生产和生活的淡水资源只有很少的一部分。1830 年到 2015 年,世界人口增加了 700%。随着人口的激增,生产迅速发展,淡水资源越来越紧张。一方面,淡水的区域分布不均匀,致使世界缺水现象普遍,全球淡水危机日趋严重;另一方面,清洁水源被大量滥用、浪费和污染,也导致了淡水资源短缺,致使世界上缺水现象十分普遍,全球淡水危机日趋严重。目前,世界上 100 多个国家和地区缺水,其中 28 个国家被列为缺水国或严重缺水国。我国广大的北方和沿海地区水资源严重不足,全国 600 多座城市中,有 400 多座城市缺水。一些河流和湖泊的枯竭,地下水的耗尽和湿地的消失,不仅给人类生存带来严重威胁,而且许多生物也正随着人类生产和生活造成的河流改道、湿地干化和生态环境恶化而逐渐灭绝。

5.大气污染

大气污染是指自然或人为原因使大气中某些成分超过正常体积分数或排入有毒有害的物质,对人类、生物和物体造成危害的现象。大气污染的主要因子为悬浮颗粒物、一氧化碳、臭氧、二氧化碳、氮氧化物、铅等。大气污染后,由于污染物质的来源、性质、浓度和持续时间的不同,污染地区的气象条件、地理环境等因素的差别,甚至人的年龄、健康状况的不同,对人会产生不同的危害。大气污染导致每年有 30 万~70 万人因烟尘污染提前死亡,2 500 万的儿童患慢性喉炎,400 万~700 万的农村妇女、儿童受害。

6.资源和能源短缺

当前,世界上资源和能源短缺问题已经在大多数国家甚至全球范围内出现。这种现象的出现,主要是人类无计划、不合理地大规模开采所致。20 世纪 90 年代初,全世界消耗能源总数约 100 亿吨标准煤,2005 年全球范围的能源消耗量已达到 153 亿吨标准煤,国际能源机构在《2007 年世界能源展望》报告中指出,未来 20 多年内世界能源消耗量将剧增 55%。从目前石油、煤、水利和核能发展的情况来看,要满足这种需求是十分困难的。因此,在新能源(如太阳能、风能、核能等)开发利用尚未取得较大突破之前,世界能源供应将日趋紧张。此外,其他不可再生性矿产资源的储量也在日益减少,这些资源终究会被消耗殆尽。

7.森林锐减

森林是人类赖以生存的生态系统中的一个重要组成部分。地球上曾经有 76 亿公顷的原生森林,1860 年减至 55 亿公顷,1990 年降到 40.8 亿公顷,2005 年仅有 39.52 亿公顷。由于世界人口的增长,对耕地、牧场、木材的需求量日益增加,导致对森林的过度采伐和开垦,使森林受到前所未有的破坏,此外,全球每年平均有 1.04 亿公顷的森林受到林火、有害生物(包括病虫害)及干旱、风雪、冰和洪水等气候事件影响。据统计,全世界每年约有 1 200 万公顷的森林消失,其中绝大多数是对全球生态平衡至关重要的热带雨林。

2006 年,联合国发布的《2005 年全球森林资源评估报告》显示,20 世纪 90 年代以来,世界各国政府强化森林资源的保护与管理,完善法律法规,制定森林政策,开展植树造林,人工林面积持续增加,但原生林面积继续呈减少趋势。

森林锐减将会导致气候异常,增加二氧化碳排放,进而促进温室效应;生物多样性减少,导致物种灭绝;加剧水土侵蚀,减少水源涵养,加剧洪涝灾害的发生。

8.土地荒漠化

1992 年,联合国环境与发展会议对荒漠化的概念做了这样的定义:荒漠化是由于气候变化和人类不合理的经济活动等因素,使干旱、半干旱和具有干旱灾害的半湿润地区的土地发生了退化。当前世界荒漠化现象仍在加剧,荒漠化已经不再是一个单纯的生态环境问题,而演变为经济问题和社会问题,它给人类带来贫困和社会不稳定。荒漠化意味着人类将失去最基本的生存基础——有生产能力的土地。

9.生物多样性锐减

鸟类和哺乳动物现在的灭绝速度可能是它们在未受干扰的自然界中的 100 ~ 1 000 倍。大面积地砍伐森林,过度捕猎野生动物,工业化和城市化发展造成的污染,植被破坏,无控制的旅游,土壤、水、空气的污染,全球变暖等人类的各种活动是大量物种灭绝或濒临灭绝的原因。地球上动物、植物和微生物彼此之间相互作用及与其所生存的自然环境间的相互作用,形成了地球丰富的生物多样性。这种多样性是生命支持最重要的组成部分,维持着自然生态系统的平衡,是人类生存和实现可持续发展必不可少的基础。生物多样性的减少,必将恶化人类生存环境,限制人类生存发展机会的选择,甚至严重威胁人类的生存与发展。

10.海洋污染

人类活动使近海区的氮和磷增加 50% ~ 200%,过量营养物导致沿海藻类大量生长,致使赤潮频繁发生,破坏了红树林、珊瑚礁、海草,使近海鱼虾锐减,渔业损失惨重。污染最严重的海域有波罗的海、地中海、东京湾、纽约湾、墨西哥湾等。就国家来说,沿海污染严重的是日本、美国、西欧诸国。我国的渤海湾、黄海、东海和南海的污染状况也相当严重。

海洋污染主要有原油泄漏污染、漂浮物污染、有机化学物污染及赤潮、黑潮等。污染主要来源有:一是人类工业生产和生活排出的大量污染物倾倒到大海里;二是人类核试验、火山爆发等产生的放射性沉降物、火山灰尘等进入大海造成污染;三是人类从事海洋探测和进行采矿等产生的海洋污染;四是日常海洋运输泄油造成污染;五是陆地表面大量的富营养物质通过雨水和河流带进大海造成污染;等等。另外,海洋的过度开发也给海洋生态系统带来破坏。

11.垃圾围城

全球每年产生垃圾近 100 亿吨,而处理垃圾的能力远远赶不上垃圾增加的速度。垃圾除了占用大量土地外,还污染环境。危险垃圾,特别是有毒、有害垃圾的处理问题(包括运送、存放),因其造成的危害更为严重、产生的危害更为深远,而成了当今世界各国面临的一个十分棘手的环境问题。

12.有毒化学品污染

由于化学品的广泛使用,全球的大气、水体、土壤乃至生物都受到了不同程度的污染、毒害,就连南极的企鹅也未能幸免。自 20 世纪 50 年代以来,涉及有毒有害化学品的污染事件日益增多,如果不采取有效防治措施,将对人类和动植物造成严重的危害。

13.危险废弃物的越境转移

20 世纪 80 年代,危险废弃物大量向发展中国家转移,由于发展中国家缺乏处置技术和设施,在处置、监测和执法方面能力薄弱,缺乏危险废弃物管理实践,因此,危险废弃物的越境转移已经变成全球的环境问题,需要全球解决。因此,联合国环境规划署于 1989 年在瑞士巴塞尔召开了会议并制定了《控制危险废物越境转移及其处置巴塞尔公约》。

1.3　国内外环境保护发展历程

人类面临的环境问题是相互联系、相互制约的,环境问题的产生是人类发展的产物,环境问题的发展和变化取决于人类的行为。只要全人类重视环境保护,积极采取措施,全球环境问题就会逐渐改善和解决。

20 世纪 60 年代后,西方工业发达国家的人民群众首先发出了"保护环境,防治污染"的强烈呼声,掀起了声势浩大的环境运动。在环境运动的推动下,促使联合国人类环境会议的召开和联合国环境规划署的成立,各国环境保护机构也相继成立。保护全球生态环境是全人类的共同责任已经成为世界各国人民的共识,可持续发展(sustainable development)的理念被普遍接受。

1.3.1　世界环境保护发展历程

世界各国,主要是发达国家的环境保护工作,大致经历了以下四个发展阶段。

1.限制阶段

环境污染早在 19 世纪就已发生,如英国泰晤士河的污染、日本足尾铜矿的污染事件等。20 世纪 50 年代前后,相继发生了比利时马斯河谷烟雾、美国洛杉矶光化学烟雾、美国多诺拉镇烟雾、英国伦敦烟雾、日本水俣病和骨痛病、日本四日市气喘病和爱知县米糠油事件,即所谓的八大公害事件。由于当时尚未搞清这些公害事件产生的原因和机理,所以一般只是采取限制措施。例如,英国伦敦发生烟雾事件后,制定了法律,限制燃料使用量和污染物排放时间。

2."三废"治理阶段

20 世纪 50 年代末至 60 年代初,发达国家环境污染问题日益突出。1962 年,美国生物学家蕾切尔·卡森所著《寂静的春天》(*Silent Spring*)一书,用大量翔实的事实描述了有机氯农药对人类和生物界所造成的影响,唤醒了世人的环境意识,于是各发达国家相继成立了环境保护专门机构,但因当时的环境问题还只是被看作工业污染问题,所以环境保护工作主要就是治理污染源、减少排污量。因此,在法律措施上,颁布了一系列环境保护的法规和标准,加强了法治。在经济措施上,采取给工厂企业补助资金,帮助工厂企业建设净化设施等措施,并通过征收排污费或实行"谁污染、谁治理"的原则,解决环境污染的治理费用问题。在这个阶段,人们投入了大量资金,尽管环境污染有所控制,环境质量有所改善,但所采取的"末端治理"措施,从根本上说是被动的,因而收效并不显著。

3.综合防治阶段

1972 年 6 月 5 日,联合国人类环境会议在瑞典首都斯德哥尔摩召开,提出了"只有一个地球"的口号,并通过了《联合国人类环境会议宣言》(以下简称《人类环境宣言》),提出将每年的 6 月 5 日定为"世界环境日"。这次会议成为人类环境保护工作的历史转折点,它加深了人们对环境问题的认识,扩大了环境问题的范围。《人类环境宣言》指出,环境问题不仅仅是环境污染问题,还应该包括生态破坏问题。另外,它冲破了以环境论环境的狭隘观点,把环境与人口、资源和发展联系在一起,从整体上解决环境问题。环境污染的治理也从"末端治理"向"全过程控制"和"综合治理"发展。1972 年 12 月,联合国大会决定成立联合国环境规划署,负责处理联合国在环境方面的日常事务。

4.可持续发展阶段

20 世纪 80 年代以来,人们开始重新审视传统思维和价值观念,认识到人类再也不能为所欲为地成为大自然的主人,人类必须与大自然和谐相处,成为大自然的朋友。1987年,挪威首相布伦特兰夫人在《我们共同的未来》中提出了可持续发展的思想。1992 年 6月,联合国环境与发展会议在巴西里约热内卢召开,会议通过了《里约环境与发展宣言》和《21 世纪议程》两个纲领性文件。各国普遍认识到:人类社会要生存下去,必须彻底改变靠无限制地消耗自然资源同时又破坏生态环境而维持发展的传统生产方式,人类必须走经济效益、社会效益和环境效益融洽和谐的可持续发展的道路。在这样的大背景下,"污染预防"成为新的指导思想,环境标志认证、ISO 14001 环境管理体系认证推动的"绿色潮流"席卷全球,深刻地影响着世界各国的社会和经济活动。

1.3.2 中国环境保护发展历程

中华人民共和国成立以来,我国的环境保护事业经历了从无到有、从小到大、先发展经济后环保、先污染后治理,到经济与环保同步发展,从科学发展观出发走可持续发展道路,建设资源节约型、环境友好型社会的历程。

1.萌芽阶段(20 世纪 60 年代中期~1973 年)

中华人民共和国成立初期,由于当时人口相对较少,生产规模不大,所产生的环境问题大多是局部性的生态破坏和环境污染。经济建设与环境保护之间的矛盾尚不突出。

在 20 世纪 50 年代末至 60 年代初,环境污染和生态破坏比较严重。从 1966 年开始,环境污染和生态破坏明显加剧。为了解决吃饭问题,一些地区片面强调"以粮为纲"毁林毁草、围湖围海造田等问题相当突出。

1972 年 6 月,联合国人类环境会议在瑞典首都斯德哥尔摩召开。根据周恩来总理的指示,我国政府派代表团参加了会议。通过这次会议,我国高层的决策者开始认识到中国也同样存在着严重的环境问题,需要认真对待。

2.起步阶段(1973~1983 年)

中国第一次环境保护会议于 1973 年 8 月 5 日至 20 日召开,国务院审议通过了"全面规划、合理布局、综合利用、化害为利、依靠群众、大家动手、保护环境、造福人民"的 32 字环境保护工作方针和我国第一个环境保护文件——《关于保护和改善环境的若干规定》。提出防治污染必须与主体工程同时设计、同时施工、同时投产。这在我国环境保护史上具有里程碑意义。至此,我国环境保护事业开始起步。

1974 年 5 月,国务院环境保护领导小组正式成立。之后,各省、自治区、直辖市和国务院有关部门也陆续建立起环境管理机构和环保科研、监测机构,在全国逐步开展了以"三废"治理和综合利用为主要内容的污染防治工作。在此阶段,我国颁布了第一个环境标准——《工业"三废"排放试行标准》,并下发了《关于治理工业"三废"开展综合利用的几项规定》的通知,标志着我国以治理"三废"和综合利用为特色的污染防治进入新的阶段。在此期间,20 世纪 60 年代提出的"三废"处理和综合利用的概念,逐步被"环境保护"的概念所代替。这一时期,制定全国环境保护规划,以实行"三废"治理和综合利用为特色的污染防治工作,开始实行"三同时"、污染源限期治理等管理制度。

1978 年 3 月,第五届全国人民代表大会第一次会议通过的《中华人民共和国宪法》规定:"国家保护环境和自然资源,防治污染和其他公害。"这是中华人民共和国历史上第一次在宪法中对环境保护做出明确规定,为我国环境法制建设和环境保护事业开展奠定了坚实的基础。同年 12 月,中国共产党第十一届中央委员会第三次全体会议的胜利召开,在全党确立了解放思想、实事求是的思想路线,为正确认识我国的环境形势奠定了思想基础。12 月 31 日,中共中央批转了国务院环境保护领导小组的《环境保护工作汇报要点》,第一次以党中央的名义对环境保护工作做出指示。我国的环境保护事业也进入了一个改革创新的新时期。1979 年 9 月,通过中华人民共和国第一部环境保护基本法——《中华人民共和国环境保护法(试行)》,标志着我国的环境保护工作开始走上法制化轨道。《中华人民共和国环境保护法(试行)》提出,保护生态环境是各级人民政府的基本任务之一。

3.发展阶段(1983~1994 年)

1983 年 12 月,国务院召开第二次全国环境保护会议,明确提出保护环境是我国一项基本国策;制定了我国环境保护事业的战略方针,即"经济建设、城乡建设、环境建设,同步规划、同步实施、同步发展"("三同步"),实现"经济效益、环境效益、社会效益相统一"("三统一")。这次会议在我国环境保护发展史上具有重大意义,标志着我国环境保护工作进入发展阶段。40 多年间,国务院先后召开 7 次全国环境保护会议,为环境治理制定了一系列方针和政策。1984 年 5 月,国务院做出《关于加强环境保护工作的决定》。1987 年 9 月,颁布《中华人民共和国大气污染防治法》(以下简称《大气污染防治法》),用法律防治大气污染,保护公众健康。

1989 年 4 月,国务院召开了第三次全国环境保护会议,推出了"三大环境政策"和"八项制度"。"三大环境政策"即环境管理要坚持预防为主、谁污染谁治理、强化环境管理三项政策,"预防为主"的指导思想是指在国家的环境管理中,通过计划、规划及各种管理手段,采取防范性措施,防止环境问题的发生;"谁污染谁治理",明确环境治理的责任和原则;"强化环境管理",强调法规和政府的监督作用。八项制度即"三同时"制度、环境影响评价制度、排污收费制度、城市环境综合整治定量考核制度、污染限期治理制度、排污申请登记与许可制度、环境保护目标责任制度和污染集中控制制度。这三大政策和八项制度,把实施基本国策和同步发展方针具体化了,从而使我国的环境管理由一般号召和靠行政推动的阶段,进入法制化、制度化的新阶段,是环境保护特别是环境管理一个重大的、具有根本意义的转变。

1992 年联合国环境与发展会议之后,我国在世界上率先提出了《中国政府环境与发展十大对策》,第一次明确提出转变传统发展模式,走可持续发展道路。随后我国又制定了《中国 21 世纪议程》《中国环境保护行动计划》等纲领性文件,可持续发展战略成为我国经济和社会发展的基本指导思想。

1993 年 10 月,召开了第二次全国工业污染防治工作会议,总结了工业污染防治工作的经验教训,提出了工业污染防治必须实行清洁生产,实行三个转变,即由末端治理向生产全过程控制转变,由浓度控制向浓度与总量控制相结合转变,由分散治理向分散与集中控制相结合转变,标志着我国工业污染防治工作指导方针发生了新的转变。

4.深化阶段(1994 年至今)

进入 20 世纪 90 年代后,国务院提出由污染防治为主转向污染防治和生态保护并重;由末端治理转向源头和全过程控制,实行清洁生产,推动循环经济;由分散的点源治理转向区域流域环境综合整治和依靠产业结构调整;由浓度控制转向浓度控制与总量控制相结合,开始集中治理流域性、区域性环境污染。

1996 年 7 月,国务院召开第四次全国环境保护会议。《国务院关于环境保护若干问题的决定》提出保护环境是实施可持续发展战略的关键,保护环境就是保护生产力,明确了跨世纪环境保护工作的目标、任务和措施。此阶段全国展开了大规模的重点城市、流域、区域、海域的污染防治及生态建设和保护工程,环境保护工作进入了崭新的阶段。

1997~1999 年,中央连续 3 年就人口、环境和资源问题召开座谈会,党和国家领导人直接听取环保工作汇报。江泽民总书记强调:环保工作必须党政一把手"亲自抓、负总责",做到责任到位,投入到位,措施到位;要求建立和完善环境与发展综合决策、统一监管和分工负责、环保投入、公众参与四项制度,把环保工作纳入制度化、法制化的轨道;要求各级领导干部要注意算大账,对环境保护工作要长期不懈地抓紧抓好。党和国家领导人从经济社会发展的全局出发,进一步明确了环境保护是可持续发展的关键,为环境保护开拓了一个更为广阔的天地。

2002 年修订《中华人民共和国环境影响评价法》,要求通过控制特定项目或特定领域来实现优化环境质量的目标。

2002 年 1 月,国务院召开第五次全国环境保护会议,提出环境保护是政府的一项重要职能,要按照社会主义市场经济的要求,动员全社会的力量做好这项工作。会议的主题是贯彻落实国务院批准的《国家环境保护"十五"计划》,部署"十五"期间的环境保护工作。在这次会议上,时任国务院总理朱镕基强调指出:"要继续搞好环境警示教育,把公众和新闻媒体参与环境监督作为加强环保工作的重要手段。对造成环境污染、破坏生态环境的违法行为,要公开曝光,并依法严惩。"11 月,党的十六大提出要加强生态与环境保护,实施可持续发展战略。环境政策从"命令控制型"手段为主导到"市场经济型"手段到"自愿合作""齐抓共管"的局面逐步形成。

2003 年,党的十六届三中全会提出了生态、社会、经济全面和谐发展的目标,同年,《清洁生产促进法》颁布实施,标志着我国环境政策步入全过程控制的新时期。环境政策过程的控制思路逐步由"点源控制"转向"流程控制",由事后治理转变为事前监督。

2006 年 4 月,第六次全国环境保护大会在北京召开。会议的主题是:以邓小平理论、"三个代表"重要思想和科学发展观为指导,全面落实科学发展观,坚持保护环境的基本国策,深入实施可持续发展战略;坚持预防为主、综合治理,全面推进、重点突破,着力解决危害人民群众健康的突出环境问题;坚持创新体制机制,依靠科技进步,强化环境法治,发挥社会各方面的积极性。要经过长期不懈的努力,使生态环境得到改善,资源利用效率显著提高,可持续发展能力不断增强,人与自然和谐相处,建设环境友好型社会。

2007 年 10 月,党的十七大提出"经济发展的资源环境代价过大",将其列为今后执政面临的八大问题之首,并首次提出在全社会树立生态文明观念,建设生态文明社会。

2011 年 12 月,第七次全国环境保护大会指出环境是重要的发展资源,良好环境本身就是稀缺资源,坚持在发展中保护、在保护中发展,推动经济转型,提升生活质量,为经济长期平衡较快发展固本强基,为人民群众提供水清天蓝地干净的宜居安康环境。

2012 年 11 月,党的十八大召开,国家把生态文明建设纳入中国特色社会主义事业"五位一体"总体布局,明确提出大力推进生态文明建设,努力建设美丽中国,实现中华民族永续发展。以习近平同志为核心的党中央把环境保护工作提到前所未有的高度,国家加快推进生态文明顶层设计和制度体系建设。党的十八大以来,党和政府出台了一系列政策法规保护生态环境。

2015 年 1 月 1 日实施新修订的《环境保护法》,规定每年 6 月 5 日为环境日。截至2016 年,我国一共制定了环境保护法 9 部,环境行政法规 50 多项,各地方人大和政府制定的地方性环境保护法规和地方政府规章共 1 600 余件。

2017 年 10 月,党的十九大报告要求贯彻"创新、协调、绿色、开放、共享"的新发展理念,坚持人与自然和谐共生,提出建设美丽中国的重大目标任务,要求下大力气解决环境保护问题。此后,国家和各级地方政府制定了一系列环境治理的新政策。

2018 年 3 月,国家成立生态环境部,统一管理生态和城乡各类污染物排放,行使环境保护管理的执法权,目标是加强环境污染治理,保障国家生态安全,建设美丽中国,实现"绿水青山也是金山银山"的良治格局。5 月,全国生态环境保护大会指出要以习近平新时代中国特色社会主义思想为指导,着力构建生态文明体系,加强制度和法治建设,持之以恒抓紧抓好生态文明建设和生态环境保护,坚决打好污染防治攻坚战,确保 2035 年美丽中国目标基本实现。

2019 年 1 月,全国生态环境保护工作会议召开,提出我国将用 4 年时间,完成第二轮中央生态环境保护督察。第二轮督察将采用高新技术,加大卫星遥感、大数据等技术应用,确保发现问题,督促整改,确保生态环境保护收到实效。

2020 年 9 月 22 日,国家主席习近平在第七十五届联合国大会上宣布,中国力争 2030 年前二氧化碳排放达到峰值,努力争取 2060 年前实现碳中和目标,明确提出 2030 年"碳达峰"与 2060 年"碳中和"目标。5 月 26 日,碳达峰碳中和工作领导小组第一次全体会议在北京召开;10 月 24 日,中共中央、国务院印发的《关于完整准确全面贯彻新发展理念做好碳达峰碳中和工作的意见》发布,作为碳达峰碳中和"1+N"政策体系中的"1",意见为碳达峰碳中和这项重大工作进行系统谋划、总体部署。"碳中和""碳达峰"两份顶层设计文件的相继出台,共同构建了中国碳达峰、碳中和"1+N"政策体系的顶层设计,而重点领域和行业的配套政策也将围绕以上意见及方案陆续出台。"双碳"战略倡导绿色、环保、低碳的生活方式。加快降低碳排放步伐,有利于引导绿色技术创新,提高产业和经济的全球竞争力。中国持续推进产业结构和能源结构调整,大力发展可再生能源,在沙漠、戈壁、荒漠地区加快规划建设大型风电光伏基地项目,努力兼顾经济发展和绿色转型同步进行。

【阅读材料】

世界环境日及主题

自 20 世纪 60 年代以来,随着世界科技水平的发展,随之带来的环境污染与生态破坏问题也日益严重,环境问题带来的恶劣后果逐渐被国际社会所关注。1972 年 6 月 5 日,联合国人类环境会议在瑞典首都斯德哥尔摩举行,会议针对当代世界的环境问题,制定了一系列对策和措施。会前,联合国人类环境会议秘书长莫里斯·斯特朗(Maurice Strong,1929—2015)委托 58 个国家的 152 位科学界和知识界的知名人士组成了一个大型委员会,该委员会由微生物学家雷内·杜博斯博士任专家顾问小组的组长,杜博斯博士为大会起草了一份非正式报告——《只有一个地球》。在这次会议上,人类首次提出了响遍世界的环境保护口号:只有一个地球! 会议经过 12 天的讨论交流后,在世界范围内公布了著名的《联合国人类环境会议宣言》(Declaration of United Nations Conference on Human Environment),简称《人类环境宣言》)。与此同时,大会为保护全球环境的"行动计划"提出了 109 条宝贵建议,呼吁各国政府和人民为维护和改善人类环境,造福全体人民,造福子孙后代共同努力,并提出"为了这一代和将来世世代代保护和改善环境"的口号。联合国人类环境会议是人类历史上第一次在全世界范围内研究保护人类环境的会议。为纪念这个日子,出席会议的 113 个国家和地区的 1 300 名代表建议将大会开幕日期即 6 月 5 日定为"世界环境日"。

地球不仅是人类的家园,更是其他物种的共同家园,作为生态链的一环,人类不能独享地球。但是,人类不健康的经济发展方式给环境带来了一系列的恶果,导致地球上物种灭绝的进程大大加快。生物多样性的减少导致生态系统产生了严重的伤害,并逐渐使生态环境滑向自我恢复的极限值。如果地球生态系统最终发生不可恢复的恶化,人类文明赖以生存的相对稳定的环境条件将不复存在。设立世界环境日的意义在于提醒全世界关注地球的健康并最大限度地减少人类活动对环境的危害。每年的 6 月 5 日,联合国系统和各国政府在这一天开展各种环境保护宣传教育活动,提醒全人类关注环境状况,唤起全世界的环境意识,使人类活动与自然环境和谐共处,强调保护和改善地球环境的重要性。

世界环境日不仅是人类追求美好环境的体现,更是联合国提升全球环境意识、提高政府对环境问题的关注度并采取行动的重要媒介之一。它清晰地反映了世界各国人民对环境问题的认识和态度。1973 年 1 月,联合国大会根据人类环境会议的决议,成立了联合国环境规划署(UNEP),设立环境规划理事会(GCEP)和环境基金。环境规划署是联合国常设机构之一,主要负责处理联合国环境方面的日常事务,并作为国际环境活动中心,促进和协调联合国内外的环境保护工作。每年的 6 月 5 日,联合国环境规划署都会根据当年的世界主要环境问题及环境热点,有针对性地制定当年"世界环境日"的主题,并选择一个成员国举行"世界环境日"的纪念活动,发表《环境现状的年度报告书》及表彰"全球500 佳"。

历年世界环境日主题(1974—2022)见表 1.1。

表 1.1　历年世界环境日主题(1974—2022)

年	主题
1974	只有一个地球(Only one Earth)
1975	人类居住(Human Settlements)
1976	水:生命的重要源泉(Water:Vital Resource for Life)
1977	关注臭氧层破坏、水土流失、土壤退化和滥伐森林(Ozone Layer Environmental Concern;Lands Loss and Soil Degradation;Firewood)
1978	没有破坏的发展(Development Without Destruction)
1979	为了儿童的未来——没有破坏的发展(Only One Future for Our Children—Development Without Destruction)
1980	新的十年,新的挑战——没有破坏的发展(A New Challenge for the New Decade—Development Without Destruction)
1981	保护地下水和人类食物链,防治有毒化学品污染(Ground Water;Toxic Chemicals in Human Food Chains and Environmental Economics)
1982	纪念斯德哥尔摩人类环境会议 10 周年——提高环境意识(Ten Years After Stockholm—Renewal of Environmental Concerns)
1983	管理和处置有害废弃物,防治酸雨破坏和提高能源利用率(Managing and Disposing Hazardous Waste:Acid Rain and Energy)
1984	沙漠化(Desertification)
1985	青年、人口、环境(Youth, Population and the Environment)
1986	环境与和平(A Tree for Peace)
1987	环境与居住(Environment and Shelter:More Than A Roof)

续表1.1

年	主题
1988	当人们把环境放在优先位置,发展将会延续(When People Put the Environment First, Development Will Last)
1989	警惕全球变暖(Global Warming; Global Warning)
1990	儿童与环境(Children and the Environment)
1991	气候变化——需要全球合作(Climate Change—Need for Global Partnership)
1992	只有一个地球——关心与共享(Only One Earth, Care and Share)
1993	贫穷与环境——摆脱恶性循环(Poverty and the Environment—Breaking the Vicious Circle)
1994	同一个地球,同一个家庭(One Earth, One Family)
1995	各国人民联合起来,创造更加美好的未来(We the Peoples: United for the Global Environment)
1996	我们的地球、居住地、家园(Our Earth, Our Habitat, Our Home)
1997	为了地球上的生命(For Life on Earth)
1998	为了地球上的生命——拯救我们的海洋(For Life on Earth—Save Our Seas)
1999	拯救地球就是拯救未来(Our Earth—Our Future—Just Save It!)
2000	2000 环境千年——行动起来(2000 the Environment Millennium—Time to Act)
2001	世间万物,生命之网(Connect with the World Wide Web of Life)
2002	给地球一次机会(Give Earth a Chance)
2003	水——二十亿人生命之所系(Water—Two Billion People are Dying for It)
2004	海洋存亡,匹夫有责(Wanted! Seas and Oceans—Dead or Alive?)
2005	营造绿色城市,呵护地球家园(Green Cities—Plan for the Planet) 中国主题:人人参与,创建绿色家园
2006	莫使旱地变为沙漠(Deserts and Desertification—Don't Desert Drylands) 中国主题:生态安全与环境友好型社会
2007	冰川消融,后果堪忧(Melting Ice—a Hot Topic?) 中国主题:污染减排与环境友好型社会
2008	转变传统观念,推行低碳经济(Kick the Habit! Towards a Low Carbon Economy) 中国主题:绿色奥运与环境友好型社会
2009	地球需要你——团结起来应对气候变化(Your Planet Needs You—Unite to Combat Climate Change) 中国主题:减少污染——行动起来
2010	多样的物种,唯一的地球,共同的未来(Many Species, One Planet, One Future) 中国主题:低碳减排·绿色生活

续表1.1

年	主题
2011	森林:大自然为您效劳(Forests:Nature at Your Service) 中国主题:共建生态文明,共享绿色未来
2012	绿色经济:你参与了吗?（Green Economy:Does it Include You?） 中国主题:绿色消费,你行动了吗?
2013	思前,食后,厉行节约(Think. Eat. Save) 中国主题:同呼吸,共奋斗
2014	提高你的呼声,而不是海平面(Raise Your Voice, Not the Sea Level) 中国主题:向污染宣战
2015	七十亿个梦,一个地球,关爱型消费(Seven Billion Dreams. One Planet. Consume with Care) 中国主题:践行绿色生活
2016	对野生动物交易零容忍(Zero Tolerance for the Illegal Trade in Wildlife) 中国主题:改善环境质量,推动绿色发展
2017	人与自然,相联相生(Connecting People to Nature) 中国主题:绿水青山就是金山银山
2018	塑战速决(Beat Plastic Pollution) 中国主题:美丽中国,我是行动者
2019	蓝天保卫战,我是行动者(Beat Air Pollution) 中国主题:蓝天保卫战,我是行动者
2020	关爱自然,刻不容缓(Time for Nature) 中国主题:美丽中国,我是行动者
2021	生态系统恢复(Ecosystem Restoration) 中国主题:人与自然和谐共生
2022	只有一个地球(Only One Earch) 中国主题:共建清洁美丽世界

（资料来源:①环境保护概论,刘芇岩主编,世界环境杂志社,2022 年第 3 期,网址:
http://www.wem.org.cn/zzlm/fmgs/202209/P020220913529379796185.pdf)

复习与思考

1.什么是环境? 环境是如何进行分类的?
2.什么是环境问题? 环境问题可分为哪几类?
3.你熟悉哪些环境污染事件? 是什么原因导致环境污染的?
4.当代全球性环境问题有哪些?
5.环境问题是如何产生和发展的?
6.如何理解中国环境保护的"三大政策"和"八项制度"?

第 2 章　生态学及生态环境

2.1　生态学概述

2.1.1　生态学的概念

生态学(ecology)一词源于希腊文"oikos"和"logos",是由德国生物学家赫克尔(Haeckel)于 1866 年提出的,"oikos"意为"住所"或"栖息地","logos"表示学问。因此,从原意上看,生态学是研究生物"住所"的科学。赫克尔在《普通生物形态学》一书中第一次正式提出生态学的概念,并将生态学定义为:"生态学是研究生物与其环境之间关系的科学。"

随着生态学的发展,不同学者对生态学有不同的定义。著名生态学家奥德姆(Odum)把生态学定义为"研究生态系统结构和功能的科学"。我国著名生态学家马世骏教授定义生态学为:"研究生物与环境之间相互关系及其作用机理的科学。"

目前,最为全面和大多数学者们所采用的定义为:"生态学是研究生物与生物、生物与其周围环境(包括生物环境和非生物环境)之间相互关系及其作用机理的一门科学。"这种关系是彼此相互影响、相互制约的一种辩证关系,包括环境对生物的作用和生物对环境的反作用,其实质是彼此间通过物质、能量、信息等产生联系。

2.1.2　生态学的发展

生态学的发展大致可分为萌芽时期、形成时期和发展时期三个阶段。

1.生态学的萌芽时期(18 世纪前)

公元 16 世纪以前,已有关于生态学知识的记载,但是没有形成系统、成文的科学。生物一出现就与环境有着紧密的联系,人类在生产和生活实践中注意到了这种关系,积累了有关生物习性和生态特征的生态学知识。

古人在长期的农、牧、渔、猎生产中积累了朴素的生态学知识,诸如作物生长与季节、气候及土壤水分的关系,以及常见动物的习性等。公元前 1200 年,我国《尔雅》一书中有草、木两章,记载了 176 种木本植物和 50 多种草本植物的形态与生态环境。公元前 4 世纪,古希腊学者亚里士多德曾粗略描述动物的不同类型的栖居地,还按动物活动的环境类型将其分为陆栖和水栖两类,按其食性分为肉食、草食、杂食和特殊食性等类别。之后出现的介绍农、牧、渔、猎知识的专著,如公元 1 世纪古罗马作家老普林尼的《博物志》、6 世纪中国农学家贾思勰的《齐民要术》等均记述了素朴的生态学观点。

2.生态学的形成时期(18 世纪～19 世纪末)

公元 18 世纪初到 19 世纪末,生态学开始发展成为一门相对独立的学科,虽然在学科理论、方法和结构上并不成熟。

曾被推举为第一个现代化学家的波义耳在 1670 年进行了低气压对动物的效应的试验,这标志着动物生理生态学的开端。1792 年,德国植物学家魏德诺在《草学基础》一书中,详细讨论了气候、水分与高山深谷对植物分布的影响,这本书已表现出近代植物地理学的雏形,说明了近代植物地理学的种属植物地理学、生态植物地理学和历史植物地理学三个部分(李继侗,1958)。1807 年,德国植物学家洪堡在《植物地理学知识》一书中,提出植物群落、群落外貌等概念,并结合气候和地理因子描述了物种的分布规律。1798 年,马尔萨斯《人口论》的发表,促进了达尔文"生存斗争"及"物种形成"理论的形成,并促进了"人口统计学"及"种群生态学"的发展。

进入 19 世纪之后,生态学得到很大发展并日趋成熟。1859 年,达尔文的《物种起源》促进了生物与环境关系的研究,使不少生物学家开展了环境诱导生态变异的实验生态学工作。1866 年,海克尔提出 ecology 一词,并首次定义了生态学。1895 年,丹麦植物学家瓦尔明的《植物分布学》(1909 年经作者本人改写,改名为《植物生态学》)和 1898 年德国施姆普的《植物地理学》两部划时代著作,全面总结了 19 世纪末以前植物生态学的研究成就,标志着生态学已作为一门生物科学的独立分支而诞生。

3.生态学的发展时期(20 世纪至今)

20 世纪初到 20 世纪 50 年代,动植物生态学并行发展,出版了大量生态学著作和教科书。20 世纪 50～60 年代,传统生态学开始向现代生态学过渡。

在动物生态学方面,主要是关于生理生态学、动物行为学、动物群落学和种群的研究,尤其是种群调节和种群增长的数学模型研究。1937 年,我国费鸿年的《动物生态学纲要》出版,这是我国第一部动物生态学著作;1949 年,阿里等合著的《动物生态学原理》标志着动物生态学进入成熟期。在植物生态学方面,主要研究生理生态与群落生态。

这一时期,生态学已基本成为具有特定研究对象、研究方法和理论体系的独立学科。生态学由植物群落研究向生态系统研究方向迈进。1935 年,坦斯利提出生态系统的概念,这是生态学发展史上一次理论上的重大突破。生态系统的结构和功能的研究都有了最基本的发展,如埃尔顿的能量金字塔和林德曼的生物营养及十分之一定律。基本的生物生态学学科体系已建立,欧德姆在《生态学基础》中明确提出了个体生态学、种群生态学、群落生态学和生态系统生态学的学科体系。

20 世纪 60 年代以后,生态学蓬勃发展。生态学的定义也由"研究生物体与其周围环境相互关系的科学",发展为"从生物与环境相互作用的视点,研究生物多样性各种机理的科学",其研究内容已经从单纯的生物生态学发展到关心人类未来的科学;现代数学、物理学、化学和工程技术的渗透,使生态学从定性走向定量,从部门走向综合与交叉;广泛应用电子计算机、高精度的分析测定技术、高分辨率的遥感仪器和地理信息系统等技术,生态学获得了新的研究条件。

由于世界上的生态系统大都受人类活动的影响,社会经济生产系统与生态系统相互交织,实际形成了庞大的复合系统。随着社会经济和现代工业化的高速度发展,自然资源、人口、粮食和环境等一系列影响社会生产和生活的问题日益突出。

为了寻找解决这些问题的科学依据和有效措施,国际生物科学联合会(IUBS)制订了"国际生物学计划"(IBP),对陆地和水域生物群系进行生态学研究。1972 年,联合国教科文组织等继 IBP 之后,设立了人与生物圈计划(MAB)国际组织,制定"人与生物圈"规划,组织各参加国开展森林、草原、海洋、湖泊等生态系统与人类活动关系及与农业、城市、污染等有关的科学研究。许多国家都设立了生态学和环境科学的研究机构。生态学发展趋势和许多自然科学一样,由定性研究趋向定量研究,由静态描述趋向动态分析,逐渐向多层次的综合研究发展,与其他某些学科的交叉研究日益显著。

由人类活动对环境的影响来看,生态学是自然科学与社会科学的交汇点;在方法学方面,研究环境因素的作用机制离不开生理学方法,离不开物理学和化学技术,而且群体调查和系统分析更离不开数学的方法和技术;在理论方面,生态系统的代谢和自稳态等概念基本是引自生理学,而由物质流、能量流和信息流的角度来研究生物与环境的相互作用则可以说是由物理学、化学、生理学、生态学和社会经济学等共同发展出的研究体系。

目前,生态学正以前所未有的速度,在原有学科理论和方法的基础上,与自然科学和社会科学相互渗透,向纵深发展并不断拓宽自己的研究领域。生态学将以生态系统为中心,以生态工程为手段,在协调人与人、人与自然的复杂关系,探求全球走可持续发展之路,建设和谐社会方面做出重要的贡献。

2.1.3　生态学的分类

随着社会经济的快速发展,人与自然的关系日益密切,生态学成为最活跃的前沿学科之一,具有广泛的包容性和强烈的渗透性。目前,生态学已经形成一门内容广泛、综合性很强的科学。

生态学一般分为理论生态学(theoretical ecology)和应用生态学(applied ecology)两大类。

1.理论生态学

普通生态学(general ecology)是理论生态学中概括性最强的一门学科。按研究对象的生物组织层次,普通生态学可以划分为分子生态学、个体生态学、种群生态学、群落生态学、生态系统生态学、景观生态学。以生物不同类别为研究对象,普通生态学可分为动物生态学、植物生态学、微生物生态学等。其中,动物生态学又可以进一步划分为昆虫生态学、鱼类生态学、鸟类生态学及兽类生态学等。还可以按照栖息地类别划分为陆地生态学和水域生态学两大类,其中前者包括森林生态学、草原生态学、荒漠生态学、冻原生态学等,后者包括海洋生态学、淡水生态学、河口生态学、湿地生态学等。以上均属于理论生态学范畴。

2.应用生态学

生态学的许多原理和原则在人类生产活动诸多方面得到应用,产生了一系列应用生态学的分支,包括农业生态学、林业生态学、渔业生态学、污染生态学、放射性生态学、热生态学、自然资源生态学、人类生态学、经济生态学、城市生态学及生态工程等。生态学与其他学科相互渗透产生系列边缘学科,如行为生态学、化学生态学、数学生态学、物理生态学、进化生态学、生态遗传学和环境生态学等。

生态学是一门新兴的渗透性很强的交叉学科,起初是作为生物学的一个分支,现在已经成为独立的学科,与环境科学和其他生物科学有着密切的关系。生物的生存环境十分广泛而复杂,地球及其周围的一切自然现象都可能成为生物生存的环境因子,因此,深入学习生态学必然会涉及其他生物学科,以及数学、化学、环境科学、物理学、自然地理学、气象学、地质学、古生物学、海洋学、湖泊学等自然科学和经济学、社会学等人文科学。

2.2　生态系统

2.2.1　生态系统的概念

生态系统(ecosystem)就是在一定空间中共同栖居着的所有生物(即生物群落)与其环境之间由于不断地进行物质循环和能量流动而形成的统一整体。生态系统是生态学中最重要的一个概念,也是自然界最重要的功能单位。地球上的森林、草原、荒漠、海洋、湖泊、河流等,不仅外貌有区别,生物组成也各有其特点,并且其中生物和非生物构成了一个相互作用、物质不断地循环、能量不停地流动的生态系统。因此,生态系统是指在一定的时间和空间内,生物成分和非生物成分之间通过不断的物质循环、能量流动和信息联系而互相作用、互相依存构成的统一整体,是具有一定结构和功能的单位,具有自动调节机制。在异度空间的各种生物的总和则称为生物群落。所以,生态系统又可概括为生物群落与其生存环境构成的综合体。或者说,生态系统就是生命系统与环境系统在特定空间的组合。

生态系统的概念是由英国著名生态学家坦斯莱(Tansley)于1935年提出的,他将生态系统用一个简单明了的公式概括表示为:生态系统=生物群落+非生物环境。由于生态系统的研究内容与人类的关系十分密切,对人类的活动具有直接的指导意义,因此很快得到了人们的重视,20世纪50年代后得到广泛传播,20世纪60年代以后逐渐成为生态学研究的中心。

学者在应用生态系统概念时,对其范围和大小并没有严格的限制,生态系统的范围可大可小,通常可以根据研究的目的和对象而定。小至动物有机体内消化道中的微生物系统,大至各大洲的森林、荒漠等生物群落型,甚至整个地球上的生物圈或生态圈,其范围和边界随研究问题的特征而定。例如,一片森林、一块草地、一个池塘都可以看作是一个生态系统;小的生态系统联合成大的生态系统,简单的生态系统组合成复杂的生态系统,而最大、最复杂的生态系统就是地球生态系统,它是由生物圈和非生物圈(大气圈、水圈、土壤岩石圈)所构成的。

2.2.2　生态系统的组成

生态系统由两大类组成:一类是非生物成分;另一类是生物成分。

1.非生物成分

生态系统中的非生物成分包括生物代谢的能源(如太阳能、化石能源等)、生物代谢的原料(如二氧化碳、水、氧、氮、无机盐、有机质等),以及温度、降水、光照、风等气候条件。非生物成分在生态系统中的作用,一方面是为各种生物提供必要的生存环境,另一方面是为各种生物提供必要的营养元素,可统称为生命支持系统。

2.生物成分

生态系统中的生物成分即生物群落,由生产者、消费者和分解者构成。

(1)生产者。

生产者主要是绿色植物,包括一切能进行光合作用的高等植物、藻类和地衣。这些绿色植物体内含有光合作用色素,可利用太阳能把二氧化碳和水合成有机物,同时释放出氧气。除绿色植物以外,还有利用太阳能和化学能把无机物转化为有机物的光能自养微生物和化能自养微生物。生产者在生态系统中不仅可以生产有机物,而且可以在将无机物合成有机物的同时,把太阳能转化为化学能,储存在生成的有机物中。生产者生产的有机物及储存的化学能,一方面供给生产者自身生长发育的需要,另一方面用来维持其他生物全部生命活动的需要,是其他生物类群(包括人类在内)的食物和能源的供应者。

(2)消费者。

消费者由动物组成,它们以其他生物为食,自己不能生产食物,只能直接或间接地依赖于生产者所制造的有机物获得能量。根据不同的取食地位,消费者可分为:一级消费者(也称为初级消费者),直接依赖生产者为生,包括所有的食草动物,如牛、马、兔、池塘中的草鱼及许多陆生昆虫等;二级消费者(也称为次级消费者),是以食草动物为食的食肉动物,如鸟类、青蛙、蜘蛛、蛇、狐狸等;食肉动物之间"弱肉强食",由此,可以进一步分为三级消费者、四级消费者,这些消费者通常是生物群落中体型较大、性情凶猛的种类。另外,消费者中最常见的是杂食消费者,是介于草食性动物和肉食性动物之间、既食植物又食动物的杂食动物,如鲤鱼、大型兽类中的熊等。消费者在生态系统中的作用之一,是实现物质和能量的传递,如草原生态系统中的青草、野兔和狼,其中野兔就起着把青草制造的有机物和储存的能量传递给狼的作用;消费者的另一个作用是实现物质的再生产,如草食动物可以把草本植物的植物性蛋白再生产为动物性蛋白。所以,消费者又可称为次级生产者。

(3)分解者。

分解者也称为还原者,主要包括细菌、真菌、放线菌等微生物及土壤原生动物和一些小型无脊椎动物。这些分解者的作用就是把生产者和消费者的残体分解为简单的物质,最终以无机物的形式归还到环境中,供给生产者再利用。所以,分解者对生态系统中的物质循环具有非常重要的作用。一些土壤中的小型动物,如线虫、蚯蚓、蜈蚣等,在动植物残体分解过程中,它们与细菌、真菌共同活动,加速了生物残体的分解和转化。在生态系统中,分解者是重要的生物群落之一,其数量十分庞大。据估算,在农田生态系统中的细菌重量,每公顷平均在500千克以上,至于细菌总数则是一个天文数字。

生物成分和非生物成分在同一个时间和空间中,共同构成一个有机的统一体,在这个有机整体中,能量和物质在不断地流动,并在一定条件下保持着相对平衡。当然,不同类型的生态系统具有组成成分各不相同的特点。例如,陆生生态系统中的生产者是各种陆生植物,消费者是各种陆生动物,分解者主要是土壤微生物;而水生生态系统中的生产者是各种浮游植物和水栖动物,包括沉水植物、浮水植物、挺水植物,消费者是各种水生动物,包括浮游动物和底栖动物,分解者则是各种水生微生物。不同类型生态系统的无生命成分也存在较大的差异。

2.2.3　生态系统的结构和类型

1.生态系统的结构

构成生态系统的各个组成部分,各种生物的种类、数量和空间配置,在一定时期均处于相对稳定的状态,使生态系统能够各自保持一个相对稳定的结构。生态系统的结构主要有形态结构和营养结构。

(1)生态系统的形态结构。

生态系统的形态结构是指生物种类、种群数量、种的空间配置(水平分布、垂直分布)及时间变化(发育、季相),包括空间结构和时间结构。

① 空间结构。空间结构是指生物群落的空间格局状况,包括群落的垂直结构(成层现象)和水平结构(种群的水平配置格局)。例如,一个森林生态系统,在空间分布上,自上而下具有明显的成层现象,地上有乔木、灌木、草本植物、苔藓植物,地下有深根系、浅根系及根系微生物和微小动物。在森林中栖息的各种动物,也都有其相对的空间位置,如在树上筑巢的鸟类、在地面行走的兽类和在地下打洞的鼠类等。在水平分布上,林缘、林内植物和动物的分布也有明显的不同。

② 时间结构。时间结构主要指同一个生态系统,在不同的时期或不同的季节,存在着有规律的时间变化。例如,长白山森林生态系统,冬季满山白雪覆盖,到处是一片林海雪原;春季冰雪融化,绿草如茵;夏季鲜花遍野,五彩缤纷;秋季又是果实累累,气象万千。不仅在不同季节有着不同的季相变化,就是昼夜之间,其形态也会表现出明显的差异。

(2)生态系统的营养结构。

生态系统的营养结构是生态系统的各组成部分之间以营养为纽带,通过营养联系构成的。生产者可向消费者和分解者分别提供营养,消费者也可向分解者提供营养,分解者则把生产者和消费者以动植物残体形式提供的营养分解为简单的无机物质归还给环境,由环境再供给生产者利用。这既是物质在生态系统中的循环过程,也是生态系统营养结构的表现形式。由于不同生态系统的组成成分不同,其营养结构的具体表现形式也会因之各异。例如,鱼塘生态系统的生产者是藻类、水草,消费者是鱼类,分解者是鱼塘微生物,环境则是水、水中空气和底泥;而森林生态系统的生产者是森林、草本植物,消费者是栖息在森林中的各种动物,分解者是森林微生物,环境则是森林土壤、空气和水。

2.生态系统的类型

自然界中的生态系统是多种多样的,为了方便研究,人们从不同角度将生态系统分为若干类型。

按照生态系统的生物成分,可将生态系统分为:植物生态系统,如森林、草原等生态系统;动物生态系统,如鱼塘、畜牧等生态系统;微生物生态系统,如落叶层、活性污泥等生态系统;人类生态系统,如城市、乡村等生态系统。

按照环境中的水体状况,可将生态系统划分为陆生生态系统和水生生态系统两大类。陆生生态系统可进一步划分为荒漠生态系统、草原生态系统、稀树干草原生态系统和森林生态系统等。水生生态系统可进一步划分为淡水生态系统和海洋生态系统,而淡水生态系统又包括江、河等流水生态系统和湖泊、水库等静水生态系统;海洋生态系统则包括滨海生态系统和大洋生态系统等。

按照人为干预的程度划分,可将生态系统分为自然生态系统、半自然生态系统和人工生态系统。自然生态系统是指没有或基本没有受到人为干预的生态系统,如原始森林、未经放牧的草原、自然湖泊等;半自然生态系统是指虽然受到人为干预,但其环境仍保持一定自然状态的生态系统,如人工抚育过的森林、经过放牧的草原、养殖的湖泊等;人工生态系统是指完全按照人类的意愿,有目的、有计划地建立起来的生态系统,如城市、工厂、乡村等。

随着城市化的发展,人类面临的人口、资源和环境等问题都直接或间接地关系到经济发展、社会进步和人类赖以生存的自然环境三个不同性质的问题。实践要求把三者综合起来加以考虑,于是产生了社会-经济-自然复合生态系统的新概念。这种系统是最为复杂的,它把生态、社会和经济多个目标一体化,使系统复合效益最高、风险最小、活力最大。

城市是一个典型的以人为中心的自然-经济-社会复合生态系统,它不仅包括大自然生态系统所包含的所有生物要素与非生物要素,还包含人类最重要的社会及经济要素。整个城市生态系统又可分为三个层次的亚系统,即自然亚系统、经济亚系统和社会亚系统。自然亚系统包括城市居民赖以生存的基本物质环境,它以生物与环境协同共生及环境对城市活动的支持、容纳、缓冲、净化为特征。社会亚系统以人为核心,以满足城市居民的就业、居住、交通、供应、文娱、医疗、教育及生活环境等需求为目标,为经济亚系统提供劳力和智力,并以高密度的人口和高强度的生活消费为特征。经济亚系统以资源为核心,由工业、农业、建筑、交通、贸易、金融、信息、科教等部门组成,它以物质从分散向集中的高密度运转、能量从低质向高质的高强度聚集、信息从低序向高序的连续积累为特征。

上述各个亚系统除内部自身的运转外,各亚系统之间的相互作用、相互制约,构成一个不可分割的整体。各亚系统的运转或系统间的联系失调,就会造成整个城市系统的紊乱和失衡,因此,需要城市的相关部门制定政策,采取措施,发布命令,对整个城市生态系统的运行进行调控。

2.2.4　生态系统的功能

地球上生命的存在与发展完全依赖于生态系统的能量流动、物质循环和信息传递,三者密不可分,紧密结合为一个整体,成为生态系统的动力中心,是生态系统的三大基本功能。

1.能量流动

能量是生态系统的动力,是一切生命活动的基础。一切生命活动都需要能量,并且伴随着能量的转化,否则就没有生命,没有有机体,也就没有生态系统,而太阳能正是生态系统中能量的最终来源。能量有两种形式:动能和潜能。动能是生物及其环境之间以传导和对流的形式相互传递的一种能量,包括热和辐射。潜能是蕴藏在生物有机分子键内处于静态的能量,代表着一种做功的能力和做功的可能性。太阳能正是通过植物光合作用而转化为潜能并储存在有机分子键内的。

从太阳能到植物的化学能,然后通过食物链的联系,使能量在各级消费者之间流动,这样就构成了能流。能流是单向性的,每经过食物链的一个环节,能流都有不同程度的散失,食物链越长,散失的能量就必然越多。由于生态系统中的能量在流动中是层层递减的,因此需要由太阳不断地补充能流才能维持下去。

热力学第一定律指出:能量可以由一种形式转变成另一种形式,在转换过程中不会消失,也不会增减,即能量守恒。热力学第二定律指出:能量总是沿着从集中到分散、从能量高到能量低的方向传递,在传递过程中总会有一部分成为无用的而散失到环境中。能量流动服从热力学第一定律和热力学第二定律。

能量在生态系统中的流动是从绿色植物开始的,绿色植物的光合作用在合成有机物的同时将太阳能转变成化学能,储存在有机物中。绿色植物体内储存的能量,通过食物链在传递营养物质的同时,依次传递给食草动物和食肉动物。动植物的残体被分解者分解时,又把能量传递给分解者。此外,生产者、消费者和分解者的呼吸作用都会消耗一部分能量,消耗的能量被释放到环境中去。这就是能量在生态系统中的流动。

能量流动的特点有:①就整个生态系统而言,生物所含能量是逐级减少的;②在自然生态系统中,太阳是唯一的能源;③生态系统中能量的转移受各类生物的驱动,它们可直接影响能量的流速和规模;④生态系统的能量一旦通过呼吸作用转化为热能,散逸到环境中去,就不能再被生物所利用。因此,系统中的能量呈单向流动,不能循环。在能量流动过程中,能量的利用效率称为生态效率。能量的逐级递减基本上是按照“十分之一定律”进行的,也就是说,从一个营养级到另一个营养级的能量转化率为10%,能量流动过程中有90%的能量被损失掉了,这就是营养级一般不能超过四级的原因。若以第一营养级为基底,逐个营养级向上描绘直至最高营养级,用图形表示就会形成一个金字塔形状,即所谓的“生态金字塔”。根据表示方法,生态金字塔分为三种类型,即数量金字塔、生物量金字塔和能量金字塔。数量金字塔以单位面积上各营养级的个体数量来表示,生物量金字塔以单位面积上各营养级的总生物量或重量来表示,能量金字塔以各种营养级能量来表示。

2.物质循环

（1）物质循环的概念。

生态系统中的绿色植物从地球的大气、水体和土壤等环境中获得营养物质,通过光合作用合成有机质,被消费者利用,物质流向消费者,动植物残体被微生物分解利用后,又以无机物的形式归还给环境,供生产者再利用,这就是物质循环。物质循环又称为生物地球化学循环。这种循环可以发生在不同层次、不同大小的生态系统内,乃至生物圈中。一些循环可能沿着特定的途径从环境到生物体,再到环境中。那些生命必需元素的循环通常称为营养物质循环。

生命的维持不仅需要能量,还依赖于物质的供应。如果说生态系统中的能量来源于太阳,那么物质则由地球供应。物质是由化学元素组成的,人类现已发现了 109 种化学元素,其中有 30~40 种化学元素是生物有机体所需要的,如碳（C）、氢（H）、氧（O）、氮（N）、磷（P）、钾（K）、钙（Ca）、镁（Mg）、硫（S）、铁（Fe）、钠（Na）等。其中 C、H、O 占生物总质量的 95%左右,需要量最大,最为重要,称为能量元素;N、P、Ca、K、Mg、S、Fe、Na 称为大量元素。生物对硼（B）、铜（Cu）、锌（Zn）、锰（Mn）、钼（Mo）、钴（Co）、碘（I）、硅（Si）、硒（Se）、铝（Al）、氟（F）等的需要量很小,它们被称为微量元素。这些元素对生物来说缺一不可,作用各不相同。生物所需要的碳水化合物虽然可以通过光合作用利用水和二氧化碳来合成,但是还需要其他一些元素如 N、P、K、Ca、Mg 等参与更为复杂的有机物质的合成。

物质在生态系统中起着双重作用,既是维持生命活动的基础,又是能量的载体。没有物质,能量就不可能沿着食物链进行传递。因此,生态系统中的物质循环和能量流动是紧密联系的,它们是生态系统的两个基本功能。

过去一百多年中,人类活动已经显著地干扰了碳、氮、磷、硫等的物质循环。其影响已达到全球范围,并随之带来了一系列复杂的生态环境问题。例如,全球碳平衡的破坏,已导致全球气候变暖,氮、磷、硫等物质循环的破坏已产生酸雨、水体富营养化等全球或区域性的环境问题。

（2）物质循环的类型。

物质循环可分为三种类型,即水循环、气体型循环和沉积型循环。

① 水循环。水循环的主要储存库是水体,元素在水体中是以液态形式出现的,如氢的循环。水循环是物质循环的核心,是生态系统中物质运动的介质,生态系统中的所有物质循环都是在水循环的推动下完成的。也就是说,没有水的循环就没有物质循环,就没有生态系统的功能,也就没有生命。

② 气体型循环。气体型循环的储存库主要是在大气圈和水圈中。气体型循环是相当完善的系统,因为大气或海洋储存库的局部变化很快就会分摊开来,各种元素过分集聚或短缺的现象都不会发生,具有明显的全球性特点。凡属于气体型循环的物质,其分子或某些化合物常以气体的形式参与循环过程,属于这一类循环的物质有 C、N 和 O 等。例如,C 是作为 CO_2 的构成物而存在的,N 则占大气成分的 78%。

③ 沉积型循环。沉积型循环的储存库主要是岩石、沉积物和土壤,循环物质分子或

化合物主要是通过岩石的风化作用和沉积物的溶解作用,转变成可供生态系统利用的营养物质。循环过程缓慢,循环是非全球性的。属于沉积型循环的物质有磷、硫、钠、钾、钙、镁、铁、铜、硅等。沉积型循环大都是不很完善的循环,一种元素的局部过量或短缺经常发生。

3.信息传递

信息是指系统传输和处理的对象,在生态系统的各组成部分之间及各组成部分的内部,存在着各种形式的信息联系,以这些信息使生态系统联系成为一个有机的统一整体。信息传递是指生态系统中各生命成分之间及生命成分与环境之间的信息流动与反馈过程。生态系统中的信息形式主要有营养信息、化学信息、物理信息和行为信息。

① 营养信息(nutrition information)。通过营养交换的形式,把信息从一个个体传递给另一个个体,或从一个种群传递给另一个种群,这就是生态系统的营养信息传递。

食物链(网)本身就是一个营养信息传递系统。以由草本植物、鹌鹑、鼠和猫头鹰组成的食物链为例,当鹌鹑较多时,猫头鹰大量捕食鹌鹑,而捕食鼠类较少;当鹌鹑较少时,猫头鹰转向大量捕食鼠类,这样通过猫头鹰对鼠类、鹌鹑捕食的多少,向鼠类、鹌鹑传递了其他种群数量的信息。

②化学信息(chemical information)。生物代谢产生一些化学物质,起到传递信息、协调功能的作用,这一类信息称为化学信息。例如,许多猫科动物以尿液标识各自的领地以避免与栖居同一地区的对手相遇,狼用尿液标记活动路线;在植物的群落中,一种植物通过分泌某种化学物质能够影响另一种或几种植物的生长甚至生存,如作物中的洋葱与食用甜菜、马铃薯与菜豆、小麦与豌豆种在一起能相互促进,而胡桃树大量分泌胡桃酿对苹果有毒害作用。

③ 物理信息(physical information)。生态系统中以物理过程传递的信息称为物理信息,光、声、磁、电、颜色等都属此类。例如,鸟鸣、兽吼可以传达惊慌、安全、恫吓、警告、厌恶、有无食物和要求配偶等各种信息;含羞草在强烈声音的刺激下会做出小叶合拢、叶柄下垂动作;昆虫可以根据花的颜色判断花蜜的有无;信鸽靠体内的电磁场与地球磁场的相互作用确定方向。

④ 行为信息(behavior information)。生态系统中许多动物和植物的异常表现或行为所传递的信息,称为行为信息。例如,蜜蜂跳舞的不同形态和动作,可以表示蜜源的远近和方向;燕子在求偶时,雄燕会围绕着雌燕在空中做特殊飞行;丹顶鹤在求偶时,雌雄双双起舞。

生态系统中的信息传递不像物质流那样循环,也不像能量流那样是单向的,信息传递往往是双向的,有输入也有输出。信息传递对于生态系统内的物质循环、能量流动及生物种群的分布等具有十分重要的作用,它使生态系统成为一个有机整体,经常处于协调状态。

信息传递过程可发生在生物种群与种群之间、种群内部个体与个体之间,以及生物与环境之间。通过信息传递,使得相互联系的生物构成一个生态系统整体,并具有调节系统稳定的作用。信息流既决定着能量流和物质流,同时,信息流也寓于能量流和物质流之中。

2.3 生 态 平 衡

2.3.1 生态平衡的概念及特点

1.生态平衡的概念

生态平衡是指在一定时间内,生物系统中的生物与环境之间、生物各种群之间,通过能量流动、物质循环和信息传递,使它们相互之间达到高度适应、协调和统一的状态。它表现为生态系统中生物组成、种群数量、食物链营养结构的协调状态,能量和物质的输入与输出基本相等,物质储存量恒定,信息传递畅通,生物群落与环境之间或各对应量之间各自保持一定的状态,达到正负相当、协调吻合。也就是说,生态平衡应包括三个方面,即结构上的平衡、功能上的平衡,以及物质输入与输出数量上的平衡。

2.生态平衡的特点

生态平衡是动态平衡,而不是静态平衡。生态系统的各组成部分都在按照一定的规律运动着、变化着,系统中能量在不断地流动,物质在不断地运转,整个系统时刻处于动态之中。动态平衡是生态系统的一个基本特征。

生态平衡是相对的平衡。任何生态系统都不是孤立的,都会与外界发生直接或者间接的联系,会经常遭到外界环境的干扰。尤其是近代人口大量增加,科学技术水平不断提高,人类对自然界的干预程度和范围越来越大,生态系统都在不断地受人类的干扰和破坏。因此,生态系统的平衡是相对的,不平衡是绝对的。

2.3.2 生态平衡的破坏

1.生态平衡破坏的标志

了解生态平衡破坏的标志,对于防止生态平衡的严重失调、恢复和再建新的生态平衡,具有重要的意义。生态平衡破坏的标志主要体现在两个方面,即结构上的标志和功能上的标志。

(1)结构上的标志。

在结构上的标志,一方面是一级结构缺损,另一方面是二级结构变化。一级结构指的是生态系统的各组成成分,即生产者、消费者、分解者和非生物成分组成的生态系统的结构。当组成一级结构的某一种成分或几种成分缺损时,即出现结构缺陷时,表明生态平衡失调。例如,一个森林生态系统由于毁林开荒,使森林这一生产者消失,造成各级消费者因栖息地被破坏,食物来源枯竭,必将被迫转移或者消失;分解者也会因生产者和消费者残体大量减少而减少,甚至会因水土流失加剧被冲出原有的生态系统,则该森林生态系统将随之崩溃。

（2）功能上的标志。

生态系统的二级结构是指生产者、消费者、分解者和非生物成分各自所组成的结构。二级结构变化即指组成二级结构的各种成分发生变化。例如，一个草原生态系统经长期超载放牧，使得嗜口性的优质草类大大减少，有毒的、带刺的劣质草类增加，草原生态系统的生产者种类发生改变，并由此导致该草原生态系统载畜量下降，持续下去，该草原生态系统将会崩溃。

生态平衡破坏表现在功能上的标志，包括能量流动受阻和物质循环中断。能量流动受阻是指能量流动在某一营养级上受到阻碍。例如，森林被砍伐后，生产者对太阳能的利用会大大减少，即能量流动在第一个营养级受阻，森林生态系统会因此而失衡。物质循环中断是指物质循环在某一环节上中断。例如，草原生态系统中的枯枝落叶和牲畜粪便被微生物分解后，把营养物质重新归还给土壤，供生产者利用，是保持草原生态系统物质循环的重要环节。但如果枯枝落叶和牲畜粪便被用作燃料烧掉，其营养物质不能归还土壤，造成物质循环中断，长期下去土壤肥力必然下降，草本植物的生产力也会随之降低，草原生态系统的平衡就会遭到破坏。

2.破坏生态平衡的因素

生态平衡遭到破坏，主要有两个因素，即自然因素和人为因素。

（1）自然因素。

自然因素主要有火山喷发、海陆变迁、雷击火灾、海啸地震、洪水和泥石流及地壳变迁等，这些都是自然界发生的异常现象，它们对生态系统的破坏是严重的，甚至可使其彻底毁灭，并具有突发性的特点。但这类因素常常是局部的，出现的频率并不高。

（2）人为因素。

在人类改造自然界能力不断提高的当今时代，人为因素才是生态平衡遭到破坏的主要因素。主要体现在以下三个方面。

① 物种变化引起生态平衡的破坏。在生态系统中，盲目增加或减少一个物种，有可能使生态平衡遭到破坏。例如，在20世纪50年代曾大量捕杀麻雀，致使一些地区虫害加重，其原因就是害虫的天敌麻雀被捕杀，害虫失去了自然抑制因素。

② 环境因素改变引起生态平衡破坏。一方面，人类的生产活动和生活活动产生了大量的"三废"，不断排放到环境中，导致环境质量不断恶化，产生近期或远期效应，使生态平衡失调或破坏。另一方面，人类对自然资源的不合理开发和利用，如盲目开荒、乱砍滥伐、水面过围、草原超载等，也导致了严重的生态危害。

③ 信息系统的破坏引起生态平衡破坏。各种生物种群只有依靠彼此的信息联系，才能保持集群性，才能正常地繁殖。如果人为向环境中施放某种物质，破坏了某种信息，生物之间的联系将被切断，就有可能使生态平衡遭到破坏。例如，有些雌性动物在繁殖时将一种体外激素——性激素，排放于大气中，有引诱雄性动物的作用。如果人们向大气中排放的污染物与这种性激素发生化学反应，性激素将失去引诱雄性动物的作用，动物的繁殖就会受到影响，种群数量就会下降，甚至消失，从而导致生态失衡。

2.4　生态学在环境保护中的应用

生态学是环境科学重要的理论基础之一。环境科学在研究人类生产、生活与环境的相互关系时,就常用生态学的基础理论和基本规律。以生态学基本理论为指导建立的生物监测、生物评价是环境监测与环境评价的重要组成部分;以生态学基础理论为指导建立的生物工程净化措施,也是环境治理的重要手段。城市与农村生态规划的制定和建设,也必须以生态学的基础理论为指导。

2.4.1　树立生态学观点,管理环境和保护环境

环境问题的实质就是包括人类在内的生态学问题。对环境问题的解决,必须运用生态学的理论、方法和手段。人类的生存环境是一个完整的生态系统或若干个生态系统的组合。人类对环境的利用必须在注意遵循经济规律的同时,也注意遵循生态规律。

运用生态学观点管理和保护环境,必须把生态学的基本理论和基本观点渗透到工农业生产之中。在现代化的工业建设中,为了高效率地利用资源与能源,有效地保护环境质量,人们提出了要用生态工艺代替传统工艺。生态工艺是指无废料生产工艺。无废料是相对而言的,指不向环境排放对生物有毒有害的物质。这是对生态系统中能量流动与物质循环的模拟。生态农业是以生态学理论为依据建立起来的一种理想的生产模式。它既是一种农业生产形式,建立生态农业的目的是把无机物更多地转化为有机物,最大限度地提高能量流、物质流在生态系统中运转时的利用效率,实现高效生产;同时又能创建一个舒适而美好的生存环境。生态农业的重要意义就在于把经济规律与生态规律结合起来,使现在的生态失调得到扭转。

随着生态系统的物质循环和食物链的复杂生态过程,污染物质不断迁移、转化、积累和富集。通过污染物在生态系统中迁移和转化规律的研究,可以弄清楚污染物对环境危害的范围、途径和程度,有利于管理环境和保护环境。

2.4.2　生态平衡的调节机制

生态系统之所以能保持相对的平衡状态,是因为生态系统本身具有自动调节的能力。生态系统的组成成分越多样,能量流动和物质循环的途径越复杂,其调节能力就会越强。例如,在森林生态系统中,若由于某种原因发生大规模森林虫害,在一般情况下不会使森林生态系统遭到毁灭性的破坏,因为当虫害大规模发生时,以这种害虫为食的鸟类获得了更多的食物,这就促进了该食虫鸟的大量繁殖并捕食大量害虫,从而抑制了虫害的大规模发生。但是任何一个生态系统的调节能力都是有限的,生态系统的调节能力受结构的多样性和功能的完整性影响。

1.结构的多样性

一般来讲,生态系统的组成和结构越复杂,自动调节能力就越强;组成和结构越简单,自动调节能力就越弱。例如,一个草原生态系统若只由青草、野兔和狼构成简单的食物

链，那么，一旦由于某种原因野兔的数量减少，狼就会因为食物的减少而随之减少；若野兔消失，这个系统就可能崩溃。如果这个草原生态系统的食草动物不仅限于野兔，还有山羊和鹿，那么当野兔减少时，狼可以去捕食山羊或鹿，生态系统还能继续维持相对平衡的状态；在狼去捕食山羊或鹿时，野兔又可以得到恢复。所以生态系统自动调节能力的大小与其组成和结构的复杂程度有着密切的联系。

2.功能的完整性

功能的完整性是指生态系统的能量流动和物质循环在生物生理机能的控制下能得到合理的运转。运转得越合理，自动调节的能力就越强。例如，一个淡水生态系统——河流中，排入了大量的酚，若该系统中生存着许多对酚有很强降解能力的微生物和水葱等高等植物，酚就会很快得到降解，那么平衡就不会遭到破坏；若该生态系统不具有这些对酚具有很强降解能力的生物，其他的自然净化作用因素又很弱，那么这个系统的平衡就可能失调或遭到破坏。

生态系统平衡调节方式是一种反馈调节机制。所谓反馈，是指当系统中某一成分发生变化的时候，它必然会引起其他成分出现一系列的相应变化。这些变化又反过来影响最初发生变化的那种成分，这种现象称为反馈，反馈有两种，正反馈和负反馈。生态系统达到和保持平衡或稳态，反馈的结果是抑制或减弱最初发生变化的那种成分所发生的变化。例如，草原上的食草动物因为迁入而增加，植物就会因过度啃食而减少，植物数量下降后，反过来就会抑制动物数量的增加。

正反馈比较少见，它的作用刚好与负反馈相反，即生态系统中某一种成分的变化所引起的其他一系列的变化，反过来不是抑制，而是加速最初发生变化的成分所发生的变化，正反馈的作用常常使生态系统远离平衡状态。在自然界中，正反馈的实例不多。例如，如果一个湖泊生态系统受到污染，鱼类的数量就会因为死亡而减少，鱼体死亡腐烂后又进一步加重污染，并引起更多的鱼类死亡。因此，由于正反馈的作用，污染会越来越严重，鱼类死亡速度会越来越快。所以正反馈常具有破坏作用，但它是爆发性的，所经历的时间也很短。从长远来看，生态系统中的负反馈和自我调节起主要作用。

当生态系统通过发育和调节达到最稳定的状态时，它能够自我调节和维持自己的正常功能，并能在很大程度上克服和消除外来的干扰，保持自身的稳定性，但这种自我调节能力是有一定限度的，当外来的干扰因素如火山爆发、地震、泥石流、雷击火烧、人类修建大型工程、排放有毒物质、喷洒农药等，还有人为引入或消灭某些生物等超过一定的限度时，生态系统的自我调节能力就会受到损害，从而引发生态失调，甚至引发生态危机。生态危机是指由于人类盲目活动而导致局部地区，甚至全球整个生物圈结构和功能的失调，从而威胁到人类的生存。生态平衡失调的初期往往不易被人所察觉，如果一旦发展到出现生态危机，就很难在短期内恢复平衡。为了正确处理人和自然的关系，我们必须认识到整个人类赖以生存的自然界和生物圈是一个高度复杂的具有自我调节功能的生态系统，保持这个生态系统结构和功能的稳定是人类生存和发展的基础。因此，人类的活动除了要讲究经济效益和社会效益外，还必须特别注意生态效益和生态后果，以便在改造自然的同时，能基本保持生物圈的稳定平衡。

2.4.3　环境质量的生物监测和生物评价

生物监测是指利用生物个体、种群或群落对环境污染状况进行监测,生物在环境中所承受的是各种污染因子的综合作用,它能更真实、更直接地反映环境污染的客观状况。生物评价是指用生物学方法按一定标准对一定范围内的环境质量进行评定和预测。

利用生物对大气污染进行监测和评价,比较普遍的做法是根据植物叶片受污染后的伤害症状判断污染物的种类,进行定性分析。不同的污染物引起植物叶片的伤害症状是不同的。例如,二氧化硫可使叶脉间出现白色烟斑或坏死组织,而氟化物则可使叶缘或叶尖出现浅褐色或褐红色的坏死部分。同时,也可以根据植物叶片受害程度的轻重、受害面积的大小来判断污染的程度,进行定量分析。还可以根据叶片中污染物的质量分数、叶片解剖构造的变化、生理机能的改变、叶片和新梢生长量等,来监测大气的污染发展状况。水体污染可以利用水生生物进行监测和评价,采用的方法也很多,污水生物体系法就是普遍采用的方法之一。由于各种生物对污染的忍耐力是不同的,因此在污染程度不同的水体中,就会出现某些不同的生物种群,构成不同的生物体系,根据各个水域中生物体系的组成,就可以判断水体的污染程度。

2.4.4　为环境容量和环境标准的制定提供依据

要想切实有效地加强环境保护工作,对已经污染的环境进行治理,就必须制定出国家和地区的环境标准和环境法规。环境标准的制定又必须以环境容量为主要依据。环境容量指的是环境对污染物的最大允许量,也就是保证人体健康和维护生态平衡的环境质量所允许的污染物浓度。为了确定允许的污染物浓度,要获得综合研究污染物浓度与人体健康和生态系统关系的资料,并进行定量的相关分析。

2.4.5　制定区域生态规划,建设生态型城市

按照复合生态系统理论,区域是一个由社会、经济、自然三个亚系统构成的复合生态系统,通过人的生产与生活活动,将区域中的资源、环境与自然生态系统联系起来,形成人与自然、生产与资源环境的相互作用关系及矛盾。这些相互作用关系及矛盾决定了区域发展的特点。可以认为,区域一切环境问题的产生都是这一复合生态系统失调的表现,所以编制国家或地区的发展规划时,不能单独考虑经济因素,而要把它与地球物理因素、生态因素和社会因素等紧密结合在一起进行考虑,使国家和地区的发展能顺应环境条件,不致使当地的生态平衡遭受重大破坏。

【阅读材料】

澳大利亚的"人兔百年大战"

提起兔子,我们通常会想到月宫里嫦娥身边的宠物、十二生肖的一员。中国自古就流传着很多关于兔子的传说和诗句,李白更有"白兔捣药秋复春,嫦娥孤栖与谁邻"和"白兔捣药成,问言与谁餐"的优美诗句流传至今。

但是中国人眼中可爱的小兔子并没有受到全世界人的欢迎,甚至部分地区不仅把兔

子当作避之不及的噩梦,还想方设法赶尽杀绝,比如澳大利亚。

为什么在中国人畜无害的兔子,到了澳大利亚却变得面目可憎了呢?

澳大利亚位于南半球,其物种与北半球有着明显的差异性。澳大利亚原本是没有兔子的,那澳大利亚的兔子是哪来的呢? 自然是外界带来的。1859 年,一个名叫托马斯·奥斯汀的英格兰的农场主,历经千辛万苦跨过太平洋来到了广阔的澳大利亚草原,同时,来到这片陌生土地上的除他之外,还有行李箱里的 24 只穴兔和 5 只野兔。奥斯汀随意将兔子放养在自己的农场里。然而,这位英格兰的农场主万万不会想到,这一举动竟然为澳大利亚打开了潘多拉魔盒。

澳大利亚农牧业发达,被称为"骑在羊背上的国家"。其草原上的土壤疏松,非常适宜兔子打洞做窝。同时,澳大利亚的气候不冷不热,这里简直是兔子的天堂。兔子虽然弱小,但其天生就有非常强大的繁殖能力,与牛羊等一年 1~2 胎相比,兔子一年可以生 6 胎,而且一次可以生 4 只,新生的小兔子 6 个月就进入性成熟期,而且兔子的平均寿命还不短,大概能活 8 年。据此推算,如果在没有天敌的情况下,放任兔子无限繁殖,那么一百年内,地球就会被兔子所占领。虽然在北半球兔子面临着狐狸、狼、鹰等食肉动物的威胁,但澳大利亚偏偏就没有兔子的天敌,于是这些来到澳大利亚草原的兔子就开始疯狂地繁殖后代,迅速占领了澳大利亚。

1896 年,兔子们的势力范围北至昆士兰,南至南澳大利亚,甚至横越了澳洲大陆,到达了西澳大利亚。截至 1907 年,整个澳洲大陆到处都可以看见兔子的身影。1926 年,英国来的那 29 只兔子的后代已经达到了惊人的 100 多亿只! 这个数字是当时人口数目的 5 倍。

说到这里,有的朋友就会问,兔子有你说的那么恐怖吗? 兔子太多抓来吃多好,而且兔肉非常有益于身体健康。可惜事实并非如此简单。且不说 19 世纪的科技水平无法大规模地猎杀兔子,就凭家兔每秒 15~20 m 的奔跑速度,就是人类难以匹敌的对象。而且兔子的听力极其发达,甚至可以清楚听见 1 m 外一根针掉地上的声音,在人类捕捉它之前就早跑了。所以,在澳大利亚,成群结队的兔子在一望无际的大草原啃食着各类青草。据计算,十只兔子一天消耗的牧草量与一只成年山羊相当,而且兔子不仅吃草,还啃食灌木和树皮,甚至连树木的幼苗也不放过。

澳大利亚的兔子数目远多于牛羊,这使得"骑在羊背上的国家"几乎从羊背上摔了下来。兔子不仅抢了羊的草,就连本地的原住民袋鼠和袋狸的食物也被兔子消耗殆尽,大量的兔子占据了原本属于这些澳洲土著动物的洞穴,更严重挤压了这些生物的生存空间。最严重的时候,澳大利亚的标志性动物——袋鼠差点因此而濒临灭绝。

在澳大利亚较为干旱的地区,兔子造成的生态灾害更加严重,4 只兔子就能让一公顷土地上的各种植物永久失去再生能力。而植物的缺乏又会严重破坏到整个植被群落的结构,从而间接影响当地的鸟类、爬行动物、无脊椎动物和其他依靠这些动物的生物。作为生态链中的关键一环——人类也受到了很大的影响。兔子打的洞使牧场变得坑坑洼洼且失去强度,牛羊在走路的时候一个不留神就会陷入兔子打的洞中,大量的洞穴使澳大利亚本来就松软的土壤更加脆弱,导致大型农业机械的作业效率大幅度下降。除此之外,疏松多孔的土壤大幅度降低了澳大利亚土壤的水土保持能力,导致水土流失和土壤退化现象日益严重,给当地的生态环境造成了极其严重的后果。虽然澳大利亚人不屈不挠地跟兔子进行了多次战争,但都以失败告终。

澳大利亚政府意识到兔子所带来的环境问题后,从 1887 年开始,重金悬赏剿灭兔患,谁能解决澳大利亚的兔子问题,谁就能得到 25 000 英镑赏金。听到这个消息,各路英雄跃跃欲试,这其中就有大名鼎鼎的法国生物学家巴斯德。巴斯德为了这笔钱远渡重洋,来到澳大利亚。他的办法非常简单,采用对兔子有致命作用的鸡霍乱菌来猎杀兔子,但是人算不如天算,巴斯德在澳大利亚的剿兔行动最终以失败告终,最后只能垂头丧气地返回法国。

到了 1901 年,澳大利亚依然没有解决兔患问题。于是他们决定用最原始的方法隔离兔子。为了保护西澳大利亚的牧场,澳大利亚政府花了 6 年时间,建造了三道防兔栅栏,其中第一道栅栏沿着整个澳大利亚的西部垂直延伸了 1 138 英里(1 英里约为1.61 km),至今仍被认为是世界上最长的栅栏。刚开始,这个方法对于到处乱窜的野兔还真起到了一定的作用,但是与野兔不同,家兔打洞的本领十分强悍,上面的栅栏拦不住下面的地道,西澳大利亚的牧场最终被家兔所侵蚀。

眼看物理隔离法失败了,澳大利亚人又想出来了第二个方法——生物疗法。澳大利亚兔子泛滥的原因是缺少兔子的天敌,那么引入兔子的天敌是否就可以解决兔患呢?澳大利亚政府这回以暴制暴,引来兔子的天敌——狐狸。但是没想到,请神容易送神难,狐狸的到来不仅没消灭兔子,反而差一点让澳大利亚本地特有的动物被吃光,这是怎么回事呢?原来狐狸之所以吃兔子,是因为在狐狸的生活区域里,兔子是最适合的猎物。但是到了澳大利亚就不一样了,澳大利亚本地的动物由于缺少天敌,因此行动迟钝,这大大减轻了狐狸捕猎的难度,相比跑得飞快的兔子,这些慢吞吞的动物更容易被狐狸捕猎。所以澳大利亚人发现,引入狐狸不但没有减少兔子的数量,反而使当地有袋类动物的数目一天天减少,最终这种生物疗法也宣告失败。

在以上两种方法都失败后,愤怒的澳大利亚人为了消灭兔子,甚至动用空军轰炸机来播撒毒药,但是这种方法也没有带来什么实际的效果,反而使澳大利亚的生态环境又遭到了严重的破坏。因为飞机一来,兔子听到发动机的声音马上就躲进洞里,倒是很多在陆地上的动植物被毒药毒死。

澳大利亚人屡败屡战,直到 20 世纪 50 年代,饱受兔灾折磨的澳大利亚政府终于迎来了曙光。生物学家们从南美洲引进了一种黏液瘤病毒,这种病毒依靠蚊子进行传播,与之前的鸡霍乱病菌不同的是,这种病毒对欧洲野兔具有特异性,在杀灭兔子的同时对人和其他动物无害。黏液瘤病毒一经引进,便很快让澳大利亚政府看到了效果。1952 年,澳大利亚的兔子有 90% 的种群被消灭。到了 1990 年,兔子的数量被控制到了 6 亿只。

但人兔大战的故事没有终结,兔子依然是澳大利亚的噩梦。虽然这场为澳大利亚带去百年困扰的兔子灾难终于告一段落,但是随着兔子体内抗体的产生,科学家发现黏液瘤病毒对兔子的致死率在逐年下降。因此,澳大利亚政府投入巨资,一直在不停进行各种试验,寻找新的方法,尝试引入多种病毒来消灭这些兔子。澳大利亚这场持续百年的“人兔大战”注定将持续下去。

近年来,“物种入侵”这个词越来越被人们所熟知,不论是横行于澳大利亚的兔子,还是北美五大湖里令美国人苦不堪言的亚洲鲤鱼,或在中国河沟随处可见的水花生,都在向人类证明大自然生态平衡的脆弱性。

随着科学技术的发展,人类改造自然的能力越来越强,但在改变自然的过程中,特别是面对这些改变所带来的影响的时候,人类又往往是无能为力的。作为生物链上的一环,与自然和谐相处,才是人类的生存之道。

（资料来源:腾讯网,网址:https://view.inews.qq.com/k/20210806A0DXUA00? web_channel = wap&openApp = false）

复习与思考

1.阐述生态学的定义。

2.什么是生态系统？它的基本组成、结构、类型是什么？

3.简述生态系统的功能。

4.什么是生态平衡？影响和维持生态平衡的因素有哪些？

5.生态学在环境保护中有哪些应用？

第 3 章　可持续发展的基本理论

3.1　可持续发展理论的产生与发展

可持续发展理论的酝酿和形成经历了相当长的过程。可持续发展是人类实践和科学技术高度发展的产物,是人类以沉痛的代价换来的认识成果。可持续发展思想产生的动因,就在于可持续发展问题的存在。所谓可持续发展问题,是指人类经济活动的干预对自然生态的影响及对经济本身的影响。然而,可持续发展问题并非自今日始,从某种意义上说,自从有了人类经济活动,就有了可持续发展的问题。

3.1.1　中国古代朴素的可持续发展思想

可持续发展思想在我国可以说是源远流长,早在 2 000 年前的周代,这种思想就已萌芽。《易传》的作者综合庄子的"顺天"思想和荀子的"制天"思想,提出了"天人合一"的自然观,即"人与天地合其德,与日月合其明,与四时合其序……先天而天弗违,后天而奉天时"。用今天的话来说,就是将天、地、人作为一个统一的整体,人类既要顺应自然,尊重客观自然规律,又要注意发挥主观能动作用,改造自然,建立起人与自然的和谐发展关系,以符合人类经济活动的目的。

自秦以后,历代思想家进一步丰富和发展了先秦诸子关于天人关系的思想。例如,扬雄的《太玄经·玄莹》、王充的《论衡》、贾思勰的《齐民要术》等。这些著作都从不同方面把人与自然、经济与生态作为一个有机整体,形成了中国古代朴素的生态观和经济相统一的可持续发展观。与此同时,在周代,我国开始重视保护自然资源和生态环境,并且有了这方面的法令。例如,周文王时期(约公元前 1150 年)颁布的《伐崇令》,规定"毋坏屋,毋填井,毋伐树木,毋动六畜,有不如令者,死无赦"。这很可能是世界上最早的环境保护法令。据《吕氏春秋》记载,周朝还制定了保护自然资源的《野禁》和《四时之禁》。《四时之禁》规定"山不敢伐材下木,泽人不敢灰僇;缳网置罘不敢出于门;罛罟不敢入于渊",意思是不在规定的时间,不准砍伐山林,不准割草烧灰,不准滥捕鸟兽,不准下河捕鱼,以利于动植物的生长繁殖。

到了秦代,则有了形式更为完备、内容更为翔实具体的环境保护法令,如《秦律·田律》就有若干保护生态环境的条文,条文规定每年春季 2 月至夏季 7 月的这段时间内,不准进山砍伐林木;不准堵塞林间水道;不准采樵、烧草木灰;不准捕捉幼兽、幼鸟或鸟卵;不准用药物毒杀鱼鳖;不准设置诱鸟兽的网罟和陷阱等,并规定了对违反禁令者的处罚措施。

3.1.2　近代马克思辩证的可持续发展思想

在马克思主义创始人的著作中,虽然没有直接提到过"可持续发展"这个名词,但对这个问题则进行了深入研究,提出了一些具体思想。

1.人和自然密切相关的思想

马克思在《1844 年经济学哲学手稿》中最早提出了这个观点。他说,"在人类历史中即在人类社会的产生过程中形成的自然界是人的现实的自然界""历史本身是自然史的即自然界成为人这一过程的一个现实部分"。马克思还指出:"自然界,就它本身不是人的自身而言,是人的无机的身体。人靠自然界生活。"人的肉体生活和精神生活同自然界相联系,也就等于说自然界同自身相联系,因为人是自然界的一部分。

2.人和自然进行物质变换的思想

马克思和恩格斯认为,人与自然之间的关系,只能是物质变换的关系。人的劳动是社会发展的基础,而劳动首先是人和自然之间的过程,是人以自身的活动来引起、调整和控制人和自然之间的物质变换的过程。

马克思指出:"耕作如果自发地进行,而不是有意识地加以控制,接踵而来的就是土地的荒芜,像波斯、美索不达米亚等地以及希腊那样。"强调要"一天天地学会更加正确地理解自然规律,学会认识我们对自然界的惯常行程的干涉所引起的比较近或比较远的影响"。

马克思谈到资本主义工业发展对城市生态环境的破坏时指出:"资本主义生产使它汇集在各大中心的城市人口越来越占优势,这样一来,它一方面聚集着社会的历史动力,另一方面又破坏着人和土地之间的物质变换,也就是使人以衣食形式消费掉的土地的组成部分不能回到土地,从而破坏土地持久肥力的永恒的自然条件。"

恩格斯在《反杜林论》中描述了工业对水体的污染:"蒸汽机的第一需要和大工业中差不多一切生产部门的主要需要,都是比较纯洁的水。但是工厂城市把一切水都变成臭气冲天的污水。"

3.1.3　现代可持续发展思想的形成与发展

20 世纪是人类对可持续发展思想觉醒和复苏的一个世纪。现代可持续发展思想的产生源于人们对环境问题的逐步认识、深切反思和热切关注。18 世纪初、工业革命以前,环境问题处于萌芽阶段。当时工业生产并不发达,由工业生产引起的环境污染问题还不突出。自工业革命后,尤其是半个多世纪以来,随着全球人口膨胀和生产力水平的极大提高,很多国家和地区普遍出现了前所未有的经济"增长热"。各地的发展主要是按经济增长来定义的,以工业化为主要内容,以国民生产总值或国民收入的增长为根本目标。一切目标围绕经济增长,认为只要经济增长了,就是社会发展了。人类在创造了空前的巨大物质财富的同时,为此却付出了极其沉重的环境代价,环境问题随之恶化,并从局部地区向全世界蔓延。西方发达国家环境公害事件接连不断,对经济和社会发展带来严重冲击。全球性规模的大气、海洋、陆地污染及生态破坏,已成为危及人类当时和未来的严重问题。全球日益突出的环境危机,严重影响了人类社会的和谐、健康和持续发展,把人类推向了历史抉择的关头,迫使人类开始反思和总结自己所创造的文明,努力寻求新的发展模式。

1.早期的反思——《寂静的春天》

20 世纪中叶,随着环境污染的日趋严重,特别是西方国家公害事件的不断发生,环境问题日益成为困扰人类生存和发展的一个突出问题。20 世纪 50 年代末,美国海洋生物学家蕾切尔·卡森(Rachel Karson)在潜心研究美国使用杀虫剂所产生的种种危害之后,于 1962 年发表了环境保护科普著作《寂静的春天》。她向世人呼吁:我们长期以来一直行驶的这条发展道路容易使人错认为是一条舒适、平坦的超级公路,而实际上,在这条道路的终点却有灾难在等待着,这条路的另一个岔路——一条"很少有人走过的"岔路——为我们提供了最后唯一的机会以保住我们的地球。但这"另一个岔路"究竟是什么样的道路,卡森没有确切地提出,但作为环境保护的先行者,卡森的思想在世界范围内引发了人类对自身行为和观念的深入反思。

2.一服清醒剂——《增长的极限》

1968 年,来自世界各国的几十位科学家、教育家和经济学家等聚会罗马,成立了一个非正式的国际协会——罗马俱乐部(The Club of Rome)。它的工作目标是:研究和探讨人类面临的共同问题,使国际社会对人类面临的社会、经济、环境等诸多问题有更深入的理解,并在现有全部知识的基础上推动采取能扭转不利局面的新态度、新政策和新制度。受俱乐部的委托,以麻省理工学院梅多斯为首的研究小组,针对长期流行于西方的高增长理论进行了深入的研究,并于 1972 年提交了俱乐部成立后的第一份研究报告——《增长的极限》。报告深刻阐明了环境的重要性及资源与人口之间的基本关系。报告认为:由于世界人口增长、粮食生产、工业发展、资源消耗和环境污染这五项基本因素的运行方式是指数增长而非线性增长,如果目前人口和资本的快速增长模式继续下去,世界将会面临一场"灾难性的崩溃"。也就是说,地球的支撑力将会达到极限,经济增长将发生不可控制的衰退。因此,避免因超越地球资源极限而导致世界崩溃的最好方法是限制增长,即"零增长"。《增长的极限》一发表,在国际社会特别是在学术界引起了强烈的反响。该报告在促使人们密切关注人口、资源和环境问题的同时,因其反增长的观点而遭受到尖锐的批评和责难,从而引发了一场激烈的、旷日持久的学术之争。一般认为,由于种种因素的局限,《增长的极限》的结论和观点存在十分明显的缺陷。但是,报告指出的地球潜伏着危机、发展面临着困境的警告无疑给人类开出了一服清醒剂,其积极意义毋庸置疑。《增长的极限》曾一度成为当时环境运动的理论基础,有力地促进了全球的环境运动,其中所阐述的"合理的、持久的均衡发展",为可持续发展思想的产生奠定了基础。

3.全球的觉醒——联合国人类环境会议

联合国人类环境会议于 1972 年 6 月 5 日在瑞典首都斯德哥尔摩召开。当时人类面临着环境日益恶化、贫困日益加剧等一系列突出问题,国际社会迫切需要共同采取一些行动来解决这些问题。在这样的国际背景下,联合国人类环境会议共同讨论环境对人类的影响问题。这是人类第一次将环境问题纳入世界各国政府和国际政治的事务议程。会议通过的《人类环境宣言》,宣布了 37 个共同观点和 26 项共同原则。通过广泛的讨论,会议通过了重要文件——《人类环境行动计划》,确定每年的 6 月 5 日为世界环境日。

作为探讨保护全球环境战略的第一次国际会议,联合国人类环境会议的意义在于唤起了各国政府对环境污染问题的觉醒和关注。它向全球呼吁:"现在,我们在决定世界各地的行动时,必须更加审慎地考虑它们对环境产生的后果,由于无知或不关心,我们可能会给地球环境造成巨大而无法换回的损失,因此,保护和改善人类环境是关系到全世界各国人民的幸福和经济发展的重要问题,是世界人民的迫切希望和各国政府的艰巨责任,也是人类的紧迫目标,各国政府和人民必须为全体人民及其后代的利益而做出共同的努力。"

尽管此次会议对环境问题的认识还比较粗浅,也尚未确定解决环境问题的具体途径,尤其是没能找出问题的根源和责任,但它正式吹响了人类共同向环境问题挑战的进军号,使各国政府和公众的环境意识,无论是在广度上还是在深度上都向前大大地迈进了一步。

这次会议之后,联合国于 1973 年成立了联合国环境规划署(United Nations Environment Programme)。1983 年的第 38 届联合国大会通过决议,成立了世界环境与发展委员会(World Commission on Environment and Development,WCED),挪威首相布伦特兰夫人(Brundland)任主席。

4.可持续发展的提出——《我们共同的未来》

20 世纪 80 年代伊始,联合国成立了以挪威首相布伦特兰夫人为主席的世界环境与发展委员会,以制定长期的环境对策,帮助国际社会确立更加有效的解决环境问题的途径和方法。经过 3 年多的深入研究和充分论证,该委员会于 1987 年向联合国大会提交了研究报告——《我们共同的未来》。报告分为共同的关切、共同的挑战、共同的努力三大部分,将注意力集中于人口、粮食、物种和遗传资源、能源、工业和人类居住等方面,在系统探讨了人类面临的一系列重大经济、社会和环境问题之后,正式提出了"可持续发展"的模式。报告深刻地指出,在过去,我们关心的是经济发展对生态环境带来的影响,而现在,我们正迫切地感到生态压力对经济发展所带来的重大制约。因此,我们需要有一条崭新的发展道路,这条道路不是一条只能在若干年内、在若干地方支持人类进步的道路,而是一条直到遥远的未来都能支持全人类共同进步的道路——"可持续发展道路",这实际上就是卡森在《寂静的春天》里没能提供答案的"另一条岔路"。该报告第一次明确给出了可持续发展的定义。布伦特兰鲜明、创新的科学观点,把人们从单纯考虑环境保护的角度引导到环境保护与人类发展相结合,体现了人类在可持续发展思想认识上的重要飞跃。

5.重要的里程碑——联合国环境与发展会议

1992 年 6 月,联合国环境与发展会议在巴西里约热内卢召开,共有 183 个国家的代表团和 70 个国际组织的代表出席了会议,102 位国家元首或政府首脑到会讲话。这次会议是根据当时的环境与发展形势需要,同时为了纪念联合国人类环境会议 20 周年而召开的。此次会议上,可持续发展得到了世界最广泛和最高级别的政治承诺。会议通过了《里约环境与发展宣言》和《21 世纪议程》两个纲领性文件,正式确认了可持续发展战略,为全世界可持续发展指明了大方向。会议将公平性、持续性和共同性作为可持续发展的基本原则。各国政府代表签署了《气候变化框架公约》等国际文件及有关国际公约。

可持续发展思想的正式确立,标志着人类对自身生存和发展方式的大转变,是人类第一次将可持续发展理论和概念变成行动,由单纯重视环保问题,转移到环境与发展的主题,开辟了人类历史的新纪元,形成了人类可持续发展进程的第二座也是最重要的里程碑。

2002 年,可持续发展世界首脑会议在南非约翰内斯堡召开。这次会议的主要目的是回顾《21 世纪议程》的执行情况、取得的进展和存在的问题,并制订一项新的可持续发展行动计划,同时也是为了纪念联合国环境与发展会议召开 10 周年。经过长时间的讨论和复杂谈判,会议通过了《可持续发展世界首脑会议实施计划》这一重要文件。

联合国人类环境会议、联合国环境与发展会议和可持续发展世界首脑会议这三次联合国会议一般被认为是国际可持续发展进程中具有里程碑性质的重要会议。可持续发展不仅是 20 世纪末,也是 21 世纪;不仅是发达国家,也是发展中国家的共同发展战略,是整个人类求得生存与发展的唯一可供选择的道路。

3.2　可持续发展理论的概念与特征

3.2.1　可持续发展的概念

《我们共同的未来》是这样定义可持续发展的:既满足当代人的需求,又不对后代人满足其自身需求的能力构成危害的发展(Sustainable development is development that meets the needs of the present without compromising the ability of future generation to meet their needs)。这一概念在 1989 年联合国环境规划署第 15 届理事会通过的《关于可持续发展的声明》中得到接受和认同,即“可持续的发展,系指既满足当前需要而又不削弱子孙后代满足其需要之能力的发展,而且绝不包含侵犯国家主权的含义”。这个定义包含了三个重要的内容,首先是“需求”,要满足人类的发展需求;其次是“限制”,发展不能损害自然界支持当代人和后代人的生存能力,其思想实质是尽快发展经济以满足人类日益增长的基本需要,但经济发展不应超出环境的容许极限,经济与环境协调发展,保证经济、社会能够持续发展;第三是“平等”,指各代之间的平等及当代不同地区、不同国家和不同人群之间的平等。

3.2.2　可持续发展理论的基本特征

可持续发展理论的基本特征可以简单地归纳为经济可持续发展(基础)、生态(环境)可持续发展(条件)和社会可持续发展(目的)。

1.可持续发展鼓励经济增长

可持续发展强调经济增长的必要性,必须通过经济增长提高当代人福利水平,增强国家实力和社会财富。可持续发展不仅要重视经济增长的数量,更要追求经济增长的质量。这就是说,经济发展包括数量增长和质量提高两部分。数量的增长是有限的,而依靠科学技术进步,提高经济活动中的效益和质量,采取科学的经济增长方式才是可持续的。

2.可持续发展的标志是资源的永续利用和良好的生态环境

经济和社会发展不能超越资源和环境的承载能力。可持续发展以自然资源为基础,同生态环境相协调。它要求在保护环境和资源永续利用的条件下,进行经济建设,保证以可持续的方式使用自然资源和环境成本,使人类的发展控制在地球的承载力之内。要实现可持续发展,必须使可再生资源的消耗速率低于资源的再生速率,使不可再生资源的利用能够得到替代资源的补充。

3.可持续发展的目标是谋求社会的全面进步

发展不仅仅是经济问题,单纯追求产值的经济增长不能体现发展的内涵。可持续发展的观念认为,世界各国的发展阶段和发展目标可以不同,但发展的本质应当包括改善人类生活质量,提高人类健康水平,创造一个保障人们平等、自由、教育和免受暴力的社会环境。这就是说,在人类可持续发展系统中,经济发展是基础,自然生态(环境)保护是条件,社会进步才是目的。而这三者又是一个相互影响的综合体,只要社会在每一个时间段内都能保持与经济、资源和环境的协调,这个社会就符合可持续发展的要求。显然,新世纪人类共同追求的目标,是以人为本的自然-经济-社会复合系统的持续、稳定、健康发展。

3.2.3　可持续发展理论的基本原则

1.公平性原则

所谓公平是指机会选择的平等性。可持续发展的公平性原则包括两个方面:一方面是指本代人的公平,即代内之间的横向公平;另一方面是指代际公平,即世代之间的纵向公平。可持续发展要满足当代所有人的基本需求,给他们机会以满足他们要求过美好生活的愿望。可持续发展不仅要实现当代人之间的公平,而且要实现当代人与未来各代人之间的公平,因为人类赖以生存与发展的自然资源是有限的。从伦理上讲,未来各代人应与当代人有同样的权利来提出他们对资源与环境的需求。可持续发展要求当代人在考虑自己的需求与消费的同时,也要对未来各代人的需求与消费负起历史的责任,因为同后代人相比,当代人在资源开发和利用方面处于一种无竞争的主宰地位。各代人之间的公平要求任何一代都不能处于支配地位,即各代人都应有同样选择的机会空间。

2.持续性原则

持续性是指生态系统受到某种干扰时能保持其生产力的能力。资源环境是人类生存与发展的基础和条件,资源的持续利用和生态系统的可持续性是保持人类社会可持续发展的首要条件。这就要求人们根据可持续性的条件调整自己的生活方式,在生态可能的范围内确定自己的消耗标准,要合理开发、合理利用自然资源,使再生性资源能保持其再生产能力,非再生性资源不至过度消耗并能得到替代资源的补充,环境自净能力能得以维持。可持续发展的可持续性原则从某一个侧面反映了可持续发展的公平性原则。

3.共同性原则

可持续发展关系到全球的发展。要实现可持续发展的总目标,必须争取全球共同的配合行动,这是由地球整体性和相互依存性所决定的。因此,致力于达成尊重各方的利益,保护全球环境与发展体系的国际协定至关重要。正如《我们共同的未来》中提到的,"今天我们最紧迫的任务也许是要说服各国,认识回到多边主义的必要性""进一步发展共同的认识和共同的责任感,是这个分裂的世界十分需要的"。这就是说,实现可持续发展就是人类要共同促进自身之间、自身与自然之间的协调,这是人类共同的道义和责任。

3.3　可持续发展理论的指标体系

尽管可持续发展在很大程度上被人们所接受,但是,如何从一个概念进入可操作的管理层次仍需要进行很多实际的探讨。其中一个至关重要的问题就是如何测定和评价可持续发展在不同时间和空间的变化过程,这就需要建立一套完整的衡量可持续发展的指标和指标体系。

目前,世界上不同国际组织机构、不同学者提出了很多可持续发展的指标体系及其定量评价模型。概括起来,建立的评价可持续发展的指标体系已形成四大学科主流方向,即生态学方向、经济学方向、社会政治学方向和系统学方向。从分类上讲,前两种属于单一指标评价法,后两种属于多指标加权评价法。它们分别从各自的角度提出了判定可持续发展程度的指标体系。

3.3.1　生态学方向的指标体系——生态足迹法

生态足迹(ecological footprint, EF)评价法是 1992 年由加拿大生态经济学家威廉(William)教授提出的一种度量可持续发展程度的方法,随后他和他的学生瓦克纳戈尔(Wackernagel)博士于 1996 年一起提出了具体的计算方法。生态足迹评价法是最具有代表性的基于土地面积定量测量可持续发展程度的量化指标。瓦克纳戈尔博士将生态足迹形象地比喻为"一只承载着人类与人类所创造的城市、工厂的巨脚踏在地球上留下的脚印"。具体地说,生态足迹就是指人类作为地球生态系统中的消费者,其生产活动及消费对地球形成的压力,每一个人都需要一定的地球表面来支持自身的生存,这就是人类的生态足迹。生态足迹这一形象化概念,既反映了人类对地球环境的影响,也包含了可持续性机制,即当地球所能提供的土地面积再也容纳不下这只巨足时,其上的城市、工厂就会失去平衡;如果巨足始终得不到一块允许其发展的立足之地,那么它所承载的人类文明终将坠落与崩溃。生态足迹是一只环境的大脚,生态足迹越大,环境破坏就越严重,如图 3.1 所示。它的应用意义是:通过生态足迹需求与自然生态系统的承载力(亦称生态足迹供给)进行比较,即可以定量地判断某一国家或地区目前可持续发展的状态,以便对未来人类生存和社会经济发展做出科学规划和建议。

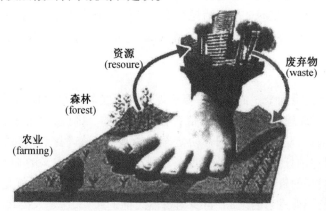

图 3.1 生态足迹

生态足迹通过建立数学模型来计算在一定的人口与经济规模条件下,为资源消费和废物消纳所必需的生物生产面积(biological production area),包括陆地和水域,计算的尺度可以是某个人、某个城市或某个国家。生态足迹(生态足迹需求)模型如式(3.1)所示。

$$EF = N \cdot ef = N \cdot \sum (aa_i) = \sum rjA_i = \sum (c_i/p_i) \tag{3.1}$$

式中　　EF——总的生态足迹;

　　　　N——人口数;

　　　　ef——人均生态足迹;

　　　　c_i——i 种商品的人均消费量;

　　　　p_i——i 种消费商品的平均生产能力;

　　　　aa_i——人均 i 种交易商品折算的生物生产面积,i 为所消费商品和投入的类型;

　　　　A_i——第 i 种消费项目折算的人均占有的生物生产面积;

　　　　rj——均衡因子。

根据生态足迹的计算模型,通常将某个地区的生态承载力表征为该地区能够提供的所有生态生产性土地面积的总和。度量单位与生态足迹相同(全球性公顷,ghm²)。所谓的生态承载力(EC),是指生态系统的自我维持、自我调节能力。资源与环境子系统的供容能力(资源持续供给能力,环境容纳废物能力)及其可维持养育的社会经济活动强度和具有一定生活水平的人口数量在不同区域、不同生态环境、不同社会经济状况下,其生态系统承载力是不同的。

根据一个地区的生态承载力与生态足迹,可以计算生态盈余或生态赤字。当一个地区的生态承载力小于生态足迹时,则出现生态赤字;当生态承载力大于生态足迹时,则产生生态盈余,计算公式如式(3.2)所示。

$$生态盈余(赤字):ER 或 ED = EC-EF \tag{3.2}$$

式中　ER——生态盈余;

　　　ED——生态赤字。

生态足迹测量了人类生存所需的真实的生物生产面积。将其同国家或区域范围内所能提供的生物生产面积相比较,就能够判断一个国家或区域的生产消费活动是否处于当地的生态系统承载力范围之内,若超出了当地最大的生态系统承载力,就会出现生态赤字。

3.3.2　经济学方向的指标体系

经济学家认为,可持续的经济是社会实现可持续发展的基础。在经济学方向上最具有代表性的指标是绿色 GDP 和真实储蓄率,它们为评价一个国家或地区的可持续发展能力的动态变化提供了有利的判据。

绿色 GDP,经济学家称为环境调整后的国内生产净值,是对扣除资源消耗和环境污染损失以后的修正核算。

传统 GDP 是指一个国家或者地区生产的全部产品与劳务的价值。传统 GDP 的缺陷表现在,统计中忽视了非市场性的活动并遗漏了环境破坏活动对 GDP 的影响。一是传统 GDP 不能反映经济运行的质量,GDP 计算的是经济活动的总量,不论质量好坏的产出都计算在国民财富中,许多自然灾害及人为事故等对社会造成了严重的影响和破坏,而在 GDP 核算中,这些灾害和事故都成为经济的增长点;二是传统 GDP 没有考虑社会生活的质量,不能反映人们的生活福利状况,如果为了 GDP 的增长,人们牺牲自己的休闲活动,那么可能人的生活福利并没有增加;三是传统 GDP 的核算只是记录看得见的、对其有贡献的、可以价格化的劳务,而对其他对社会生活有意义的不可价格化的劳务却视而不见,如 GDP 忽略了家务劳动、志愿者活动等的价值,不能真实全面地反映社会发展的全貌;四是从环境角度来看,在传统 GDP 的核算中,自然资源被认为是可任意使用的自由财富,没有考虑资源的稀缺性,忽略了生态环境的价值,忽视了环境破坏带来的灾害及环境修复的花费,甚至把这种损害作为 GDP 的增加点,以致现在许多地方 GDP 增长越快,对自然环境的破坏也越严重。正如美国经济学家罗伯特·里佩托(Robert Repettl)所指出的:"一个国家可以耗尽它的矿产资源,砍伐它的森林,侵蚀它的土壤,污染它的地下水,杀尽它的野生动物,但是,可测量的国民收入却不会因这些自然资产的消失而受影响。"这句话是对评估经济发展具体方法的典型描述。

绿色 GDP 是将现行统计下的 GDP 扣除两大基本部分的"虚数"。表达式为

$$绿色 GDP=现行 GDP-自然部分虚数-人文部分虚数$$

自然部分的虚数包括:环境污染所造成的环境质量下降;自然资源的退化与配比的不均衡;长期生态质量退化所造成的损失;自然灾害所引起的经济损失;资源稀缺性所引发的成本;物质、能量的不合理利用所导致的损失。

人文部分的虚数,亦应从以下所列的因素中扣除,它大致包括:疾病和公共卫生条件所导致的支出;失业所造成的损失;犯罪所造成的损失;教育水平低下和文盲状况导致的

损失;人口数量失控所导致的损失;管理不善(包括决策失误)所造成的损失。

绿色 GDP 比较合理地扣除现实中的外部化成本,并从内部去反映可持续发展的质量和进程,因此它应逐渐地被认同,并且纳入国民经济核算体系之中。

3.3.3 社会政治学方向的指标体系

社会政治学方向的指标体系最具有代表性的指标是人文发展指数(human development index,HDI),它是由反映人类生活质量的三大要素指标(收入、寿命和教育)合成的一个复合指数。指数值在 0~1 之间,越大表明发展程度越高,通常用来衡量一个国家的进步程度。

"收入"是指人均 GDP 的多少;"寿命"反映了营养和环境质量状况;"教育"是指公众受教育的程度,也就是可持续发展的潜力。收入通过估算实际人均国内生产总值的购买力来测算;寿命根据人口的平均预期寿命来测算;教育通过成人识字率(2/3 权数)和大、中、小学综合入学率(1/3 权数)的加权平均数来衡量。

虽然"人类发展"并不等同于"可持续发展",但该指数的提出仍有许多有益的启示。HDI 强调了国家发展应从传统的以物为中心转向以人为中心,强调了追求合理的生活水平而并非对物质的无限占有,向传统的消费观念提出了挑战。HDI 将收入与发展指标相结合。人类在健康、教育等方面的社会发展是对以收入衡量发展水平的重要补充,倡导各国更好地投资于民,关注人们生活质量的改善,这些都是与可持续发展原则相一致的。

3.3.4 系统学方向的指标体系

1.联合国可持续发展委员会指标体系

自 1992 年联合国环境与发展会议以来,许多国家按会议要求,纷纷研究自己的可持续发展指标体系,目的是检验和评估国家的发展趋向是否可持续,并以此进一步促进可持续发展战略的实施。作为全球实施可持续发展战略的重大举措,联合国成立了可持续发展委员会,其任务是审议各国执行《21 世纪议程》的情况,并对联合国有关环境与发展的项目和计划在高层次进行协调。为了对各国在可持续发展方面的成绩与问题有一个较为客观的衡量标准,该委员会于 1996 年发布了《可持续发展指标体系和方法》以供世界各国作为参考,并建立适合本国国情的指标体系。联合国可持续发展指标体系由驱动力指标、状态指标、响应指标构成,将人类社会发展分为社会、经济、环境和制度四个方面,共包含 130 多项指标。其主要目的是回答发生了什么、为什么发生、我们将如何做这三个问题。

目前世界上有 20 多个国家和地区参与了指标测试,但该体系在测试的国家和地区中很少使用,只好放弃。

2.中国可持续发展能力评估指标体系

为了对可持续发展能力进行评估,中国科学院可持续发展战略研究组开辟了可持续发展研究的系统学方向,依据此理论内涵,设计了一套"五级叠加,逐层收敛,规范权重,统一排序"的可持续发展指标体系。该指标体系分为总体层、系统层、状态层、变量层和要素层五个等级。

（1）总体层。从总体上综合表达一个国家或地区的可持续发展能力，代表着一个国家或地区可持续发展总体运行势态、演化轨迹和战略实施的总体效果。

（2）系统层。将可持续发展总系统解析为内部具有逻辑关系的五大子系统，即生存支持系统、发展支持系统、环境支持系统、社会支持系统和智力支持系统。该层主要揭示各子系统的运行状态和发展趋势。

（3）状态层。反映决定各子系统行为的主要环节和关键组成成分的状态，包括某一时间断面上的状态和某一时间序列上的变化状况。

（4）变量层。从本质上反映、揭示状态的行为、关系、变化等的原因和动力，共采用 45 个指数加以代表。

（5）要素层。采用可测的、可比的、可以获得的指标及指标群，对变量层的数量表现、强度表现、速率表现给予直接的度量。共采用了 225 个基层指标，全面系统地对 45 个指数进行定量描述，构成了指标体系中最基层的要素。

3.4　中国可持续发展战略

3.4.1　中国可持续发展战略的发展

中国是人口众多、资源相对不足的国家。改革开放以来，党中央、国务院高度重视中国的可持续发展。联合国环境与发展会议后不久，中国政府立即开始行动。1994 年 3 月，国务院通过《中国 21 世纪议程——中国 21 世纪人口、环境与发展白皮书》，确定实施可持续发展战略，成为世界上第一个制订实施可持续发展行动计划的国家。

1995 年 9 月，中国共产党第十四届中央委员会第五次全体会议正式将可持续发展战略写入《中共中央关于制定国民经济和社会发展"九五"计划和 2010 年远景目标的建议》，提出"必须把社会全面发展放在重要战略地位，实现经济与社会相互协调和可持续发展"。这是在党的文件中第一次使用"可持续发展"的概念。江泽民在会上发表《正确处理社会主义现代化建设中的若干重大关系》的讲话，强调"在现代化建设中，必须把实现可持续发展作为一个重大战略"。

根据中国共产党第十四届中央委员会第五次全体会议精神，1996 年 3 月，第八届全国人民代表大会第四次会议批准了《国民经济和社会发展"九五"计划和 2010 年远景目标纲要》，将可持续发展作为一条重要的指导方针和战略目标上升为国家意志。1997 年，党的十五大进一步明确将可持续发展战略作为我国经济发展的战略之一。

2003 年初，国务院颁布《中国 21 世纪初可持续发展行动纲要》，明确未来 10 到 20 年的可持续发展目标、重点和保障措施。2003 年 10 月召开的党的十六届三中全会提出了科学发展观，并把它的基本内涵概括为"坚持以人为本，树立全面、协调、可持续的发展观，促进经济社会和人的全面发展"，坚持"统筹城乡发展、统筹区域发展、统筹经济社会发展、统筹人与自然和谐发展、统筹国内发展和对外开放的要求"，将生态环境保护、可持续发展提升到与社会经济发展同等重要的高度。

　　2004年3月10日,时任中共中央总书记胡锦涛在中央人口资源环境工作座谈会上指出:科学发展观总结了20多年来中国改革开放和现代化建设的成功经验,吸取了世界上其他国家在发展进程中的经验教训,揭示了经济社会发展的客观规律,反映了中国共产党对发展问题的新认识。

　　2005年10月8日至11日,党的十六届五中全会的决议是中国发展历史上的一个里程碑。坚持以人为本,创新发展观念,转变增长模式,提高发展质量,提升自主创新能力,构建和谐社会,落实"五个统筹",实现社会公平,切实把经济社会发展转入全面协调可持续发展的轨道。2007年6月25日,胡锦涛总书记在中央党校省部级干部进修班发表重要讲话,进一步阐述"科学发展观,第一要义是发展,核心是以人为本,基本要求是全面协调可持续,根本方法是统筹兼顾",以实现国民经济又好又快发展。

　　党的十五大、十六大、十七大、十八大,都对可持续发展战略提出具体要求。党的十九大报告更是将可持续发展战略确定为决胜全面建成小康社会需要坚定实施的七大战略之一。可持续发展是基于社会、经济、人口、资源、环境相互协调和共同发展的理论和战略,主要包括生态可持续发展、经济可持续发展和社会可持续发展,以保护自然资源环境为基础,以激励经济发展为条件,以改善和提高人类生活质量为目标,宗旨是既能相对满足当代人的需求,又不能对后代的发展构成危害。

　　中国实施可持续发展战略的指导思想是坚持以人为本,以人与自然的和谐为主线,以经济发展为核心,以提高人民群众生活质量为根本出发点,以科技和体制创新为突破口,坚持不懈地全面推进经济社会与人口、资源和生态环境的协调,不断提高中国的综合国力和竞争力。党的十九大报告赋予可持续发展战略新的时代内涵,首次提出建设"富强民主文明和谐美丽"的社会主义现代化强国目标,生态文明建设上升为新时代中国特色社会主义的重要组成部分。

3.4.2　中国可持续发展战略新思想

　　2019年6月7日,在第二十三届圣彼得堡国际经济论坛全会上,习近平主席指出,可持续发展是"社会生产力发展和科技进步的必然产物",是"破解当前全球性问题的'金钥匙'"。习近平主席在2015年9月28日纽约联合国总部出席第七十届联合国大会一般性辩论时指出,"大家一起发展才是真发展,可持续发展才是好发展"。在第七十六届联合国大会上,习近平主席提出全球发展倡议,希望各国共同努力,加快落实联合国2030年可持续发展议程,构建全球发展命运共同体。当前,世界进入动荡变革期,人类社会发展面临更多不稳定性、不确定性。习近平主席关于可持续发展的重要论述,指引我国开辟了崭新的可持续发展之路,为全球深化对可持续发展的理解提供了中国智慧,为世界可持续发展实践提供了中国经验。

1.深刻把握可持续发展的理论内涵,为可持续发展提供中国智慧

　　2019年6月7日,习近平主席在第二十三届圣彼得堡国际经济论坛全会上指出,开辟崭新的可持续发展之路,需要"坚持绿色发展,致力构建人与自然和谐共处的美丽家

园""坚持以人为本,努力建设普惠包容的幸福社会""坚持共商共建共享,合力打造开放多元的世界经济"。这些重要论断,着眼关乎人类社会发展前途和命运的三大关系——人与自然的关系、人与社会的关系、国家与国家的关系,科学阐释可持续发展的理论内涵,提出了彰显智慧和担当的中国方案,为推动可持续发展提供了科学理论遵循。

2.正确处理人与自然的关系

习近平总书记在党的十九大报告中指出,"人与自然是生命共同体"。2016 年 8 月,习近平总书记在青海考察工作时强调,"生态环境没有替代品,用之不觉,失之难存"。2018 年 5 月 18 日,习近平总书记在全国生态环境保护大会上的讲话中指出,"当人类合理利用、友好保护自然时,自然的回报常常是慷慨的;当人类无序开发、粗暴掠夺自然时,自然的惩罚必然是无情的"。人是自然界的一部分,人在自然中生活,在通过实践有意识地改造自然的同时,也受到自然的约束。如果自然界遭到系统性破坏,人类生存发展就成了无源之水、无本之木。人类进入工业文明时代以来,传统工业化迅猛发展,在创造巨大物质财富的同时,也加速了对自然资源的攫取,打破了地球生态系统原有的循环和平衡,造成人与自然关系紧张。从 20 世纪 30 年代开始,一些西方国家相继发生多起环境公害事件,教训十分深刻。实现自然生态可持续发展,必须处理好人与自然的关系,坚持绿色发展,使人类的资源开发和污染排放保持在生态环境的生产能力和净化能力范围内,不超过生态环境的承载能力。

3.正确处理人与社会的关系

2015 年 9 月 26 日,国家主席习近平在纽约联合国总部出席联合国发展峰会并发表题为《谋共同永续发展 做合作共赢伙伴》的重要讲话。习近平主席指出:"发展的最终目的是为了人民。在消除贫困、保障民生的同时,要维护社会公平正义,保证人人享有发展机遇、享有发展成果。"人是社会的人,社会是人的社会。如果不能正确处理人与社会的关系,不能实现经济、社会、环境协调发展,甚至少数人的发展以多数人的利益受损为代价,就必然影响社会稳定,进而破坏发展的根基。过去几十年来,许多发达国家虽然一度生产力发展较快,但并未解决好人与社会的关系问题,不同社会群体收入分配差距巨大,发展机会不平等,贫富分化严重,民粹主义高涨,导致经济社会发展矛盾重重。一些发展中国家陷入"中等收入陷阱",一个重要原因也是未能解决好人与社会的关系问题。只有坚持以人为本,努力建设普惠包容的幸福社会,才能实现社会可持续发展。这要求不断提高人类健康和生活水平,创造美好的生活环境,确保社会公平、正义、平等。关注代际、不同群体、各个地区之间的公平,当代人的发展既不能损害后代人的发展权益,也不能损害其他群体、地区的发展权益。

4.正确处理国家与国家的关系

2019 年 6 月 7 日,习近平主席在第二十三届圣彼得堡国际经济论坛全会上致辞。习近平主席指出,"和平与发展仍然是当今时代主题,人类的命运从没有像今天这样紧密相联,各国的利益从没有像今天这样深度融合""国际社会面临的新课题、新挑战也与日俱增"。2019 年 6 月 5 日,习近平主席向世界环境日全球主场活动所致的贺信中指出,"人类只有一个地球,保护生态环境、推动可持续发展是各国的共同责任"。在经济全球化深入发展的今天,任何一个国家都不是孤立存在的。各国利益休戚相关、命运紧密相连,既要共同应对全球性挑战,又要平衡好发展责任和发展权利。地球是人类赖以生存的唯一家园,人类面临的全球性问题,靠任何一国单打独斗都无法解决,必须牢固树立人类命运共同体意识,坚持同舟共济,开展全球行动、全球应对、全球合作。处理好国家与国家的关系,必须秉持人类命运共同体理念,坚持共商共建共享,合力打造开放多元的世界经济;尊重各国自主选择社会制度和发展道路的权利,消除疑虑和隔阂,把世界多样性和各国差异性转化为发展活力和动力;充分考虑各国发展阶段、发展水平和历史责任的差异,恪守共同但有区别的责任原则,充分尊重发展中国家发展权,照顾其特殊困难和关切。

3.4.3　切实贯彻新发展理念,为全球可持续发展提供中国经验

2019 年 10 月 24 日,首届可持续发展论坛在京召开,习近平主席在贺信中指出:"中国秉持创新、协调、绿色、开放、共享的发展理念,推动中国经济高质量发展,全面深入落实 2030 年可持续发展议程。同时,中国积极深化南南合作,推动共建'一带一路'同 2030 年可持续发展议程深入对接,为全球实现可持续发展目标作出积极贡献。"联合国 2030 年可持续发展议程着眼促进人与自然和谐共处,兼顾当今人类和子孙后代发展需求,提出协调推进经济增长、社会发展、环境保护三大任务,为全球发展描绘了新愿景。2016 年至 2020 年是全球落实 2030 年可持续发展议程的第一个五年,也是我国推进"十三五"规划、决胜全面建成小康社会的五年。5 年间,在以习近平同志为核心的党中央坚强领导下,中国秉持以人民为中心的发展思想,贯彻新发展理念,高度重视落实 2030 年可持续发展议程,坚定不移履行可持续发展承诺,在 17 个可持续发展目标上取得积极进展,取得了历史性消除绝对贫困、社会事业全面发展、生态环境持续改善等举世公认的成就。中国的可持续发展实践得到国际社会高度称赞。

1.践行创新发展,让可持续发展的动力更加充足

2017 年 10 月 18 日,习近平总书记在中国共产党第十九次全国代表大会上的报告中强调:"创新是引领发展的第一动力。"中国坚持实施创新驱动发展战略,以重大科技创新为引领,加快科技创新成果向现实生产力转化,加快构建产业新体系,增强经济整体素质和国际竞争力,让发展更可持续。"十三五"期间,中国成功组建首批国家实验室,"天问一号""嫦娥五号""奋斗者号"等突破性成果不断涌现。制造业重点行业骨干企业"双创"平台普及率超过 80%。数字经济跨越式发展,新产业新业态新商业模式快速成长壮大。中国在世界知识产权组织等机构发布的"2020 年全球创新指数"排行中位列第十四位,较 2016 年上升 11 位,成为全球科技创新的重要贡献者。

2.践行协调发展,让发展更加平衡可持续

习近平总书记在《求是》杂志 2019 年第 10 期上发表文章《深入理解新发展理念》中指出:"协调发展不是搞平均主义,而是更注重发展机会公平、更注重资源配置均衡。""十

三五"期间,中国着力推动区域协调发展、城乡协调发展,解决发展不平衡、不协调、不可持续问题。深入实施区域重大战略、区域协调发展战略、主体功能区战略,缩小区域发展差距。2010~2019 年,西部和东部 GDP 比值由 0.35 提高至 0.4。推进新型城镇化,推动城乡融合发展,缩小城乡差距。2014~2020 年,超过 1 亿农业转移人口落户城镇。城乡居民人均可支配收入之比由 2016 年的 2.72 收窄至 2020 年的 2.56。

3.践行绿色发展,促进人与自然和谐共生

2021 年 4 月 22 日,习近平主席在领导人气候峰会上发表题为《共同构建人与自然生命共同体》的重要讲话,讲话中指出:"保护生态环境就是保护生产力,改善生态环境就是发展生产力。"中国秉持绿水青山就是金山银山的发展理念,打响蓝天、碧水、净土保卫战,环境质量得到明显改善。2020 年,主要污染物排放总量减少目标超额完成,山水林田湖草沙系统治理成效显著,生物多样性保护进展良好。中国实施积极应对气候变化国家战略。2020 年,单位 GDP 二氧化碳排放较 2005 年下降约 48.4%,超额完成中国向国际社会承诺的 2020 年减排目标。中国基于推动构建人类命运共同体的责任担当和实现可持续发展的内在要求,宣布力争 2030 年前实现碳达峰、2060 年前实现碳中和。

4.践行开放发展,解决发展内外联动问题

开放发展要着力解决如何提高对外开放的质量和发展的内外联动性问题。中国坚持对外开放的基本国策,坚持以开放促改革、促发展、促创新。积极推动高质量共建"一带一路"同落实 2030 年可持续发展议程协同增效,深化南南合作,为广大发展中国家创造更多机会。截至 2021 年 8 月,中国政府与 172 个国家和国际组织签署 200 余份共建"一带一路"合作文件。成立中国国际发展知识中心、南南合作与发展学院等机构,设立中国-联合国和平与发展基金、南南合作援助基金、气候变化南南合作基金,积极开展务实合作,力所能及帮助其他发展中国家实现可持续发展。

5.践行共享发展,维护社会公平正义

2017 年 1 月 17 日,习近平主席在出席世界经济论坛 2017 年年会开幕式时,发表了题为《共担时代责任 共促全球发展》的主旨演讲。习近平主席指出:"发展的目的是造福人民。"中国政府把提高人民生活水平置于首要位置,致力于让发展更加平衡,让发展机会更加均等、发展成果人人共享。2020 年底,中国如期完成脱贫攻坚目标任务,现行标准下9 899 万农村贫困人口全部脱贫,全面实现"两不愁三保障",提前 10 年实现 2030 年可持续发展议程减贫目标。居民收入、公共服务全面改善。2016 年至 2019 年,居民人均可支配收入年均实际增长 6.5%。建成世界上规模最大的社会保障体系,基本医疗保险覆盖超13.5 亿人,基本养老保险覆盖超10.1亿人。

2019 年 6 月 15 日,习近平主席在亚信第五次峰会上发表重要讲话,强调"发展是解决一切问题的总钥匙"。中国将一如既往地在贯彻新发展理念中落实 2030 年可持续发展议程,将其与"十四五"规划和 2035 年远景目标等国家重大发展战略有机融合,在全面建设社会主义现代化国家新征程中努力实现全体人民共同富裕。中国将坚持共建更加美好的世界,共同推动"全球发展倡议"落实,为全球加快落实 2030 年可持续发展议程贡献中

国智慧和中国经验，为人类共同发展、可持续发展，为构建全球发展命运共同体、推动构建人类命运共同体，做出新的更大贡献。

【阅读材料】

库布齐沙漠治理的生态奇迹

库布齐沙漠是中国第七大沙漠，总面积约为 1.39 万 km²。库布齐沙漠位于河套平原黄河"几"字弯里的黄河南岸，往北是阴山西段狼山地区。"库布齐"为蒙古语，意思是弓上的弦，因为它处在黄河下像一根挂在黄河上的弦。库布齐沙漠地区生态环境极度脆弱，是内蒙古乃至全国沙漠化和水土流失较为严重的地区之一，也是首都经济圈的三大风沙源之一，狂风席卷着沙尘一夜之间就可以刮到北京城。库布齐的生态状态不仅决定了本地区的社会与经济发展，更关系到华北、西北乃至全国的生态安全。

杭锦旗境内地质类型多样，被喻为地球"三大癌症"的沙漠、荒漠、砒砂岩裸露并存，境内分布着库布齐沙漠和毛乌素沙地，全旗 2/3 的面积被荒漠覆盖，寸草不生、荒无人烟，风蚀沙埋十分严重，恶劣的生态环境问题已成为地区经济发展的最大障碍。

面对沙漠化日趋严重的生态环境，杭锦旗旗委、政府及全旗各族干部群众向荒沙发起冲锋号角。1997 年，发动全旗各族干部群众和社会各界力量，修建了全长 115 km 的穿沙公路，缩短了杭锦旗梁外地区与沿河地区之间的运输里程，畅通了经济发展的动脉。之后，杭锦旗不断向库布齐沙漠发起挑战，日复一日，年复一年，修的路多了，种的树也多了，生存环境不断得到优化。

近年来，杭锦旗把生态建设作为全旗最根本的基础建设，全面启动了库布齐沙漠综合治理与生态建设工程，依靠京津风沙源治理工程、天然林资源保护工程、退耕还林工程、"三北"防护林工程等国家重点生态工程，针对库布齐沙漠不同的立地类型采取不同的治理模式进行综合治理，沙漠化治理初见成效。通过实施一大批林草重点工程、企业造林、培育造林大户、义务植树等造林办法，沙化情况得到有效遏制，生态环境实现了由"整体恶化、局部好转"向"整体向好、局部优良"的重大转变。

如今，在库布齐，沙漠已成为一种财富。

联合国前副秘书长、联合国环境署前执行主任埃里克·索尔海姆说，库布齐模式给当地带来了太阳能发电、提高了植被覆盖率、促进了生态旅游，使人们意识到荒漠化是一个机会，而不是问题。

库布齐沙漠腹地现在已成为各地越野爱好者的撒欢之地，以沙漠为基础的旅游产业迅速发展壮大。以七星湖和鄂尔多斯草原为主体的生态旅游正逐步发展为朝阳产业，依托丰富的森林、湿地资源，同时与沙漠、草原壮美景观相结合，大力发展生态旅游与沙漠文化产业，七星湖旅游区、沙漠小镇、鄂尔多斯草原旅游区、穿沙公路响沙带、黄河风情旅游带等旅游景区得以有效开发，以生态旅游为主的特色旅游已开始兴起，沙漠文化产业已逐渐形成。

从寸草不生的茫茫大漠到如今的绿意盎然，一代又一代的杭锦人在极度恶劣的自然条件和工作生活环境下，经过几十年的接力传承，以辛勤与汗水书写了沙漠治理的生态奇迹。

在第七届库布齐国际沙漠论坛上，习近平总书记在贺信中强调，中国高度重视生态文明建设,荒漠化防治取得显著成效。库布齐沙漠治理为国际社会治理环境生态、落实 2030 年可持续发展议程提供了中国经验。

(资料来源:人民网,网址: http://world. people. com. cn/n1/2022/0729/c1002 - 32489202.html)

复习与思考

1.简述可持续发展三次重要的国际会议及其主要成果。

2.简述可持续发展的概念。

3.可持续发展的基本特征是什么?

4.如何看待可持续发展概念中环境、经济和社会三者的权衡问题。

5.简述四大主流学科的可持续发展指标体系及其特点。

6.可持续发展的理念对你有什么启示?

7.列举中国可持续发展的成功案例并进行分析。

第 4 章　清 洁 生 产

清洁生产的目标是节约能源、降低原材料消耗、减少污染物的产生量和排放量;清洁生产的基本手段是改进工艺技术,强化企业管理,最大限度地提高资源、能源的利用率,改变产品体系,更新设计观念,争取废物最少排放,即将环境因素纳入服务中去;清洁生产的方法是排污审计,即通过审计发现排污部位、排污原因,并筛选消除或减少污染物的措施及产品生命周期分析。因此,清洁生产的终极目标是保护人类与环境,提高企业自身的经济效益。

4.1　清洁生产概述

4.1.1　清洁生产的由来

20 世纪 60 年代以来,为了减轻发展给环境所带来的压力,工业化国家通过各种方式和手段对生产过程末端的废物进行处理,这就是所谓的"末端治理"。这种方法可以减少工业废弃物向环境的排放量,但很少影响到核心工艺的变更,在工业发达国家中取得了广泛的应用。"末端治理"的思想和做法也已经渗透到环境管理和政府的政策法规中,但实践逐步表明"末端治理"并不是一个真正的解决方案。很多情况下,"末端治理"需要昂贵的建设投资和惊人的运行费用,末端处理过程本身要消耗资源、能源,并且会产生二次污染,使污染在空间和时间上发生转移。因此,这种措施是不符合可持续发展战略的,是不能从根本上解决环境污染问题的。对于"末端治理"的分析批判使解决环境污染问题的新策略得以诞生。

4.1.2　清洁生产的发展历程

20 世纪 70 年代,许多关于污染预防的概念和措施相继问世,如"少废无废工艺""无废生产""废料最少化""污染预防""减废技术""源头削减""零排放技术"和"环境友好技术"等,都可以认为是清洁生产的前身。

1989 年,联合国环境规划署(UNEP)在总结发达国家污染预防理论和实践的基础上提出了清洁生产战略和推广计划。1990 年 9 月,首届促进清洁生产高级研讨会在英国坎特伯雷举办,会上提出了一系列建议,如支持世界不同地区发起和制订国家级的清洁生产计划,支持创办国家级的清洁生产中心,进一步与有关国际组织及其他组织联结成网等。此后,这一高级研讨会每两年召开一次,以便定期评估进展,交流经验,发现问题,提出新的目标等。

1992 年 6 月,联合国环境与发展会议在巴西的里约热内卢召开,会议通过了实施可持续发展战略的纲领性文件《21 世纪议程》。作为实施可持续发展战略的先决条件和关键对策措施,清洁生产正式写入《21 世纪议程》中。在联合国的大力推动下,清洁生产逐渐为各国企业和政府所认可,清洁生产进入了一个快速发展时期。各种国际组织也开始参与推行清洁生产。联合国工业发展组织和联合国环境署(UNIDO/UNEP)在首批 9 个国家(包括中国)资助建立了国家清洁生产中心。世界银行(WB)等国际金融组织也积极资助在发展中国家展开清洁生产的培训工作和建立示范工程。

2000 年 10 月,在加拿大蒙特利尔市召开的第六届清洁生产国际高级研讨会对清洁生产进行了全面系统的总结,并将清洁生产形象地概括为技术革新的推动者、改善企业管理的催化剂、工业运行模式的革新者、连接工业化和可持续发展的桥梁。从这层意义上,可以认为清洁生产是可持续发展战略引导下的一场新的工业革命,是 21 世纪工业生产发展的主要方向。

4.1.3　清洁生产的定义

尽管清洁生产的概念 1989 年才由联合国环境规划署正式提出,但体现这一思想的概念在 20 世纪 70 年代就已经出现,如"污染预防""废物最少化""清洁技术""源控制"等。但是,对于清洁生产这一概念目前尚没有统一的定义。

1.美国国家环境保护局的定义

美国国家环境保护局对污染预防的定义是,污染预防是在可能的最大范围内减少生产厂地的废物量。它通过能源消减,提高能源效率,在生产中重复使用投入的原料及降低水消耗量来合理利用资源。

2.1989 年联合国环境规划署的定义

清洁生产对工艺和产品运用一种一体化的预防性环境战略,以减少其对人体和环境的风险;清洁生产的生产工艺包括节约原材料和能源,消除有毒原材料,并在一切排放物离开工艺之前消减其数量和毒性;产品的战略重点是沿产品的整个生命周期,即从原材料提取到产品的最终处置,减少各种不利影响。联合国环境规划署的定义将清洁生产上升为一种战略,该战略的作用对象为工艺和产品,其特点为持续性、预防性和一体化。

3.1996 年联合国环境规划署的定义

清洁生产是关于产品生产过程的一种新的、创新性的思维方式。清洁生产意味着对生产过程、产品和服务持续运用的整体预防环境战略,以期增加生态效率并减轻人类和环境的风险。对于产品,清洁生产意味着减少和降低产品从原材料使用到最终处置的全生命周期的不利影响;对于生产过程,清洁生产意味着节约原材料和能源,取消使用有毒原材料,在生产过程排放废物之前降低废物的数量和毒性;对于服务,清洁生产要求将环境因素纳入设计和所提供的服务中。

4.《中国 21 世纪议程》中的定义

清洁生产是指既可满足人们的需要，又可合理使用自然资源和能源并保护环境的实用生产方法和措施，其实质是一种物料和能耗最少的人类生产活动的规划和管理，将废物减量化、资源化和无害化，或消灭于生产过程之中。同时，对人体和环境无害的绿色产品的生产亦将随着可持续发展进程的深入而日益成为今后产品生产的主导方向。

5.《中华人民共和国清洁生产促进法》中的定义

清洁生产是指不断采取改进设计、使用清洁的能源和原料、采用先进的工艺技术与设备、改善管理、综合利用等措施，从源头削减污染，提高资源利用率，减少或者避免生产、服务和产品使用过程中污染物的产生和排放，以减轻或者消除对人类健康和环境的危害。

清洁生产从本质上说，就是对生产过程与产品采取整体预防的环境策略，减少或者消除它们对人类及环境的可能危害，同时充分满足人类需要，使社会经济效益最大化的一种生产模式。具体措施包括：不断改进设计；使用清洁的能源和原料；采用先进的工艺技术与设备；改善管理；综合利用；从源头削减污染，提高资源利用效率；减少或者避免生产、服务和产品使用过程中污染物的产生和排放。清洁生产是实施可持续发展的重要手段。

以上诸定义虽然表述方式不同，但内涵是一致的。从清洁生产的定义可以看出，实施清洁生产体现了以下四个方面的原则。

（1）减量化原则，即资源消耗最少、污染物产生和排放最小。

（2）资源化原则，即"三废"最大限度地转化为产品。

（3）再利用原则，即对生产和流通中产生的废弃物，作为再生资源充分回收利用。

（4）无害化原则，即尽最大可能减少有害原料的使用及有害物质的产生和排放。

值得注意的是，清洁生产只是一个相对的概念，所谓清洁的工艺、清洁的产品，以至清洁的能源都是和现有的工艺、产品、能源比较而言的，因此清洁生产是一个持续进步、创新的过程，而不是一个用某一特定标准衡量的目标。推行清洁生产，本身是一个不断完善的过程，随着社会、经济的发展和科学技术的进步，需要适时地提出新的目标，争取达到更高的水平。清洁生产不包括末端治理技术，如空气污染控制、废水处理、焚烧或者填埋。清洁生产的理念适用于第一、第二和第三产业的各类组织和企业。

4.1.4 清洁生产与末端治理的比较

传统的末端治理与生产过程相脱节，即"先污染后治理"，侧重点是"治"；清洁生产从产品设计开始，到生产过程的各个环节，通过各种手段提高资源利用率，减少污染物的产生，侧重点是"防"。传统的末端治理有其缺点，投入多、治理难度大、运行成本高，而且没有综合考虑环境效益与经济效益；清洁生产实行生产全过程控制，污染物最大限度地消除在生产过程之中，能源、原材料和生产成本降低，能够实现经济与环境的"双赢"。清洁生产与末端治理的比较见表 4.1。

表 4.1　清洁生产与末端治理的比较

比较项目	清洁生产系统	末端治理(不含综合利用)
思考方法	污染物消除在生产过程之中	污染物产生后再处理
产生时代	20 世纪 80 年代末期	20 世纪 70~80 年代
控制过程	生产全过程控制,产品生命周期全过程控制	污染物达标排放控制
控制效果	比较稳定	处理效果受产污量影响
产污量	明显减少	间接可推动减少
排污量	减少	减少
资源利用率	增加	无显著变化
资源耗用	减少	增加(治理污染消耗)
产品产量	增加	无显著变化
产品成本	降低	增加(治理污染费用)
经济效益	增加	减少(用于治理污染)
治理污染费用	减少	随排放标准严格,费用增加
污染转移	无	有可能
目标对象	全社会	企业及周围环境

推行清洁生产并非完全否认末端治理,因为最先进的生产工艺也不能避免产生污染物,所以清洁生产和末端治理是并存的。只有实施生产全过程控制和治理污染过程的双控制,才能达到保护环境的目标。

4.2　清洁生产的内容

一般来说,清洁生产包括以下四方面的内容。

1.清洁的能源

包括常规能源(如煤)的清洁利用、可再生能源的利用、新能源的利用、各种节能技术,如城市煤气化、乡村沼气化利用,新能源的开发及各种节能技术的开发利用。

2.清洁的原材料

尽量少用或不用有毒有害及稀缺原料,利用二次资源做原料。

3.清洁的生产过程

生产无毒无害的中间产品,减少副产品,选用少废、无废工艺和高效设备,尽量减少生产过程中的各种危险因素(如高温、高压、易燃、易爆、强噪声、强振动等),提高物料的再循环(厂内、厂外),采用可靠和简单的生产操作和控制方法;对物料进行内部循环利用;完善管理;等等,不断提高科学管理水平。

4.清洁的产品

产品设计应考虑节约原材料和能源,少用昂贵和稀缺的原料;产品在使用中、使用后不会危害人体健康和破坏生态环境,产品的包装合理;产品的使用后易于回收、复用和再生、处置和降解,使用寿命和使用功能合理。

从清洁生产的定义可以看出,清洁生产是要引起研究开发者、生产者、消费者,也就是全社会对于工业产品生产及使用全过程对环境影响的关注,使污染物产生量、流失量和治理量达到最小,资源充分利用,是一种积极、主动的态度;而末端治理把环境责任只放在环保研究、管理等人员身上,仅仅把注意力集中在对生产过程中已经产生的污染物的处理上,具体对企业来说,只有环保部来处理这一问题,所以总是处于一种被动的、消极的地位。

清洁生产的内容既体现于宏观层次上的总体污染预防战略之中,又体现于微观层次上的企业预防污染措施之中。在宏观上,清洁生产的提出和实施使污染预防的思想直接体现在行业的发展规划、工业布局、产业结构调整、工艺技术及管理模式的完善等方面。例如,我国许多行业、部门提出严格限制和禁止能源消耗高、资源浪费大、污染严重的产业和产品发展,对污染重、质量低、消耗高的企业实行关、停、并、转等,都体现了清洁生产战略对宏观调控的重要影响。在微观上,清洁生产通过具体的手段措施达到工业全过程污染预防。例如,应用生命周期评价、清洁生产审核、环境管理体系、产品环境标志、产品生态设计、环境会计等各种工具,这些工具都要求在实施时必须深入生产、营销、财务和环保等各个环节。

对于企业而言,推行清洁生产要进行清洁生产审核,对企业正在进行或计划进行的工业生产进行预防污染分析和评估。这是一套系统的、科学的、操作性很强的程序。从原材料和能源、工艺技术、设备、过程控制、管理、员工、产品、废物这八条途径,通过全过程定量评估,运用投入-产出的经济学原理,找出不合理排污点位,确定削减排污方案,从而获得企业环境绩效的不断改进,企业经济效益的不断提高。

推行农业清洁生产,是指把污染预防的综合环境保护策略,持续应用于农业生产过程、产品设计和服务中,通过生产和使用对环境温和(environmental benign)的绿色农用品(如绿色肥料、绿色农药、绿色地膜等),改善农业生产技术,提供无污染、无公害农产品,实现农业废弃物减量化、资源化、无害化,促进生态平衡,保证人类健康,实现持续发展的新型农业生产。

4.3　实现清洁生产的途径

清洁生产是一个系统工程,是对生产全过程及产品的整个生命周期采取污染预防的综合措施。一项清洁生产技术要能够实施,首先,必须技术上可行;其次,要达到节能、降耗、减污的目标,满足环保法规的要求;最后,在经济上能够获利,充分实现经济效益、环境效益、社会效益的高度统一。应该从各行业的特点出发,在产品设计、原料选择、工艺参数、生产设备、操作规程等方面分析生产过程中减少污染物产生的可能性,寻找清洁生产的机会和潜力,促进清洁生产的实施。清洁生产的实施途径应包括企业的经营管理、政府的政策法规、技术创新、教育培训及公众参与监督。其中,企业的经营管理是清洁生产的体现主体,而对于生产过程而言,清洁生产的实施途径包括以下几方面。

1.原材料及能源的有效利用和替代

原材料是工艺方案的出发点,它的合理选择是有效利用资源、减少废物产生的关键。从原材料使用环节实施清洁生产的内容可包括以无毒、无害或少害原料替代有毒、有害原料;改变原料配比或降低其使用量;保证或提高原料的质量,进行原料的加工,减少对产品的无用成分;采用二次资源或废物做原料,替代稀有短缺资源的使用;等等。

2.强化科学管理,改进操作

环境管理要贯穿于工业建设的整个过程并落实到企业中的各个层次,分解到生产过程的各个环节,与生产管理紧密地结合起来。强化管理是推行清洁生产优先考虑的措施,因为管理措施一般不涉及基本工艺过程,花费又较少。强化生产全过程管理主要包括:安装必要的监测仪表,加强计量监督;建立环保审计制度、考核制度和环保岗位责任制;加强设备的维护、检修,减少跑、冒、滴、漏;实行对原材料和产品的合理贮存、妥善保管和安全运输,较少损失和流失;加强职工环保培训,建立奖惩制度;等等。

3.综合利用资源

通过原料的综合利用可直接降低产品成本、提高经济效益,同时也可减少废物的产生和排放。要尽可能多地采用物料循环利用系统,使废物资源化、减量化和无害化,减少污染物排放。

4.改革工艺和设备

工艺是从原材料到产品实现物质转化的流程载体,设备是工艺流程的硬件单元。通过改革工艺与设备,实施清洁生产的主要途径包括:利用最新科技成果,开发新工艺、新设备,如采用无割电镀或金属热处理工艺、逆流漂洗技术等;简化流程,减少工序和所用设备;使工艺过程易于连续操作,减少开车、停车次数,保持生产过程的稳定性;提高单套设备的生产能力,装置大型化,强化生产过程;优化工艺条件,如温度、流量、压力、停留时间、搅拌强度及必要的预处理、工序;等等。

5.组织厂内的物料循环

将流失的物料回收后作为原料返回原工序中进行利用;将生产过程中生成的废料经过适当处理,作为原料或原料替代物返回原生产流程中;将生产过程中生成的废料经过适当的处理,作为原料返用于本厂其他生产过程中。

6.改革产品体系

按照清洁生产的概念,对于工业产品要进行整体生命周期的环境影响分析,即产品生命周期评价。产品生命周期原是一种产品在市场上从开始出现到最终消失的过程,包括投入期、成长期、成熟期和衰落期。在传统模式中,产品的设计往往从单纯的经济考虑出发,根据经济效益采集原料,选择加工工艺和设备,确定产品的规格和性能,产品的使用常常以一次为限。在清洁生产中,这一术语是指一种产品从设计、生产、流通、消费及报废后处置的整个过程。对产品整个生命周期进行环境影响评价,对那些在生产过程中物耗大、能耗大、污染严重,使用过程和使用后严重危害生态环境的产品进行更新设计,调整产品结构。

7.必要的末端处理

在全过程中的末端处理只是一种采取其他措施之后的最后把关措施。这种厂内的末端处理,往往作为送往集中处理前的预处理措施。在这种情况下,它的目标不再是达标排放,而是只需处理到集中处理设施可接纳的程度,其要求是:清污分流,减少处理量,有利于组织物料再循环;减量化处理,如脱水、压缩、包装、焚烧等;按集中处理的收纳要求进行厂内预处理。

8.组织区域内的清洁生产

清洁生产就是要按生态原则组织生产,实现物料的闭合循环。也就是地域性地将各个专业化生产有机地联合成一个综合生产体系。根据当地的资源条件,联合性质上不同类型的各种生产,使整个系统对原料和能量的利用达到很高的效率。

9.改进运行操作管理

除了技术、设备等物化因素外,生产活动离不开人的因素,这主要体现在运行操作和管理上。很多工业生产产生的废物污染,相当程度上是生产过程中管理不善造成的。实践证明,规范操作强化管理,往往可以通过较小的费用而提高资源/能源利用效率,削减相当比例的污染。因此,优化改进操作、加强管理经常是清洁生产审核中最优先考虑也是最容易实施的清洁生产手段,具体措施包括:合理安排生产计划,改进物料储存方法,加强物料管理,消除物料的跑、冒、滴、漏,保证设备完好等。

10.生产系统内部循环利用

生产系统内部循环利用是指一个企业生产过程中的废物循环回用。一般物料再循环是生产过程中常见的原则。物料循环再利用的基本特征是不改变主体流程,仅将主体流程中的废物加以收集处理并再利用。这方面的内容通常包括将废物、废热回收作为能量利用;将流失的原料、产品回收,返回主体流程之中使用;将回收的废物分解处理成原料或原料组分,复用于生产流程中;组织闭路用水循环或一水多用;等等。

4.4　清洁生产的评价

根据当前的行业技术、装备水平和管理水平,原则上将清洁生产标准分为 3 个等级:

一级为国际清洁生产先进水平,二级为国内清洁生产先进水平,三级为国内清洁生产基本水平。

对于我国特有的行业,清洁生产标准的 3 个等级可定义如下:一级为国内清洁生产领先水平,二级为国内清洁生产先进水平,三级为国内清洁生产基本水平。

4.4.1 清洁生产评价的方法

清洁生产评价的方法中最常用的为指数法,又分为单项评价指数、类别评价指数和综合评价指数。对评价指标的原始数据进行标准化处理,使评价指标转换成在同一尺度上可以相互比较的量。

1.综合指数评价模式的内容

(1)单项评价指数。

以类比项目相应的单项指标参照值作为评价标准,进行计算而得出,其计算如式(4.1)所示。

$$O_i = \frac{d_i}{a_i}(i = 1,2,3,\cdots,n) \tag{4.1}$$

式中　　O_i——单项评价指数;

　　　　d_i——目标项目某单项评价指标对象值(设计值);

　　　　a_i——类比项目某单项指标参照值。

(2)类别评价指数。

根据所属各单项指数的算术平均值计算而得,其计算如式(4.2)所示。

$$C_j = (\sum O_i)/n(j = 1,2,3,\cdots,n) \tag{4.2}$$

式中　　C_j——类别评价指数;

　　　　n——该类别指标下设的单项个数。

(3)综合评价指数。

为了既使评价全面,又能克服个别评价指标对评价结果准确性的掩盖,避免确定加权系数的主观影响,采用了一种兼顾极值或突出最大值型的综合评价指数,其计算如式(4.3)所示。

$$I_p = (Q_i^2 + C_j^2)/2 \tag{4.3}$$

式中　　I_p——清洁生产综合评价指数;

　　　　O_i——各项评价指数中的最大值;

　　　　C_j——类别评价指数的平均值。

2.根据综合评价指数,确定企业清洁生产的等级

采用分级制的模式,即将综合指数分成 5 个等级,按清洁生产评估综合指数所达到的水平给企业清洁生产定级,企业清洁生产的等级确定见表 4.2。

表 4.2 企业清洁生产的等级确定

项目	清洁生产	传统先进	一般	落后	淘汰
达到水平	国内领先水平	国内先进水平	国内平均水平	国内中下水平	淘汰水平
综合评价指数 I_p	$I_p \leqslant 1.00$	$1.00 < I_p \leqslant 1.15$	$1.15 < I_p \leqslant 1.40$	$1.40 < I_p \leqslant 1.80$	$I_p > 1.80$

4.4.2 清洁生产评价程序

企业进行清洁生产的评价需要按照一定的程序有计划、分步骤地进行。采用指标对比法作为清洁生产评价的方法,其基本评价程序如图 4.1 所示。

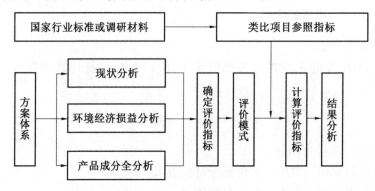

图 4.1 清洁生产评价程序

项目评价指标的原始数据主要来源于工程分析、环保措施评述、环境经济损益分析、产品成分全分析等。类比项目参照指标主要来源于国家行业标准或对类比项目的考察、实测等调研资料。收集相关行业清洁生产标准,如果没有标准可参考,可与国内外同类装置清洁生产指标做比较。

清洁生产指标的评价,首先对原材料指标、产品指标、资源消耗指标和污染产生指标按等级评分标准分别进行打分,若有分指标则按分指标打分,然后分别乘以各自的权重值,最后累加起来得到总分。

4.4.3 清洁生产评价方法的特征

1.科学性

清洁生产评价综合指数法是以类比项目单项指标为评估依据的,体现了较好的科学性和现实性。

2.综合性

单项指标对比不能综合反映企业清洁生产的综合水平。清洁生产评价综合指数可以定量并综合地描述企业清洁生产实际的整体状况和水平。再综合单项指标对比,可以促进企业积极并持续地实施清洁生产。

3.简易性

清洁生产评价综合指数主要涉及各评估项目单项指标的集权型计算,公式简洁,便于计算,易于掌握,可操作性强。

4.适应性

评价项目及其评价指标的设定,可根据各行业或各企业技术改造的进程和工艺技术装备水平的提高程度,以及生产运营实际达到的水平,在一定的时期内予以调整。

5.激励性

清洁生产评估指数分为若干级加以评定,可以使企业清楚地了解自身的水平和问题,促进企业加大清洁生产实施的力度,努力向更高级别奋进,具有一定的激励性作用。

6.可比性

清洁生产评估项目是根据每个行业的特点和清洁生产的要求,经过仔细筛选列出的,同行业之间有一致的比较基础,使指标有可比性。

4.4.4　清洁生产案例

1.造纸行业

造纸工业是国民经济的重要产业之一。近几年来,我国造纸工业取得了很大发展,生产力布局有了很大改善,基本建成比较完善的造纸工业体系。据中国轻工业联合会 2010 年统计年报资料,我国机制纸及纸板产量为 1 亿多吨,其中年产 10 万吨以上的企业 90 余家,但绝大多数企业技术装备落后、能耗高、污染比较严重。我国造纸行业对环境的污染主要在于排放的有害废液,1994 年排放的有害废液占全国废水排放量的 1/6,其中有机污染物约占 1/4,名列第三。1995 年,根据国家有关规定关闭了多家小纸厂,还有 5 000 多家万吨以下规模的小纸厂处于治污难以达标境地。造纸厂有害废液来源于以下三个方面。

(1)煮浆工段的废液。

煮浆工段的废液包括碱性煮浆(制浆)的黑液和酸性煮浆(制浆)的红液。其中,黑液的化学需氧量(COD)和生化需氧量(BOD)值都很高。

(2)含氯漂白废液。

造纸厂污染最严重的是含氯漂白废水的排放,废液中不但有较高的 COD 值和 BOD 值,而且含有 10 多种剧毒物质,如二噁英、呋喃、二氯代酚、三氯代酚等。

(3)制浆造纸过程中段废水的污染。

与以上两种废水相比,中段废水污染尚不严重,但如不处理,也会对环境造成污染。

针对以上三种污染源,造纸行业采用清洁生产应从以下三方面着手。

（1）碱回收系统。

该系统是现代碱法制浆生产中不可分割的重要组成部分。具体途径如图 4.2 所示。

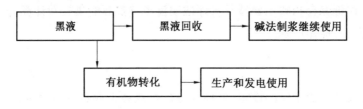

图 4.2　碱回收系统工作途径

（2）用中高浓度无氯漂白或少氯漂白纸浆新技术取代全氯漂白纸浆的传统方法。

无氯漂白也称无污染漂白，是用不含氯的物质如氧气、过氧化氢、臭氧等作为漂白剂对纸浆在中高浓度下进行漂白；少氯漂白使用二氧化氯作为漂白剂对纸浆在中浓度条件下进行漂白。我国经过多年研究，无污染制浆漂白技术的主要问题已基本解决，目前的关键是研制保持连续生产的漂白系统设备。经过无氯漂白剂漂白纸浆产生的废水，就可合并到碱回收系统的黑液提取段，进入碱回收系统，或合并到下续工段作为一段废水去处理。

（3）发展其他无（少）污染制浆技术，为消除造纸工业污染开辟新途径。

①机械法制浆。用机械的方法制浆而不是用化学的方法将纤维原料磨解获得纸浆，生产成本低，得浆率高（约 90%~98%），不用或少用化学药品，对环境的污染远比化学制浆法小。

②废纸制浆。为了减少制浆方面的污染，扩大造纸原料资源，回收废纸制浆也是有效的方法之一。国际上造纸的废纸用量日益增加，如美国的废纸回收率在 30% 以上，日本 43%，英国 45%。美国明文规定，造纸厂原料投放量必须含 25% 以上的废纸。近几年，我国废纸利用率也越来越高，广东省的废纸回收利用率已达 50% 以上。

2.化工行业

众所周知，化学工业是产生废气、废水、废渣的"三废"大户，对化学工业来说，清洁生产是刻不容缓的重要课题。化工生产采用清洁生产技术是推动化学工业清洁生产的关键。

（1）原料的绿色化。

原料的绿色化包括代替光气的绿色原料和代替氢氰酸的绿色原料等。

替代光气的绿色原料。光气的分子式为 $COCl_2$，也称碳酰氯，是一种活泼气体，可大量用来制备异氰酸酯、碳酸二甲酯、聚碳酸酯等，用途十分广泛。但是，它是一种剧毒性气体，对人体和环境会造成严重危害，因此人们千方百计地淘汰它。目前较成功的替代办法有：

美国开发成功以一氧化碳、甲醇和氧气为原料，采用氧化亚铜作为催化剂生产碳酸二甲酯。

国外工业化利用二氧化碳（或一氧化碳）与氨基化烃衍生物制备异氰酸酯，淘汰了以光气为原料生产异氰酸酯。日本旭化成公司将异丁烯直接氧化制备甲基丙烯酸,取代了传统氰化物为原料的制备技术。中国科学院化学研究所开发成功用硫代硫酸盐溶液浸取提金技术,淘汰了氰化钠溶液做提取液。

（2）化学反应绿色化。

化学反应绿色化是基于化学反应的高效原子经济性,设计出高效利用原子的化学合成反应。例如,近年来采用钛硅分子筛催化剂,将环己酮、氨气和过氧化氢进行反应,直接合成环己酮,转化率达 99.9%,基本上实现了原子经济反应;中国科学院化冶所开发成功的绿色铬化工清洁生产集成技术,渣排铬量为老工艺的 1/40,铬化工行业首次实现了从源头控制污染的“零排放”清洁生产。

（3）反应介质的绿色化。

反应介质是指反应过程中采用的催化剂或溶剂。目前取得进展较大的是用 Y 型分子筛、ZSM-5 分子筛和 β 沸石等固体催化剂来取代硫酸、氢氟酸等催化剂。此外,用强酸性树脂的固体酸酯化催化剂代替硫酸做催化剂来制备由醇和有机羧酸合成的酯类化合物,基本上做到三废的“零排放”。用酶来取代许多现在使用的化学催化剂,可大大促进化工行业的清洁生产。大量与化工产品制造有关的污染问题不仅起源于原料和催化剂,而且源自制造过程中使用的溶剂,所以溶剂的绿色化是化工中清洁技术的重大研究课题。人们用无毒、不含芳烃的溶剂取代某些有毒的芳烃溶剂如 C_9 或 C_{10}。例如,华东理工大学开发成功的用碳酸二甲酯作为涂料的溶剂,既使涂料的性能达到了要求,又保护了大气环境和人体健康。

（4）绿色化工产品。

传统含磷洗衣粉中的洗涤助剂三聚磷酸钠,由于严重污染环境,对人类生存环境有害,国家环保局 2000 年将其列为禁止使用的产品,作为磷酸盐的主要替代品是 4A 沸石,用它做助剂的无磷洗涤剂成为人们喜爱的清洁产品。为防止“白色污染”,国内外正在大力发展生物可降解塑料。为保护大气臭氧层,国内外研究出了几种氟氯烷烃的替代品做制冷剂,如环戊烷、戊烷发泡剂。此外,高效生物农药也在逐步取代有毒化学农药,车用清洁燃料的使用大大减少了汽车尾气对大气的污染。

4.5　矿区清洁生产

4.5.1　矿区清洁生产的概念

为了贯彻《环境保护法》和《中华人民共和国清洁生产促进法》,保护环境,为煤炭采选业开展清洁生产提供技术支持和导向,环境保护部科技标准司组织制定了《清洁生产标准 煤炭采选业》（HJ 446—2008）,于 2008 年发布,2009 年实施。该标准规定了煤炭采选业清洁生产的一般要求,并将清洁生产标准指标分为 7 类,即生产工艺与装备要求、资源能源利用指标、产品指标、污染物产生指标（末端处理前）、废物回收利用指标、矿山生态保护、环境管理要求。

矿区清洁生产是指在生产过程中进行的最佳而又实用的生态环境管理。它将综合预防和矿区生态环境保护策略应用到生产流程、产品及管理中去,以提高整体效率,减少矿区对人类健康和生态环境的危害。矿区清洁生产实际上也是一个持续的改进生态环境和经济性能的工艺过程,它贯穿于矿区生产的各个环节,通过它可找出废物最小量化或消除废物及其来源的方法。

4.5.2　矿区清洁生产的基本方法

在矿区清洁生产中,采用发展的或逐渐改进的方法,比经一次性革命式的方法更好,因为人们更易于接受逐渐发生的变化。它也反映出一个机构把切实解决问题和寻求发展作为构成其企业总体方案组成部分的承诺。这和一些煤矿企业为满足制度要求而在"补救技术"或专门技术方面投入巨大费用的做法恰恰相反。在这些情况下,即使有合适的解决方法,也由于员工们的不满或抵触反而限制了其效率。

1.资源的综合利用

一般来说,煤炭行业发展循环经济,应该遵循减量化、再利用和资源化三项原则。在资源化原则之下,煤炭企业应该促进煤炭及其相关资源的综合利用,避免产生过多的废弃物,不断创新生产技术来将那些看似废品的资源转化为企业的产品和收益。一般来看,煤炭的开采常常伴随着很多的副产品,某一个生产环节所遗弃的物品通常具有其独特的用途。通过对煤炭生产某一环节副产品(如煤矸石)的再利用,可以带来显著的经济效益和环境效益。

煤炭开采过程中会产生丰富的副产品,如疏干水和矿坑水、灰渣、矸石、煤泥水和煤泥、煤化工固废、生产废水、生活污水及清净下水等,矿区可以对这些副产品进行综合利用,一方面可以节约资源,另一方面可以减少对环境造成的影响。对煤矿企业而言,资源的合理利用还包括对煤炭资源的合理开采和有效利用。

2.改变工艺和设备

对于矿区,开采沉陷是造成矿区环境地质灾害的直接原因,有效控制和减轻地面沉陷程度是避免开采沉陷环境灾害的基本途径。充填采煤法是减少地表下沉效果较好的方法。利用煤矸石作为充填材料,既可使采煤破坏的土地得到恢复,又能减少矸石的占地。

矿区缺水和矿井排水污染已严重影响了矿区人民的生活,制约着经济的可持续发展,矿区水资源利用与保护已经成为国家总体发展战略亟待解决的重大问题。保水开采是煤矿绿色开采技术体系的主要内容之一。实践证明,煤矿实施保水开采,不但可以保护矿区水资源,而且可以大大减小因为矿井水排放对矿区生态环境的污染,兼顾了经济、社会、生态三大效益。

我国煤矿瓦斯灾害严重,高瓦斯和煤与瓦斯突出矿井所占比例高。先抽后采是指煤矿企业利用一切可利用的条件和一切能够采用的技术手段,将煤层瓦斯预抽到有关规定的指标以下后,再进行煤炭开采。

矿区清洁生产也可以采用先进的煤化工工艺以加大对煤炭资源的利用效率,同时改变污染物排放方式和减少污染物的排放量。对煤炭副产品的综合利用也可以选择附加值高、市场效益好的工艺。

3.合理组织厂内物料循环

合理组织厂内物料循环主要包括：①煤炭开采的矿井水、生活污水必须进行处理，经处理后的矿井水应作为水资源进行重复利用，可用于矿区生产、绿化、防尘、消防和其他工业项目用水；②选煤厂生产补充用水宜优先采用经处理后的矿井水或中水，选煤厂必须实现洗水闭路循环；③煤矸石应因地制宜，综合利用，可用于修筑路基、平整工业场地、烧结煤矸石砖、充填塌陷区和采空区等。

4.改进产品体系

《清洁生产标准 煤炭采选业》(HJ 446—2008)产品指标中规定了煤炭洗选过程中对煤中硫分和灰分的要求以达到炼焦煤和动力煤的标准。煤炭行业的后续加工链非常多，也非常长，不同的加工工艺可以产出不同的产品，可以根据市场的需求、现有的加工技术选择合适的工艺，以产出符合市场需求的产品。

5.加强管理

根据新时期环境保护全过程管理和全生命周期管理的环境管理新理念，做好煤矿环境保护工作同样要从源头抓起，要贯穿煤炭生产的全过程。环境保护要从煤矿建设的设计规划阶段开始介入，要加强办矿条件的环境保护审查。

《清洁生产标准 煤炭采选业》(HJ 446—2008)环境管理要求指标中提出煤矿区生产过程中应符合国家、地方和行业有关法律、法规、规范、产业政策、技术标准要求，污染物排放达到国家、地方和行业排放标准，满足污染物总量控制和排污许可证管理要求；应建立健全矿区环境管理制度，原始记录及统计数据齐全、真实，有条件的可参加 GB/T 24001—2004 环境管理体系认证；对所有岗位人员进行岗前培训，取得本岗位资质证书，有岗位培训记录；生产管理资料完整、记录齐全；有完善的岗位操作规程和考核制度，实行全过程管理，有量化指标的项目实施定量管理。

6.必要的末端处理

煤炭开采对环境的影响具有工业污染型和生态破坏型的双重特征。在煤炭开采过程中排放的主要污染物为矿井水、挖掘出来的矿石(煤矸石)及向大气中排放的瓦斯气体。

煤炭开采产生的矿井水、疏干水、矿坑水及矿区生活污水采取的有效措施，针对不同的废水特征，具体方法有：石灰中和法、湿地工程、混凝、沉淀(或气浮)及过滤、消毒、离子交换、电渗析、反渗透、生物接触氧化、曝气生物滤池、A^2/O 等。

煤炭开采产生的抽排瓦斯、风排瓦斯、煤炭筛分/破碎/转载点产生的粉尘、煤炭转载和贮放产生的粉尘、露天采煤扬尘、锅炉燃煤产生的烟气采取的有效措施，针对不同的大气污染特征，具体方法有：发电、供热、制造炭黑、民用燃料、制造化工产品、尘源密闭及高效除尘装置、采用筒仓储煤或全封闭储煤场、喷雾降尘、扬尘防护网、烟气脱硫。

煤炭开采产生的噪声源包括铁路/公路运输线路、露天开采放炮、矿井通风机房、洗选主要控制准备车间(拣矸楼)、鼓风机房、主洗车间。针对不同的噪声源特征,具体防治方法有:合理选线,与声敏感环境保护目标保持必要的防护距离;采取隔声罩、消声罩、减振衬垫、缓冲层技术。

煤炭开采和洗选业产生的固体废物主要包括煤矸石、煤泥和洗中煤等,煤矸石利用除做修路的垫层材料、充填塌陷区外,规模生产仅局限于制砖业等建筑行业,煤泥和洗中煤主要用于制砖和与煤矸石共同发电。

4.5.3　煤矿区清洁生产的组织与实施

清洁生产是实施可持续发展战略的最佳模式,通过实施清洁生产,可以使废物减量化、资源化和无害化,不仅可以促使煤矿和煤化工企业提高管理水平、节能降耗减排、降低生产成本、提高经济效益和增强市场竞争力,还可以树立良好的企业形象。因此,煤矿区开发建设要重视清洁生产工作,做好清洁生产组织和实施工作。

煤矿区清洁生产组织与实施的执行者,应是矿区内的各企业。

1.煤矿区清洁生产组织要求

煤矿区各企业应成立清洁生产领导小组来具体组织实施清洁生产工作,清洁生产领导小组由主管技术和环保的副厂长负责,由各相关部门人员组成。清洁生产领导小组的具体职责如下。

(1)宣传清洁生产知识。

提高全厂职工对清洁生产的认识,转变传统观念,使各级领导认识到推行清洁生产的重要性,使全厂职工认识到环境污染危害的严重性及污染的实质和来源。

(2)制定制度。

制定清洁生产管理制度,促进企业管理制度的完善与可操作性的提高。

(3)制定目标。

制定全厂及各生产环节的清洁生产目标,研究生产工艺,提出过程控制的改进措施、岗位操作改进措施。

(4)制定方案。

制定清洁生产方案,组织协调并监督其实施;组织对企业职工的清洁生产教育和培训;编写清洁生产报告,建立清洁生产档案;制订持续开展清洁生产的工作计划。

2.煤矿区清洁生产实施要求

为了实现合理开发和保护环境的双赢目标,煤矿企业应根据自身的实际情况,按照源头削减、过程控制及综合利用的原则,在整个运行期将清洁生产的思想贯彻始终,可按以下步骤具体实施。

(1)准备阶段。

准备阶段是通过宣传教育使职工群众对清洁生产有一个初步的、比较正确的认识,消除思想上和观念上的一些障碍,使企业高层领导做出执行清洁生产的决定,同时组建清洁生产小组,制订工作计划,并做必要的物质准备。

（2）领导决策。

高层领导亲自参加是矿区清洁生产能顺利进行并达到预期效果的前提和保障。推行清洁生产是领导不可推卸的责任,其职责是:组织企业各部门参加清洁生产;落实组织结构、人员、经费安排;监督各部门工作进度和任务完成情况。煤矿企业一旦决定执行清洁生产,领导应立即签署企业开展清洁生产的正式文件,内容包括开展清洁生产的原因及预期目标等。

（3）组建工作小组。

组建一个有权威的实施清洁生产的工作小组是顺利实施清洁生产的重要保证。

（4）制订、审核工作计划。

制订一个比较详细的清洁生产工作计划,使清洁生产工作按一定程序和步骤进行,组织好人力、物力,各负其责,达到企业清洁生产的目标。

（5）开展宣传教育,克服障碍。

广泛开展宣传教育,争取企业内部各部门和广大职工的支持。吸收岗位操作人员参与,是清洁生产顺利进行和取得更大成效必不可少的保证。企业推行清洁生产的过程中,在观念和认识方面、技术和知识信息方面、管理规章制度和政策法规方面、资金方面会存在各种障碍,要根据企业的具体情况,制定解决问题的方法。

（6）物质准备。

清洁生产工作应在企业正常生产运行过程中进行,必须做好一切准备工作,包括人员、仪器、设备、动力、原辅料等的调配和保障工作。

3.审计阶段

审计阶段是企业开展清洁生产工作的核心阶段,其主要目的是判明废物产生的部位,分析废物产生的原因,提出减少或消除废物的方案。主要方法是在对企业现状全面了解、分析的基础上,确定审计对象,并查清其能源、物料的使用量及损失量、污染物的排放量及产生根源,寻找清洁生产的基点并提出清洁生产的方案。很多企业的审计结果表明,对不同的企业、不同的生产工艺和不同的产品,通过清洁生产的审计,均可有效地削减其对环境的影响。

（1）审计程序和方法。

国家清洁生产中心开发了我国清洁生产的审计程序,包括 7 个阶段、35 个步骤。整个清洁生产审计过程又分为两个时段,即第一时段审计和第二时段审计:第一时段审计包括筹划与组织、预评估、评估和方案产生与筛选 4 个阶段,第二时段审计包括可行性分析、方案实施和持续清洁生产 3 个阶段。

（2）现状分析。

对全厂或某一车间、班组的生产工艺、能耗、水耗、物耗、物料管理状况、废物产生部位和排放方式特点,污染物形态、性质、组分和数量,污染治理现状,废物综合利用现状等进行调查;在分类汇总的基础上,广泛收集国内外同行业先进技术,组织有关专家进行咨询,找出工艺中废物产生节点和废物流失点及耗能耗水最多的环节和数量等。

（3）确定审计对象。

在备选的几个拟开展清洁生产的项目中,确定一个问题突出、投资小、见效快的项目作为审计对象。

（4）设置清洁生产目标。

对审计对象设置既切实可行,又富有挑战性的清洁生产目标。

（5）生产过程分析。

绘制审计对象的工艺流程图,进行燃煤、用水及排放的空气污染物、水污染物、灰渣等物料平衡计算,结合监测资料,分析资源回收率、设备运行效率,分析资源、物料、能量损失原因;通过水量平衡计算,及时发现问题,节约和合理调度水资源。

4.制定方案

（1）提出清洁生产方案。

提出降低原辅材料消耗、提高资源回收率的方案;针对煤、水、灰渣在运输过程中存在的跑、冒、滴、漏等现象提出必要的改进措施;在保证系统稳定、可靠的前提下,分析改进工艺、提高设备生产效率的措施;分析岗位管理和操作规程的改进办法;开拓煤矸石、粉煤灰综合利用和废水重复利用途径,并对方案进行优化。

（2）进行方案的可行性分析。

从技术、环境、经济方面对方案进行综合分析,以便确定可实施的清洁生产方案。

5.方案实施阶段

（1）统筹安排。

资金是执行清洁生产的必要条件,企业要广开财路,积极筹措,以充足财力支持清洁生产。资金一般通过企业自有资金、贷款、滚动资金等途径筹措。实施清洁生产方案时,必须按计划,认真、严格地实施,才能取得预期效果。

（2）评估方案的实施效果。

清洁生产方案实施后,要全面跟踪、评估、统计实施后的技术情况及经济、环境效益,为调整和制定后续方案积累可靠的经验。

（3）持续推行清洁生产。

煤矿区清洁生产是一个相对的概念,企业预防污染也不可能做到一劳永逸。因此,应制订一个长期的预防污染的计划,不断地开发、研究新的清洁生产技术,同时还要不断地对职工进行培训,以提高他们对清洁生产的认识,把清洁生产持久地推向企业各个部门。

（4）编制清洁生产报告。

对上述4个阶段的工作成果进行总结,并制订出持续开展清洁生产的后续行动计划。

【阅读材料】

全面推行清洁生产　协同低碳绿色发展

《"十四五"全国清洁生产推行方案》(以下简称《方案》)是在我国"十四五"之初和在碳达峰、碳中和大背景下发布的政策性文件。《方案》共计七个部分,二十一条,包括五个专栏。《方案》充分体现出清洁生产"节能、降耗、减排、增效"的八字方针在"减污降碳协同增效"发展策略中的核心作用。《方案》指出了推行清洁生产是贯彻落实资源和保护环境基本国策的重要举措，是实现减污降碳协同增效的重要手段，是加快形成绿色生产方式、促进经济社会发展全面绿色转型的有效途径。在碳达峰、碳中和新形势下，推行清洁生产具有重要的现实意义和实质作用。《方案》充分体现出清洁生产对推进我国产业科技进步和节能降碳与减排增效的重要作用，对进一步贯彻落实《中华人民共和国清洁生产促进法》《中华人民共和国国民经济和社会发展第十四个五年规划和 2035 年远景目标纲要》具有重要意义。

《方案》首先提出在全国推行清洁生产的总体要求和指导思想：以习近平新时代中国特色社会主义思想为指导，全面贯彻党的十九大和十九届二中、三中、四中、五中全会精神，深入贯彻习近平生态文明思想，在新时期上述思想指导下，立足新发展阶段，完整、准确、全面贯彻新发展理念；构建清洁生产产业新发展格局，提高发展质量，充分发挥清洁生产在节约资源、降低能耗、减污降碳、提质增效方面的重要作用。

《方案》再次强调了清洁生产审核在推行清洁生产方面的重要作用。同时要求在工业、农业、建筑业、服务业等领域全面系统推进清洁生产。《方案》提出了探索和改革清洁生产区域协同推进模式，改进清洁生产推行手段和方法。《方案》提出了培育壮大和发展清洁生产产业，促进实现碳达峰、碳中和目标，助力美丽中国建设。

《方案》提出了清洁生产发展目标。到 2025 年，清洁生产推行制度体系基本建立，在工业、农业、服务业、建筑业、交通运输业等领域全面推行清洁生产，促进清洁生产整体水平大幅提升，能源资源利用效率显著提高。进一步发挥清洁生产全过程污染控制的先进性，提高绩效水平，使重点行业主要污染物和二氧化碳排放强度明显降低。从政策高度提出促进清洁生产产业不断壮大。

到 2025 年，工业能效、水效较 2020 年大幅提升，新增高效节水灌溉面积 6 000 万亩。化学需氧量、氨氮、氮氧化物、挥发性有机物（VOCs）排放总量比 2020 年分别下降 8%、8%、10%、10% 以上。全国废旧农膜回收率达 85%，秸秆综合利用率稳定在 86% 以上，畜禽粪污综合利用率达到 80% 以上。城镇新建建筑全面达到绿色建筑标准。

《方案》指出加强高耗能高排放建设项目清洁生产评价，把清洁生产水平纳入项目管理之中。对标节能减排和碳达峰、碳中和目标要求，严格高耗能高排放项目准入，新建（含改建、扩建）项目应采取先进适用的工艺技术和装备，单位产品能耗、物耗和水耗等达到清洁生产先进水平。钢铁、水泥熟料、平板玻璃、炼油、焦化、电解铝等行业新建项目严格实施产能等量或减量置换。对不符合所在地区能耗强度和总量控制相关要求，不符合煤炭消费减量替代或污染物排放区域削减等要求的高耗能高排放项目予以停批、停建，坚决遏制高耗能高排放项目盲目发展。

《方案》要求推行工业产品绿色设计。在产品设计阶段把好资源关和能源关，从源头和过程减少资源和能源浪费。健全工业产品绿色设计推行机制。引导企业改进和优化产品和包装物的设计方案，减少产品和包装物在整个生命周期对环境的影响。在生态环境影响大、产品涉及面广、行业关联度高的行业，创建工业产品生态（绿色）设计示范企业，探索行业绿色设计路径。健全绿色设计评价标准体系。鼓励行业协会发布产品绿色设计指南,推广绿色设计案例。

《方案》要求加快燃料原材料清洁替代。加大清洁能源推广应用,提高工业领域非化石能源利用比重。对以煤炭、石油焦、重油、渣油、兰炭等为燃料的工业炉窑、自备燃煤电厂及燃煤锅炉,积极推进清洁低碳能源、工业余热等替代。因地制宜推行热电联产"一区一热源"等园区集中供能模式,替代小散工业燃煤锅炉,减少煤炭用量,实现大气污染和二氧化碳排放源头削减。《方案》提出推进原辅材料无害化替代,围绕企业生产所需原辅材料及最终产品,减少优先控制化学品名录所列化学物质及持久性有机污染物等有毒有害物质的使用,促进生产过程中使用低毒低害和无毒无害原料,降低产品中有毒有害物质含量。

《方案》要求发挥清洁生产在产业碳达峰和碳中和方面的作用。大力推进重点行业清洁低碳改造。严格执行质量、环保、能耗、安全等法律法规标准,加快淘汰落后产能。全面开展清洁生产审核和评价认证,推动能源、钢铁、焦化、建材、有色金属、石化化工、印染、造纸、化学原料药、电镀、农副食品加工、工业涂装、包装印刷等重点行业"一行一策"绿色转型升级,加快存量企业及园区实施涵盖节能、节水、节材、减污、降碳等的系统性清洁生产改造,促进重点行业二氧化碳排放尽早达峰。提出在钢铁、焦化、建材、有色金属、石化化工等行业选择100家企业实施清洁生产改造工程建设,推动一批重点企业达到国际清洁生产领先水平。

《方案》首次明确要求加快推行农业清洁生产,减少农业污染和土壤生态破坏,推动农业生产投入品减量。加强农业投入品生产、经营、使用等各环节的监督管理,科学、高效地使用农药、化肥、农用薄膜和饲料添加剂,消除有害物质的流失和残留,减少农业生产资料的投入,提升农业生产过程清洁化水平,改进农业生产技术,形成高效、清洁的农业生产模式,这对实现农业绿色发展提供了新的途径。

《方案》首次明确要求推动建筑业清洁生产。持续提高新建建筑节能标准,加快推进超低能耗、近零能耗、低碳建筑规模化发展,推进城镇既有建筑和市政基础设施节能改造。推广可再生能源建筑,推动建筑用能电气化和低碳化。加强建筑垃圾源头管控,实施工程建设全过程绿色建造。推广使用再生骨料及再生建材,促进建筑垃圾资源化利用。将房屋建筑和市政工程施工工地扬尘污染防治纳入建筑业清洁生产管理范畴。

随着我国产业结构调整,第三产业比重不断提升,降低第三产业资源和能源消耗成为当前亟待解决的重要需求。《方案》明确要求推进服务业清洁生产,以清洁生产为重要抓手,着力提升城市服务业绿色化水平。加强交通运输业清洁生产,持续优化运输结构,加快建设综合立体交通网,提高铁路、水路在综合运输中的承运比重,持续降低运输能耗和二氧化碳排放强度。

（节选自中华人民共和国国家发展和改革委员会网站,网址:https://www.ndrc.gov.cn/xwdt/ztzl/qjsctx/zcjd2/202112/t20211204_1306900.html? code=&state=123。作者:于宏兵教授,南开大学清洁生产研究中心主任、中国工业节能与清洁生产协会技术总监）

复习与思考

1.清洁生产的核心目标是什么?

2.清洁生产与末端治理有哪些区别？清洁生产与末端治理是否完全矛盾？为什么？

3.实现清洁生产的途径有哪些？

4.化工行业如何实现清洁生产？

第5章 资源环境保护

资源环境的恶化有自然原因,但更重要的是人为原因。巨大的人口数量的压力和不合理的开发活动是当今资源环境恶化的主要原因。目前,世界各国都采用各种手段,包括行政的、经济的、法律的、技术的等,对人类生活环境进行生态保护。资源环境保护领域十分广阔,涉及自然环境保护、自然资源保护、野生动物保护、文物古迹保护和农业生态环境保护等。

5.1 自然资源概述

5.1.1 什么是自然资源

自然资源保护是环境保护工作的重要组成部分。自然资源(natural resources)是人类生存的基本要素,是社会经济发展的物质基础。广义的自然资源是指在一定的时空条件下,能够产生经济价值、提高人类当前和未来福利的自然环境因素的总称(1972年联合国环境规划署提出),通常包括水资源、土地资源、矿物资源、生物资源与气候资源等。狭义的自然资源是指自然界中可以直接被人类在生产和生活中利用的自然物,如地球上的空气、水、土地、矿物、动物、植物及其他可被人类利用的物质,都属于自然资源。

5.1.2 自然资源的分类

自然资源可分为可再生资源、不可更新资源和恒定资源。

1.可再生资源(renewable resources)

所谓可再生资源是指那些被人类开发利用后,能够依靠生态系统自身在运行中的再生能力得到恢复或再生的资源,如水资源、生物资源等。人类应科学利用此类资源,并通过人类劳动有目的地扩展此类资源。

2.不可更新资源(non-renewable resources)

不可更新资源又称非再生资源,一般是指那些储量在人类开发利用后会逐渐减少以致枯竭,而不能或难以再生的资源,如石油、矿产资源等。对此类资源应限制开采,提高利用率。

3.恒定资源(constant resources)

恒定资源是指那些被利用后,在可以预计的时间内不会导致其储量的减少,也不会导致其枯竭的资源,如太阳能、潮汐能、风能等。人类应努力提高科技水平,重点研究和开发利用此类资源的方法和手段,不断提高其利用率。

5.1.3　自然资源的特点

首先,自然资源的数量是有限的,与人类社会不断增长的需求相矛盾,因此必须强调资源的合理开发利用与保护。其次,自然资源具有空间分布的不均匀性和严格的区域性,即资源分布不平衡,存在数量或质量上的显著地域差异,并有其特殊分布规律。最后,自然资源具有整体性,每个地区的自然资源要素彼此有生态上的联系,形成一个整体,因此必须强调综合研究与综合开发利用。

除了上述特点外,各类自然资源还有各自的特点,如生物资源的可再生性,水资源的可循环和可流动性,土地资源有生产能力和位置的固定性,气候资源有明显的季节性,矿产资源具有不可更新性和隐含性等。

5.2　水资源的利用与保护

水的存在是一个星球是否具有生命的重要标志之一。地球是一个"水的星球",生命的形成、演化、进行都依赖于水,人类的生存、生活也离不开水。水资源的利用是人类生存的保障,协调人与水之间的关系,合理利用水资源是实现可持续发展的必由之路。

5.2.1　水资源的分布

水体是海洋、河流、湖泊、沼泽、水库、地下水的总称,是由水及水中悬浮物、溶解物、水生生物和底泥组成的完整的生态系统,该系统组成了一个紧密作用、相互交换的统一体,即水圈。全球水量估计约 14.2786×10^8 km³,而海洋约占总水量的 97.35%。陆地水量约为 0.36×10^8 km³,包括湖泊、河流、冰川、地下水等。陆地水量中大部分为南北极冰盖、冰川,可被人类利用的淡水资源,即地面河流、湖泊、地下水及生物、土壤含水等,约占地球总水量的 0.6%。地球上的水量分布见表 5.1。

表 5.1　地球上的水量分布

水的类型	水量/10⁴ km³	所占比例/%
海洋水	139 000	97.348 48
淡水湖	12.5	0.008 75
盐湖和内海	10.4	0.007 28
河流	0.1	0.000 07
土壤水	6.7	0.004 69
地下水	835	0.584 79

续表5.1

水的类型	水量/10^4 km^3	所占比例/%
冰冠和冰川	2 920	2.045 03
大气水	1.3	0.000 91
总计	142 786	100

5.2.2　水资源的特点

联合国教科文组织(UNESCO)和世界气象组织(WMO)共同制定的《水资源评价活动——国家评价手册》中定义水资源为"可以利用或有可能被利用的水源,具有足够的数量和可用的质量,并能在某一地点为满足某种用途而被利用"。通常说的"水资源"指陆地上可供生产、生活直接利用的江、河、湖、沼及部分储存在地下的淡水资源,亦即可利用的水资源。

1.循环再生性与总量有限性

水资源属可再生资源,在循环过程中可以不断恢复和更新。但由于其在循环过程中要受到太阳辐射、地表下垫面、人类活动等条件的制约,因此每年更新的水量又是有限的。这里还需注意的是,虽然水资源具有可循环再生的特性,但这是从全球范围水资源的总体而言的。对于一个具体的水体,如一个湖泊、一条河流,它完全可能干涸而不能再生。因此,在开发利用水资源的过程中,一定要注意不能破坏自然环境的水资源再生能力。

2.时空分布的不均匀性

由于水资源的主要补给来源是大气降水、地表径流和地下径流,它们都具有随机性和周期性(其年内与年际变化都很大),它们在地区分布上又很不均衡,因此在开发利用水资源时必须十分重视这一特点。

3.功能的广泛性和不可替代性

水资源既是生活资料又是生产资料,其功能在国计民生中发挥了广泛而又重要的作用,如保证人畜饮用、农业灌溉、工业生产使用、养鱼、航运、水力发电等。水资源这些作用和综合效益是其他任何自然资源无法替代的。不认识到这一点,就不能真正认识水资源的重要性。

4.利弊两重性

由于降水和径流的地区分布不平衡和时程分配不均匀,往往会出现洪涝、旱碱等自然灾害。如果开发利用不当,也会引起人为灾害,如垮坝、水土流失、次生盐渍化、水质污染、地下水枯竭、地面沉降、诱发地震等。这说明水资源具有明显的利弊两重性。因此,开发利用水资源时必须重视这一特点。

5.2.3　水资源的作用

1.水是生命之源

水是人体生命活动中所必需的一种成分,在人体中能占到 75%~80% 的比重。随着年龄的增加,人体内的水分会逐渐减少。人们每天要通过喝水和摄取食物中的水来补充体内流失的水分,一个成人每天至少要喝 2 000 ml 左右的水。人对水的需求仅次于氧。一个人短期内不吃食物,当体内贮备的糖类、脂肪耗尽,蛋白质也失去一半时,如果能喝到水,即使体重减轻 40%,也能勉强维持生命。但人体若失掉 15% 的水,生命就有危险。

2.水是农业命脉

农业生产用水主要包括农业灌溉用水,林业、物业灌溉用水及渔业用水。生产 1 kg 小麦耗水 0.8~1.25 m³,生产 1 kg 水稻耗水 1.4~1.6 m³。农业用水量占全球用水的比例最大,约占 2/3,农业灌溉用水占农业用水的 90%,其中 75%~80% 是不能重复利用的消耗水。

3.水是工业的血液

工业用水约占全球总用水量的 22%。工业用水主要包括原料、冷却、洗涤、传送、调温和调湿等用水。工业用水量与工业发展布局、产业结构、生产工艺水平等多因素相关。美国用水量居世界首位,每年约 5 550 亿 m³。我国工业用水量由 1980 年的 457 亿 m³ 增至 2008 年的 1 401 亿 m³。随着工业结构调整、工艺技术的进步和工业节水水平的提高,我国的工业用水量增长逐渐放缓。

4.水是城市发展繁荣的基本条件

随着城市的发展、人口的增加和生活水平的提高,生活用水量不断扩大。同时,与之配套的环境景观用水、旅游用水、服务业用水不断增加,如果没有充足的水资源,城市发展就会受到制约。

5.水的生态保障作用

生态系统的维系需要有一定水量作为保障,以此保持生态平衡。例如,保持江河湖泊一定的流量,可以满足鱼类和水生生物的生长需要,并有利于冲刷泥沙,冲洗农田盐分入海,保持水体自净能力。同时,由于水具有较大的比热容,可调节气温、湿度,因此能够起到防止生态环境恶化的作用。

5.2.4　水资源危机

水资源具有再生性和重复利用性。长久以来,人们普遍认为水是取之不尽、用之不竭的廉价资源,缺乏保护意识。但是,近年来人们越来越深刻地认识到水资源短缺和水环境污染造成的水资源危机制约了经济发展,并影响到人们的生活。水资源危机就是指一个地区的需水量大于水资源的供给能力而出现的缺水现象。

1.全球的水资源危机

全世界约有 1/3 的人生活在中度和高度缺水地区,其主要是由于水资源时空分布的不均匀性造成的,加之城市与工业区的集中发展,使得人口趋向集中在占地球较小部分的城镇和城市中。目前,世界上城市居民约占世界人口的 41.6%,而城市面积只占地球总面积的 0.3%,并且城市周围建设有工业区,集中用水量增大,往往超出当地水资源的供水能力。

水体的污染也是加剧水资源危机的主要原因。据世界银行报告,由于水污染和缺少供水设施,全世界有 10 亿多人口无法得到安全的饮用水,每年全世界至少有 1 500 万人死于水污染引起的各类疾病。污染水排入海洋,造成海洋污染,并引发赤潮,给沿海养殖业及生态环境带来毁灭性影响。

1993 年 1 月 18 日,第 47 届联合国大会做出决议,自 1993 年起,每年的 3 月 22 日定为"世界水日",用以宣传教育,提高公众对保护水资源的认识,解决日益严峻的缺水问题。我国水利部确定每年的 3 月 22 日至 28 日为"中国水周"。

2.我国的水资源危机

我国的水资源总量丰富,降水量约为 6×10^{12} m^3 左右,相当于全球陆地总降水量的 5%,居世界第三位。地表水量和地下水量分别为 2 711 km^3 和 829 km^3,扣除两者之间的重复量后,我国多年平均水资源总量为 2 812 km^3,位居世界第六位。但同时值得注意的是,我国人均水资源量较低。并且,我国的水资源时空分布不均衡。淮河以北所拥有的水资源量仅为全国水资源总量的 19%,而耕地面积却是全国耕地面积的 64%;反之,淮河以南地区的耕地面积占全国耕地面积的 36%,而其水资源量却占全国水资源总量的 81%。特别是在水资源缺乏的西北地区,原本有限的降水又往往集中在夏季的 3 个月内,这使水资源紧张的情况加剧。

与此同时,水污染现象日益严重。2003 年,原国家环境保护总局有关负责人指出,全国向水域排放的主要污染物的量已远远超过水环境容量。江河湖泊普遍遭受污染,75%的湖泊出现不同程度的富营养化,全国估计每年水污染造成的经济损失约为 300 亿元。至 2009 年,长江、黄河、珠江、松花江、淮河、海河和辽河七大水系总体为轻度污染。湖泊(水库)富营养化问题突出,太湖、滇池水质较差。同时,生态缺水直接加剧生态环境的恶化,制约着我国整体的可持续发展。

5.2.5　水资源的利用和保护

随着水资源危机日益严重,水资源的合理开发和保护也就越发重要。解决水资源危机,首先应扩大水资源的供应量;其次是提高水资源的利用率,节约用水,合理分配;再次就是控制水污染,加强水资源的综合管理,使水资源可持续利用,促进社会、经济、环境的和谐发展。

1.扩大水资源的供应量

由于水资源存在时空上的分布不均匀性,可采取措施对水资源缺少的干旱、半干旱地区供水,扩大其水资源的供应量。

通过水利措施,引水资源较为丰富地区的水到水资源匮乏地区。我国在部分大中城市采用了引附近河水入市的措施,使城市的水资源短缺得到了缓解,如天津采用引滦河水进津、西安市采用引入黑河水等措施。为了缓解我国北方缺水现状,我国政府采用"南水北调"的工程措施,调用南方的丰富水资源缓解北方水资源危机。

2.提高水资源的利用率,节约用水

水资源危机使人们的节水意识提高。节约用水、提高水资源的利用率,不但可以增加水资源,也可以减少污水排放量,减轻水体污染。提高水资源利用率应当从农业、工业和城市生活用水三个方面进行。

(1)提高农业用水利用率。

全球用水的2/3为农业灌溉用水,我国用水量的3/4为农业灌溉用水。我国农业灌溉水的利用率只有40%。节水高效的现代灌溉农业和现代旱地农业的推广可大大提高水的利用率,同时也可使粮食增产。

(2)提高工业用水利用率。

工业是城市中主要的用水部门。我国工业用水利用率不高,主要工业行业用水水平较低。工业节水的方法有调整产业结构和工业布局,开发和推广节水技术、工艺和设备,降低用水量,提高水的重复利用率。

(3)提高城市生活用水利用率。

城市生活用水的节水潜力很大。我国多数城市自来水管网和用水管具的漏水损失高达20%以上,公共用水浪费惊人。城市节水应以创建节水型城市为目标,提高公众的节水意识,通过教育、管理、技术手段和经济杠杆,将城市生活用水、工业用水控制在城市水资源可承受的范围内。

3.控制水污染,加强水资源的综合管理

水资源具有可再生性,但水质污染减少了水资源的利用率。控制水污染可以保障水质质量,是提高水资源可利用量、维持可持续发展的必由之路。昔日欧洲的多瑙河、莱茵河,美国的特拉华河受工业污染严重,经过整治,现已基本恢复了对其流域的淡水供应。我国城市污水处理率到2009年已达到73%,国内部分水体污染程度已得到了改善。

加强水资源的综合管理。完善环境管理体制,加强监督管理。从以往污染的分散治理为主转向集中控制与分散治理相结合,从末端治理转向全过程控制和清洁生产,从单一的浓度控制转向浓度控制与总量控制相结合,从区域管理为主转向区域管理与流域管理相结合。并且调整产业结构,合理工业布局,运用经济杠杆,有效管理水资源,促进水资源开源、节流、治污工作的顺利进行。

5.3 土地资源的利用与保护

土地是最基本的资源,它是矿物质的储存场所,它能保持土壤的肥沃,能生长草木和粮食,也是野生动物和家畜等的栖息所,是人类赖以生存和发展的物质基础和环境条件,是重要的生命支持系统。总之,陆地上的一切可更新资源皆赖以存在或繁衍,因此,土地资源的合理利用就成了各种资源保护的中心。

5.3.1 土地资源

土地是一个综合性的科学概念,它是由地质、地貌、气候、植被、土壤、水文、生物及人类活动等多种因素相互作用形成的高度综合的自然经济复合生态系统。土地作为一种资源,有两个主要属性:面积和质量。质量属性中除了地理分布、肥力高低、水源远近等因素外,还有一个重要的因素,即"土地的通达性(accessibility)",包括土地离现有居民点的远近及道路和交通情况等因素,这些因素影响着劳动力与机械到达该土地所消耗的时间和能量。

土地的基本属性是位置固定、面积有限和不可代替。位置固定指每块土地所处的经纬度都是固定的,不能移动,只能就地利用。面积有限指非经漫长的地质过程,土地面积不会有明显的增减。不可代替指土地无论作为人类生活的基地,还是作为生产资料或动植物的栖息地,一般都不能用其他物质来代替,当然随着科学技术的发展,不可代替这个概念会有所变化,如无土栽培植物已经出现。

从农业生产的角度来看,合理利用、因地制宜就能提高土地利用率。实行集约经营,不断提高土地质量,就可以改善土壤肥力,增加农作物产量。如果利用不当甚至进行掠夺式经营,就会导致土地退化,生产力下降,甚至使环境恶化,影响人类和动植物的生存。

从土地资源合理利用的角度来看,没有不能利用的土地。我们应该把每块土地利用好,让它充分发挥作用。不同的用途对土地有不同的要求,如新建工厂,它重视的是工程地质和水文地质条件及土地面积的大小,而试验原子弹则要求在荒无人烟的大沙漠上进行。

1.我国土地资源的特点

(1)绝对数量较大,人均占有量小。

我国内陆土地总面积约960万 km^2,居世界第三位,但人均占有土地面积不到世界人均水平的1/3。

(2)土地类型多样,山地多于平地。

全国山地占33%,高原占26%,丘陵地占10%,三项合计占全国土地面积的69%,山地资源丰富多样,开发潜力大。但是山地土层薄、坡度大,如果利用不当,自然资源与生态环境易遭破坏。

(3)各类土地资源分布不平衡,土地生产力水平低。

以耕地为例,我国大约有20亿亩(1亩约为666.67 m^2)的耕地,其中90%以上分布在东南部的湿润、半湿润地区。在全部耕地中,中低产耕地大约占耕地总面积的 2/3。

(4)宜开发为耕地的后备土地资源潜力不大。

在大约 5 亿亩的宜农后备土地资源中,可开发为耕地的面积仅为 1 亿~2 亿亩。

2.我国的耕地现状

全国耕地面积从 1996 年的 19.51 亿亩减少到 2004 年的 18.37 亿亩,8 年间平均每年减少 1 425 万亩,耕地浪费和损失十分惊人。1995~1996 年,我国耕地面积由 95 000 千公顷增加到 130 066.7 千公顷,增加了 35 066.7 千公顷。1996~2003 年,我国耕地面积呈现减少趋势。2003~2008 年,耕地面积基本在 122 000 千公顷上下波动,没有打破 120 000千公顷的红线。2009 年,我国耕地面积达到一个高点,2009 年以后,我国耕地面积整体有轻微减少的趋势,2016 年,我国耕地总面积约为 134 956.6 千公顷,2017 年末,全国因建设占用、灾毁、生态退耕、农业结构调整等减少耕地面积 320.4 千公顷,通过土地整治、农业结构调整等增加耕地面积 259.5 千公顷,年内净减少耕地面积 60.9 千公顷。

3.耕地减少的原因

耕地减少的主要原因有:一是非农业建设占用耕地,主要是国家基建用地、乡村集体基建占地和农民建房用地;二是由于农业内部结构调整,用于退耕造林、改果、改渔、改牧等;三是灾害毁地。另外,土地沙漠化和水土流失也是我国耕地面积减少的重要原因。全国有 400 多万公顷的农田受到沙漠化威胁,因为水土流失每年损失耕地上百万亩,土地的污染问题也不容忽视。

我国农药年产量占世界年产量的 14%;化肥的使用量比世界平均水平高 2.6 倍;农用塑料薄膜产量和覆盖率均为世界第一,每年使用近百万吨的农用薄膜,至少 1/5 残留在土壤中,需要三四百年才能降解。农药化肥大量使用和工业"三废"排放量不断增加,使全国遭受污染的土地面积已超过 1×10^7 公顷。不少地区重用轻养,造成地力衰退,耕地质量下降,农业生态失调,受灾面积增加,这一切表明我国耕地的生态状况令人担忧。

5.3.2　土地资源的保护

我国人口众多,适于农耕的土地资源有限,又普遍存在着居住环境任意扩大和大量占用耕地的问题。因此,保护好土地资源是迫在眉睫的工作之一。

1.坚持土地用途管制制度

土地用途管制制度是《中华人民共和国土地管理法》确定的加强土地资源管理的基本制度。通过严格按照土地利用总体规划确定的用途和土地利用计划的安排使用土地,严格控制占用农用地特别是耕地,实现土地资源合理配置、合理利用,从而保证耕地数量稳定。

2.强化耕地占补平衡管理

耕地占补平衡制度是保证耕地总量不减少的重要制度。推广实行建设占用耕地与补充耕地的项目挂钩制度,切实落实补充耕地的责任、任务和资金;加强按项目检查核实补充耕地情况,确保建设占用耕地真正做到占一补一;推进耕地储备制度的建立,逐步做到耕地的先补后占;强化耕地的占补平衡管理,这是耕地保护的最有效途径之一。

3.严格耕地保护执法

为实现我国今后耕地保有量保持在 18 亿亩的"红线",还需要不断健全和完善保护耕地的相关立法和法规体系,严格执法和监督,及时发现和纠正违反耕地保护法规的行为,情节严重的应坚决查处。

4.严格执行城市用地规模审核制度

严格控制城镇用地规模,实行用地规模服从土地利用总体规划、城镇建设项目服从城镇总体规划的"双重"管理,充分挖掘现有建设用地潜力,逐步实现土地利用方式由外延发展向内涵挖潜转变,只有这样才能切实保护城郊接合部的耕地资源。

5.建立有效的土地收益分配机制

建立有效的土地收益分配机制,关键是要认真执行和落实《中华人民共和国土地管理法》有关规定,确保新增用地的有关费用按标准缴足到位,使新增用地特别是占用耕地的总费用较以往真正有大幅度的提高,从而抑制整个建设用地的扩张。因此,一是要严格执行《中华人民共和国土地管理法》确定的征地费用标准和耕地开垦费标准;二是要执行好财政部与国土资源部联合发布的《新增建设用地土地有偿使用费收缴使用管理办法》,确保足额、及时收缴;三是要建立保护耕地利益奖惩和补偿制度。

6.建立耕地保护动态监测系统

首先应着眼于地面人工监测系统,主要是:①加强完善土地变更登记,及时汇总,及时输入,这是信息库更新的重要来源;②建立合理的观察网,进行定期观察或定点固定观察;③建立自上而下校核和自下而上反馈的传输体系,以便不断地获取和检验。同时,应充分应用现代遥感等高新技术及时监测耕地变更状况,尤其是城市周围的耕地利用情况,为耕地保护决策和执法检查提供科学依据。

5.4 生物资源的利用与保护

5.4.1 生物多样性的概念及其作用

1.生物多样性的概念

"生物多样性"(biological diversity or biodiversity)一词出现在 20 世纪 80 年代初。一般认为,生物多样性是地球上所有生物包括植物、动物和微生物及其所构成的综合体。1995 年,联合国环境规划署在《全球生物多样性评估》一书中给生物多样性定义为:生物多样性是生物和它们组成的系统的总体多样性和变异性。1992 年,联合国环境与发展会议通过的《生物多样性公约》第二条用语中把生物多样性解释为:生物多样性是指所有来源的活的生物体中的变异性,这些来源包括陆地、海洋和其他水生生态系统及其所构成的生态综合体,这包括物种内、物种间和生态系统的多样性。也有学者给生物多样性定义为:不同性质的生命系统不相似的属性。认为生物多样性是每一个生命系统的基本特征,是从分子到生态系统的各个生物级水平所表现出来的基本特征。

目前,大家公认的生物多样性的三个主要层次是遗传多样性、物种多样性和生态系统多样性,其中遗传多样性也称基因多样性。基因多样性又包括分子、细胞和个体三个水平上的遗传变异度,是生命进化和物种分化的基础。

物种多样性是指在一定区域内某一面积上物种的数目及其变异,常用物种丰度(species richness)表示。

生态系统多样性既存在于生态系统内部,也存在于生态系统之间。在前一种情况下,一个生态系统由不同物种组成,它们的结构特点多种多样,执行功能不同,因而在生态过程中的作用也很不一致。在后一种情况下,在各地区不同地理背景中形成的多样的生境中分布着不同的生态系统。保持生态系统的多样性,维持各生态系统的生态过程对于所有生物的生存、进化和发展,对于维持遗传多样性和物种多样性都是必不可少、至关重要的。

生物多样性还有许多其他的表达方式,如物种的相对多度、种群的年龄结构、一个区域的群落或生态系统的格局随时间的改变等,但上述三个层次是最重要的。

2.生物多样性的作用(重要性)

人类的生存离不开其他生物。地球上多种多样的植物、动物和微生物为人类提供了必不可少的食物、纤维、木材、药物和工业原料等,还为人类提供娱乐及丰富多彩的旅游文化生活。生物与其地理环境交互作用形成的生态系统,调节着地球上的能量流动和物质循环,繁复多样的生物及其组合与它们的地理环境共同构成了人类生存和发展所必须依赖的生命支持系统和物质基础。一般认为,生物多样性的价值主要有以下三个方面。

(1)直接使用价值。

直接使用价值即被人类作为资源直接使用的价值,它又可分为两类。第一类是实物价值,即生物为人类生产活动提供了燃料、木材等原材料,为人类生存繁衍提供了食物、衣服、医药等生活用品。单就药物来说,发展中国家 80% 的人口依赖植物或动物提供的传统药物,西方医药中使用的药物有 40% 含有最初在野生植物中发现的物质。例如,我国中医使用的植物药材就达 10 000 种以上,我国科学家在菊科植物中提取的青蒿素是一种比奎宁更有效的治疗疟疾的药物。第二类是非实物价值,主要包括生物多样性在旅游观赏、科学文化、畜力使用等方面提供的服务价值。

(2)间接使用价值。

间接使用价值指能支持和保护社会经济活动及人类生命财产的环境调节功能,有人将其称为生态功能。自然生态系统在有机质生产、二氧化碳固定、氧气释放、营养物质的固定与循环、重要污染物的降解等方面为人类社会的生存发展发挥着极为重要和不可替代的作用。地球大气的活性气体的组成,地球表面温度及地表沉积物的氧化还原电势和 pH 都是由生态过程所控制的,它使人类生命存在所必需的基本条件得以保持。从局部来看,当前生物多样性的调节功能表现为涵养水源、巩固堤岸、防止侵蚀、降低洪峰、调节气候等,这类价值目前还很难像直接价值那样可以进行比较精确的定量计算。

(3)选择价值(或潜在价值)。

选择价值(或潜在价值)即为后代人提供选择机会的价值。对于许多植物、动物和微生物物种,目前它们的使用价值还不清楚,有待于进一步去发现、研究和利用。如果这些物种遭到破坏,后代人就再没有机会加以选择利用。为了使后代人和当代人公平享有利用这些物种的权利和机会,首先必须充分认识到生物多样性所具有的潜在价值。

这里需要介绍的还有近代国内外文献中提到的生物多样性的存在价值,这是一种伦理或道德价值,意思是每种生物都有它自己的生存权利,人类没有权利以自我为中心,以人类生存发展的需要为唯一的价值尺度去衡量它们,这种价值观目前仅在部分学者中进行探讨。

5.4.2　生物多样性的变化情况

1.全球生物多样性概况

全球生物多样性是巨大的。到目前为止,人们已经鉴定出大约 1.7×10^6 种物种,但科学家在研究鱼类、某些植物类群,特别是热带雨林中的大脊椎动物时又常常发现数量巨大的新物种。目前,科学家们估计的全球物种总数在 5×10^7 到 1×10^8 之间。表 5.2 列出了 1986 年《世界资源报告》中的物种统计表。

表 5.2　全球物种数目分类

类别	确定种类	估计种类
哺乳动物	4 710	43 000
鸟类	8 715	9 000
爬行动物	5 115	6 000
两栖动物	3 215	35 000
鱼类	21 000	23 000
无脊椎动物	1 300 000	4 004 000
维管植物	250 000	280 000
非维管植物	150 000	200 000
总计	1 742 755	4 600 000

由于许多新物种的不断发现,表中有些数据已经有了很大的变化。

2.中国生物多样性概况

我国国土辽阔,海域宽广,自然条件复杂多样,加之有较古老的地质历史,孕育了极丰富的植物、动物和微生物物种及丰富多彩的生态组合,是全球 12 个"巨大多样性国家"之一。我国是地球上种子植物区系起源中心之一,承袭了北方第三纪、古地中海及古南大陆的区系成分;动物则汇合了古北界和东洋界的大部分种类。我国现有种子植物30 000多种,其中裸子植物236种,居世界首位;脊椎动物6 400余种,其中鸟类1 186种,占世界总数的14%,居世界首位;鱼类3 000多种,也居世界前列。不仅如此,特有类型众多,更是我国生物区系的特点。另外,我国还拥有众多的有"活化石"之称的珍稀动植物,如大熊猫、白鳍豚、文昌鱼、鹦鹉螺、水杉、银杏和攀枝花苏铁等。我国动植物特有种情况见表5.3。

表5.3　我国动植物特有种统计表

类别	已知种(或属)数目	特有种(或属)数目	特有种(或属)占总数百分比/%
哺乳动物	581	110	18.93
鸟类	1 244	98	7.88
爬行动物	376	25	6.65
两栖动物	284	30	10.56
鱼类	3 862	404	10.46
动物总计	6 347	667	10.51
被子植物	3 123	246	7.88
种子植物	34	10	29.41
蕨类植物	224	6	2.68
苔藓植物	494	13	2.63
植物总计	3 875	275	7.10

我国有7 000年以上的农业开垦历史,我国农民开发利用和培植繁育了大量栽培植物和家养动物,其丰富程度在全世界是独一无二的。目前,我国共有家养动物品种和类群1 900多个,境内已知的经济树种1 000种以上,水稻的地方品种达50 000多个,大豆达20 000多个,药用植物11 000多种,牧草4 200多种,原产我国的重要观赏花卉200多种。

在生态系统多样性方面,我国陆地生态系统有森林212类,竹林36类,灌丛113类,草甸77类,沼泽37类,草原55类,荒漠52类,高山冻原、垫状和流石滩植被17类。淡水和海洋生态系统类型暂时尚无统计资料。

由上所述可见,我国的生物多样性丰富而又独特,其特点可以概括为六个方面:①物种高度丰富;②特有物种属、种繁多;③区系起源古老;④栽培和家养动物及野生亲缘种质资源异常丰富;⑤生态系统丰富多彩;⑥空间格局繁杂多样。因此,从世界的角度来看,我国的生物多样性在全世界占有重要而又十分独特的地位。

3.生物多样性的变化情况

地球上的生命存在已有35亿年以上。随着地球的演化,曾产生过、也灭绝了很多物种。现在存在的生物也许只是曾经存在过的生物(物种)总数中的一部分。地球历史上生物物种的灭绝速度并不是恒定的。在某些时期,由于重大的地质剧变及其他自然灾害,大量物种可在比较短的时间内突然灭绝。古生物学家认为,二亿三千万年前的二叠纪末,海洋中的生物总数减少了90%,而发生在6 500万年前的不明原因的重大事件,导致了以恐龙为代表的大量物种的灭绝。

即使在地球历史较平静阶段,生物种类数也会由于多种多样的自然原因而不断减少,但是这种减少的速度是缓慢的。自从人类出现以后,特别是近几个世纪以来,人类活动大大加快了地球上物种灭绝的速度。有科学家认为,现在的生物物种至少以1 000倍于自然灭绝的速度在地球上消失。据美国哈佛大学生物学家爱德华·威尔逊估计,世界上每年至少有5×10^4种物种灭绝,平均每天灭绝140种。史密斯和玛丽的研究表明,自1600年以来,地球上有记录的动物灭绝586种,植物灭绝504种。在1900~1950年共有60个物种灭绝,而在自然背景下估计每100年到1 000年才灭绝一个物种。

有关资料表明,我国生物多样性的损失也十分严重。到目前为止,大约已有200种植物灭绝,估计还有近5 000种植物处于濒危状态,占我国高等植物总数的20%;大约有398种脊椎动物处于濒危状态,占我国脊椎动物总数的7.7%左右。我国动物和植物已经有15%~20%受到威胁,高于世界10%~15%的水平;在《濒危野生动植物国际贸易公约》附录中所列的640个物种中,我国占156个。

另外,随着对生物多样性研究的不断深入,科学家在热带森林的物种研究中发现在林冠层中生活着数量巨大的物种(主要是昆虫)。其中已经被科学家记载的只是很小的一部分。这些发现使人们将估算的地球上的物种总数向上增长到1×10^7至1×10^8种,而其中被分类学家记载的还不到1.5×10^6种。

5.4.3 生物多样性的保护与管理

1.我国生物多样性保护的立法体系

为了遏制人为因素造成生物多样性锐减的趋势,首先需要制定和实施保护生物多样性的法律、法规体系。

目前,我国生物多样性保护的立法体系包括:

(1)宪法。

《中华人民共和国宪法》第九条规定:国家保障自然资源的合理利用,保护珍贵的动物和植物,禁止任何组织或者个人用任何手段侵占或者破坏自然资源。第二十六条规定:国家保护和改善生活环境和生态环境,防治污染和其他公害;国家组织和鼓励植树造林,保护树木。

(2)相关法律。

主要有《环境保护法》《中华人民共和国森林法》《中华人民共和国海洋环境保护法》《中华人民共和国野生动物保护法》等。

(3)行政法规。

主要有《水资源保护条例》《植物检疫条例》《国务院关于严格保护珍贵稀有野生动物的通令》等。

（4）地方性法规。

如《广东省森林管理实施办法》等。

（5）规章制度。

如林业部公布《森林和野生动物类型自然保护区管理办法》等，在实施生物多样性保护法规的过程中，建立了若干法律制度。主要有：

① 环境影响报告书制度。1986 年颁布的《建设项目环境保护管理办法》中规定，工业、交通、水利、农林、卫生、旅游、市政等对环境（和生物多样性）有影响的建设项目都必须执行环境影响报告书（表）制度，否则不予批准。同时也规定了相应实施的"三同时"制度等。

② 自然保护区制度。按有关法律规定，国务院和地方各级人民政府对具有代表性的各种类型的自然生态系统区域、珍稀、濒危野生动植物物种的天然集中分布区等的陆地、水体和海域，依法划出一定面积予以特殊保护和管理，建立自然保护区。另外，对自然保护区的经济、技术政策、管理体制、违法行为的处罚等也做出了规定。

③ 许可证制度。《中华人民共和国森林法》规定，采伐林必须持有林业部门发给的许可证；《中华人民共和国渔业法》规定，捕捞作业必须按捕捞许可证关于作业类型、场所、时限和渔具数量的规定进行作业，并遵守有关保护渔业资源的规定；《中华人民共和国野生动物保护法》规定，捕捉、捕捞国家一、二级保护野生动物必须申请特许猎捕证。

④ 检疫制度。为防止动植物病虫的侵入和传播，避免外来物种对本地物种的不利影响，规定了动植物检疫的范围、对象及应检疫病虫、过境检疫、进出口检疫等内容。

2.我国现行的关于生物多样性保护的执法主体

关于生物多样性保护的执法，我国现行的执法主体主要有以下四类。

① 国务院和地方各级人民政府，其掌握综合性和全局性情况，主要承担依法行政的任务。

② 国务院环境保护行政管理部门和县级以上人民政府的环境保护行政主管部门，其依法实施对生物多样性保护的任务，并负有监督管理的职责。

③ 县级以上人民政府的土地、矿产、林业、农业、水政、渔政港务监督、海洋主管部门，其分别负责对各种自然资源的监督管理。

④ 各级公安机关、法院、检察院、军队及交通管理部门，均依法实施监督。

我国在生物多样性法制建设中奉行"立法与执法并重"的方针，执法工作取得了一定的成绩，但从历年来的执法检查情况来看，违法捕捉、经营、贩运、倒卖、走私野生动物等破坏生物多样性的情况仍十分严重，一些地方随意侵占、蚕食自然保护区，在保护区内进行偷猎、滥采的事件还时有发生；因自然资源破坏、浪费而造成的野生物种濒危、灭绝的情况也较多，执法工作形势非常严峻。

3.制定有利于保护生物多样性的政策

环境保护和维持生态系统的良性循环是我国的一项基本国策，因此除需加强法制建设外，还需尽快完善政策体系。目前，我国在国家层次上关于保护生物多样性的主要政策可归纳为：

① 坚持经济建设、城乡建设、环境建设同步规划、同步实施、同步发展的战略方针，遵循经济效益、社会效益、环境效益相统一的原则。

② 在国土开发中，坚持开发、利用、整治、保护并重的方针，建立了一系列以保护自然环境为目标的自然资源持续利用战略，并推行有利于保护和持续利用生物资源的经济和技术政策。

③ 坚持强化管理、预防为主和"开发者负责、损害者负担"的三大政策体系。

④ 建立并加强了各级政府的自然保护机构，初步形成了国家、地方多级管理的体系。

⑤ 将自然保护建立在法制的基础上，适时颁布各种自然保护的法律、法规、条例、标准。

⑥ 开展了自然保护的科学研究，建立生物资源监测网络和信息网络发布环境状况公报。

⑦ 重视自然保护的宣传教育，积极开展有关的国际合作。

在部门层次上，有利于生物多样性保护的政策主要有：

① 自然资源的有偿使用政策。例如，林业部政策规定，凡是征用、占用林地的，用地单位应按规定支付林地、林木补偿费，森林植被恢复费和安置费；凡临时使用林地的，要按《土地复垦规定》支付林地损失补偿费，用于造林营木，恢复森林植被。

② 生物资源持续利用政策。例如，国家中药管理部门推行建立扶持资金和收购奖售及调整收购价格等措施，引导中药材的引种、野生动物养殖、植物药材驯化栽培工作，以保护野生药材资源。林业部门对野生动物驯养繁殖实行扶持政策，使一些动物的人工养殖业迅速发展起来，基本满足了市场对一些珍贵药材和毛皮的需求，从而避免了对野生动物的过度捕猎。

③ 财税补助政策。2021 年 10 月，36 家中资银行、24 家外资银行及国际组织发布了《银行业金融机构支持生物多样性保护共同宣示》，探索为生物多样性保护提供综合化金融服务。截至 2022 年 7 月 26 日，来自 19 个国家的 103 家金融机构签署《生物多样性融资承诺》，承诺通过其融资和投资活动，保护并恢复生物多样性。国家税务总局决定对治沙和合理开发沙漠资源给予 8 个方面的税收优惠政策；给予东北、内蒙古综合利用木材剩余物产品免征产品税和增值税。

④ 强化管理。通过建立各种制度，建立管理机构，组建监督管理队伍，运用法律、行政、经济手段，对各种可能损害生物多样性的行为进行严格的监督管理。例如，环境保护部门推行的"环境保护目标责任制"，林业部门推行的"森林资源任期目标责任制"及水利部门推行的"水土保持目标责任制"等。

在地方层次上，主要政策有：

① 林业股份政策。其具体做法是：在山林产权不变的情况下，通过折股，将山林由物质形态转变为价值形态（股票），并将股票以"森林股份证"的形式按投入分到各户。同时，在股份制基础上建立林场管理经营。

② 生态环境补偿费政策。近年来，全国有 17 个地方对矿藏开发，土地开发，旅游开发，水、森林、草原等资源开发，药用植物资源开发利用，电力资源开发，海域使用等经济活

动征收生态环境补偿费。征收的资金主要作为自然保护工作的专项资金,用于生态环境的恢复与重建。

③ 乡村生态环境保护目标考核制度。湖北省于 1990 年通过《县市环境保护目标考核责任书》制度,重点考核乡村生态环境,指标包括土地保护、森林保护、自然保护区建设与管理、物种保持、农村能源建设、地质环境保护、农业环境保护、水资源保护、水土保持等20 余项,并对每项指标都明确了具体主管部门和责任指标。

④ 行业倾斜政策。一些地方为保护森林资源,促进植树造林,在安排资金和税收等方面对林业倾斜,如浙江省下发的《关于进一步办好国有林场的通告》中规定:省、市(地)、县财政和林业主管部门在安排地方支农资金、林业资金、物资及基地造林、荒山造林、封山育林、世界银行贷款造林、多种经营等项目时,要适当地向国有林场倾斜,使其在较短的时间内完成荒山绿化任务。

4.加强生物多样性的科学研究和公众教育

为了更有效地保护生物多样性,必须加强有关的科学研究工作,主要包括:
① 生物多样性的编目。
② 生物多样性保护技术和理论。
③ 生物多样性的监测和信息系统的建立。
④ 生物技术。
⑤ 生物多样性宏观管理研究。
另外,还需要加强生物多样性的宣传教育工作,主要包括:
① 在新闻报道中加大比重。
② 在影视制品中加大自然保护栏目的比重。
③ 利用与生物多样性有关的节目如"4.22 地球日""6.5 世界环境日""爱鸟周"等开展宣传教育活动;在博物馆、动物园、植物园等地举办各种展览来提高公众的生物多样性的意识、责任和参与积极性。
④ 重视对青少年的生物多样性保护意识的教育。

5.5　矿产资源的利用与保护

矿产资源是指由地质成矿作用形成的有用矿物或有用元素的质量分数达到具有工业利用价值的,呈固态、液态或气态赋存于地壳内的自然资源。矿产资源是重要的自然资源,是经济建设和社会生产发展的重要物质基础,从石器时代到铁器时代,从木材燃料到化石燃料(煤、石油、天然气)和原子能的利用,人类社会每一个巨大进步都伴随着矿产资源利用水平的巨大飞跃。矿产资源是经过漫长的地质时代的作用才形成的,属于不可更新的资源。

矿产资源是地壳在其长期形成、发展与演变过程中的产物,是自然界矿物质在一定的地质条件下,经一定地质作用而聚集形成的。不同的地质作用可以形成不同类型的矿产,按其特点和用途通常分为金属矿产(如铁、锰、铬、钨等黑色金属,铜、铅、锌等有色金属,金、银、铂等贵金属,铀、镭等放射性元素和锂、铍、铌、钽等稀有、稀土金属)、非金属矿产(如磷、硫、盐、碱、金刚石、石棉、石灰石等)和能源矿产(如煤、石油、天然气、地热)三大类。

矿产资源的消耗是一个国家富裕水平的指标,矿产资源的利用与生活水平有关。随着经济的发展和人口增长,今后世界对矿产资源的需求将大大增加,而其储量是有限的,大量消耗就必然使人类面临资源逐渐减少以至枯竭的威胁,同时也带来一系列的环境污染问题。

5.5.1 中国主要矿产资源概况

中国疆域辽阔、成矿地质条件优越,是世界上矿产资源最丰富、矿种齐全的少数几个国家之一。

目前中国已发现的矿产有 173 种,探明有一定数量的矿产有 153 种,其中能源矿产 13 种,金属矿产 59 种,非金属矿产 95 种,水气矿产 6 种,可分为能源矿产、金属矿产、非金属矿产和水气矿产(如地下水、矿泉水、二氧化碳气体)四大类。

1.能源矿产资源

中国能源矿产资源比较丰富,已知探明储量的能源矿产有煤、石油、天然气、油页岩、石煤、铀、钍、地热 8 种。与世界探明可采储量相比,中国煤炭储量位于世界前列,但中国的能源矿产资源结构不理想,煤炭资源比重偏大,石油、天然气资源相对较少。

2.金属矿产资源

中国属于世界上金属矿产资源比较丰富的国家之一。世界上已经发现的金属矿产在中国基本上都有探明储量。其中,探明储量居世界第一的有钙、锡、稀土、钛等;居世界第二位的有钒、钼、铌、铍、锂;居世界第四位的有锌,居世界第五位的有铁、铅、金、银等。

3.非金属矿产资源

中国是世界上非金属矿产品种比较齐全的少数国家之一,全国现有探明储量的非金属矿产产地 5 000 多处。大多数非金属矿产资源探明储量丰富,其中菱镁矿、石墨、萤石、滑石、石棉、石膏、重晶石、硅灰石、明矾石、膨润土、岩盐等矿产的探明储量居世界前列;磷、高岭土、硫铁矿、芒硝、硅藻土、沸石、珍珠岩、水泥灰岩等矿产的探明储量在世界上占有重要地位;大理石、花岗石等天然石材,品质优良,蕴藏量丰富;钾盐、硼矿资源短缺。但是,一些非金属矿产分布不平衡,特别在沿海和经济发达地区,探明储量尚不能满足本地区经济发展和出口创汇资源的需求。

5.5.2 矿产资源开发对环境的影响

人类开发矿产资源每年多达上百亿吨,如果把开采石料和剥离矿体盖层的土石方计算在内,数字更为惊人,这都会造成对环境的损害。矿产资源的开采、冶炼与加工,对环境造成的影响是多方面的,而且会对人类自身直接造成危害。

1.对土地资源的破坏

矿产的露天采掘和废石的大量堆积都要占用大量土地。开采建筑材料的采石场,例如对石灰岩、花岗岩、石膏、碎石、玻璃用砂的大量开采,会造成生态环境的严重破坏,而且会破坏旅游资源。沙砾坑、黏土坑、磷石坑及挖掘或淘洗河床砾石也会造成对植被和土地平整性的破坏。

2.由采矿引起的岩石和顶板的块体运动

由矿坑和石油抽出而引起的崩塌、陷落和地面下沉,以及由采矿或废石堆积引起的滑坡、泥石流等,都会造成对土地资源的破坏和对人类安全的威胁。

3.对地下水和地表水体的影响

由采矿造成的土壤、岩石裸露可能加速侵蚀,使泥沙入河,淤塞河道;由矿区和尾矿堆渗出的酸性废水或其他污水会造成对水体的污染等。

4.对大气的污染

矿物冶炼排放的大量烟气、化石燃料的燃烧,特别是含硫多的燃料,是造成大气污染的主要原因。

5.对海洋的污染

海上采油、运油、石油化工与有机高分子合成工业等都会造成对海洋的污染。此外,还有与采矿和加工有关的疾病及辐射暴露对人体健康的危害等方面。

可见,人类对矿产资源的大量开发,虽然可以大大提高人类的物质生活水平,但是也会造成对自然资源的破坏和对环境的污染。

5.5.3　矿产资源的合理开发利用和保护

1.矿产资源可持续利用的总体目标

在继续合理开发国内矿产资源的同时,适当利用国外资源,提高资源的优化配置和合理利用资源的水平,最大限度地保证国民经济建设对矿产资源的需要,努力减少矿产资源开发所造成的环境代价,全面提高资源效益、环境效益和社会效益。

2.具体措施

(1)加强矿产资源管理,不仅要提高人们保护矿产资源的自觉性,还要加强法制管理。

首先,加强对矿产资源的国家所有权的保护。认真贯彻国家为矿产资源勘查开发规定的统一规划、合理布局、综合勘查、合理开采和综合利用的方针。其次,组织制定矿产资源开发战略、资源政策和资源规划。再次,建立集中统一领导、分级管理的矿山资源执法监督组织体系。最后,建立健全矿产资源核算制度、有偿占有开采制度和资源化管理制度。

（2）建立和健全矿山资源开发中的环境保护措施。

制定矿山环境保护法规,依法保护矿山环境,执行"谁开发谁保护、谁闭坑谁复垦、谁破坏谁治理"的原则;制定适合矿产特点的环境影响评价和办法,进行矿山环境质量监测,实施矿山开发的全过程环境管理;监测矿山自然环境破坏状态,制订保护恢复计划;开展矿产资源综合利用和"三废"资源化活动,鼓励推广矿产资源开发废弃物最小量化和清洁生产技术;制定和实施矿山资源开发生态环境补偿收费、复垦保证金政策,减少矿产资源开发的环境代价。

（3）努力开展矿产综合利用的研究,开展对采矿、选矿、冶炼等方面的科学研究。

对分层赋存多种矿产的地区,研究综合开发利用的新工艺;对多组分矿物要研究对矿物中少量有用组分进行富集的新技术,提高各矿物组分的回收率;适当引进新技术,有计划地更新矿山设备,以尽量减少尾矿,最大限度地利用矿产资源。积极进行新矿床、新矿种、矿产新用途的探索研究工作,加强矿产资源和环境管理人员的培训工作。

（4）加强国际合作和交流。

例如,引进推广煤炭、石油、重金属、稀有金属等矿产的综合勘查和开发技术;在推进矿山"三废"资源化和矿产开采对周围环境影响的无害化方面加强国际合作,以更好地利用资源、保护环境。

【阅读材料】

湿地为何被称为"地球之肾"？

湿地,顾名思义,就是富含水分、湿润的地方,也可指经常积水,生长湿地生物的地区。广义的湿地,包括沼泽、湿原、滩涂、泥炭地等水域地带,也包括水深不超过 6 m 的浅海区、河流、湖泊、水库及稻田等。湿地不仅包括天然形成的淡水水体,人工构建的、长久的或暂时的、静止的或流动的、淡水的或咸水的水体都属于湿地的范围。据统计,全世界湿地的总面积约为 855.8 万 km^2,占地球陆地面积的 6%。

为了便于研究,科学家给湿地下了更为精确的定义:狭义的湿地是指暂时或长期覆盖水深不超过 2 m 的低地、土壤充水较多的草甸,以及低潮时水深不超过 6 m 的沿海地区。其中,沼泽是最重要、最典型的湿地。

湿地的总面积虽然不是很大,但却是地球上最重要的生态系统之一,据统计,湿地为地球 20% 的生物物种提供了生存环境。湿地上生活着种类丰富、数量繁多的野生动植物,一些湿地还是地球生物多样性最丰富的区域。湿地与森林、海洋并称为地球最重要的三大生态系统。

湿地具有多种功能:保护生物多样性,调节径流,改善水质,调节小气候,以及提供食物及工业原料,提供旅游资源等。有人把湿地比喻为"天然海绵",当洪水来临时,湿地可以容纳大量水分——湿地表面被水淹没,底层土壤也充分吸水,避免形成洪水;干旱时节,湿地保存的水分会自动流出形成水源,补给周边河流和地下水的缺乏。有了湿地,就像给周边区域提供了一个水分的缓冲地带,让这些地方抵抗洪水和干旱的能力都大大增强。

　　湿地还能通过水分循环来调节局部气候。随着科技的进步,现代工业向大气中排放了大量二氧化碳,过多的二氧化碳不但会造成温室效应,更会影响全球气候。湿地丰富的水分条件十分适宜植物生长,所以大部分湿地都生长着茂盛的植物。湿地植物通过光合作用能大量吸收空气中的二氧化碳,当这些植物死亡以后,残体会交织在一起,在湿地上形成疏松的草根层或腐殖质,碳元素就以固态形式保存下来。

　　除了水分直接蒸发,湿地植物的蒸腾作用也会促进水分循环,把湿地里的水分化为气态,源源不断地输送到大气中。空气中的水分多了,湿度也就增加了,降水量也会发生改变。湿地就是这样通过水分循环来调节地方气候的。

　　另外,湿地植物能吸收并降解有毒物质,净化水质。与河流不同,湿地的水流速缓慢。生活污水、工业废水及被农药等污染过的农业污水进入湿地以后,因为运动速度减慢,其中的有毒、有害物质能逐渐沉淀下来从而净化水质。同时,一些湿地植物有非常强大的吸收并降解有毒物质的能力,它们能转化毒素,使水重新变得洁净,有效地净化水质。

　　人体中的肾脏起到调节身体水分循环、排泄新陈代谢废物的作用,湿地对于地球的意义与此相似,所以湿地被称为"地球之肾"。

(资料来源:搜狐网,https://www.sohu.com/a/238438789_99908418)

复习与思考

1.自然资源包括哪些? 如何分类?

2.试论保护生物资源对人类生存和发展的意义。

3.无节制开矿会对环境造成哪些影响及危害?

4.谈谈对水资源的认识。

第6章　环境污染与人体健康

6.1　人与环境的辩证关系

6.1.1　人与环境

生命以蛋白质的方式生存着,并以新陈代谢的特殊形式无时无刻不与周围环境进行物质交换。物质的基本单元是化学元素,通过对比人体血液中和地壳中 60 多种化学元素的质量分数(或质量浓度)可知,这些元素在二者之中有明显的一致性。化学元素是把人和环境联系起来的基本因素,自然界是不断变化的,人体总是从内部调节自己的适应性来与不断变化的地壳物质保持平衡关系。环境污染使某些化学物质突然地增加或出现了环境中本来没有的合成化学物质,破坏了人与环境的平衡关系,因而引起机体疾病,甚至死亡。

在正常环境中的物质与人体中的物质之间保持动态平衡,使人类得以正常地生长、发育,从事生产劳动,并能使人们在劳动之后快速解除疲劳,激发人们的智慧和创造力。相反,环境中的"三废"(废水、废气和废渣)和噪声等,会使人们中毒,或者使人感到厌烦,难以忍受,注意力不易集中,容易疲劳和激动,工作效率降低,患病率上升。

空气、水、土壤和食物是环境中的四大要素,亦是人类和各种生物生存不可或缺的物质。环境污染首先影响到这些要素,并直接或间接地造成对人体健康的危害。人体各系统和器官之间是密切联系着的统一体。人体各种生理功能在某种程度上对环境的变化是适应的,如解毒和代谢功能往往能使人体与环境达到统一。但是,这些功能有一定的限度,如果大量工业"三废"、农药等毒物进入环境,并通过各种途径进入人体,当超过了人体所能耐受的限度时,就会引起中毒,导致疾病和死亡。某些元素在自然界的浓度过高或偏低,会造成一些地方病。有毒物质通过呼吸、饮水、食物等直接或间接地进入人体会引发疾病,影响遗传甚至危及生命。

当前世界上环境医学正在迅速发展,除了研究毒物所引起的急性和慢性中毒外,还要注意毒物造成人体的潜在性危害,如引起致畸、致癌和致突变等。环境污染对人体生理功能及寿命的影响,已经引起了国内外的重视和研究。

研究环境污染对人体健康的影响,首先要了解毒物在环境中的迁移和转化,它在人体内的吸收、生物转化、蓄积、代谢、解毒和排泄等过程,以及是否会影响胚胎发育或引起畸胎、致突变作用、致癌作用等。这要求人们要全面地研究,以便取得丰富的科学资料。环境中有毒污染物的毒性是相对的,它与人体是辩证的对立统一关系,并不是任何微量的污染物质都对人体有害,只有当其浓度超过一定范围时,才能引起人体的病理反应,它可表现出器官功能障碍或减退,以及患病或死亡。人体与有毒污染物质之间存在着有毒物质的“量变”逐渐引起人体生理机能“质变”的过程,因此有些污染物质对人体的危害并没有立即显露出来,往往需要几年甚至几十年的时间。有些有毒污染物对人体的危害,在当代并不立即表现出来,而要在第二代或第三代才发病。因此,我们必须通过各种环境监测手段,及早发现化学毒物对遗传的影响,及时采取必要的防治措施。

由此可见,人和环境是不可分割的辩证统一体,在地球的长期历史发展进程中,形成了一种相互制约、相互作用的统一关系。

6.1.2　环境与疾病

地球表层各种环境要素均是由化学元素组成的。由于地质历史发展或人为,在地壳表面的局部地区出现各种元素分布不均匀的现象,某些化学元素相对过剩,某些化学元素相对不足,以致各种化学元素之间比例失调等,使人体从环境摄入的元素过多或过少,超出人体所能适应的变动范围,从而引起某些地方病,又称“地球化学性疾病”。

1.地方病(endemic disease)

发生在某一特定地区,同一定的自然环境有密切关系的疾病称为地方病。地方病多发生在经济不发达、同外地物资交流少及保健条件不良的地区。我国最典型的地球化学性疾病有地方性甲状腺肿、克山病和地方性氟中毒等。

(1)地方性甲状腺肿(endemic goiter)。

地方性甲状腺肿是世界上流行最广泛的一种地方病,俗称“大粗脖”,以甲状腺肿大为主要病症。甲状腺肿大主要是由缺碘引起的,多流行于离海较远的山区和内陆地区。我国各地也都有不同程度的流行,如西南、西北及东北等高原丘陵地带。目前,随着人民生活水平和医疗水平的提高及碘盐的普及,地方性甲状腺肿发病率大幅度下降。但此病在贫穷落后地区仍是一种不容忽视的疾病。如果胎儿和婴儿在发育期缺碘,导致甲状腺缺乏,会引起大脑、神经、骨骼和肌肉发育迟缓或停滞,即呆小病,又叫克汀病(cretinism)。该病主要病症是呆小、聋哑、瘫痪,是甲状腺肿最严重的并发病。采用碘盐可预防地方性甲状腺肿,但缺碘不是唯一的原因。研究发现,水中含钙、氟、镁过多也可致甲状腺肿大;一些与 I^- 类似的单价阴离子如 SCN^-、F^-、Br^- 等与碘离子竞争,使甲状腺浓集碘的能力下降,合成甲状腺素减少,刺激垂体分泌较多的促甲状腺激素,也会使甲状腺肿大。此外,在自然界含碘丰富的地区也有地方性甲状腺肿流行,主要是因为摄入碘过多,从而阻碍了甲状腺内碘的有机化过程,抑制甲状腺素 T4 的合成,促使甲状腺激素分泌增加而产生甲状腺肿大,称为高碘性地方性甲状腺肿。

(2)克山病(keshan disease)。

克山病是以心肌坏死为主要症状的地方病,因 1935 年最先在黑龙江省克山县发现而命名。患者病急,以损害心肌为特点,引起肌体血液循环障碍,心律失常,心力衰竭,死亡率较高。目前初步认为此病与缺硒有关。

（3）地方性氟中毒（endemic fluorosis）。

氟是人体所必需的微量元素之一。地方性氟中毒是由当地岩石、土壤中含氟过高而引起的，它的基本病症是氟斑牙和氟骨症。氟骨症临床表现为骨关节痛、肢体运动障碍或畸形，伴有氟斑牙。重度患者会出现关节畸形，造成残疾。

2.公害病（public nuisance disease）

因人类活动造成严重环境污染而引起的地区性疾病称为公害病，如与大气污染有关的慢性呼吸道疾病、由含汞废水引起的水俣病、由含镉废水引起的痛痛病、米糠油事件所致的多氯联苯中毒等。公害病的成因多与环境污染有关，且通常是多种环境因素联合作用的结果。公害病一般具有长期陆续发病的特征，还会累及胎儿，危害后代；也可能出现急性爆发性的疾病，使大量人群在短期内发病。一般来说，公害病是新病种，有些发病机制至今还不清楚，因而缺乏相应的治疗方法。

6.2　环境污染及其对人体的作用

6.2.1　环境污染物及其来源

人们在生产生活过程中，排入大气、水、土壤中并引起环境污染或导致环境破坏的物质称为环境污染物（environmental pollutants）。当前主要的环境污染物及其来源有以下几个方面。

1.生产性污染物

工业生产所形成的"三废"如果未经处理或处理不当，即大量排放到环境中去，就可能造成污染。农业生产中长期使用的农用化学物质，如农药（杀虫剂、杀菌剂、除草剂、植物生长调节剂等）、化肥和农用地膜等，会造成农作物、畜产品及野生生物中的农药残留，空气、水、土壤也可能受到不同程度的污染。

2.生活性污染物

粪便、垃圾、污水等生活废弃物处理不当，也是污染空气、水、土壤及滋生蚊蝇的重要原因。随着人口增长和消费水平的不断提高，生活垃圾的数量大幅度上升，垃圾的性质也在发生变化，如生活垃圾中增加了塑料及其他高分子化合物等成分，给无害化处理增加了很大困难。粪便可用作肥料，但如果无害化处理不当，也会造成某些疾病的传播。

3.放射性污染物

对环境造成放射性的人为污染源主要是核能工业排放的放射性废弃物、医用及工农业用放射源，以及核武器生产及试验所排放出来的废弃物和飘尘。目前，医用放射源占人为污染源的很大一部分，必须注意加以控制。放射性物质的污染波及空气、河流或海洋水域、土壤、食品等，可通过各种途径进入人体，形成内照射源，医用放射源或工农业生产中应用的放射源还可使人体处于局部的或全身的外照射中。大气中的放射性物质主要来自核爆炸产物,放射性矿物的开采和加工、放射性物质的生产和应用,也会造成对空气的污染。污染大气起主要作用的是半衰期较长的放射性元素,如铀的裂变产物,其中重要的是锶和铯。放射性元素在体外,对机体有外照射作用,通过呼吸道进入机体,则有内照射作用。除核爆炸地区外,大气中的放射性物质一般不会造成急性放射病,但长时间超过容许范围的小剂量外照射或内照射,也会引起慢性放射病或皮肤慢性损伤。大气中放射性物质对人体更重要的影响是远期效应。

6.2.2　环境污染及其对人体的作用

1.环境污染的特点

(1)影响范围大,作用时间长。

环境污染涉及的地区广、人口多,而且接触的污染对象除了从事工矿企业的健康青壮年外,也包括老、弱、病、幼,甚至胎儿。接触者长时间不断地暴露在被污染的环境中,每天可达 24 小时。环境的任何污染,都会直接或间接地影响人体健康。影响的大小取决于环境污染的程度、污染持续时间和人体的耐受限度。有的环境污染在很短时间便可造成严重的急性危害,有的则需经过很长时间才显露出对人体的慢性危害,甚至可通过遗传而影响到子孙后代的健康。当污染物浓度较低并长期作用于人体时,可使人产生慢性中毒。由于慢性中毒潜伏期长,病情进展不明显,因此很容易被人忽视,而一旦出现症状时,往往产生不可挽救的后果。环境污染对人体健康的远期影响只是慢性影响的一种特殊情况,它的危害结果的显露时间可能更长,大多数远期影响具有致癌、致畸胎的作用,故危害很大。

(2)污染物浓度低,情况复杂。

污染物进入环境后,受到大气、水体等的稀释,一般浓度往往很低。污染物浓度虽低,但由于环境中存在的污染物种类繁多,它们不但可通过生物或理化作用发生转化、代谢、降解和富集,从而改变其原有的性状和浓度,产生不同的危害作用,而且多种污染物可同时作用于人体,往往产生复杂的联合作用。例如,有的是相加作用,即两种污染物的毒性作用近似,作用于同一受体,而且其中一种污染物可按一定比例被另一种污染物所代替;有的是独立作用,即联合污染物中每一污染物对机体作用的途径、方式和部位均有不同,各自产生的生物学效应也互不相关,联合污染物的总效应不是各污染物的毒性相加,而仅是各污染物单独效应的累积;也有的是拮抗作用或协同作用,即两种污染物联合作用时,一种污染物能减弱或加强另外一种污染物的毒性。

污染容易,治理难。环境一旦被污染,要想恢复原状,不但费力大、代价高,而且难以奏效,甚至还有重新污染的可能。有些污染物,如重金属和难以降解的有机氯农药,污染土壤后,即在土壤中长期残留,短期内很难消除,处理起来十分困难。

2.环境化学污染物在人体内的转归

环境化学污染物在人体内的转归(图 6.1)大致可概括如下。

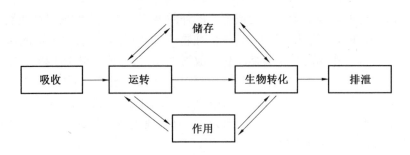

图 6.1　环境化学污染物在人体内的转归

（1）毒物的侵入和吸收。

毒物主要经呼吸道和消化道侵入人体，也可经皮肤或其他途径侵入。水和土壤中的有毒物质，主要是通过饮用水和食物经消化道被人体吸收。整个消化道都有吸收作用，但以小肠更为重要。空气中的气态毒物或悬浮的颗粒物质，可经呼吸道进入人体。由于人类从鼻咽至肺泡，呼吸道各部分的结构不同，对毒物的吸收也不同。毒物通过肺部吸收的速度最快，仅次于静脉注射。

（2）毒物的分布和蓄积。

毒物经上述途径吸收至人体后，由血液分布到人体各组织，不同的毒物在人体各组织的分布情况不同。研究表明，绝大多数毒物通过各种途径主要分布在骨骼、脂肪等组织之中，毒物长期隐藏在组织内，其量又可逐渐积累，这种现象称为蓄积，如铅蓄积在人体骨骼内，DDT 蓄积在人体脂肪组织内。毒物的蓄积在某些情况下具有某种保护作用，但同时更是一种潜在的危险。

（3）毒物的生物转化。

除很少一部分水溶性强、分子量极小的毒物以原形被排出人体外，绝大部分毒物都要经过某些酶的代谢（或转化），从而改变其毒性。毒物在体内的这种代谢转化过程称为生物转化作用。肝脏、肾脏、胃肠等器官对各种毒物都有生物转化功能，其中以肝脏最为重要。毒物在体内的代谢过程可分为两步：第一步是氧化还原和水解反应，这一代谢过程主要与混合功能氧化酶有关，它具有多种外源性物质和内源性物质的催化作用，能使这些物质羟基化、去甲基化、脱氨基化、氧化等；第二步是结合反应，一般通过一步或两步反应，原属活性的物质就可以转化为质，从而使其毒性减轻，但也有惰性物质转化为活性物质而增加其毒性的，其毒性就会增强。

（4）毒物的排泄。

毒物的排泄途径主要经过肾脏、消化道和呼吸道，少量可随汗液、乳汁、唾液等各种形式的分泌排出，也有的在皮肤的新陈代谢过程中到达毛发而离开机体。能够通过胎盘进入胎儿血液的将影响胎儿的发育，使胎儿产生先天性中毒甚至形成畸形胎。毒物在排出过程中，可对排出的器官造成损害，成为中毒表现的一部分。

6.2.3　影响污染物对人体作用的因素

1.剂量

环境污染物能否对人体产生危害及其危害的程度,主要取决于污染物进入人体的剂量。人体非必需元素由环境污染而进入人体的剂量达到一定程度,即可引起异常反应,甚至进一步发展成疾病,针对这类元素主要是研究制订其最高允许限量的问题。人体必需元素的剂量与反应的关系较为复杂。一方面,当环境中这种必需元素的浓度过低,不能满足人体的生理需要时,会使人体的某些功能发生障碍,形成一系列病理变化。另一方面,如果由于某种原因,使环境中这类元素的浓度增加过多,也会作用于人体,引起程度不同的中毒性病变。例如,饮水中含氟量大于 2 μg/g 时,斑釉齿的发病率升高;含氟量达 8 μg/g时,可造成地方性氟病的流行。但饮水中含氟量在0.5 μg/g 以下时,则将导致龋齿病的发病率显著升高。因此,对这些元素不仅要研究其在环境中的最高允许浓度,还要研究它的最低供应量。

2.作用时间

很多环境污染物具有蓄积性,只有在体内蓄积达到中毒阈值时,才会对人体产生显著危害。因此,随着作用时间的延长,毒物的蓄积量将加大。污染物在人体内的蓄积是受摄入量、污染物的半衰期和作用时间三个因素影响的。

3.多种因素的联合作用

环境污染物常常不是单一的,而是经常与其他物理、化学因素同时作用于人体的,因此,必须考虑这些因素的联合作用和综合影响。例如,锌能拮抗铅对δ-氨基乙酰丙酸脱氢酶(ALD-D)的抑制作用,拮抗镉对肾小管的损害,而一氧化碳与硫化氢则可相互促进,引发人体中毒。因此,我们应认真考察多种因素同时存在时对人体的综合影响。

4.个体敏感性

人的健康状况、生理状态、遗传因素等,均可影响人体对环境异常变化的反应强度和性质。人体的健康状态对机体的反应也有直接影响,如1952 年伦敦烟雾事件的一周内比前一年同期多死亡的 4 000 人中,80%是原来就患有心肺疾患的。另外,环境异常变化对不同性别、年龄的人体的影响也不容忽视。

6.3　环境污染对健康的危害

环境污染对人体健康的危害是一个十分复杂的问题。一些污染物在短期内通过空气、水、食物链等经过消化道、呼吸道、皮肤进入人体或几种污染物联合大量侵入人体,会直接或间接影响人体健康,如引起感官和生理机能的不适,产生亚临床和病理的变化,出现临床体征或存在潜在的遗传效应,发生急性中毒;也有些污染物,以小剂量持续不断地侵入人体,经过相当长时间才显露出对人体的慢性危害,甚至影响到子孙后代的健康,造成远期危害。这是环境医学工作者面临的一项重大研究课题。现就几十年来,由于环境污染造成的对人体的急性、慢性和重金属危害分述如下。

6.3.1 急性危害

自 20 世纪 30 年代以来,许多国家相继出现了不少污染事件。大气污染引起的急性烟雾事件,虽然发生在不同国家和地区.但却有共同之处,即多出现在谷地或盆地、静风地区、经常出现大气逆温的地区,以及有污染物大量排放的污染源所在的地区。

1952 年 12 月 5 日~9 日,由于当时伦敦的逆温层处于 60~90 米的低空,从家庭炉灶和工厂烟囱排出的烟尘和 SO_2 得不到扩散,导致爆发伦敦烟雾事件。在事件发生的初期,伦敦市民感到胸闷、咳嗽、嗓子痛以至呼吸困难,进而发烧;在事件发生的后期,由支气管炎导致的死亡人数急剧上升,尤其是老年和幼儿患者的死亡率更高。病理解剖发现,死者多属急性闭塞性换气不良,造成急性缺氧或引起心脏病恶化而死亡。为了弄清伦敦烟雾事件的致死原因,有人分析了 1952~1962 年的四次烟雾事件(表 6.1),并发现事件的死亡人数有随飘尘质量浓度降低而减少的趋势。对比 1952 年和 1962 年两次烟雾事件情况来看,二者发生的时间一致,当时的气象条件基本相同。1952 年的飘尘质量浓度为 1962 年的 1.5 倍。1962 年的 SO_2 质量浓度比 1952 年稍高,但 1962 年的死亡人数反而减少了 80% 以上。由此可见,造成伦敦烟雾事件的主要污染物是飘尘,其次是 SO_2。

表 6.1 四次伦敦烟雾事件的比较

时间	飘尘质量浓度 /(mg·m^{-3})	SO_2 质量浓度 /(mg·m^{-3})	死亡人数/人
1952 年 12 月	4.46	3.8	4 000
1956 年	3.25	1.6	1 000
1957 年	2.40	1.8	400
1962 年 12 月	2.80	4.1	750

此外,光化学烟雾也是经常发生的一种急性危害。这是汽车排气中的氮氧化物和碳氢化合物在阳光中紫外线的照射下,发生光化学反应,生成臭氧、醛、酮和过氧乙酰硝酸酯(PAN)等光化学氧化剂,它们被称为二次污染物。大气中由一次污染物和二次污染物构成的混合物,具有较强的刺激性,呈浅蓝色,人们把它们称为光化学烟雾。光化学烟雾主要刺激呼吸道黏膜和眼结膜,而引起眼结膜炎、流泪、眼睛疼、嗓子疼、胸疼,严重时会造成操场上运动着的学生突然昏倒,出现意识障碍。受害者会加速衰老、缩短寿命。这种光化学烟雾事件多发生在汽车多的城市,如美国的洛杉矶和日本的东京等。

进入 20 世纪 80 年代以来,环境问题出现了第二次高潮,突发性严重污染事故迭起,对人体健康造成了严重的急性危害。自 20 世纪 80 年代初至 90 年代初,影响范围大、危害严重的就有 60 多起,有大气污染事故、水污染事故,也有放射性污染事故。例如,1984 年 12 月 3 日,美国联合碳化物公司设在博帕尔市的农药厂因管理混乱,使储罐内剧毒的甲基异氰酸酯压力升高而爆裂外泄,受害面积达 40 km²,死亡数万人,数十万人受害。1951~1990 年,至少发生过 184 起大规模的急性农药中毒事件,死亡 1 065 人,病死率4.3%。1986 年 11 月 1 日,瑞士巴塞尔赞多兹化学公司的仓库起火,大量有毒化学品随灭火用水流进莱茵河,使靠近事故地段的河流成了“死河”,生物绝迹。1991 年,韩国洛东江酚废料引起的水源污染事件,使洛东江 13 条支流变成了“死川”,1 000 多万居民受到危害。1986 年 4 月 26 日,位于苏联基辅地区的切尔诺贝利核电站 4 号反应堆发生爆炸,泄露了大量放射性物质,造成环境严重污染,使周围人群健康受到严重损害。2000 年 1 月30 日深夜,罗马尼亚北部城市奥拉迪亚,连续的大雨使镇上“乌鲁尔金矿”的氰化物废水大坝发生漫坝,10 万多立方米的污水(含剧毒的氰化物及铅、汞等重金属)流入位于匈牙利境内的多瑙河支流蒂萨河,河中氰化物含量最高超过 700 倍。由于氰化物和重金属的泄漏,地下水遭到污染,渔民失业、奶牛死亡、农产品卖不出去、食品安全没有保障,即便半年以后人们也不敢取食河中的水产品。据生物专家估算,该领域的生态系统数十年无法得到修复。2013 年 8 月 20 日,日本福岛第一核电站发生了辐射污水外泄事故。有关人员当天在反应堆储水罐周边发现了水潭,据估计,有大约 300 吨被高度污染的水可能已经流入海洋。2013 年 8 月 28 日,日本负责核安全的监管机构日本原子能规制委员会正式决定,将福岛核电站高浓度核污水泄漏事件定为第三级,即“严重事件”,日本将其定为 7级核事故。

6.3.2　慢性危害

成年人每天吸入 10~15 m³ 空气,大气中的有害化学物质一般是通过呼吸道进入人体的,也有少数的有害化学物质经消化道或皮肤进入人体。大气污染对健康的影响,取决于大气中有害物质的种类、性质、浓度和持续时间,也取决于人体的敏感性。有害气体在化学性质、毒性和水溶性等方面的差异,也会造成危害程度的差异。

我国某市某地区对中小学生上呼吸道慢性炎症调查结果(表 6.2)表明,中小学生慢性鼻炎、慢性咽炎和同时患两种以上慢性鼻、咽腔疾患的发病率,重污染区显著高于轻污染区。

表 6.2　轻重污染区中小学生上呼吸道慢性炎症发病率

地区	大气环境质量指数	受检人数	慢性鼻炎/%	慢性咽炎/%	两种以上慢性鼻、咽腔疾患/%	P 值
重污染	4.2	1 563	55.3	30.7	19.5	<0.001
轻污染	2.3	1 871	38.6	11.2	5.8	<0.001

国内外大气污染调查资料表明,大气污染物对呼吸系统的影响,不仅使呼吸道慢性炎症的发病率升高,同时还由于呼吸系统持续不断地受到飘尘和二氧化硫、二氧化氮等污染物的刺激腐蚀,使呼吸道和肺部的各种防御功能相继遭到破坏,抵抗力下降,从而提高了对污染的敏感性,呼吸系统在大气污染物和空气中微生物的联合侵袭下,危害逐渐向深部的细支气管和肺泡发展,继而诱发慢性阻塞性肺部疾患及其续发感染症。这一发展过程又会不断增加心肺的负担,使肺泡换气功能下降,肺动脉氧气压力下降,血管阻力增加,肺

动脉压力上升,最后因右心室肥大、右心功能不全导致肺心病。

6.3.3　重金属对人体的危害

1.汞污染的危害

1956 年发生在日本水俣湾地区的汞中毒事件,也称水俣病,是一种中枢神经受损害的中毒症。重症临床表现为人的口唇周围和肢端呈现出神经麻木(感觉消失)、中心性视野狭窄、听觉和语言受障碍、运动失调。经日本熊本大学医学院等单位研究证明,这种病是工厂排出含汞的污染物造成的。工厂在生产乙醛时,用硫酸汞做催化剂,在硫酸汞催化乙炔的反应过程中,副产品甲基汞随废水排入水俣湾海域。同时也有无机汞排出,无机汞在水体中经微生物作用也可甲基化。在水中脂溶性强的甲基汞易被鱼类富集体内,使鱼体含汞量达到 $20\sim30$ μg/g(1959 年),甚至更高。大量吃这种含有甲基汞的鱼类的居民即可患此病。据日本环境厅资料,水俣湾地区截止 1979 年 1 月被确认受害者人数为 1 004 人,死亡人数为 206 人。

汞是常温下唯一呈液态且能蒸发的金属单质,相对密度 13.6,属高毒物质,具有刺激性、免疫致病性、肾脏毒性、神经毒性、口腔毒性等。汞可损害多个神经细胞部位,当接触导致慢性效应时,接触者可出现牙龈炎、食欲不振、脑病、震颤、易激动及周围神经病。一旦汞被大量摄入人体,会引起汞中毒,对人体健康造成难以逆转的损害。其损害因汞的性质不同而有所差异,金属汞可通过血脑屏障进入脑组织,会损害儿童脑部发育。人体如大量吸入汞蒸汽会出现急性汞中毒,其症候为肝炎、肾炎、蛋白尿和尿毒症。无机汞主要对肾脏、肝脏产生损害;与无机汞相比,有机汞的种类较多,其中常见的烷基汞在人体和动物体内能稳定存在且不易于分解。环境中的无机汞可通过微生物体内氨基转移酶的作用转化为甲基汞,由于甲基汞具有较强的亲脂力,如果动物性水产品生活的水环境受到汞污染,通过食物链的生物放大作用能达到较高的浓度。人体在食用被污染的动物性食品后,由于甲基汞具有较高的脂溶性,其在机体内的吸收率远高于无机汞。甲基汞进入人体后转化为氯化甲基汞,其在肠道的吸收率高达 95%。氯化甲基汞经血液循环,在人体内蓄积可导致消化系统和泌尿系统受损,进入血脑屏障,损害人体的中枢神经系统,主要表现为动作迟缓、视力模糊、步调和语态障碍等,严重时甚至发生精神错乱甚至瘫痪。有研究表明,孕妇长期食用含甲基汞的动物性水产品后,胎儿血液中甲基汞的含量比母体高出 30%,新生儿多有智力障碍。

2.铬污染的危害

金属污染物广泛存在于环境之中,其中金属铬是主要的金属污染物之一。随着电镀、制革、防腐、染料等工业的广泛发展,对大气、水体、土壤产生了严重的铬污染,对城市和其他生态体系造成严重的环境污染问题。铬是工业生产中常用的金属元素之一,主要应用于金属电镀等方面。镀铬工业中铬的利用率只有 10% 左右,因此生产中会产生大量的含铬废水。电镀含铬废水的来源一般为:①镀件清洗产生的废水;②电镀废液;③生产中由于镀槽渗漏或操作、管理不当造成的各种漏液;④设备冷却水。其中镀件清洗产生的废水为含铬废水的主要来源,占车间含铬废水排放量的80%以上。另外,采矿、冶金、制革、印刷、化工颜料等行业也产生含铬废水。

和其他重金属类似,由于食物链的作用,铬会在生物体内大量富集,并可能产生毒害作用。若富集的铬进入人体,则会使人慢性中毒。相关医学研究发现,六价铬化合物会引起很多健康问题,如吸入某些较高浓度的六价铬化合物会引起呼吸道系统的过敏反应、出血等。人体摄入大剂量的六价铬会导致肾脏和肝脏的损伤、恶心、胃溃疡、痉挛甚至死亡。皮肤接触六价铬会造成溃疡或过敏反应(六价铬是最易导致过敏的金属之一,仅次于镍)。纽约大学医学中心环境学系的研究成果指出,经口腔摄入的六价铬化合物10%会被人体吸收,吸收的六价铬化合物约有10%可能在人体内停留。动物实验显示:口服六价铬4~8周的大鼠,其肝脏、肾脏、脾脏、骨骼、肺、心、肌肉和血液中都含有大量的六价铬。这说明通过饮用水摄入的可溶解的六价铬可能对这些组织产生潜在的致毒和致癌作用。其对人体的危害有急性、亚急性、慢性毒害和致癌变、畸变、突变作用,使呼吸系统、消化系统及皮肤等受到伤害。毒害机理主要是影响体内氧化、还原、水解过程,并损伤生物大分子功能。

3.铅污染的危害

铅不是人体必需的元素,它是对人体健康有害的金属。铅损害骨髓的造血系统,会引起人贫血。这是铅抑制血红素合成过程中许多酶的催化作用的结果。其中最敏感的酶是氨基乙酰丙酸合成酶(ALA-D),当这种酶的活性被铅抑制后,红细胞中的 ALA-D 降低,合成血红素的前身物质——原卟啉与铁(Fe^{2+})结合的过程就被阻断,因而造成低色素性贫血。铅还可引起溶血性贫血。在正常的红细胞膜上有一种三磷酸腺苷酶,这种酶能控制细胞膜内外的钾、钠离子和水分的分布,当铅抑制这种酶后,红细胞膜内外的钾、钠离子和水分就失去了控制,导致红细胞内的钾离子和水分脱失而引起溶血,溶血也是造成人体贫血的一个原因。因此,在查血时,除 ALA-D 降低外,在显微镜下可看到溶血和溶血时出现的网织、碱粒和点彩等不成熟的幼稚的红细胞增多,反映出铅对骨髓造血系统产生了危害,这时人体的血铅量和尿铅量都会增高。

铅对神经系统也将造成损害。铅元素可导致末梢神经炎,出现运动和感觉异常。常见有伸肌麻痹,可能是铅抑制了肌肉里的肌磷酸激酶,使肌肉里的磷酸肌酸减少,肌肉失去收缩动力而产生的症状。被人体吸收的铅,在成年人体内有91%~95%形成不稳定的磷酸三铅[$Pb_3(PO_4)_2$]沉积在骨骼中;在儿童体内则多积存于长骨干的骺端,从 X 线光片上可见长骨骺端钙化带密度增强,宽度加大,骨骺线变窄。铅还可透过母体的胎盘,侵入胎儿脑组织,危害后代。

6.4　室内环境与人体健康

　　室内环境是指采用天然材料或人工材料围隔而成的小空间,是与外界大环境相对分隔而成的小环境,主要指居室环境,从广义上讲,也包括教室、会议室、办公室、候车(机、船)大厅、医院、旅馆、影剧院、商店、图书馆等各种非生产性室内场所的环境。人的一生大约有70%~90%的时间是在室内度过的。因此,在一定意义上,室内环境对人们的生活和工作质量及身体健康的影响远远超过室外环境。

　　室内环境污染物种类繁多,而以室内空气污染物占绝大多数。我国早期的室内空气污染物以厨房燃烧烟气、油烟、香烟烟雾,以及人体呼出的二氧化碳,携带的微尘、微生物、细菌等为主。近年来,随着社会经济的高速发展,人们越来越崇尚办公和居室环境的舒适化、高档化和智能化,由此带动了装修装饰热潮和室内设施现代化的兴起。良莠不齐的建筑材料、装饰装修材料的不断涌现,越来越多的现代化办公设备和家用电器进驻室内,使室内成分更加复杂,室内甲醛、苯系物、氨气、臭氧和氡气等污染物浓度远远高于室外,由此引起“病态建筑综合征”的患者越来越多。由于室内空气污染的危害性及普遍性,有专家认为继“煤烟型污染”和“光化学烟雾型污染”之后,人们已经进入以“室内空气污染”为标志的第三污染时期。也正是在这样的背景下,人们对室内空气质量的重要性有了更加深刻的认识,并且从国家层次开始着手室内空气污染的控制。

6.4.1　室内污染源

1.生活燃料产生的有害物质

　　我国人口众多,住房紧张,厨房面积通常较小,而且通风条件差,因而厨房是室内空气污染物的主要来源之一。我国的烹调方式以炒、油炸、煎、蒸和煮为主,在烹调过程中,由于热分解作用产生大量有害物质,已经测出的物质包括醛、酮、烃、脂肪酸、醇、芳香族化合物、酯、内酯、杂环化合物等共计220多种。随着人居基础设施水平的提高,城乡生活燃料气化率也有较大提高,由燃料产生的有害物质相对减少了。但是燃料燃烧产生的一氧化碳、二氧化碳、二氧化硫还会聚集在不通风或通风不良的厨房中。一般来说,烧煤的污染比烧液化气和煤气更重,据抽样监测表明,厨房内一氧化碳、二氧化碳、二氧化硫、苯并芘的浓度大大高于室外大气中的最高浓度值。使用石油液化气的厨房更为严重,因此,在厨房安装排油烟设备是必要的。部分农村地区使用生物燃料取暖、做饭,而且灶具原始,大多为开放式燃烧,缺乏必要的通风设施,不但热能利用率低(10%~15%),而且燃烧过程产生大量的颗粒物及气相污染物直接逸入室内,造成室内污染。在我国云南宣威市进行的一项研究表明,烧柴农户室内颗粒物浓度平均为257 μg/m³,一氧化碳浓度均值为105.5 mg/m³。

2.装修材料产生的有害物质

　　居室装修中使用各种涂料、板材、壁纸、胶黏剂等,它们大多含有对人体有害的有机化合物,如甲醛、三氯乙烯、苯、二甲苯、酯类、醚类等。当这些有毒物质经呼吸道和皮肤侵入肌体及血液循环中时,便会引发气管炎、哮喘、眼结膜炎、鼻炎、皮肤过敏等。所以,房屋装修后要通风一段时间再住。另外,这些有毒物质在很长时间内仍能释放出来,经常注意开窗通风是非常必要的。

3.吸烟产生的有害物质

烟草的化学成分十分复杂,吸烟时,烟叶在不完全燃烧的过程中发生了一系列化学反应,所以在吸烟过程中产生的物质多达 4 000 余种,其中有毒物质和致癌物质如尼古丁、烟焦油、一氧化碳、3,4-苯并芘、氰化物、酚醛、亚硝胺、铅、铬等对人体健康危害极大。据有关资料介绍,全世界每年死于与吸烟有关的疾病人数达 300 万,吸烟已成为世界上严重的公害。卫生部发布的《2010 年中国控制吸烟报告》披露:中国的吸烟人数已超过 3 亿,每年有 100 多万人死于与烟草相关的疾病,超过因艾滋病、结核、交通事故和自杀死亡人数的总和。中国遭受被动吸烟危害的人数高达 5.4 亿,每年死于被动吸烟的人数超过 10万人。长期吸烟者肺癌发病率比不吸烟者高 10~20 倍,喉癌、鼻咽癌、口腔癌、食道癌发病率也高出 3~5 倍。如果不认真控烟,到 2030 年我国每年将有 170 万中年人死于肺癌。

4.家用电器和建筑材料的辐射

(1)电磁波和射线。

越来越多的现代化设备、家用电器的使用,在室内除产生空气污染、噪声污染外,电磁波和静电干扰及射线辐射等也给人们的身体健康带来不可忽视的影响。长期受低度的电磁波辐射,不仅中枢神经系统会受到影响,产生许多不良生理反应,如头晕、嗜睡、无力、记忆力衰退,还可能对心血管系统造成损害。电视屏幕和计算机显示器可发出 X 射线,长时间大剂量的 X 射线可使细胞核内的染色体受到损害,可能引起孕妇流产、早产,可能导致胎儿中枢神经系统、眼睛、骨骼等畸形。

(2)放射性辐射。

放射性辐射主要来自氡,它是一种天然放射性气体,无色、无臭、无味,很不稳定,容易衰变为人体能吸收的同位素。氡能在呼吸系统滞留和沉积,破坏肺组织,从而诱发肺癌。据统计,水泥、瓷砖、大理石等可使室内氡的浓度高达室外的 2~20 倍。建筑材料的辐射是目前对人们伤害程度最大的辐射因素,原因是这些辐射来源于异常的放射性元素。现有的家居装饰石材,一种是花岗岩,由石英、长石、云母组成,另一种则是大理石。这两种石材中都含有一些放射性元素,如镭、铀等,这些元素在衰变过程中会产生放射性物质,如氡等。长期呼吸高浓度的含放射性物质的空气,会对人的呼吸系统,尤其是肺部造成辐射损伤,并引发多种疾病,如胸疼、发热等,严重的还会导致人体部分细胞癌变,危及生命。除此之外,建筑装修中采用的陶瓷卫浴等,都有可能含有超量的放射性物质,从而对人体健康产生不良影响。

(3)其他污染物放出的有害气体。

杀虫剂、各种蚊香、灭害灵等的主要成分是除虫菊酯类,其毒害较小。但也有的含有有机氯、有机磷或氨基甲酸酯类农药,毒性较大,长期吸入会损害健康,并干扰人体的荷尔蒙。室内家具包括常规木制家具和布艺沙发等,会释放出甲醛等污染物,它们主要来源于胶黏剂。

(4)人体自身的新陈代谢。

人体自身通过呼吸道、皮肤、汗腺、粪便向外界排出大量空气污染物,包括二氧化碳、氨类化合物、硫化氢等内源性化学污染物,呼出气体中包括苯、甲苯、苯乙烯、氯仿等外源性污染物。此外,人体感染的各种致病微生物,如流感病毒、结核杆菌、链环菌等也会通过咳嗽、打喷嚏等排出。

(5)生物性污染源。

室内空气生物性污染因子来源具有多样性,主要来源于患有呼吸道疾病的病人、动物(啮齿动物、鸟、家畜等)。此外,环境生物污染源也包括床褥、地毯中滋生的尘螨,厨房的餐具、厨具及卫生间的浴缸、面盆和便具等都是细菌和真菌的滋生地。

目前,国内对室内空气中的化学性污染物已做了大量监测,但对室内空气生物污染物的监测相对较少。北京市东城区卫生防疫站于2000~2001年冬夏两季在北京市东城区东直门外地区16栋楼房、12间平房和6个写字楼的办公室进行了微生物污染物调查。现场采样结合实验室分析表明,室内空气中细菌总数超标率达22.4%;真菌、链球菌检出率为100%;居室尘螨检出率为92.8%。此外,在居室加湿器、鱼缸水及写字楼中央空调冷凝水中还检出了嗜肺军团菌。该研究表明,室内生物污染呈现多样化特征,不同季节、不同房型的污染状况有所不同。生物污染源因环境而异,医院室内空气生物性污染源主要是呼吸道感染病人,其他公共场所和居住环境主要是环境设施和动物。

(6)室外来源。

室外来源包括通过门窗、墙缝等开口进入的室外污染物和人为因素从室外带至室内的室外污染物。工业废气和汽车尾气造成室外大气环境污染,生态环境遭到破坏。同时,在自然通风或机械通风作用下,这些污染物被输送至室内,当进气口设置在室外污染源附近或正对着室外污染源排放口,而且进气未得到适当处理时,这可能成为室内空气污染物的最主要来源。人体毛发、皮肤及衣物皆会吸附(黏附)空气污染物,当人自室外进入室内时,也自然地将室外的空气污染物带入室内。此外,将干洗后的衣服带回家,会释放出四氯乙烯等挥发性有机化合物;将工作服带回家,可把工作环境中的污染物带入室内。

6.4.2 居室污染的预防

居室污染还有很多,它们都会对人体造成危害。因此,必须予以高度重视,努力控制室内污染源,搞好室内卫生,使居室的环境得到最大的改善。通常可采用的方法有以下几种。

1.控制室内污染

打开门窗、通风换气以确保家庭中所有房间的空气流畅是居室环境得到改善的首选。其次就是改善厨房的通风条件,排出污染气体。烹调时,把厨房与客厅、卧室相通的门关闭,把厨房朝室外的门窗打开,安装抽油烟机和排气扇,将燃烧产物和烹调油烟排出室外。若无自然通风的厨房则改造为对角开窗,客厅、卧室也改造为穿堂风,为住宅内部防止污染及消除污染创造良好的条件。尽量减少厨房用火及人在厨房消耗的时间,改良燃料、改进燃烧器具,烹调时尽量降低用油温度也是减少厨房污染的措施。

氡对人体健康的危害很大,因此居室应避免建在高氡地区,特别应避免建在地壳裂隙带或断裂带上。另外,建材的选择也很重要,要使用符合国家卫生标准的建材,防止氡对人体的伤害。采用水泥砂浆抹面或木质地板对于来自墙体和地下的氡有明显的隔离效果。要保持居室的通风透气,经常开窗及使用排气扇以净化空气。另外,新居装修后必须隔一段时间才能入住,并经常通风。如果对装修后的居室污染有怀疑,最好请专业人员上门测试。若属轻度、中度污染,只要勤通风并放置一些空气净化装置和吸附器就可以了。若属于重度污染,则应考虑换家具或拆除装修。

2.采用绿化手段消除污染

对于消除居室污染,有一个简易可行的方法——搞好家居绿化。植物能净化空气,在自家的庭院和阳台上种植花木,室内放置盆景,不仅能美化环境,给人以美的享受,而且能净化空气,大大改善环境卫生。植物能通过光合作用吸收二氧化碳、放出氧,是环境中二氧化碳和氧的主要调节器。由于植物叶子的表面粗糙不平、多绒毛,有些植物还能分泌油脂和黏性汁液,而截留和吸附大量气溶胶有毒有害粒子,并将它们在体内进行分解,转为无毒物质。经人工或雨水淋洗后,黏附在植物上的尘粒脱掉,其枝叶又可以重新恢复截留和吸附作用。因此,许多观赏类的花卉植物有很好的吸收和净化空气污染物的功能。例如,夹竹桃对粉尘、烟尘中多种有毒气体(SO_2、Cl_2、HF、O_3、Hg 蒸气等)有较强的吸附力,每平方米叶片面积能吸尘 5 克,因而被称为“绿色吸尘器”。它抗污力很强,能在毒气和尘埃弥漫的恶劣环境中生长,且耐旱力好,管理简易,是优良的家居绿化树种。木槿对 SO_2、Cl_2、HCl 等有毒气体有较强的吸收力,木槿叶片中的含氯量及黏附在叶片上的氯量很多,抗氟亦相当强,在距氟污染源 150 m 的地方亦能正常生长,对 SO_2 也有很强的抗性,有“天然解毒机”之称。石榴抗污染面广,对 H_2S、Cl_2、HCl、O_3、NO_2 均有吸收和抗御作用。米兰能吸收大气中的 SO_2、Cl_2,在含氯气的空气中熏 4 小时,每千克干叶吸氯量为0.004 8克。吊兰、虎皮兰、肾蕨、贯众能吸收 NO_x、CO、CH_4,如果摆在容易产生大量油烟的厨房里或放在有新漆家具、新近装修的房间里,能有效地改善空气质量。晚香玉、除虫菊、野菊花、紫茉莉、天竺葵,这些花草的气味能驱赶蚊子、蟑螂、苍蝇等,可以把它们放在害虫经常出没的厨房及贮藏室里。大多数仙人掌和多肉植物如宝石花、景天能减少计算机、电视机的电磁辐射。抗吸毒尘功能特别突出的观赏花还有:月季、桃花、合欢、梅花、山茶花、紫薇、杜鹃、桂花等。

3.利用植物检测居室污染

某些植物对不同的污染物反应极为敏感。利用植物的这一特性,我们可以通过观察它们的受害症状,对大气进行监测。

对 SO_2 敏感的有：牵牛、天竺葵、万寿菊、向日葵、百日草、松柏类、苹果树、苔藓、地衣等。对 CO 敏感的有：紫苑、秋海棠、美人蕉、矢车菊、天竺葵、万寿菊、牵牛花、百日草、三色堇等。对 NO_2 敏感的有：向日葵、矮牵牛、杜鹃、西红柿、扶桑、荷兰鸢尾等。桃花对 SO_2、H_2S、HCl 特别敏感，梅花对 SO_2、HF、H_2S、苯、醛等有监测能力。

对居室植物的选择必须要有科学性、针对性，否则也会事与愿违。大多数植物在夜间停止光合作用，吸收氧、放出二氧化碳。所以狭小、通风较差的室内摆放花木不宜过多，或者在晚上把它们移到室外，大型观叶植物也不要放在卧室内，以免与人争氧气。有些植物散发的味道人闻久了会觉得郁闷、气喘，有些植物皮肤接触后会引起过敏，有些植物的茎叶误吃后会中毒。例如，夜来香夜间会放出大量废气使人郁闷，更使高血压和心脏病患者头晕、胸闷,病情加重；百合花的花香中含有一种奇特的兴奋剂，人闻过后会过度兴奋、神思不宁、夜不能眠；一品红全身是毒，会刺激皮肤红肿过敏，如果人误食茎叶会中毒致死；夹竹桃的茎、叶、花都有毒，切勿入口，其液体人接触过久很容易中毒。误食会中毒的还有水仙、万年青、仙人掌、石蒜、珊瑚豆、秋海棠、美人蕉、野茉莉、虞美人、马蹄莲、杜鹃。会引起呼吸道过敏、诱发哮喘的有天竺葵的气味，紫荆花、风信子、报春花的花粉。会引起脱发的有含羞草、郁金香。所以我们在居室绿化时不要把这些植物种植、摆放在人易接触到的地方或小孩易采摘到的地方，也不要摆在卧室内。应该根据居室情况，有针对性地选择花木，以便取得最好的居室环保效果。

6.4.3　室内空气质量标准

室内空气质量标准（IAQ）的概念是 20 世纪 70 年代后期在一些西方国家出现的，我国第一部《室内空气质量标准》于 2003 年 3 月 1 日正式实施（表 6.3），该标准有几大特点：一是国际性，我国制定的这个标准引入了国外关于室内空气质量的概念，并借鉴了有关标准；二是综合性，室内环境污染的控制项目不仅有化学性污染，还有物理性、生物性和放射性污染。化学性污染物质中不仅有人们熟知的甲醛、苯、氨、氡等污染物质，还有可吸入颗粒物、二氧化碳、二氧化硫等污染物质。

表 6.3　《室内空气质量标准》（GB/T 18883—2002）

序号	参数类别	参数	单位	标准值	备注
1	物理性	温度	℃	22~28	夏季空调
				16~24	冬季采暖
2		相对湿度	%	40~80	夏季空调
				30~60	冬季采暖
3		空气流速	m/s	0.3	夏季空调
				0.2	冬季采暖
4		新风量	m³/(h·人)	30	

续表6.3

序号	参数类别	参数	单位	标准值	备注
5		二氧化硫 SO_2	mg/m^3	0.50	1 h 均值
6		二氧化氮 NO_2	mg/m^3	0.24	1 h 均值
7		一氧化碳 CO	mg/m^3	10	1 h 均值
8		二氧化碳 CO_2	%	0.10	日平均值
9		氨 NH_3	mg/m^3	0.20	1 h 均值
10		臭氧 O_3	mg/m^3	0.16	1 h 均值
11	化学性	甲醛 HCHO	mg/m^3	0.10	1 h 均值
12		苯 C_6H_6	mg/m^3	0.11	1 h 均值
13		甲苯 C_7H_8	mg/m^3	0.20	1 h 均值
14		二甲苯 C_8H_{10}	mg/m^3	0.20	1 h 均值
15		苯[a]并芘 B(a)P	ng/m^3	1.0	日平均值
16		可吸入颗粒物 PM_{10}	mg/m^3	0.15	日平均值
17		总挥发性有机物 TVOC	mg/m^3	0.60	8 h 均值
18	生物性	菌落总数	cfu/m^3	2 500	依据仪器定
19	放射性	氡^{222}Rn	Bq/m^3	400	年平均值（行动水平）

【阅读材料】

世界十大环境污染事件

（1）马斯河谷烟雾事件。

1930 年 12 月 1 日，正值隆冬，气压较高，白天的气温勉强在零度以上，到了夜里气温就更低。由于比利时工业区 13 个工厂排放的 SO_2 等有害气体无法扩散（当时出现逆温现象）导致马斯河谷 60 多人先后死亡，数千人患病。马斯河谷烟雾事件作为 20 世纪最早被记录下来的大气污染惨案，被称为一次"特大的"或"罕见的"自然试验。污染原因：化工厂 SO_2 气体的排放。污染类型：空气污染。

（2）洛杉矶光化学烟雾事件。

1940 年到 1960 年，美国洛杉矶 65 岁以上老人先后死亡 800 多人，并有 75% 以上的市民患上"红眼病"。原因：洛杉矶是车辆重镇，汽车尾气中排放的大量的碳氧化合物在光照条件下发生光化学反应，产生 CO 等有害气体导致人员死亡。污染类型：空气污染。

（3）多诺拉烟雾事件。

1948 年 10 月 26~31 日，美国宾夕法尼亚州多诺拉小镇 6 000 多名居民出现呕吐、腹泻等症状，20 多人死亡。多诺拉烟雾事件是美国第一起致人死亡的空气污染事件。这起污染事件的发生，刺激了美国民众生态意识的觉醒，推动了美国联邦政府的环境立法，也为后发展中国家工业化进程中的资源型城市可持续发展提供了借鉴。原因：当地硫酸厂、钢铁厂等重污染企业大量排放污染气体,空气中 SO_2、金属微粒等有害气体严重超标。污染类型:空气污染。

(4)伦敦烟雾事件。

1952 年 12 月,伦敦 4 000 多人死亡。原因:冬季居民燃煤取暖,产生的水及碳氧化合物排放形成浓雾。与此同时,逆温导致空气停止运动,含碳、含硫的污染气体停滞在空气中无法扩散。污染类型:空气污染。

(5)水俣病事件。

1952 年~1972 年间断发生,日本熊本县水俣镇死亡 50 余人,283 人严重受害而致残,具有遗传性。原因:日本氮肥公司将未经处理的含汞废水直接排入水俣湾,通过食物链(捕鱼为食)形成甲基汞富集在人们体内。污染途径:水体污染。

(6)骨痛病事件。

1955~1972 年,日本富士县 34 人死亡,280 余人患病。原因:三井矿业公司炼锌厂排放含镉废水,镉通过废水排放到下游的土壤中,农作物大米富集污染,产生镉大米。人们饮用含镉之水,食用含镉大米。污染途径:水体污染、土壤污染。

(7)日本米糠油事件。

1968 年 3 月~8 月,日本的九州、四国数十万只鸡死亡、5 000 余人患病、16 人死亡。原因:九州大牟田市一家粮食加工公司为了节约成本,脱臭过程中使用多氯联苯(PCBs)液体做导热油,因管理存在问题导致多氯联苯混入米糠油中,多氯联苯受热产生了多氯代二苯并呋喃剧毒,人们食用导致死亡。副产品黑油作为家禽饲料使用致鸡突然死亡。污染途径:持久性有机物污染食物中毒。

(8)印度博帕尔事件。

1984 年 12 月 3 日凌晨,印度中央邦首府博帕尔市的美国联合碳化杀虫剂厂一座存贮 45 吨异氰酸甲酯贮槽的保安阀出现毒气泄漏事故,导致 2.5 万人致死、55 万人间接死亡及 20 多万人永久残废。原因:30 吨剧毒异氰酸甲酯泄露。污染途径:空气污染(毒气泄露)。

(9)切尔诺贝利核泄漏事件。

1986 年 4 月 26 日,乌克兰基辅市切尔诺贝利核电站发生事故,前后 3 个月内 31 人死亡,后 15 年 6 万~8 万人死亡及 13.4 万人遭到核辐射而受疾病折磨,造成 2 000 亿美元经济损失。与此同时,当地的生态环境严重破坏。原因:切尔诺贝利核电厂发生核反应堆爆炸,核辐射物质排放到大气。污染途径:辐射污染。

(10)莱茵河污染事件。

1986 年 11 月 1 日深夜,瑞士莱茵河流域的生态环境受到严重污染,大量水生物资源死亡,相同流域的法国、德国、荷兰也造成严重影响,沿岸的自来水公司关闭,多年对莱茵河治理的成果也功亏一篑。原因:瑞士桑多斯化学公司仓库起火导致装有 1 250 吨剧毒农药的钢罐发生爆炸,大量有毒物质硫、磷、汞等流入莱茵河,形成长达 70 km 的污染带。污染类型:水体污染。

(资料来源:中国水网,网址:https://www.h2o-china.com/news/257102.html)

复习与思考

1.简述污染物在人体中的转归过程。

2.环境污染对人体健康的危害包括哪些方面?

3.以手机为例,分析现代通信业的飞速发展对人类健康有何影响。

第7章 水污染及其防治

7.1 水循环与水资源

7.1.1 水循环

水具有三态变化的独特性质,在太阳能和日地运行规律的支配下,地球上的水无时不处于变化运动之中,存在着复杂的、大体以年为周期的水循环。地球上水的循环,分为水的自然循环和社会循环两种。

1.水的自然循环

在太阳能和地球表面热能的作用下,地球上的水不断被蒸发成为水蒸气,进入大气,水蒸气遇冷又凝聚成水,在重力的作用下,以降水的形式落到地面,这个周而复始的过程称为水的自然循环,包括蒸发、水汽输送、降水和径流四个阶段。

水的自然循环又可分为大循环和小循环。如图 7.1 所示,从海洋蒸发出来的水蒸气,被气流带到陆地上空,凝结为雨、雪、雹等落到地面,一部分被蒸发返回大气(约占 56%),其余部分成为地表径流(约占 34%)或地下径流(约占 10%)等,最终流回海洋。这种海洋和陆地之间水的往复运动过程,称为水的大循环。仅在局部地区(陆地或海洋)进行的水循环称为水的小循环。环境中水的循环是大、小循环交织在一起的,在全球范围内不停地进行着。自然界水的循环和运动是陆地淡水资源形成、存在和永续利用的基本条件。

2.水的社会循环

水由于人类的活动而不断地迁移转化,形成了水的社会循环。水的社会循环是指人类为了满足生活和生产的需求,不断取用天然水体中的水,经过使用,一部分天然水被消耗,但绝大部分变成生活污水和生产污水排放,重新进入天然水体的过程。水的社会循环由给水、使用、排水三个环节构成。

水的社会循环分良性循环和非良性循环两种类型。如图 7.2 所示,良性循环是指对使用后的污水经过收集、处理和处置,使水质达到国家规定的排放标准后,才返回天然水体的循环方式;非良性循环则是对使用后的污水不经处理就直接排入天然水体的循环方式。

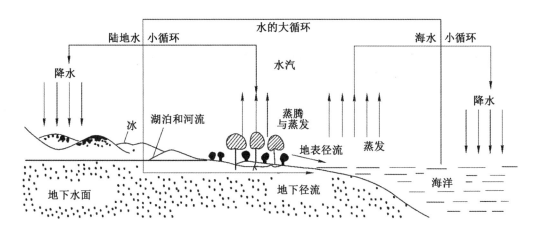

图 7.1　水的自然循环

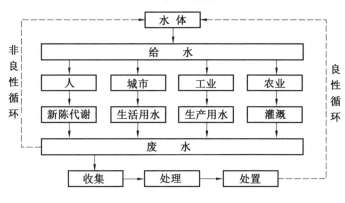

图 7.2　水的社会循环

7.1.2　水资源现状

地球素有"水的星球"之称,正是由于水的存在,地球上才有生命。水是人类赖以生存和发展必不可少的物质。水之所以成为资源是由其自身的物理特性、化学特性及自然特性所决定的。水资源有广义和狭义之分。

广义的水资源是指自然界各种形态水的总称,它以气态、液态和固态的形式广泛存在于地球表面和地球岩石圈、大气圈和生物圈之中,按水质划分为淡水和咸水。水在自然界的分布最广,总储量也最为丰富,储存于地球的总水量约 13.86×10^8 km^3,其中海洋水为 13.38×10^8 km^3,约占全球总水量的 96.5%,海水是咸水,既不能直接饮用,也不适用于工业生产和农业灌溉;淡水储量约为 0.35×10^8 km^3,仅占全球总储水量的 2.53%,这部分淡水大部分以冰川、永久积雪和多年冻土的形式储存,其中 68.7% 以冰川雪帽的形式固存在南极和格陵兰地区,另有 30.1% 为地下水和土壤水,0.86% 赋存于永冻土层中,0.04% 为大气水,因此存在于江河湖泊中能为人类直接利用的水仅占全球淡水资源的 0.3% 左右,占全球总储水量的十万分之七。

狭义的水资源是指在当今技术经济条件下,可为人类所利用的逐年替代的那部分淡水资源。它主要指陆地上的地表水和地下水,通常以淡水体的年补给量作为水资源的定量指标。地表水资源量是指评价区内河流、湖泊、冰川等地表水体中可以逐年更新的动态水量,即当地天然河川径流量;地下水资源量是指评价区内降水和地表水对饱水岩土层的补给量,包括降水入渗补给量和河道、湖库、渠系、渠灌田间等地表水的入渗补给量。

7.1.3　水资源的特征

1.循环性与有限性

水资源与其他固体资源的本质区别在于其具有流动性,它是在循环中形成的一种动态的可恢复性资源。水资源在开采利用后,能够得到大气降水的补给,处在不断的开采、补给和消耗、恢复的循环之中。而且在一定时间、空间范围内,大气降水对水资源的补给量是有限的,这就决定了区域水资源的有限性。可见水循环过程是无限的,水资源量是有限的,并非取之不尽、用之不竭。

2.时空变化的不均匀性

时空分布的不均匀是水资源的又一特性,主要表现在水资源在年际和年内变化幅度大。在年际之间,丰、枯水年水资源量相差悬殊,在丰水年内,汛期水量集中,有多余用水,而枯水期水量减少,不能满足用水需求。水资源空间变化的不均匀性表现在地区分布的不均匀性。例如,全球水资源按地区分布极不平衡,巴西、俄罗斯、加拿大、中国、美国、印度尼西亚、印度、哥伦比亚和刚果9个国家的淡水资源占世界淡水资源的60%,而约占世界人口总数40%的80个国家和地区的人口面临淡水不足问题,其中26个国家的3亿人口完全生活在缺水状态。中国水资源的时空分布也很不均匀。就空间分布来说,长江流域及其以南地区,水资源约占全国水资源总量的80%,但耕地面积只占全国的36%左右;黄河、淮河、海河流域,水资源只有全国的8%,而耕地则占全国的40%。从时间分配来看,中国大部分地区冬春少雨,夏秋雨量充沛,降水量大都集中在5~9月,占全年雨量的70%以上。一个国家或地区的水资源丰歉程度通常用多年平均径流总量来衡量。

3.利用的多样性

水资源是被人类在生产和生活活动中广泛利用的资源,不仅广泛应用于农业、工业和生活,还用于发电、水运、水产、旅游和环境改造等。在各种不同的用途中,有的是消耗用水,有的则是非消耗性或消耗很小的用水,而且对水质的要求各不相同。这是使水资源一水多用、充分发展其综合效益的有利条件。

4.两重性

与其他矿产资源相比,水资源具有既可造福于人类,又可危害人类生存的两重性。例如,水量过多容易造成洪水泛滥,水量过少容易形成干旱、盐渍化等自然灾害。适量开采地下水,可为国民经济各部门和居民生活提供水源,满足生产、生活的需求;无节制、不合理地抽取地下水,往往引起水位持续下降、水质恶化、水量减少、地面沉降,不仅影响生产发展,而且严重威胁人类生存。因此,在水资源的开发利用过程中尤其强调合理利用、有序开发,以达到兴利除害的目的。

7.2　水体污染

7.2.1　水污染与水体污染

水体因某种物质的介入,而导致其化学、物理、生物或者放射性等方面特性的改变,从而影响水的有效利用,危害人体健康或破坏生态环境,造成水质恶化的现象,称为水污染。

水体污染是指排入水体的污染物在数量上超过了该物质在水体中的本底含量和自净能力即水体的环境容量,破坏了水中固有的生态系统,破坏了水体的功能及其在人类生活和生产中的作用,降低了水体的使用价值和功能的现象。

水体是江河湖海、地下水、冰川等的总称,是被水覆盖地段的自然综合体。它不仅包括水,还包括水中溶解物质、悬浮物、底泥、水生生物等。水与水体是两个紧密联系又有区别的概念。只有从水体概念去研究水环境污染,才能得出全面、准确的认识。

从污染的成因划分,水体污染可分为自然污染和人为污染两大类型。自然污染是指由于特殊的地质或自然条件,使一些化学元素大量富集,或天然植物腐烂产生的某些有毒物质或生物病原体进入水体,从而污染了水质。通常将自然原因而造成的水中杂质浓度称为自然本底值。人为污染指由于人类活动产生的污染物对水体造成的污染。人为污染源包括工业污染源、生活污染源和农业污染源。工业污染源是指工业生产中对环境造成有害影响的生产设备或生产场所。它通过排放废气、污水、废渣和废热污染水体。工业污水是水域的重要污染源,具有量大、面积广、成分复杂、毒性大、不易净化、难处理等特点。农业污染源包括牲畜粪便、农药、化肥等。大量农药、化肥随地表径流进入江、河、湖、库,随之流失的氮、磷、钾营养元素,可使湖泊受到不同程度富营养化污染的危害。生活污染源主要是城市生活中使用的各种洗涤剂和污水、垃圾、粪便等,多为无毒的无机盐类,生活污水中含有较多的氮、磷、硫和致病细菌。

从污染的性质划分,水体污染可分为物理性污染、化学性污染和生物性污染。物理性污染是指水的浑浊度、温度和水的颜色发生改变,如水面的漂浮油膜、泡沫及水中含有的放射性物质等;化学性污染包括有机化合物和无机化合物的污染,如水中溶解氧减少,溶解盐类增加,水的硬度变大,酸碱度发生变化或水中含有某种有毒化学物质等;生物性污染是指水体中进入了细菌和污水微生物等。

事实上,水体不是只受到一种类型的污染,而是同时受到多种性质的污染,并且各种污染互相影响,不断地发生着分解、化合或生物沉淀作用。

7.2.2　水体污染物

直接或间接向水体排放的、能导致水体污染的物质统称为水体污染物。污染物的种类、数量和性质直接决定了水体的质量,根据污染物的性质及对环境造成污染的危害不同,水体污染物通常可分为以下九大类。

1.固体污染物

水中固体污染物质的存在形态有悬浮态、胶体态和溶解态三种。呈悬浮态的物质通常称为悬浮物,是指粒径大于 100 nm 的杂质,这种杂质造成水质显著浑浊。其中颗粒较重的多数是泥沙类的无机物,以悬浮状态存在于水中,在静置时会自行沉降。颗粒较轻的多是动植物腐败而产生的有机物质,浮在水面上。悬浮物还包括浮游生物(如蓝藻类、硅藻类)微生物。胶体态的物质是指粒径为 1～100 nm 的杂质。胶体杂质多数是黏土无机胶体和高分子有机胶体,其具有两面性:一是稳定分散在水系中,不能自行下沉;二是在被光线照射时会使光线散射而导致浑浊现象,是造成水质浑浊的主要因素。呈溶解态的物质,其粒径大约在 1 nm 以下,主要以低分子或者离子状态存在,这种杂质不会产生水的外表浑浊现象。

从水质分析的角度出发,可将固体污染物划分为两部分:能够透过标准滤膜(孔径为 0.45μm)的固体物质叫溶解固体(DS),不能透过标准滤膜的固体物质则称为悬浮固体或悬浮物(SS),两者之和称为总固体(TS)。

水中固体悬浮物的存在是水质浑浊的主要原因。大量悬浮物排入水体中,造成外观恶化、浑浊度升高,改变水的颜色;悬浮物沉于河底淤积河道,危害水体底栖生物的繁殖,影响渔业生产;沉积于灌溉的农田,则会堵塞土壤孔隙,影响通风,不利于作物生长;在水处理系统中会影响设备设施的正常工作。

2.需氧污染物

进入水体后在分解和降解过程中需要消耗水中溶解氧的物质统称为需氧污染物。需氧污染物分有机型和无机型两种。绝大多数的需氧污染物为有机型,主要包括以碳水化合物、蛋白质、氨基酸、脂肪等形式存在的天然有机物质,以及其他某些可生物降解的人工合成有机物质。无机型需氧污染物为数不多,主要是 Fe^{2+}、S^{2-}、NH_4^+、NO_2^-、CN^- 等具有还原性的无机化学性物质。因而,有时也以需氧污染物一词直接指代有机污染物。

需氧污染物是水体中经常和普遍存在的一种污染物,主要来自生活污水、牲畜污水及食品、造纸、制革、印染、焦化、石油化工等工业污水。从排水量上看,生活污水是需氧污染物的最主要来源。

多数有机物可以在好氧或兼性微生物的生物化学作用下,消耗水中的溶解氧,当自然过程的氧补给量小于消耗量时,水中溶解氧浓度就会降低。当浓度低于某一限值时,鱼类的生存就会受到影响。当水体中的溶解氧被消耗殆尽时,有机物会在厌氧微生物和兼性微生物的作用下厌氧分解,其代谢产物硫化氢对生物具有致毒作用,硫化氢及硫醇、氨和硫化铁等还原性物质会使水体变黑变浑,发生恶臭,并出现底泥冒泡和泛起。水体的这种腐败现象会严重影响环境卫生和水的使用价值。

需氧物质的种类繁多,通常采用综合性水质指标(如 BOD_5、COD、TOC、TOD 等)间接表示它的浓度水平。

3.营养性污染物

营养性污染物主要指氮、磷及其化合物,包括铵盐、硝酸盐、磷酸盐、糖类、蛋白质、氨基酸和含磷洗涤剂等。其中氮主要来自生活污水和炼油、石油化工、化肥、食品、制革等工业污水;磷则主要来源于磷肥厂和含磷洗涤剂等;人体及动物的排泄物亦是氮、磷的主要来源。营养性污染物能为水生植物和藻类的生长提供其所需的主要营养元素氮和磷,进入天然水体后能导致水体富营养化,使水质恶化。

4.生物污染物

生物污染物是指污水中含有的有害微生物,包括对人类有害的病毒、细菌、寄生虫等病原体和变应原等。生活污水、制革污水、医院污水中都含有相当数量的有害微生物,如病原菌、炭疽杆菌、病毒及寄生性虫卵等,它们在水中会使有机物腐败、发臭,引起水质恶化,也会引起人和动植物病害,影响健康和正常的生命活动,严重时会造成死亡。未受污染的天然水体中的细菌浓度很低。水体的水质是否受到致病微生物的污染是通过细菌总数和总大肠菌群数来间接考察的。

5.有毒污染物

有毒污染物是指那些直接或者间接由生物摄入体内后,导致该生物或者其后代发病、行为反常、遗传异变、生理机能失常、机体变形或者死亡的污染物,简称为毒物。在人们生活的环境中,有毒污染物可能通过各种途径进入人体,如果环境污染达到一定程度,就会给人们的身体健康带来危害。目前污水中的有毒污染物种类繁多,分为无机毒物、有机毒物和放射性物质三大类。它们的毒性大小和对人类健康的影响因污染情况的不同区别很大。

无机毒物主要包括各种有毒金属及其氧化物、酸、碱、盐类、硫化物和卤化物等。主要的重金属毒物包括汞、镉、铬、铅、锌、镍等,非金属毒物包括砷、硒、氟、硫及氰化物、亚硝酸根等。金属性毒物不可生物降解,可在各种形态之间相互转化,其毒性作用与构成形态相关,如有机型甲基汞的毒性远大于无机汞;另外,金属性毒物一般呈高价、离子态时毒性较高,且易被荷负电的悬浮胶体颗粒吸附,并随之迁移或在水体底泥中沉积;可在水生生物体内及农作物中富集,最终通过食物链进入人体积累,产生慢性中毒甚至致畸、致癌,如淡水鱼可将汞富集 1 000 倍,将镉富集 300 倍。

有机毒物主要包括有机氯农药、多氯联苯、多环芳烃、酚类、饮用水中氯化消毒副产物等。有机毒物虽然大多数在水中浓度甚微,但对人类的危害却很大。生态毒理学的研究表明,这类污染物有些极难被生物分解,对化学氧化和吸附也有阻抗作用。在急性及慢性毒性实验中往往并不表现出毒性效应,但却可以在水生生物、农作物和其他生物体中迁移、转化和富集,并具有三致(致癌、致畸、致突变)效应,在长周期、低剂量条件下,往往可以对生态环境和人体健康造成严重的甚至是不可逆的影响。

放射性物质指具有放射性核素,能通过自身的衰变放射出 α、β、γ 等射线的物质。它分天然放射性物质和人工放射性物质两大类。人工放射性物质主要源于铀矿采选和冶炼、核武器试验制造及核工业污水等。其危害主要在于放射性射线对人体的辐射效应,如诱发血液性癌症、恶性肿瘤和遗传性畸变等,且在很低浓度下可经长期积累和积蓄产生不易察觉的慢性辐射效应。

目前在工业上使用的有毒化学物质已有万余种,进入环境后对生态及人体健康产生的危害已引起人们的普遍关注,因此,有毒污染物是重要的水质指标,各类水质标准都对有毒污染物的浓度限值有着严格的规定。

6.酸碱污染物

酸碱污染物是指污水中含有的酸性污染物和碱性污染物。酸碱污染物具有较强的腐蚀性,可以腐蚀管道和构筑物;排入水体会改变水体的 pH,干扰水体自净,并影响水生生物的生长和渔业生产;排入农田会改变土壤的性质,使土地酸化或碱化,危害农作物。

工业生产过程排放的酸性或碱性的污水、废液及大气降水的酸雨是酸碱污染物的主要来源。在水质标准中以 pH 来表示酸碱污染物的污染程度。

7.油类污染物

油类污染物包括矿物油(即石油类)和动植物油,它们均难溶于水,在水中常以粗分散的可浮油和细分散的乳化油等形式存在。作为有机物成分的油类物质也是构成需氧污染物的成分。

油类污染物主要来自含油污水,水体含油量达 0.01 mg/L 可使鱼肉带有一种特殊的油腻气味而不能食用。水体中的油量稍多时,在水面上会形成一层油膜,使大气与水面隔绝,破坏正常的充氧条件,导致水体缺氧;油膜还能附着于鱼鳃上,使鱼类窒息而死;鱼类产卵期,在含有油类污染物的污水中孵化的鱼苗,多数为畸形,生命力低下,易于死亡。油类污染物对植物也有影响,会妨碍通气和光合作用,使水稻、蔬菜等农作物大量减产,甚至绝收。含有油类污染物的污水进入海洋后,造成的危害很严重,不仅会影响海洋生物的生长,降低海洋的自我净化能力,而且会影响海滨环境。

在水质指标中以石油类和动植物油两项指标来表示油类污染物的污染程度。

8.感官污染物

感官污染物是污水中能引起浑浊、泡沫、恶臭、色变等现象,并能引起人们感官上不适的物质。异色、浑浊的污水主要来源于印染厂、纺织厂、造纸厂、焦化厂、煤气厂等;恶臭污水主要来源于炼油厂、石化厂、橡胶厂、制药厂、屠宰厂、皮革厂;当污水中含有表面活性物质时,在流动和曝气过程中将产生泡沫,如造纸污水、纺织污水等。各类水质标准中,对色度、臭味、浊度等指标都做了相应的规定。

9.热污染

因污水温度较高,造成江河、湖泊等受纳水体局部水域的水温升高而引起的危害称为热污染。热污水主要来自煤矿、油田、热电厂等大型能源转换类企业的生产过程。热污水排入水体后,导致水体温度升高,溶解氧浓度降低,并刺激藻类繁殖,加速水体富营养化进程。此外,水温升高还会导致水化学反应加快,影响水的物化性质,因而可能对管道和容器产生腐蚀作用。

7.3　污水的类型与特征

7.3.1　污水及其种类

生产与生活过程中排放的、丧失原来使用功能的水简称为污水。水中掺入了新的物质或者外界条件的变化,导致水变质,不能继续保持原来的使用功能。由于产生污水的过程及其中污染物的多样性,污水种类的划分有多种方法。

1.根据来源划分

一般可分为生活污水、工业污水和初期雨水。生活污水是居民日常生活中产生的,并被生活废料所污染的水。它来源于家庭、商业、机关、学校、医院、城镇公共设施等,主要包括冲刷洗涤污水、沐浴污水和厕所冲洗污水等。生活污水的主要成分为纤维素、蛋白质、糖类、脂肪等有机物,氮、磷等无机盐及泥沙等杂质,还含有多种微生物及病原体。生活污水的水质、水量取决于居民的生活水平状况和生活习惯。其水质、水量随季节而变化,一般夏季用水相对较多,浓度低;冬季相对较少,浓度高。

工业污水是在工矿企业生产活动中产生的污水。它含污染物多,因工厂种类不同所含的污染物千差万别,即使是同类工厂,生产过程不同,其所含污染物的质和量也不一样,而且成分复杂,不易净化,处理难度大,是引起水体污染的最重要的原因。

初期雨水是雨雪降至地面而形成的初期地表径流。初期雨水冲刷了地表的各种污染物,其水质、水量随区域环境、季节和时间而变化,成分比较复杂。

2.根据所含主要污染物的成分及性质划分

根据这一划分标准,可分为含汞污水、含铬污水、含镉污水、含氟污水、含酚污水及酸性污水、碱性污水、放射性污水等。这种划分方法突出了污水中产生主要危害的污染物成分,有利于其处理方法或防范措施的选择。

3.根据产生污水的行业划分

可分为食品污水、冶金污水、焦化污水、制革污水、造纸污水、印染污水、电镀污水等。这种分类方法在污染源的调查统计工作中普遍使用。

4.根据污水的主要性质划分

以无机污染物为主的污水称为无机污水,如矿井水、冶金污水、电镀污水等;以有机污染物为主的污水称为有机污水,如生活污水、城市污水、食品污水、造纸污水等。其中,有机污水可根据所含有机污染物的降解难易程度划分为易降解有机污水和难降解有机污水。

同一种污水可以有不同的命名和类别归属,主要根据实际应用的具体场合而决定。

7.3.2　表征污水及其污染源特征的要素

对于实际中某个确定的具体污染源来说,可通过以下要素来表述该污染源的排污状况及特征。

1.排放流量

单位时间污水的排放量,常用单位有 m^3/s、m^3/h、m^3/d 等。污水排放流量为表征污水排放强度的指标,排放流量越大,对水环境的影响越大。

2.污染物浓度

单位体积的污水所含污染物量,常用单位有 mg/L、g/L 等。污水浓度与其所含的特定污染物种类相对应,污染物的浓度水平越高,对水环境的污染危害越重。

3.污染源排放规律

通常分间歇排放和连续排放两种形式。例如,生活污水的个体源为间歇排放,但在城镇区域排水管网的总排放口处则可能是连续性的;三班制连续生产排放的工业污水多为连续排放,而其他如 8 h 工作制和两班制等则为间歇性排放。

4.污染源的源强

污染源排放污染物的规模大小,其强度值由排放流量 Q 及污染物浓度 C 两者共同决定。

5.排放去向

排放去向指污染源所排污水的具体去向,如企业污水处理站、市政管网、农田沟渠或天然水体等。准确掌握污水的种类及数量、排放状况等相关要素,对于环境管理及污水收集、处理系统的设计、操作来说相当重要。准确掌握污染源的总排放量与污染物浓度是实施污染物总量控制制度的基础。

7.3.3　水质标准

水资源保护和水体污染控制要从两方面着手:一方面,要制定水体的环境质量标准,保证水体质量和水域使用目的;另一方面,要制定污水排放标准,对必须排放的工业废水和生活污水等进行必要而适当的处理。水质标准是对水质指标做出的定量规范。

由国家或地方政府对水中污物或其他物质的最大容许浓度或最小容许浓度所做的规定,称为水质标准。水质标准具有指令性和法律性的法定要求,各部门、企业和单位都必须遵守。在水污染综合防治中执行的水质控制标准是环境标准体系的重要组成部分之一,具体包括水环境质量标准、用水水质标准和水污染物排放标准三大类。

1.水环境质量标准

水环境质量标准是为保护人类健康和生存环境,对水中污染物或其他物质的最高允许浓度所做的规定。我国已颁布的水环境质量标准有《地表水环境质量标准》(GB 3838—2002)、《地下水环境质量标准》(GB/T 14848—2017)、《海水水质标准》(GB 3097—1997)等。

在《地表水环境质量标准》中,根据地表水水域环境功能和保护目标,将我国领域内江河、湖泊、水库等具有使用功能的地表水水域,按功能高低划分为以下五类。

Ⅰ类:主要适用于源头水、国家自然保护区。

Ⅱ类:主要适用于集中式生活饮用水地表水源地一级保护区、珍稀水生生物栖息地、鱼虾类产卵场、仔稚幼鱼的索饵场等。

Ⅲ类:主要适用于集中式生活饮用水地表水源地二级保护区、鱼虾类越冬场、洄游通道、水产养殖区等渔业水域及游泳区。

Ⅳ类:主要适用于一般工业用水区及人体非直接接触的娱乐用水区。

Ⅴ类:主要适用于农业用水区及一般景观要求水域。

本标准分别规定了不同功能水域的基本项目(24 项)、特定项目(80 项)和补充项目(5 项)的标准值。对应地表水五类水域功能,将《地表水环境质量标准》中的基本项目标准值分为 5 类(表 7.1)。不同功能类别分别执行相应类别的标准值,并规定同一水域兼有多类使用功能的,执行最高功能类别对应的标准值。

表 7.1　地表水环境质量标准基本项目标准限值　　　　单位:mg/L

序号	项目	Ⅰ类	Ⅱ类	Ⅲ类	Ⅳ类	Ⅴ类
1	水温/℃	人为造成的环境水温变化应限制在: 周平均最大温升≤1,周平均最大温降≤2				
2	pH(无量纲)	6~9				
3	溶解氧≥	饱和率90% (或7.5)	6	5	3	2
4	高锰酸盐指数≤	2	4	6	10	15
5	化学需氧量(COD)≤	15	15	20	30	40
6	五日生化需氧量 (BOD$_5$)≤	3	3	4	6	10
7	氨氮(NH$_3$-H)≤	0.15	0.5	1.0	1.5	2.0
8	总磷(以 P 计)≤	0.02 (湖、库0.01)	0.1 (湖、库0.025)	0.2 (湖、库0.05)	0.3 (湖、库0.1)	0.4 (湖、库0.2)
9	总氮(湖、库,以 N 计)≤	0.2	0.5	1.0	1.5	2.0
10	铜≤	0.01	1.0	1.0	1.0	1.0
11	锌≤	0.05	1.0	1.0	2.0	2.0

续表7.1

序号	项目	Ⅰ类	Ⅱ类	Ⅲ类	Ⅳ类	Ⅴ类
12	氟化物(以 F⁻计) ≤	1.0	1.0	1.0	1.5	1.5
13	硒 ≤	0.01	0.01	0.01	0.02	0.02
14	砷 ≤	0.05	0.05	0.05	0.1	0.1
15	汞 ≤	0.000 05	0.000 05	0.000 1	0.001	0.001
16	镉 ≤	0.001	0.005	0.005	0.005	0.01
17	铬(六价) ≤	0.01	0.05	0.05	0.05	0.1
18	铅 ≤	0.01	0.01	0.05	0.05	0.1
19	氰化物 ≤	0.005	0.05	0.2	0.2	0.2
20	挥发酚 ≤	0.002	0.002	0.005	0.01	0.1
21	石油类 ≤	0.05	0.05	0.05	0.5	1.0
22	阴离子表面活性剂 ≤	0.2	0.2	0.2	0.3	0.3
23	硫化物 ≤	0.05	0.1	0.2	0.5	1.0
24	总大肠菌群(个/L) ≤	200	2 000	10 000	20 000	40 000

2.用水水质标准

用水水质标准是针对水的不同用途相应所需的物理、化学和生物学的质量标准,对水中的杂质浓度所做的限制性规定。我国已经颁布的用水水质标准有《生活饮用水卫生标准》(GB 5749—2006)、《渔业水质标准》(GB 11607—89)、《农田灌溉水质标准》(GB 5084—2021)、《城市污水再生利用 城市杂用水水质标准》(GB/T 18920—2020)等。《生活饮用水卫生标准》(GB 5749—2022)于 2022 年 3 月 15 日经国家市场监督管理总局(国家标准化管理委员会)批准发布,代替原有的《生活饮用水卫生标准》(GB 5749—2006),将于 2023 年 4 月 1 日起正式实施。

3.水污染物排放标准

水污染物排放标准是为满足水环境标准的要求,对排污浓度、数量所规定的最高允许值。我国已经颁布的水污染物一般排放标准包括《污水综合排放标准》(GB 8978—1996)、《城镇污水处理厂污染物排放标准》(GB 18918—2002),已经颁布的行业排放标准基本涵盖了造纸、钢铁、化工、海洋石油开发、船舶工业、纺织染印、轻工、食品生产等主要产生和排放污染物的行业。

水污染物排放标准实行浓度控制与总量控制相结合的原则,《中华人民共和国水污染防治法》规定,国家污染物排放标准由国务院环境保护部门根据国家水环境质量标准和国家经济、技术条件制定。各省(区)对不能达到质量标准的水体,可以制定严于国家污染物排放标准的地方污染物排放标准,并报国务院环境保护部门备案。

7.4　水污染控制措施

7.4.1　城市污水处理现状及处理技术

（1）城市污水处理的级别。

城市污水根据其处理程度可分为一级处理、二级处理和三级处理。城市污水一级处理是对污水中悬浮的无机颗粒和有机颗粒、油脂等污染物质的去除，一般由沉砂池、初次沉淀池（以下简称初沉池）完成处理过程。经过一级处理后，有机物（BOD）可以去除30%左右，但达不到排放标准。一级处理主要有沉淀、筛滤等物理作用过程，通常也称为物理处理法。一级处理可认为是二级处理的预处理，其出水难以达到国家相关排放标准。城市污水二级处理主要去除污水中呈胶体状和溶解状态的有机污染物。由于这些污染物颗粒较小或呈真溶液状态，一级处理无法去除。二级处理采用生物处理法，利用微生物（好氧或厌氧微生物）降解污染物质。通过二级处理，BOD可去除90%以上，基本能达到排放要求。城市污水三级处理和深度处理既有相同之处，又不完全一致。三级处理是在一、二级处理后，进一步处理难以被微生物降解的有机物及氮和磷等无机物。主要有生物脱氮、除磷、砂滤法、吸附法、离子交换法、混凝沉淀法及电渗析法等。深度处理一般以污水的回收、再利用为目的，在一级或二级处理之后增加处理工艺。

在污水处理过程中会产生大量的污泥，应有效处理。污泥含有大量的有机物，富有肥分，可以作为农肥使用，但又含有大量细菌、寄生虫卵及从工业废水中挟带来的重金属离子等，在利用前，应对其进行一定的预处理与稳定、无害处理。污泥处理的主要方法有：①减量处理，如浓缩、脱水等；②稳定处理，如厌氧消化法、好氧消化法等；③综合利用，如对消化气的利用及污泥农业利用等；④最终处置，如干燥焚烧、填地投海、当作建筑材料等。

（2）污水处理工艺流程。

确定合理的处理工艺流程，应从污水的水质及水量，受纳水体的具体条件，以及回收其中的有用物质的可能性和经济性等多方面考虑。一般通过试验，确定污水性质，进行经济技术比较，最后确定工艺流程。

每个城市污水的性质不完全相同，但大都以有机物为主，典型的城市污水处理流程如图7.3所示。城市污水常用处理方法见表7.2。

表 7.2　城市污水常用处理方法

类别	处理方法或处理工艺	主要去除污染物
一级处理	1.格栅、筛网	漂浮物、固体悬浮物
	2.沉砂、沉淀	固体沉淀物、无机沙粒
	3.均衡调节	水质、水量冲击
	4.中和	酸、碱
	5.油水分离	浮油、粗分散油
	6.气浮和聚结	细分散油及微细的悬浮物

续表7.2

类别	处理方法或处理工艺	主要去除污染物
二级处理	1.活性污泥法	可降解的有机物、BOD、COD
	2.生物膜法	
	3.厌氧生物处理	
	4.自然处理	
后处理	1.吹脱	气体 H_2S、CO_2、NH_3
	2.絮凝沉淀	胶体颗粒
	3.气浮	悬浮固体物、细分散油
三级处理	1.过滤	进一步去除悬浮物
	2.脱氮	水中营养性污染元素 N
	3.除磷	水中营养性污染元素 P
	4.消毒	生物污染物

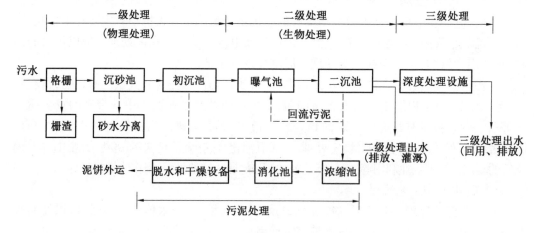

图 7.3 典型的城市污水处理流程

1.工业污水现状

我国工业污水排放主要集中在石化、煤炭、造纸、冶金、纺织、制药、食品等行业。其中,造纸和纸制品行业污水排放量占工业污水总排放量的 16.4%,化学原料和化学制品制造业排放量占总排放量的 15.8%,煤炭开采和洗选业排放量占总排放量的 8.7%。我国政府一直非常重视工业污水治理技术的研发与应用,自 20 世纪 70 年代起,国家就集中科研院所、大学等优势力量,投入大量人力、物力、财力,开展工业污水处理技术研究,着力解决一批占国民经济比重较大的工业的污水处理技术难题。这些新技术的投产运行为缓解我国严峻的水污染现状,改善水环境发挥了至关重要的作用。为强化工业污水的处理力度,保护生态环境,国家颁布相关政策,将工业企业逐步迁入污水处理设施较为完善的工业园区,以实现工业污水集中收集、统一处理。根据生态环境状况公报数据,2018 年,全国

97.8%的省级及以上工业集聚区建成了污水集中处理设施并安装自动在线监控装置。

在政府与企业的共同努力下,采取了包括革新生产技术、淘汰落后产能、注重污水再利用、降低单位产品水耗等一系列措施,使我国工业污水排放量自2011年开始逐年下降。根据《中国环境统计年鉴》数据,2009年我国工业污水排放量为234.4亿 m^3 ,占全国污水排放总量的40%左右;2010年我国工业污水排放量为237.5亿 m^3 ;之后工业污水排放量进入下降期,2015年工业污水排放量为199.5亿 m^3 ,而2017年下降到了181.6亿 m^3 ,占全国污水排放总量的23.55%。

随着《中国制造2025》战略的深入推进,我国工业生产技术不断更新,满足人们物质文化需要的工业品不仅门类多、产量巨大,由此产生的工业污水也具有新的特征,水中污染物种类增多、特性各异、处理难度增大,排入环境后造成的危害和持久性增加。

2.工业污水处理技术简介

近年来,我国工业污水处理量达到300~370亿吨,处理率约为62%,虽然已取得显著进步,但仍有很大提升空间。下面为10种最新的工业污水处理技术介绍与分析。

(1)膜分离技术。

膜分离法常用的有微滤、纳滤、超滤和反渗透等技术,见表7.3。由于膜分离技术在处理过程中不引入其他杂质,可以实现大分子和小分子物质的分离,因此常用于各种大分子原料的回收,如利用超滤技术回收印染废水的聚乙烯醇浆料等。目前限制膜分离技术工程应用推广的主要难点是膜的造价高、寿命短、易受污染和结垢堵塞等。伴随着膜生产技术的发展,膜分离技术将在废水处理领域得到越来越多的应用。

表 7.3　常用膜分离方法与特点

方法	推动力	传递机理	透过物及其大小	截留物	膜类型
渗析 (D)	浓度差	溶质扩散	低分子物质、离子 (0.004~0.15 μm)	溶剂 分子量>1 000	非对称膜 离子交换膜
电渗析 (ED)	电位差	电解质离子 选择性透过	溶解性无机物 (0.004~0.1 μm)	非电解质大分子物	离子交换膜
微滤 (MF)	压力差 <0.1 MPa	筛分	水、溶剂和溶解物	悬浮颗粒、纤维 (0.02~10 μm)	多孔膜 非对称膜
超滤 (UF)	压力差 0.1~1.0 MPa	筛滤及 表面作用	水、盐及低分子有 机物(0.005~10 μm)	胶体大分子、 不溶的有机物	非对称膜
纳滤 (NF)	压力差 0.5~2.5 MPa	离子大小 或电荷	水、溶剂 (<200 μm)	溶质 (>1 nm)	复合膜
反渗透 (RO)	压力差 2~10 MPa	溶剂的扩散	水、溶剂 0.000 4~0.06 μm	溶质、盐 (SS、大分子、离子)	非对称膜或复合膜
渗透汽化 (PV)	分压差 浓度差	溶解、扩散	易溶解或 易挥发组分	不易溶解组分 较大、较难挥发物	均质膜或复合膜

续表7.3

方法	推动力	传递机理	透过物及其大小	截留物	膜类型
液膜 （LM）	化学反应和 浓度差	反应促进和 扩散	电解质离子	溶剂（非电解质）	液膜

（2）铁碳微电解处理技术。

铁碳微电解法是利用 Fe/C 原电池反应原理对废水进行处理的良好工艺，又称内电解法、铁屑过滤法等。铁碳微电解法是电化学的氧化还原、电化学点对对絮体的电富集作用及电化学反应产物的凝聚、新生絮体的吸附和床层过滤等作用的综合效应，其中主要是氧化还原和电附集及凝聚作用。

铁屑浸没在含大量电解质的污水中时，形成无数个微小的原电池，在铁屑中加入焦炭后，铁屑与焦炭粒接触进一步形成大原电池，使铁屑在受到微原电池腐蚀的基础上，又受到大原电池的腐蚀，从而加快了电化学反应的进行。

此法具有适用范围广、处理效果好、使用寿命长、成本低廉及操作维护方便等诸多优点，且使用废铁屑为原料，也不需消耗电力资源，具有"以废治废"的意义。目前铁碳微电解处理技术已经广泛应用于印染、农药/制药、重金属、石油化工及油分等污水及垃圾渗滤液处理中，取得了良好的效果。

（3）Fenton 及类 Fenton 氧化法。

典型的 Fenton 试剂是由 Fe^{2+} 催化 H_2O_2 分解产生 OH 自由基，从而引发有机物的氧化降解反应。由于 Fenton 法处理污水所需时间长，使用的试剂量多，而且过量的 Fe^{2+} 将增大处理后污水中的 COD 并产生二次污染。近年来，人们将紫外光、可见光等引入 Fenton 体系，并研究采用其他过渡金属替代 Fe^{2+}，这些方法可显著增强 Fenton 试剂对有机物的氧化降解能力，减少 Fenton 试剂的用量，降低处理成本，统称为类 Fenton 反应。

Fenton 法反应条件温和，设备较为简单，适用范围广；既可作为单独处理技术应用，也可与其他方法联用，如与混凝沉淀法、活性碳法、生物处理法等联用，作为难降解有机废水的预处理或深度处理方法。

（4）臭氧氧化。

臭氧是一种强氧化剂，与还原态污染物反应时速度快，使用方便，不产生二次污染，可用于污水的消毒、除色、除臭、去除有机物和降低 COD 等。单独使用臭氧氧化法造价高、处理成本昂贵，且其氧化反应具有选择性，对某些卤代烃及农药等氧化效果比较差。因此，近年来发展了旨在提高臭氧氧化效率的相关组合技术，其中 UV/O_3、H_2O_2/O_3、$UV/H_2O_2/O_3$ 等组合方式不仅可以提高氧化速率和效率，而且能够氧化臭氧单独作用时难以氧化降解的有机物。由于臭氧在水中的溶解度较低，且臭氧产生效率低、耗能大，因此增大臭氧在水中的溶解度、提高臭氧的利用率、研制高效低能耗的臭氧发生装置成为研究的主要方向。

（5）磁分离技术。

磁分离技术是近年来发展的一种新型的利用污水中杂质颗粒的磁性进行分离的水处理技术。对于水中非磁性或弱磁性的颗粒，利用磁性接种技术可使它们具有磁性。磁分离技术应用于污水处理有三种方法:直接磁分离法、间接磁分离法和微生物−磁分离法。目前研究的磁性化技术主要包括磁性团聚技术、铁盐共沉技术、铁粉法、铁氧体法等,具有代表性的磁分离设备是圆盘磁分离器和高梯度磁过滤器。目前磁分离技术还处于实验室研究阶段,还不能应用于实际工程实践。

(6)等离子体水处理技术。

低温等离子体水处理技术,包括高压脉冲放电等离子体水处理技术和辉光放电等离子体水处理技术,是利用放电直接在水溶液中产生等离子体,或者将气体放电等离子体中的活性粒子引入水中,可使水中的污染物彻底氧化、分解。

水溶液中的直接脉冲放电可以在常温常压下操作,整个放电过程中无须加入催化剂就可以在水溶液中产生原位的化学氧化性物种氧化降解有机物,该项技术对低浓度有机物的处理经济且有效。此外,应用脉冲放电等离子体水处理技术的反应器形式可以灵活调整,操作过程简单,相应的维护费用也较低。受放电设备的限制,该工艺降解有机物的能量利用率较低,等离子体技术在水处理中的应用还处在研发阶段。

(7)电化学(催化)氧化。

电化学(催化)氧化技术通过阳极反应直接降解有机物,或通过阳极反应产生羟基自由基、臭氧等氧化剂降解有机物。电化学(催化)氧化包括二维和三维电极体系。由于三维电极体系的微电场电解作用,目前备受推崇。三维电极是在传统的二维电解槽的电极间装填粒状或其他碎屑状工作电极材料,并使装填的材料表面带电,成为第三极,且在工作电极材料表面能发生电化学反应。与二维平板电极相比,三维电极具有很大的比表面,能够增加电解槽的面体比,能以较低电流密度提供较大的电流强度,粒子间距小而物质传质速度高,时空转换效率高,因此电流效率高、处理效果好。三维电极可用于处理生活污水,农药、染料、制药、含酚废水等难降解有机废水,金属离子,垃圾渗滤液等。

(8)辐射技术。

20 世纪 70 年代起,随着大型钴源和电子加速器技术的发展,辐射技术应用中的辐射源问题逐步得到改善。利用辐射技术处理废水中污染物的研究引起了各国的关注和重视。与传统的化学氧化相比,利用辐射技术处理污染物,不需加入或只需少量加入化学试剂,不会产生二次污染,具有降解效率高、反应速度快、污染物降解彻底等优点。而且,当电离辐射与氧气、臭氧等催化氧化手段联合使用时,会产生“协同效应”。因此,辐射技术处理污染物是一种清洁的、可持续利用的技术,被国际原子能机构列为 21 世纪和平利用原子能的主要研究方向。

(9)光化学催化氧化。

光化学催化氧化技术是在光化学氧化的基础上发展起来的,与光化学法相比,有更强的氧化能力,可使有机污染物更彻底地降解。光化学催化氧化是在有催化剂的条件下的光化学降解,氧化剂在光的辐射下产生氧化能力较强的自由基。催化剂有 TiO_2、ZnO、WO_3、CdS、ZnS、SnO_2 和 Fe_3O_4 等。光化学催化氧化分为均相和非均相两种类型,均相光催化降解以 Fe^{2+} 或 Fe^{3+} 及 H_2O_2 为介质,通过光助−Fenton 反应产生羟基自由基使污染物得到降解;非均相光催化降解是在污染体系中投入一定量的光敏半导体材料,如 TiO_2、ZnO 等,同时结合光辐射,使光敏半导体在光的照射下激发产生电子−空穴对,吸附在半导体上的溶解氧、水分子等与电子-空穴作用,产生 OH 等氧化能力极强的自由基。TiO_2 光催化氧化技术在氧化降解水中有机污染物,特别是难降解有机污染物时有明显的优势。

(10)超临界水氧化(SCWO)技术。

SCWO 是以超临界水为介质,均相氧化分解有机物。可以在短时间内将有机污染物分解为 CO_2、H_2O 等无机小分子,而硫、磷和氮原子分别转化成硫酸盐、磷酸盐、硝酸根和亚硝酸根离子或氮气。美国把 SCWO 法列为能源与环境领域最有前途的废物处理技术。SCWO 反应速率快、停留时间短;氧化效率高,大部分有机物处理率可达99%以上;反应器结构简单,设备体积小;处理范围广,不仅可以用于各种有毒物质、废水、废物的处理,还可以用于分解有机化合物;不需外界供热,处理成本低;选择性好,通过调节温度与压力,可以改变水的密度、黏度、扩散系数等物化特性,从而改变其对有机物的溶解性能,达到选择性地控制反应产物的目的。

7.4.2　农村污水处理

近年来,国家为控制水污染做出了巨大努力。我国乡镇污水排放量的不断增加也成为一个重要的控制对象。随着国家水资源保护规划项目的启动,在"三河三湖"、渤海和三峡库区已开始建设一批乡镇污水处理工程。

1.农村污水处理模式

农村污水处理模式可分为以下三种,需因地制宜选取。

(1)分户污水处理。

分户污水处理是指单户或多户的污水进行就地处理的方式,即将一户或者是附近几户的生活污水分片收集之后,进行就地处理。一般采用小型的污水处理设备或者是化粪池、坑塘等自然处理模式进行处理。这种处理模式具有节省管网投资、操作管理简单、运用灵活等特点,适用于村庄分布比较分散、人口密度较低、地形较为复杂不宜铺设管网的地区。

(2)村庄集中污水处理。

村庄集中污水处理是指村庄或一定范围内的农户的污水经管网收集就近接入污水处理设施的处理方式,即铺设污水管道将一个村庄或是相连的多个村庄的生活污水进行集中收集,通过建设污水处理设施或是污水处理站进行统一处理,一般采用常规的生物处理与生态处理组合的工艺。这种处理模式具有运行稳定、处理效率高、占地面积小等优点,适用于村庄分布密集、人口密度较大、污水排放量较大、经济条件较好的远离城镇的地区。

(3)纳入城镇污水管网。

纳入城镇污水管网是指位于城镇内及其周边的村庄的污水经污水支管收集后直接纳入城镇污水干管中,由城镇污水处理厂统一处理的方式,即村庄的生活污水经过污水管网收集之后排入附近的城镇污水处理厂进行处理。这种模式具有管理方便、投资省、见效快等优点,适用于城镇郊区的经济条件较好的村庄,或者距离污水处理厂、市政管网比较近的村庄。

2.农村污水处理技术

农村污水处理技术种类繁多,应选取出水水质好、投资运行成本低、便于维护管理的技术。

(1)活性污泥法。

常见的有 A^2O 工艺、A/O 工艺、SBR 工艺、氧化沟工艺、MBR 工艺及基于以上工艺的改进工艺,如倒置 A^2O 工艺、改良 A^2O 工艺、UCT 工艺、多级 AO 工艺、分段进水工艺、CASS 工艺、ICEAS 工艺、MSBR 工艺、卡罗塞尔和奥贝尔氧化沟等。活性污泥法的优点是出水水质好,能够达到较高的排放标准,但工艺过于复杂,运营维护要求高,尤其是需要合理控制曝气、污泥龄及内外回流,产生剩余污泥需要处置,适合中等规模污水处理(几十吨到几百吨)。

(2)生物膜法(一体化设备常用)。

常见的有厌氧滤池、生物接触氧化工艺(BCO)、曝气生物滤池(BAF)、反硝化滤池、生物转盘、移动床生物膜反应器(MBBR)等。生物膜法的优点是运营维护要求低,可以做到无人管理,只有少量生物膜脱落,大多数的一体化设备采用的都是厌氧滤池+生物接触氧化工艺等,但不能除磷,在有除磷要求的地方需要增设化学除磷或者电解除磷(铁铝电极)。基于生物膜法的净化槽技术在日本获得了广泛应用,也是我国目前一体化设备采用最多的工艺技术,适合小规模污水处理(几吨到几十吨)。

(3)生态处理法。

常见的有人工湿地、微生态滤床、人工快渗、土地处理法等。优点是生态可持续,能耗低,具有景观效果,缺点是污染物去除负荷较低,需要大片土地。

(4)其他方法。

常见的有化粪池、稳定塘、沼气池等。这类方法的污染物去除能力有限,效果较差。一般用在经济较差的偏远地区或者作为预处理措施。

【阅读材料】

习近平的深情牵挂:"安心水"怎润百姓心

"在饮水安全方面,还有大约 104 万贫困人口饮水安全问题没有解决,全国农村有 6 000万人饮水安全需要巩固提升。"2019 年 4 月 16 日,习近平总书记在解决"两不愁三保障"突出问题座谈会上语重心长地说。"如果到了 2020 年这些问题还没有得到较好解决,就会影响脱贫攻坚成色。"

民以食为天,食以水为先。2020 年是全面建成小康社会目标实现之年,是脱贫攻坚收官之年。要把好饮水安全的"总闸门",补齐饮水安全的"小康短板",让一泓清泉润泽百姓的心。

提到水资源匮乏,不少人都会将其与龟裂的大地和常年干旱的地区联系起来。实际上,在中国,想要补齐奔小康的"饮水安全"短板,问题比人们想象的要复杂得多。

在我国,想要解决贫困地区饮水问题并非易事。首先,中国水资源具有稀缺性、降水时空分布不均衡等先天特征。据中国水利水电科学研究院张春玲等专家于 2013 年发表的《浅析中国水资源短缺与贫困关系》显示,水资源存在着资源型短缺、工程型短缺和水质型短缺三种形式。华北地区、西北地区、辽河流域属于资源型缺水区域。而长江、珠江、松花江流域以及南方沿海地区出现工程型缺水,水利基础设施薄弱;在珠三角、长三角等丰水区,受河道水体污染、冬春枯水期咸潮等影响,清洁水源严重不足。其次,贫困地区又多分布在多石山区、荒漠区、高寒山区、黄土高原区等地,较为偏僻,远离经济中心地区,基础设施薄弱,水资源短缺,特别是资源型、工程型缺水尤为突出。路漫漫其修远兮。一滴水,困住了许多贫困地区的百姓奔向小康的美好愿景。

党的十八大以来,以习近平同志为核心的党中央高度重视水利工作。习近平总书记多次就治水发表重要讲话、做出重要指示,明确提出"节水优先、空间均衡、系统治理、两手发力"的治水思路,为推进新时代治水提供了科学指南和根本遵循。

2013年2月3日,习近平总书记考察引洮供水一期工程,提出"民生为上、治水为要,要尊重科学、审慎决策、精心施工,把这项惠及甘肃几百万人民群众的圆梦工程、民生工程切实搞好,让老百姓早日喝上干净甘甜的洮河水"。习近平总书记在考察引洮供水一期工程时说:"北方缺水,要认真研究节水灌溉技术,不能搞大水漫灌,把有限的水资源用到最需要的地方。"良性运行实现综合效益的最大化,避免得来不易的水资源污染、浪费,是人们广泛而朴实的心愿。

从2014年《政府工作报告》提出"新解决农村6 300多万人饮水安全问题",到2020年《政府工作报告》中提出支持现代农业设施、饮水安全工程和人居环境整治……可以看到,解决饮水问题始终是政府牵挂的一件大事。水润民心,泽被万物。喝好水、用好水直接关系到人民群众的美好生活。解决100多万贫困人口饮水安全问题,搬开奔向小康路上的"绊脚石",让干净水、放心水、"致富水"润泽百姓的生活,流向人们的心间。

(资料来源:人民网,网址:http://politics.people.com.cn/n1/2020/0804/c1001-31809654.html)

复习与思考

1.简述水资源的含义及其特征。

2.什么是水体污染物?归纳水体污染物种类、危害及相应的污染指标。

3.试分析水资源与水的自然循环的关系。

4.城市污水的处理方法有哪些?

5.工业污水的来源有哪些?有哪些先进的处理方法?

6.农村污水处理模式有哪些?

第8章 大气污染及其防治

大气污染事件对当前世界人类健康与农业生态环境安全带来的潜在灾难性后果影响将远远不同于其他一般农业水污染类灾害事故和大规模的农田土壤污染,它的影响不仅连续发生、持续时间相对较长,而且包括大范围气候事件在内。世界上人类发生的严重污染公害事件中,大多数事故均是大气污染引发的。

8.1 大气结构与组成

人类是生活在空气海洋中的底栖生物。纯净的空气主要由氮气(78.1%)、氧气(20.9%)和氩气(0.9%)组成,还有少量的水蒸气、二氧化碳和其他微量气体。地球上的许多生物直接影响大气的化学成分。例如,植物吸收二氧化碳并将其转化为有机酸,然后进入细胞。动植物利用空气中的氧气在呼吸过程中释放热量和能量并重新引入二氧化碳和许多微量气体。

8.1.1 大气结构

大气是地球的"外衣",厚厚地包裹着地球的外表面,厚度为 1 000~1 400 km,随地球旋转,通常叫大气圈。

大气由许多重要区域组成,随着高度的增加,气压迅速下降。根据地球大气圈结构中的大气温度呈垂直梯度分布规律的一般特点,在理论结构分析上可大致将整个大气圈结构分为以下五个储气层。

1.对流层

对流层是整个大气圈结构中最接近于地面的一层,其厚度平均约为12亿 km,集中了占大气总质量75%的空气和几乎全部的水蒸气量,是天气变化最复杂的层次。该大气层具有以下两个显著特点。

(1)气温的变化受云层高度影响,云层越高,气温越低。

对流层周围的上层大气并不能对太阳带来的辐射能量进行有效的吸收,其热量直接来源于地表的辐射,因此下层大气温度极高,上层大气温度则低,高度每增加 100 m,气温随之约下降 0.6 ℃。

(2)空气具有强烈的对流运动。

下层大气吸收地表的辐射而温度升高,上层大气温度较低,冷热空气在垂直方向形成对流,构成了对流层空气的强烈对流运动。对流层中气象条件多变,不同的气象条件对污染物的扩散影响不同。

在对流层,人类排放的大量的二氧化碳、一氧化碳、微量有机物和各种人类活动产生的硫氧化物和氮氧化物,影响了大气的化学成分。化石燃料直接燃烧产生的废气和其他原料间接通过化学反应形成的废气极大地影响着对流层的空气质量,由于这是人类赖以生存的空气,因此污染物的产生会导致人类健康受到影响、农作物损失、大气能见度降低、城市热岛效应、区域天气改变和全球气候变化。

2.平流层

对流层层顶为对流层与平流层之间的过渡层,对流层层顶之上为平流层。平流层层顶高度约到 55 km 处。平流层大气温度受太阳紫外线影响,主要是由于臭氧层吸收太阳的紫外线,因此平流层温度随大气高度上升而升高。天然存在的臭氧层对保证地面生命免受来自太阳紫外线的辐射污染和来自宇宙的辐射破坏起着一个很好的安全防护保障作用,否则地面上所有健康的地球生命均将会直接遭受这种极端强烈有害的紫外线辐射侵害而衰弱致死。近年来,由于地面向大气中排放了大量的氯氟烃化合物,局部臭氧层破损,造成臭氧层空洞,使太阳及宇宙中的辐射直接对地球上的生态造成一系列影响。

3.中间层

平流层顶之上的大气为中间层,高度至 85 km 处。不同于平流层,中间层一般不含有臭氧气体。中间层底部靠近平流层高浓度的臭氧气体会使中间层底部大气温度高,而缺少臭氧的中间层顶层部分温度可低至 $-92.5\ ℃$。中间层底部的空气通过热传导接受平流层传递的热量,因而温度最高。中间层温度下高上低,且递减速度快,使中间层空气像对流层一样,出现强烈的对流运动。

4.暖层

中间层之上是暖层,也被称为热成层。暖层顶部可达 800 km 处。这一层空气密度很小,气体在太阳辐射的作用下而处于电离状态,因此电离层就在暖层之中。暖层的温度随高度上升而升高,这是由于电离层中的离子强烈地吸收太阳的辐射能量,使离子能量增加并将暖层加热,使温度迅速升高,其顶部温度可高达 $476.85\sim1\ 226.85\ ℃$。同时,电离层可以高效地反射短波与无线的反射电波,对人类远距离无线通信起到了至关重要的作用。

5.散逸层

在暖层层顶,800 km 以上的大气统称为散逸层,该层大气极为稀薄。散逸层电离出的离子吸收太阳辐射能,因此散逸层与暖层一样,温度极高。由于散逸层离地心远,引力小,大气密度与宇宙接近,高速运动的粒子经常摆脱地心引力,扩散至星际中。

8.1.2　大气的组成

大气是多种气体的混合物,其组成包括恒定的、可变的和不定的组分,大气的恒定组分是指大气中含有的氮、氧、氩及微量的氖、氦、氪、氙等稀有气体。其中氮、氧、氩三种组分占大气总量的 99.96%。在近地层大气中,这些气体组分的体积分数几乎可认为是不变的。

大气组分中可变气体组分主要是指二氧化碳、水蒸气等体积分数,这些变化气体体积分数通常由于各地区、季节、气象因子及当时人们生活条件和社会生产活动情况等综合因素共同的变化影响而经常有较大变化。在一般正常天气状态下,水蒸气的相对体积分数为 0~4%,二氧化碳相对的最低体积分数在近年来也已逐渐达到 0.33%。由恒定组分及正常状态下的可变组分所组成的大气,称为洁净大气。

大气中较为常见的不定组分指尘埃、硫、硫化氢、硫氧化物、氮氧化物、盐类及恶臭性气体等。一般来说,当这些不定组分进入大气中,可造成区域性和暂时性的大气环境污染现象。当大气中不定组分累积达到一定浓度时,就会迅速蔓延,对全世界人类、动植物健康生态系统造成各种直接危害,这是环境保护工作者应当研究的主要对象。

8.2　大气污染及分类

8.2.1　大气污染概述

大气污染(air pollution)是指由于人类生命活动或自然生态过程,使得某些物质进入大气中而无法正常参与大气循环,污染物表现出足够的浓度,并持续足够的污染时间,因此而严重危害人体的舒适感、健康环境和福利,甚至危害生态环境。人类活动不仅包括人类生产经营活动,而且包括日常生活活动,如洗衣服、做饭、取暖、交通、旅行等。一般来说,大自然具有一定的环境物理、化学过程和微生物自净性作用,会使自然过程造成的大气污染经过一段时间后自动消除,可以说,大气污染主要是人类活动造成的。

8.2.2　大气污染分类

按照污染范围,大气污染大致可分为:①局部地区污染,即局限于小范围的大气污染,如工厂烟囱空气污染和工业排气系统污染等;②地区性污染,即涉及一个地区的大气污染,如工业区及其附近地区受到污染或整个城市受到污染;③广域污染,即涉及比一个地区或大城市更广泛地区的大气污染;④全球性污染,目前研究认为主要原因分别集中表现在温室效应、酸雨及其危害因素和臭氧层结构遭受破坏三个方面。

1.温室效应

温室效应(greenhouse effect)是指大气中的温室气体通过对长波辐射的吸收而阻止地表热能耗散,从而导致地表温度增高的现象。近 100 多年来,全球平均气温经历了冷—暖—冷—暖两次波动,总体为上升趋势。进入 20 世纪 80 年代后,全球气温明显上升。导致全球变暖的主要原因是人类活动和自然界排放的大量温室气体,如二氧化碳、甲烷、氟氯烃、一氧化二氮、低空臭氧等,由于上述的这些温室气体仅能对来自太阳辐射的短波具有高度的透过性,而对地球反射的长波辐射具有高度的吸收性,造成温室效应,导致全球气候变暖。其中最重要的温室气体二氧化碳,来源于人类大量使用煤炭、石油和天然气等燃料。由于世界上人口的增加和经济的迅速增长,排入大气中的二氧化碳也越来越多,有关资料指出,过去100年人类通过化石燃料的燃烧,约把4150亿吨的二氧化碳排入大气,这使全球平均气温上升约0.83 ℃,按照目前化石燃料燃烧的增加速度,大气中的二氧化碳将在50年内加倍,这将使中纬地区温度升高2~3 ℃,极地升高6~10 ℃。

全球变暖会使极地或高山上的冰川融化,导致海平面上升。据推算,全球增温1.5~4.5 ℃,海平面会上升20~165 cm,从而将淹没沿海大量繁华的城市、低地和海岛。此外,温室效应可引起全球性气候变化,会对陆地自然生态系统产生难以预料的影响,如高温、干旱、洪涝、疾病、暴风雨和热带风加剧等,使热带雨林和生物多样性减少,农作物减产,从而威胁人类的食物供应和居住环境。

面对全球气候变化,急需世界各国协同降低或控制二氧化碳排放。1997年12月,《联合国气候变化框架公约》第3次缔约方会议在日本京都召开。149个国家和地区的代表通过了旨在限制发达国家温室气体排放量,以抑制全球变暖的《京都议定书》,目标是在2008~2012年,将发达国家二氧化碳等6种温室气体(二氧化碳、甲烷、一氧化二氮、六氟化硫、氢氟碳化物和全氟化碳)的排放量在1990年的基础上平均削减5.2%。2007年3月,欧盟的各成员国领导人一致签字同意,单方面承诺到2020年将欧盟温室气体排放量在1990年的基础上至少减少20%。2009年12月,《联合国气候变化框架公约》第15次缔约方会议在丹麦哥本哈根召开,旨在各国携手共同抑制全球变暖。

2.臭氧层耗竭

在地球大气层近地面20~30 km的平流层里存在着一个臭氧层,其中臭氧体积分数占这一高度气体总量的十万分之一。臭氧体积分数虽然极微,却具有强烈吸收紫外线的功能,因此,它能有效地挡住太阳紫外辐射对地球生物的伤害,保护地球上的生命。然而人类生产和生活所排放出的一些污染物,如制冷剂氟氯烃类化合物、氮氧化物,受到紫外线的照射后可被激化成活性很强的原子,与臭氧层的臭氧作用,使其变成氧分子,这种作用连锁般地发生,使臭氧迅速耗减,臭氧层遭到破坏。据统计,南极上空臭氧层空洞面积已达2 400 km²,约占总面积的60%,北半球上空臭氧层比以往任何时候都薄,欧洲和北美洲上空臭氧层平均减少了10%~15%,西伯利亚上空甚至减少了35%。臭氧层的破坏将导致皮肤癌和角膜炎患者增加,并破坏地球上的生态系统。

3.酸雨

pH小于5.6的雨、雪或其他形式的大气降水称为酸雨。由化石燃料燃烧形成的和汽车排放的二氧化硫(SO_2)和氮氧化物(NO_x)等酸性气体,在大气中形成硫酸和硝酸后,又以雨、雪、雾气等形式返回地面,形成酸雨。在受酸雨危害的地区,出现了土壤和湖泊酸化,植被和生态系统遭到破坏,建筑材料、金属结构和文物被腐蚀等一系列严重的环境问题。酸雨可对人体呼吸系统和皮肤等造成损害。全球受酸雨危害严重的有欧洲、北美洲及东南亚地区。我国西南、华南和东南地区的酸雨危害也相当严重。

8.3　大气污染物的分类、危害及来源

大气污染物(air pollutants)是指由于人类活动或自然过程排入大气,并对人和环境产生有害影响的物质。

8.3.1　大气污染物的分类

大气污染物的种类很多,按照其存在状态可分为两大类:颗粒污染物和气态污染物。

1.颗粒污染物

进入大气的固体粒子和液体粒子均属于颗粒污染物。对颗粒污染物可做如下分类。

(1)粉尘。

粉尘是指能较长时间悬浮于气体介质中的粉状的小固体颗粒,受重力作用虽然能发生沉降现象,但在一段时间内依然能保持悬浮状态。它通常是由于人工对固体物质的破碎、研磨、分级、输送等机械过程,或经过地下土壤、岩石的侵蚀风化等自然过程形成的。粉尘颗粒的状态往往是不规则的。颗粒的尺寸范围一般为 $1 \sim 200 \ \mu m$。属于粉尘类的大气污染物有很多,如黏土粉尘、石英粉尘、粉煤、水泥粉尘、各种金属粉尘等。

(2)烟。

烟一般是指由冶金过程形成的固体颗粒气溶胶。它是由熔融物质挥发后生成的气态物质的冷凝物,在生成过程中总是伴有诸如氧化之类的化学反应。烟颗粒的尺寸很小,一般为 $0.01 \sim 1 \ \mu m$。烟是一种较为普遍的现象,如有色金属冶炼过程中产生的氧化铅烟、氧化锌烟,在核燃料后处理厂中的氧化钙烟等。

(3)飞灰。

飞灰是指随燃料高温燃烧产生的烟气排出的分散得较细的灰分。

(4)黑烟。

黑烟一般是指由燃料高温燃烧产生的能见气溶胶。

(5)雾。

雾是气体中细小液滴悬浮体的总称。在气象观测中指造成能见度小于 1 km 的小水滴悬浮体。在现阶段我国制定的《环境空气质量标准》中,根据大气颗粒物粒径尺度的变化大小,将颗粒污染物又分为总悬浮颗粒物(TSP)、可吸入颗粒物(PM10)和细颗粒物(PM2.5)三种类型。

2.气态污染物

气态污染物是指以分子状态存在的污染物。气态污染物在很大程度上会导致大气成分变化,这主要是由于化石燃料的燃烧。氮氧化物以 NO 形式排放,与臭氧或自由基快速反应,在大气中形成 NO_2。另外,CO 是不完全燃烧的产物,它的主要来源是道路运输。人为产生的 SO_2 来自含硫化石燃料的燃烧(主要是煤和重油)和含硫的冶炼矿石,而火山和海洋是其主要的自然来源。后者仅占总排放量的约2%。按其来源可分为一次污染物与

二次污染物。一次污染物通常是指直接从污染源头排出一定量的原始有机物质,进入地球大气循环后其理化性质没有任何变化;二次污染物是指由于一次污染物与大气中已有组分或几种一次污染物之间经过一系列化学或光化学反应而生成的与一次污染物性质不同的新污染物。受到普遍重视的一次污染物主要有硫氧化物(SO_x)、氮氧化物(NO_x)、碳氧化物($CO、CO_2$)及有机污染物($G\text{-}Cm$ 化合物)等;二次污染物主要有硫酸烟雾(Sulfuric acid smog)和光化学烟雾(photochemical smog)。

(1)一次污染物。

以气体形态进入大气的污染物称为气态污染物。气态污染物种类极多,按其对我国大气环境的危害大小,主要分为五种类型。

① 含硫化合物。含硫化合物主要是指 $SO、SO_2$ 和 H_2S 等,其中以 SO_2 的数量最大,对人类社会和环境造成的危害也最大,SO_2 还是形成酸雨现象的重要污染气体,是影响大气环境质量的最主要的气态污染物。一般来说,火山熔岩爆发能大量喷出游离 SO_2,森林火灾也同样能直接使一定量的游离 SO_2 气体进入地下大气,但人为活动迄今仍是地球大气系统中游离 SO_2 气体的主要来源,主要来源于含硫燃料的高温燃烧。其中约有 60% 源于煤的燃烧,30% 源于石油燃烧和金属炼制加工过程。

② 含氮化合物。含氮化合物种类很多,其中最主要的化合物是 $NO、NO_2、NH_3$ 等。环境空气中的氮氧化物(NO_x)主要有一氧化氮(NO)和二氧化氮(NO_2)。这两种形式的气态氮氧化物是低层大气的污染物。还有另一种形式——一氧化二氮(N_2O),是一种温室气体。一氧化氮是无色、无味的气体,是氮氧化物的主要形式。一氧化氮很容易通过化学反应转化为更有害的二氧化氮,二氧化氮是一种棕红色气体,有刺激性气味,是一种强氧化剂,其生物毒性程度一般约为 NO 的 5 倍,对人体的呼吸循环组织器官等也有一种相当强烈且持久的化学刺激作用和损伤作用。据大量的实验研究数据表明,NO_2 气体一旦进入人体,便会迅速损伤和破坏肺细胞,该气体一般也被认为可能是哮喘病、肺气肿和肺癌的一种病因,环境空气中 NO_2 体积分数达 0.01×10^{-6} mg/m^3 时,儿童(2~3 周岁)支气管炎的发病率将会增加;NO_2 体积分数为 $(1\sim3) \times 10^{-6}$ mg/m^3 时,可隐隐闻到臭味;体积分数为 13×10^{-6} mg/m^3 时,人的眼部、鼻部均会产生强烈的急性刺激感;在体积分数为 17×10^{-6} mg/m^3 的环境下,呼吸 10 min,会使肺活量减少,肺部气流阻力增加。NO_x 与碳氢化合物混合时,会在阳光照射下发生光化学反应生成光化学烟雾。光化学烟雾的成分是 PAN、醛类等光化学氧化剂,它对环境和人体产生的危害往往更加严重。

NO_2 是形成酸雨的主要物质之一,是大气环境中的另一个重要污染物。天然排放的 NO_2 主要来自土壤、海洋中的有机物分解。人为活动排放的 NO_2,主要来自化石燃料的燃烧。燃烧过程产生的高温使氧分子(O_2)热解为原子,氧原子和空气中的氮分子反应生成 NO。城市大气中的 NO_x,一般有 2/3 来自汽车等流动源的排放,1/3 来自固定源的排放。无论是流动源还是固定源,燃烧产生的 NO_x 主要是 NO,占 90% 以上;NO_2 的数量很少,占 0.5% 到 10%。在适宜的条件下,NO 可以转化为 NO_2。

③ 碳氧化合物。污染大气的碳氧化合物主要是 CO 和 CO_2。CO 是一种窒息性气体,进入大气后,由于大气的扩散稀释作用和氧化作用,一般不会造成危害,但在城市冬季取暖期或在交通繁忙的十字路口,当气象条件不利于排气扩散时,CO 的体积分数有可能达

到危害人体健康的水平。例如,在 CO 体积分数 $(10\sim15)\times10^{-6}$ mg/m³ 下暴露 8 h 或更长时间的人,对时间间隔的辨别力就会受到损害。这种体积分数范围是白天商业区街道上的普遍现象。如果一个人在 30×10^{-6} mg/m³ 体积分数下暴露 8 h 或更长时间,会造成损害,出现呆滞现象。大气中的 CO 主要来源于内燃机的排气和锅炉中化石燃料的燃烧。缺氧燃烧会生成大量的 CO,供氧量越低,产生的 CO 量就越大。汽车尾气排放的 CO 约占全球 CO 排放总量的 50%。

CO_2 本身是无毒气体,但当其在大气中的体积分数过高时,便会使大气中的氧气体积分数相对减少,对人产生许多不良影响。在大气污染问题中,CO_2 之所以引起人们的普遍关注,原因在于 CO_2 是一种重要的温室气体,能够导致温室效应的发生,从而引发一系列全球性的气候变化。CO_2 的一个主要来源是生物有机体的呼吸作用,另一个主要来源是化石燃料的燃烧热解过程。

④ 碳氢化合物。此处主要是指有机废气。有机废气中的许多组分构成了对大气的污染,如醇、酮、酯、胺等。大气环境污染中经常出现的另一种强挥发性的有机化合物 (VOC_s),一般是 $C_1\sim C_{10}$ 化合物,它不完全相同于严格意义上的碳氢化合物,因为它除含有碳和氢原子以外,还常含有氧、氮和硫的原子。甲烷被认为是一种非活性烃,所以人们以非甲烷总烃(NMHC)的形式来报道环境中烃的体积分数。特别是多环芳烃(PAHs)中的苯并芘是强致癌物质,因而作为大气受 PAHs 污染的依据。苯并芘主要通过呼吸道侵入肺部,引起肺癌。实验数据显示,肺癌与空气污染和苯并芘体积分数之间存在显著相关性。在全球范围内,城市肺癌死亡率约为农村地区的两倍,某些城市是九倍。大气中的大部分碳氢化合物来自植物的分解。人类活动产生碳氢化合物的主要原因是石油燃料的不充分燃烧和化工产品的制造过程。其中汽车尾气是碳氢化合物主要的来源之一。

⑤ 卤素化合物。对大气构成污染的卤素化合物,主要是各种含氯化合物及含氟化合物,如 HCl、HF、SiF_4 等。HCl 和 HF 都是一类强酸性气体,无论是对人体的生命健康还是对生态环境都会造成不利影响,但其在环境中造成影响的范围是有限的。

(2)二次污染物。

二次污染物中危害最大、最受人们普遍重视的是硫酸烟雾和光化学烟雾。

① 硫酸烟雾。硫酸烟雾也称为伦敦型烟雾(最早记录发生在英国伦敦)。硫酸烟雾是还原型烟雾,是大气中的 SO_2 等硫氧化物,在有水雾、含有重金属的悬浮颗粒物或氮氧化物存在时,发生一系列化学或光化学反应而生成的硫酸雾或硫酸盐气溶胶。这种污染一般发生在冬季、气温低、湿度高和日光弱的天气条件下。硫酸烟雾引起的刺激作用和生理反应等危害,要比 SO_2 气体大得多。

② 光化学烟雾。1943 年美国洛杉矶首先发生严重的光化学烟雾事件,故又称洛杉矶型烟雾。光化学烟雾是氧化型烟雾,是在阳光照射下,大气中的氮氧化物和碳氢化合物等污染物发生一系列光化学反应而生成的蓝色烟雾(有时带些紫色或黄褐色)。其主要成分有臭氧、过氧乙酰硝酸酯(PAN)、酮类和醛类等。光化学烟雾的刺激性和危害比一次污染物强烈得多。通过研究表明,造成光化学烟雾现象的污染物的主要来源有两个——汽车和炼油厂。

8.3.2　大气污染物的来源

大气污染源可大体被分为如下两类:自然污染源和人为污染源。自然污染源是指自然原因向环境释放的污染物,如火山喷发、森林火灾、飓风、海啸、土壤和岩石风化,以及生物腐烂等其他一切社会自然现象而形成的污染源。人为污染源是指人类活动和生产活动形成的污染源。一般是指各种人类生产经济活动本身和其他生活活动过程所必然形成的物质污染源。由于自然环境所具有的物理、化学和生物(自然环境的自净作用)功能,能够使自然过程所造成的大气污染经过一段时间后自动消除,大气环境质量能够自动恢复。一般而言,大气污染主要是人类活动造成的。从产生源来看,主要来自以下几个方面。

1.能源使用

随着我国经济的快速增长和人民生活水平的不断提高,对能源的需求不断增长。以煤炭、生物能(农林产品等可再生非化石燃料、农林渔业和加工业的植物废弃物、未经处理的木材废弃物和软木废弃物)和石油产品为主的能源消耗是大气污染物的主要来源。我国能源以煤炭为主,主要大气污染物为颗粒物和二氧化硫。

2.工农业生产

化工厂、石油炼制厂、钢铁厂、焦化厂、水泥厂等各种类型的工业企业,在原材料运输、粉碎和加工的过程中,都会有大量的污染物排入大气环境系统中,由于不同行业生产作业技术工艺、流程、原材料质量及操作要求有所不同,所排放污染物的种类、数量、组成、性质等差异很大。这类污染物主要有粉尘、烃类化合物、含硫化合物、含氮化合物及卤素化合物等多种污染物。

农业生产过程对周围大气形成的严重污染危害主要来自各种农药和多种化肥产品的使用。有些有机氯农药如 DDT,施用后能在水面保持悬浮状态,并同水分子一起蒸发进入大气;氮肥在施用后,可直接从土壤表面挥发进入大气;含有有机氮或无机氮的氮肥,当施用于土壤后,在土壤微生物作用下可转化为氮氧化物进入大气,从而会显著增加大气中氮氧化物的体积分数。此外,稻田释放的甲烷也会对大气造成污染。

3.交通运输

近年来,我国机动车的数量大幅度增长,交通运输带来的车辆行驶扬尘和汽车尾气已是城市大气污染的一个重要来源,也是二次污染物的主要来源。调查结果显示,在北京、上海等大城市,汽车污染物排放已占大气污染负荷的 60%以上,其中排放的一氧化碳对大气污染的分担率达到 80%,氮氧化物达到 40%,这表明我国特大城市的大气污染正由第一代煤烟型污染向第二代汽车型污染转变。

8.3.3　大气污染物的危害

1.硫氧化物污染及危害

硫氧化物,主要是 SO_2,它是目前大气污染物中数量较大、影响面较广的一种气态污染物。世界范围内出现的大气污染事件几乎都与 SO_2 有关。大气中 SO_2 的来源很广,几乎所有的工业企业都可能产生,主要是燃烧含硫的化石燃料(煤、石油)时产生的。一吨煤中含有 5~50 kg 硫,一吨石油中含 5~30 kg 硫,这些燃料经燃烧都能排出大量的 SO_2,占所有排放 SO_2 总量的 96%。火电厂是 SO_2 的主要污染源,每燃烧一吨 1% 含硫量的煤,约排放 SO_2 18kg。除此之外,有色金属冶炼、硫酸制造、炼油等过程,也排放大量的 SO_2。排到大气中的 SO_2 在太阳的紫外线照射和某些粉尘颗粒的催化作用下,经过一系列的光化学反应,变成三氧化硫,当它们和空气中的水蒸气相遇,就变成了硫酸,随雨水降落形成了酸雨。酸雨可对环境和生物体造成严重危害,环境水体的正常 pH 为 7.0~8.0,受酸雨污染后,湖水、河水的 pH 可下降至 5.0 以下,水生生物将受到很大威胁,甚至大量死亡。20 世纪 80 年代,美国、加拿大、爱尔兰、北欧的一些国家已有大量湖泊酸化,仅加拿大就有 4 500 个湖泊变成"死"湖,水生生物濒临绝迹。SO_2 还会给植物带来严重的危害。$(1.0~2.0)\times10^{-6}$(体积分数)的 SO_2,在几个小时内即可引起叶片组织的局部损坏。0.3×10^{-6}(体积分数)以上的浓度能使某些最灵敏的植物发生慢性中毒,SO_2 的允许浓度只有 0.15×10^{-6}(体积分数)。某些常绿植物、豆科植物和黑麦植物特别容易遭受损害。据报道,前联邦德国约有 50% 的森林遭受酸雨的损害,我国重庆市的马尾松也曾大面积受害。酸雨沉降到土壤中,钾、钙、磷等一类碱性营养物质将被冲洗,导致土壤肥力显著下降,大大影响作物的生长。危害轻微的植物因吸收营养不足而枯萎,严重时将会导致植物死亡。酸雨对土壤的影响与土壤的性质有关。经常受涝的土壤,阳离子交换容量高或者游离碳酸根浓度高的土壤,对酸雨不敏感。阳离子交换容量为 6.2~15.4 的土壤对酸雨有一定敏感性。若土壤含游离碳酸根较少,阳离子交换容量低于 6.2,而且很少受水渍,则对酸雨很敏感,故受危害的可能性也大。此外,酸雨对于建筑物和露天材料有较强腐蚀性,将给经济上造成很大的损失。据不完全统计,全世界每年因遭酸雨腐蚀而造成的经济损失达 200 亿美元以上。一些露天的价值连城的文物古迹和艺术瑰宝因受酸雨侵蚀而变得面目全非,这类现象在欧洲已经发现多起。据报道,我国历史名胜故宫和天坛的露天古迹也有被酸雨腐蚀的迹象。

除造成酸雨外,SO_2 对人体健康也有极大的危害。SO_2 有很强的刺激性,即使浓度很低也能觉察到。对于一个嗅觉灵敏的人,SO_2 的味阈值是 0.3×10^{-6}(体积分数),嗅觉值是 $(0.3~1.0)\times10^{-6}$(体积分数)。SO_2 对人体的呼吸器官有很强的毒害作用,会造成鼻炎、支气管炎、哮喘、肺气肿、肺癌等。此外,SO_2 还会通过皮肤经毛孔侵入人体,或通过食物和饮水经消化道进入人体而造成危害。我国政府有关部门对排放 SO_2 及酸雨问题已予以高度重视,酸雨的对策与防治是我国环境保护重点研究的项目之一。

2.氮氧化物污染及危害

氮氧化物的种类很多,如 NO、N_2O、NO_2、N_2O_3、N_2O_4、N_2O_5 等。造成大气污染的 NO_x 主要是 NO 和 NO_2,其中 NO_2 的毒性要比 NO 大 5 倍。另外,若 NO_2 参与了光化学反应而形成光化学烟雾,其毒性更大。60%~80% 的 NO_x 来自煤炭的燃烧过程,据估计每燃烧 1 吨煤则产生 8~9 kg 的氮氧化物。在汽车稠密的大城市,NO_x 是最主要的大气污染物。另外,硝酸厂、氮肥厂、中间体厂、冶炼厂、金属表面处理厂等均排放 NO_x。人类还通过使用肥料产生 NO_x。但总体来说,人类活动所产生的 NO_x 大约是生物界自然产生的一半,即占总数的三分之一左右。但人类活动是集中排放,危害大,而自然界则是分散排放的。NO 的活性和毒性都不及 NO_2,与 CO 和 NO_2 一样,NO 也能与血红蛋白作用,降低血液的输氧功能。然而,在大气污染物中,NO 的浓度远不如 CO,因此,它对人体血红蛋白的危害性是有限的。

对于 NO_2,由于毒性较大,接触较高水平的 NO_2 就会危及人体的健康。对于从事该有毒气体的实验室工作人员来说,尤其需要提高警觉性。NO_2 的危害性与接触的程度有关,据资料报道,若在含 NO_2 为 $(50~100)×10^{-6}$(体积分数)的空气中暴露几分钟到 1 小时,有可能导致肺炎。如果人体暴露于 NO_2 为 $(150~200)×10^{-6}$(体积分数)的污染空气中,将会引起支气管组织的纤维性损伤,倘若不及时治疗,将在 3~5 周后死亡。当 NO_2 的水平高达 $500×10^{-6}$(体积分数)以上时,人体在此浓度下暴露 2~10 天即有生命危险。

3.臭氧层破坏及危害

臭氧层破坏问题是重要的环保问题之一。经过多年的科学研究,人们已经达成共识,大气臭氧层破坏的罪魁祸首是含氟污染物,主要是氟利昂,或称氟氯烃(CFC)。氟利昂是一类广泛使用的有效制冷剂,在除臭剂、喷发剂及其他方面有很多用途。由于氟利昂的性质不活泼,且全球的年产量高达 $5×10^5$ t,大量的氟利昂废气向大气排放,这致使氟氯烃成为大气的均质成分之一。早在 1974 年,大气科学家已经明确指出,氟氯烃具有加速破坏平流层中臭氧保护层的危害性。由于臭氧层有强烈吸收紫外辐射的作用,大气中氟氯烃的潜在作用受到了人们的普遍关注。

大气中的臭氧层是一道天然的保护屏障,它能使地球上的生命体免受外来太阳紫外辐射的危害。如果臭氧层遭到破坏,"空洞"不断变大,臭氧层逐渐变薄,它对人类和环境带来的后果是极其严重的。若大气中臭氧的体积分数减少 1%,皮肤癌的发病率将提高 2%~4%,白内障的患者将增加 0.3%~0.6%。此外,有不少人的免疫系统会受到影响,使抵御疾病的能力下降。臭氧层变薄对植物的生长也会带来不利影响,许多农作物将受到损伤,尤其是豆类作物,研究结果显示,臭氧体积分数下降 20%,大豆的产量将减少 3 成以上。此外,有研究表明,臭氧层的破坏与气候变化也有密切关系,温室效应及光化学烟雾污染都与 CFC 排放有关。据分析,目前全球气候有变暖的趋势,在众多的相关因素中,约有 10%~25% 是由 CFC 的作用引起的。

4.温室气体的排放及温室效应

CO_2 是无毒气体,但当大气中浓度过高时,仍会造成危害。化石燃料的燃烧(约占 CO_2 排放总量的 70%)和地球植被的破坏是 CO_2 浓度增加的主要原因,能源工业同时也是甲烷气体的一个重要产生源(约占总量的 20%)。因此,能源工业成为减少温室气体排放行动的焦点。CO_2 是植物进行光合作用的原料,从理论上讲,大气中 CO_2 浓度的增加有利于植物的光合作用和植物生产力的提高,但同时也可能引起植物化学组分和营养价值的改变,从而对以植物为食的昆虫产生某种影响,这是生态学、昆虫学和植物学研究中的新问题。CO_2 是温室气体,它允许太阳能通过,却吸收了从地球向大气辐射出的红外线能量。随着 CO_2 浓度的增加,入射能量和逸散能量之间的平衡遭到破坏,固定住的能量多于再辐射至空间的能量,故地球的温度势必增高,这就是所谓的"温室效应"。

对温室效应贡献最大的是 CO_2,除此以外还有甲烷和 N_2O 等。由于全球气候变暖,将会导致极地冰雪部分融化,从而使海平面上升。自 1920 年以来,全球平均海平面已升高 30 cm,假如温室气体排放量继续增加,那么到 2025 年全球平均温度将比现在升高 1 ℃,海平面将升高 20 cm,而 22 世纪末则将分别上升 3 ℃和 65 cm,很多低洼的沿海城市将被海水淹没,从而使人类面临自有文明史以来最严重的灾难,因此必须采取有效措施减少由人类活动而增加的温室气体排放量。

5.微量重金属的污染与危害

微量重金属的排放与污染越来越引起人们的关注。煤炭中所包含的化学元素极为复杂,除了碳、氢、氧、氮、硫等常规元素以外,还含有多种微量元素,这些微量元素中的重金属元素大多是有毒或有放射性的。这些元素中有毒的主要有汞、铊、镉、铅、钡、铍、铬、镍、钴等,有放射性的主要有铯、锶等,这些有毒或有放射性的重金属元素一般称为"有害金属元素"。燃煤电站中这些微量的有害金属大多随烟尘排入大气,对环境造成污染。

为研究各种有害金属元素的排放特性,将它们按挥发特性分类,可分为挥发性元素(挥发温度小于 600 K)、半挥发性元素(挥发温度 600~1 400 K)和不挥发性元素(挥发温度大于 1 400 K)。以此分类,挥发性元素有汞、铊、铯等,半挥发性元素有锑、砷、镉、铅等,不挥发性元素有钡、铍、铬、镍、钴、锰、银、锶等。在环境污染中最受关注的重金属元素有汞、镉、铅、铬、砷等,此外锌、铜、镍、钴、锡也有较大的毒性。

燃煤电厂所燃烧的原煤中均含有微量重金属元素,这些微量重金属元素在煤粉燃烧过程中会随着烟尘或炉渣排出。目前,燃煤电厂的除尘装置仅能截获烟尘中较大颗粒的飞灰粒子,而那些粒径在 0.01~10.0 μm 的细微粒子则排入大气,形成气溶胶,对大气的重金属污染产生重大影响。这些粒子一般不容易沉降,它们将长时间停留在大气中,不仅影响大气可见度,而且使暴露在大气中的人群及其他生物受到重金属污染的危害,或者随雨水对水体产生污染;另外,这些表面富集了重金属的粒子,对大气中的污染物如 NO_x、SO_2 的氧化起催化作用,因而对大气酸雨的形成产生影响。

重金属元素及其化合物对环境的污染,包括对大气、水及土壤的污染,而最重要的是对人体的污染。痕量重金属元素的浓度超过一定值就会显出极大的毒性。其中较突出的有砷、铅、镉、汞、镍、钴等,铬、锌、铜等元素也不容忽略。这些痕量重金属元素即使在浓度很低的情况下也具有相当大的毒性。除上述之外,燃煤产生的镍、钴、铬等也会对环境和人体健康产生危害,如镍是致癌物质,过量的钴会引起钴中毒,某些铬化合物可导致肺癌等。目前,对有害金属元素排放的研究工作处于刚刚起步阶段,即已经认识到了它的危害性,但这种危害对人类和环境的影响机理和程度还不十分清楚,各种有害金属元素之间的关系对环境的影响也还没有详细的研究,对有害金属元素排放控制方法的研究尚处于摸索阶段。

8.4　大气污染防治的方法

大气污染已经成为全球极为关注的环境热点问题,其污染物的主要来源是工业活动。控制这些污染物的产生量和排放量是大气污染控制的主要任务。废气或烟尘的处理与净化方法有很多种,主要包括物理法(如扩散稀释、沉淀、离心、阻隔、吸收)、化学法(如燃烧、催化氧化)、物理化学法(如吸附)和生化法(如生物滤池对废气的净化)等。

8.4.1　颗粒污染物控制技术

1.除尘装置的性能指标

评价净化装置性能需要通过技术指标和经济指标对其进行综合评价。技术指标中主要包括处理过滤的有害气体流量、净化介质的处理效率和压力损失补偿系数等;经济指标中主要包括设备费、运行和管理费和占地面积等。此外,还应考虑装置设计的合理性及安装、操作、检修的难易程度等多方面因素。

(1)除尘器的经济性。

经济性是综合评价考核除尘器性能的重要指标,它包括除尘器的设备费和除尘器投入使用期间的日常运行维护费两部分。设备费中占主要部分的是材料的消耗费用,此外还包括设备加工和安装的费用及各种辅助设备的费用。在整个除尘系统的初投资中,设备费占的比例很大,不同除尘器所需要的费用不同。在各种除尘器中,电除尘器的设备费最高,袋式除尘器的设备费用次之,旋风除尘器费用最低。除尘系统的运行管理费主要指设备运行的总能源消耗,除尘设备主要有两种不同性质的能源消耗:一是使含尘气流通过除尘设备所做的功,二是除尘或清灰的附加能量。其中文丘里除尘器总能耗在所有除尘器中最高,而电除尘器所需能耗最低,因此其运行维护费也低。在考虑除尘器的选择时,需要综合比较除尘器的费用,要注意到设备投资是一次性的,而运行费用是每年的经常费用。因此,若一次性投资高而运行费用低,这在运行若干年后就可以得到补偿。

(2)评价除尘器性能的技术指标。

除尘装置的技术指标主要包括粉尘处理能力、粉尘捕集效率和除尘器阻力等参数。

① 粉尘处理能力指除尘装置在单位时间内所能处理的含尘气体的流量的能力,一般用体积流量表示。实际运行的除尘装置由于密封效果不好导致的漏气等,进出口气体流量往往并不相等,因此通过计算实际进口流量和出口流量的平均值来评价除尘器的粉尘

处理能力。

② 粉尘捕集效率,即被捕集的粉尘量与实际进入装置的粉尘量之比。除尘效率是衡量除尘器清除气流中粉尘的能力的指标,根据粉尘捕集效率,除尘器可分为低效除尘器(粉尘捕集率 50%~80%)、中效除尘器(粉尘捕集率 80%~95%)、高效除尘器(粉尘捕集率 95%以上)三个等级。一般来说,把重力沉降室、惯性除尘器列为低效除尘器,颗粒层除尘器、低能湿式除尘器等列为中效除尘器,高效除尘器包括电除尘器、袋式除尘器及文丘里除尘器。

③ 除尘器阻力。这项指标表示气流通过除尘器时的压力损失。捕集粉尘时的阻力大,其作用于风机的电能消耗也大,因此阻力是除尘设备的耗能和运转费用的一个指标。根据除尘器的阻力,可分为低阻除尘器(压力损失为 500 Pa),如重力沉降室、电除尘器等;中阻除尘器(压力损失在 500~2 000 Pa),如袋式除尘器、旋风除尘器、低能湿式除尘器等;高阻除尘器(压力损失在 2 000~20 000 Pa),如文丘里除尘器。

2.除尘装置分类

根据除尘原理的不同,除尘装置一般可分为以下几大类。

(1)机械式除尘器。

机械式除尘器包括重力沉降室、旋风除尘器、惯性除尘器和机械能除尘器。这类除尘器的特点是结构简单、造价总体偏低、维护及检修极为方便,所需产品购置及后期维护费用低,但除尘效率不高,往往用于多级除尘系统的预除尘。

(2)洗涤式除尘器。

洗涤式除尘器包括喷淋洗涤器、文丘里洗涤器、水膜除尘器、自激式除尘器。这种除尘器主要用水作为除尘的介质。一般来说,湿式除尘器的除尘效率高,但微细粉尘的除尘效率达到 95%以上时,设备所消耗的能量也非常高。湿式除尘器的缺点是会产生污水,环保性较差,需要对其产生的污水进行处理,以消除二次污染。

(3)过滤式除尘器。

过滤式除尘器包括袋式除尘器和颗粒层除尘器,其特点是以过滤机理作为除尘的主要机理。袋式除尘器的效率最高可达到 99.9%以上。

(4)电除尘器。

电除尘器用电力作为捕集机理,清灰方法可分为干法清灰和湿法清灰。通过清灰方法的不同可以将电除尘器分为干式电除尘器和湿式电除尘器。电除尘器的除尘效率高(特别是湿式电除尘器)、消耗动力小,主要缺点是耗材多、投资费用高。

近年来,为了提高除尘器的效率,人们通过将除尘机理结合而研制了多机理的除尘器,如用静电强化的除尘器等。因此,以上分类是单除尘机理作用下的除尘器分类。

3.除尘器的选择

选择除尘器时,既要技术上满足工业生产和环境保护对大气条件的要求,在经济上是可行的,同时还要结合气体和颗粒物的特征及设备实际的运行条件进行综合考量。例如,黏性大的粉尘不可采用干法除尘,否则容易附着在除尘器表面;纤维和憎水性粉尘不宜采用袋式除尘器。一氧化碳、氮氧化物、挥发性有机化合物、二氧化硫和颗粒物通常被称为"标准污染物",因为它们有助于形成"城市烟雾"。这些也对全球气候产生影响,尽管它们的影响是有限的,因为它们的辐射效应是间接的且它们不直接充当温室气体,但会与大气中的其他化合物发生反应。例如,煤和重质燃料油(HFO)释放三种主要空气污染物,即二氧化硫(SO_2)、氮氧化物(NO_x)和颗粒物。微粒可以通过静电除尘器或旋风分离器去除,而氮氧化物可以通过使用低 NO_x 燃烧器来减少。如果烟气中同时含有 SO_2、NO_x 等气体污染物,可考虑采用湿法除尘,但是必须注意腐蚀问题;若含尘气体浓度高,在电除尘器和袋式除尘器前应设置低阻力的预净化装置,以去除粗大尘粒,从而提高袋式除尘器的过滤速度,避免电除尘器产生电晕闭塞。一般来讲,为减少除尘器的喉管磨损和喷嘴堵塞,对文丘里、喷淋塔等湿式除尘器,入口含尘浓度在 $10\ g/m^3$ 为宜,袋式除尘器入口含尘浓度在 $0.2\sim20\ g/m^3$ 为宜,电除尘器在 $30\ g/m^3$ 为宜。此外,不同除尘器对粒径不同粉尘的除尘效率也是完全不同的,在选择除尘器时,还必须先了解欲捕集粉尘的粒径分布情况,再根据除尘器的分级除尘效率和除尘要求选择适当的除尘器。

8.4.2　气态污染物控制技术

1.烟气中二氧化硫的去除技术

煤炭和石油燃烧排放的烟气通常含有较低浓度的 SO_2。由于燃料硫的质量分数不同,燃烧设备直接排放的烟气中 SO_2 浓度范围为 $10^{-4}\sim10^{-3}$ 数量级。例如,在 15% 过剩空气条件下,燃用含硫量 1%~4% 的煤,烟气中 SO_2 占 0.11%~0.35%;燃含硫量为 2%~5% 的燃料油,烟气中 SO_2 仅占 0.12%~0.31%。由于 SO_2 浓度低,烟气流量大,烟气脱硫通常是十分昂贵的。

烟气脱硫是一种有效的降低 SO_2 排放量的方法。许多工艺可用于市场,如湿式洗涤器、喷雾干式洗涤器、吸附剂注入、可再生工艺和 SO_2/NO_x 联合去除工艺。在整个烟气脱硫市场中,石灰石湿法洗涤器处于领先地位。湿式洗涤器的首选吸附剂是石灰石($CaCO_3$),其次是石灰(CaO)。在湿式洗涤器中,石灰或石灰石作为原料,产生的污泥副产品被处理掉。但也有实验研究证明,采用石灰做吸收剂时液相传质阻力很小,而采用石灰石时,固、液相传质阻力就相当大。特别是使用气-液接触时间较短的洗涤塔时,采用石灰较石灰石优越。但接触时间和持液量增加时,磨细的石灰石在脱硫效率方面可接近石灰。早期的运行表明,石灰石法钙硫比为 1:1 时,脱硫率可达 70%,而目前通过技术的不断改进,脱硫率可达到 90% 以上,与石灰法脱硫率相当。

由于湿法脱硫的特点,有多种因素影响到吸收洗涤塔的长期可靠运行,这些技术问题包括:设备腐蚀、结垢和堵塞、除雾器堵塞、脱硫剂利用率低、固体废物的处理和处置问题等。因此,人们提出了改进的石灰石(石灰)湿法烟气脱硫,它是为了提高 SO_2 的去除率,改进石灰石法的可靠性和经济性,发展了加入己二酸的石灰石法。己二酸在洗涤浆液中起缓冲 pH 的作用,它来源广泛、价格低廉。己二酸的缓冲作用抑制了气液界面上由于 SO_2 溶解而导致的 pH 降低,从而使液面处 SO_2 的浓度提高,大大地加速了液相传质。另外,己二酸的存在也降低了必需的钙硫比和固废量。

除此之外,双碱流程也是为了克服石灰石(石灰)法容易结垢的弱点和提高 SO_2 去除率而发展起来的,即采用碱金属盐类或碱类水溶液吸收 SO_2,然后用石灰或石灰石再生吸收 SO_2 后的吸收液,将 SO_2 以亚硫酸钙或硫酸钙的形式沉淀,得到较高纯度的石膏,再生后的溶液返回吸收系统循环使用。

2.烟气中氮氧化物的去除技术

对冷却后的烟气进行处理,以降低 NO_x 的排放量,通称为烟气脱硝。烟气脱硝是一个棘手的难题。原因之一是烟气量大,浓度低(体积分数为 $2.0 \times 10^{-4} \sim 1.0 \times 10^{-3}$)。在未处理的烟气中,与 SO_2 相比,可能只有 SO_2 浓度的 $1/5 \sim 1/3$。原因之二是 NO_x 的总量相对较大,如果用吸收或吸附过程脱硝,必须考虑废物最终处置的难度和费用。因此,只有当有用组分能够回收,吸收剂或吸附剂能够循环使用时才可考虑选择烟气脱硝。

目前有两类商业化的烟气脱硝技术,分别为选择性催化还原(selective catalytic reduction,SCR)和选择性非催化还原(selective non-catalytic reduction,SNCR)。

(1)选择性催化还原法。

选择性催化还原是目前最发达和广泛应用的烟气处理技术。在 SCR 工艺中,氨被用作还原剂转化 NO。催化剂通常是二氧化钛、钒的混合物五氧化二钨和三氧化钨。硅组分可去除烟道中 $60\% \sim 90\%$ 的 NO 气体。但 SCR 法问题很多,如价格昂贵。此外,还有安全和与无水氨贮存有关的环境问题。

(2)选择性非催化还原法。

使用基于氨或尿素的化合物进行选择性非催化还原,该法仍处于发展阶段。早期的试点研究表明,SNCR 系统可减少一氧化氮排放 $30\% \sim 70\%$。SNCR 的资本成本预计远低于 SCR 工艺。一种类型的系统使用活性炭氨喷射,将 NO 还原为氮气并将 SO_2 氧化为硫酸;另一种吸附系统使用铜吸附 SO_2,形成硫酸铜的氧化物催化剂。氧化铜和硫酸铜是选择性还原 NO 的相当好的催化剂。该工艺已应用,一台 40 兆瓦的燃油锅炉,可以去除烟气中约 70% 的 NO 和 90% 的 SO_2。对于燃油锅炉,除了用于燃煤机组的技术外,应用最广泛的技术包括烟道和气体再循环。气体-燃煤机组在任何情况下排放的 NO 都比主要燃煤机组少 60%,其控制技术包括烟气再循环和燃烧改造。

8.5　大气污染综合防治技术

8.5.1　大气污染综合防治概述

大气污染综合防治是指防治结合。优化选择各种大气污染控制方案的技术可行性、经济合理性、区域适应性和实施可行性,以实现区域空气质量管理目标。为了控制大气中存在的颗粒物和二氧化硫污染,不仅要对工业企业集中点源的污染物排放总量进行管理,同时还要对分散的住宅燃料结构、燃烧方式、炉灶等进行控制和改造。只有对汽车尾气污染、城市道路烟雾、工地环境、城市绿化、城市环境卫生等方面一并纳入城市规划与管理,才能取得综合防治的显著效果。

8.5.2　大气污染综合防治措施

城市和工业区的空气污染控制是一个非常复杂且具有综合性的问题。影响周围空气质量的因素有很多。从社会经济角度来看,包括城市发展规划,城市功能区划,人口增长与分布,经济发展类型、规模与速度,能源结构与改革,交通发展与协调。从环境角度来看,包括污染物的种类、数量和分布,以及污染物排放的种类、数量、方式和特征。因此,为治理城市和工业区大气污染,必须实施区域经济社会发展规划和环境综合规划,采取区域综合防治措施。

1.严格环境管理

一个完整的环境管理体系由环境法、环境监测和环境保护管理机构三部分组成。环境法是环境管理的基础,以法律、法规、规章、标准等形式形成一个完整的体系。环境监测是环境管理的重要手段,可以为环境管理提供及时、准确的监测数据。环境保护管理机构是环境管理实践的领导者和组织者。控制大气污染的技术措施如下。

(1)开展清洁生产。

包括清洁生产过程和清洁产品。

(2)可持续能源战略的实施。

推广清洁煤炭开采技术,开发水电、核电、太阳能、风能、地热等新的可再生能源。

(3)建设综合产业基地。

实施综合利用,实现企业原料与废弃物的循环利用,减少污染物排放总量。

2.控制污染的经济政策

(1)保证必要的环境保护投资,并随着经济的发展逐年增加。

(2)实行污染者和使用者支付原则。

我国已经实行的经济政策有排污收费制度、SO_2排污收费、排污许可证制度、治理污染的排污费返还和低息贷款制度及综合利用产品的减免税制度。

3.绿化造林

绿色植物是生态环境中必不可少的重要组成部分。绿化种植不仅美化环境,还能调节空气湿度和城市小气候、防风防沙、保持水土、净化空气(吸收二氧化碳、有害气体、颗粒物,杀菌)、降噪。

4.安装废气净化装置

安装大型污染源治理和大型净化设备是企业预防大气污染、实现绿色生产的前提条件。

【阅读材料】

PM 2.5 是什么

如果是初次接触,"PM2.5"这一串字符也许会让你觉得很神秘,并不清楚其中的含义。其实,PM2.5 有一个更为大众所熟知的中文名——细颗粒物,是对空气中直径小于或等于 2.5 μm 的固体颗粒或液滴的统称。由于这些颗粒是如此细小,它们可以在空气中飘浮数天,而且仅凭肉眼是看不到的。PM2.5 到底有多小? 举例来说,人类纤细的头发直径大约是 70 μm,这就比最大的 PM2.5 还大了近 30 倍。

PM 是英文 particulate matter(颗粒物)的首字母缩写。想要准确地对 PM2.5 进行定义,则要在"直径"之前加一个修饰语"空气动力学",这是因为空气中的颗粒物并非完全是规则的球形,对于非球体又怎么测量其直径呢? 因此,在实际操作中,如果颗粒物在通过检测仪器时所表现出的空气动力学特征与直径小于或等于 2.5 μm 且密度为 1 g/cm^3 的球形颗粒保持一致,那就称其为 PM2.5。根据这样的定义,在测定 PM2.5 时,需要利用空气动力学原理把 PM2.5 与更大的颗粒物分开,而不是用孔径为 2.5 μm 的滤膜来分离。

了解了 PM2.5 的定义后,就很容易得出 PM10 的定义了——将定义中的 2.5 换成 10 即可,PM10 也被称为可吸入颗粒物。在 PM10 中,直径为 2.5~10 μm 之间的颗粒物被称为粗颗粒物,与细颗粒物相对。

虽然自然界也会自发产生 PM2.5,但环境中的 PM2.5 主要来源还是人为排放。人类在日常生活中既直接排放 PM2.5,也通过排放某些气体污染物,在空气中间接转变成 PM2.5。直接排放主要来自燃烧过程,如化石类燃料(煤、汽油、柴油)的燃烧、生物质(秸秆、木柴)的燃烧及垃圾的焚烧。可在空气中转化成 PM2.5 的气体污染物包括二氧化硫、氮氧化物、氨气、挥发性有机物等。其他人为来源包括:道路扬尘、建筑工地施工扬尘、工业生产产生的粉尘、厨房的烟气。自然来源则包括:风扬尘土、火山喷发、森林火灾、海洋蒸腾作用、花粉、真菌孢子、细菌等。PM2.5 的来源复杂,成分自然也很复杂。主要成分是元素碳、有机碳化合物、硫酸盐、硝酸盐、铵盐。其他常见的成分包括各种金属元素,既有钠、镁、钙、铝、铁等地壳中质量分数高的元素,也有铅、锌、砷、镉、铜等主要源自人类污染的重金属元素。

(资料来源:人民网,网址: http://scitech. people. com. cn/n/2013/1102/c1057 – 23409105.html)

复习与思考

1.大气污染的定义是什么? 简单介绍大气污染的形成条件。

2.大气污染物的定义是什么? 一般分为哪几类? 人为污染源如何分类?

3.大气污染物的危害有哪些?

4.什么是二次污染物? 常见的二次污染物有哪些?

5.从大气环境保护角度,试述应如何看待温室效应、光化学烟雾、酸雨等热点问题。

第 9 章　固体废物污染及其防治

9.1　固体废物概述

随着我国城市化、工业化进程的高速发展和人口的迅速增长,固体废物产生量逐日递增,且其性质更趋复杂,由此引发的环境问题也日益突出。我国对固体废物的管理工作越来越重视,1995 年颁布实施了《中华人民共和国固体废物污染环境防治法》,使固体废物的管理纳入了法制化轨道。2004 年,国家又对该法进行了修订。2020 年 4 月 29 日,第十三届全国人大常委会第十七次会议审议通过了新修订的《中华人民共和国固体废物污染环境防治法》,为我国深入开展固体废物管理工作奠定了更为权威的基础。但从总体上看,我国固体废物的处理处置任务还很艰巨,管理水平也有待提高,特别是针对我国固体废物特点的处理处置及资源化技术和管理体系等方面的系统研究还有很大的发展空间。因此,面临资源危机和环境不断恶化的巨大压力,开展固体废物综合开发利用研究,变废物为资源,防治固体废物污染,搞好固体废物污染防治规划,对于减轻固体废物对周围环境和人体健康的影响和危害有着非常重要的作用。

9.1.1　固体废物的概念、来源及分类

1.固体废物的概念

固体废物是指人类在生产、生活过程中产生的对所有者不再具有使用价值而被废弃的固态、半固态物质。一般地,人类在生产活动中产生的固体废物俗称废渣;在生活活动中产生的固体废物则称为垃圾。"固体废物"实际只是针对原所有者而言的。在任何生产或生活过程中,所有者对原料、商品或消费品往往仅利用了其中某些有效成分,而对于原所有者不再具有使用价值的大多数固体废物中仍含有其他生产行业中需要的成分,经过一定的技术处理,可以转变为有关部门行业中的生产原料,甚至可以直接使用。可见,固体废物的概念随时空的变迁而具有相对性,因此固体废物又有"放错地方的原料"之称。提倡固体废物资源化,发展循环经济,目的是充分利用资源,提高资源利用效率,减少废物处置的数量,有利于我国经济的可持续发展。

2.固体废物的来源及分类

固体废物产生于人类的生产和消费活动中,主要包括工矿业固体废物、农林业固体废

物和城市垃圾等。固体废物的分类方法很多,按组成可分为有机废物和无机废物;按形态可分为固体(块状、粒状、粉状)和泥状(污泥)废物;按来源可分为工业废物、矿业废物、城市垃圾、农业废物和放射性废物;按其危害状况可分为有害废物和一般废物。一般来说,是按其来源进行分类。

(1)工业固体废物。工业固体废物就是从工矿企业生产过程中排放出来的废物,通常又叫废渣。工业废渣主要包括:

① 金属矿渣。金属冶炼过程中或冶炼后排出的所有残渣废物,如高炉矿渣、钢渣、有色金属渣、粉尘、污泥和废屑等。

② 采矿废渣。在各种矿石、煤炭的开采过程中产生的矿渣数量是极其庞大的,包括的范围很广,有矿山的剥离废渣、掘进废石和各种尾矿等。例如,每采 1 吨原煤要排煤矸石 0.2 吨左右,若包括掘进矸石,则平均产矸石 1 吨。矿石在精选精矿粉后,剩余的废渣称为尾矿,每选 1 吨精矿粉要产生 0.5~1.0 吨尾矿。我国每年排放的煤矸石达 $1×10^9$ 吨。

③ 燃料废渣。主要是指工业锅炉,特别是燃煤的火力发电厂排出的大量粉煤灰和煤渣,每 1 万千瓦发电机组每年的灰渣量为 $9.00×10^3~1.00×10^4$ 吨。我国每年排放的粉煤灰和煤渣达 $1.15×10^9$ 吨。

④ 化工废渣。化学工业生产中排出的工业废渣主要包括电石渣、碱渣、磷渣、盐泥、铬渣、废催化剂、绝热材料、废塑料和油泥等。这类废渣往往含大量的有毒物质,对环境的危害极大。我国每年排放的化工废渣达 $1.70×10^7$ 吨。

⑤ 建材工业废渣。建材工业生产中排出的工业废渣有水泥、黏土、玻璃废渣、砂石、陶瓷和纤维废渣等。

在工业固体废物中,还包括机械工业的金属切削物、型砂等;食品工业的肉、骨、水果和蔬菜等废弃物;轻纺工业的布头、纤维和染料;建筑业的建筑废料等。

(2)农业固体废物。农作物收割、畜禽养殖和农产品加工过程中要排出大量的废弃物,主要是农作物秸秆和畜禽类粪便等。

(3)放射性固体废物。放射性固体废物包括核燃料生产、加工,同位素应用,核电站、核研究机构、医疗单位和放射性废物处理设施产生的废物。例如,污染的废旧设备、仪器、防护用品、废树脂、水处理污泥和蒸发残渣等。

(4)城市垃圾。这类固体废物主要是由居民生活及机关团体和其他公共设施(医院、公园、商店及市政部门)产生的固体废物,主要是废纸、厨房垃圾(如煤灰、食物残渣等)、废塑料、废电池、树叶、脏土、碎砖瓦和污水、污泥等,这类固体废物与农业环境的关系较为密切。

(5)危险固体废物。这类废物泛指除放射性废物以外,具有毒性、易燃性、反应性、腐蚀性、爆炸性和传染性,因而可能对人类的生活环境产生危害的废物。基于环境保护的需要,许多国家将这部分废物单独列出加以管理。1983 年,联合国环境规划署已经将危险固体废弃污染控制问题列为全球重大的环境问题之一。

9.1.2　固体废物的特点

固体废物与废水、废气相比,具有三个显著的特点。

首先,固体废物具有资源性的特征。固体废物品种繁多、成分复杂,特别是工业废渣,不仅数量大,具备某些天然原料和能源所具有的物理、化学特性,而且比废水、废气易于收集、运输、加工和再利用;城市垃圾也含有多种可再利用的物质和一定热值的可燃物质。因此,许多国家已把固体废物视为"二次资源"或"再生资源",把利用废物替代天然资源作为可持续发展战略中的一个重要组成部分。

其次,固体废物还具有其污染的特殊性。固体废物除了直接占用土地和空间外,通常还通过水、气和土壤对环境产生影响,是水、气、土壤环境污染的源头。被固体废物污染的水、气、土壤经治理后,生成含有污染物的污泥、粉尘、脏土等新固体废物。这些新固体废物如不再进行彻底治理,则又会成为水、气、土壤环境的新污染源。因此,循环污染形成了固体废物污染的特殊性。

最后,固体废弃还有其造成污染的严重性。工业、矿业固体废物堆积,占用了大片土地造成环境污染,严重影响着生态环境;生活垃圾、粪便是细菌和蠕虫等的滋生地和繁殖场,能传播多种疾病,危害人畜健康。

9.1.3　固体废物污染防治的原则

1995 年 10 月 30 日通过的《中华人民共和国固体废物污染环境防治法》,其中首先确定了固体废物污染环境防治实行减量化、资源化、无害化的"三化"原则,同时确立了对固体废物进行全过程管理的原则,并根据这些原则确立了我国固体废物管理体系的基本框架。进入 21 世纪以来,面对我国经济建设的巨大需求与资源供应严重不足的紧张局面,我国把发展循环经济,实现固体废物资源化利用作为重要的发展战略,这对我国经济的可持续发展具有重要意义。固体废物污染防治的基本原则如下。

1.减量化

减量化是指通过适宜的手段减少固体废物的数量、体积,并尽可能地减少固体废物的种类,降低危险废物的有害成分浓度,减轻或清除其危害性等,从源头上直接减少或减轻固体废物对环境和人体健康的危害,最大限度地开发和利用资源与能源。因此,减量化是防治固体废物污染环境的最优先措施。它可通过以下四个途径实现。

(1)选用合适的生产原料。

原料品位低、质量差,是固体废物大量产生的主要原因之一。例如,高炉炼铁时,入炉铁精矿品位越高,产生的高炉渣量越少。采用精料炼铁,高炉渣的产生量可减少一半。利用二次资源也是固体废物减量化的重要手段。

(2)采用清洁生产工艺。

生产工艺落后是产生固体废物的主要原因,因此应结合技术改造,从工艺入手,采用无废或少废的清洁工艺,从发生源减少废物的产生。例如,传统的苯胺生产工艺采用铁粉还原法,该法生产过程会产生大量含硝基苯、苯胺的铁泥和废水,造成环境污染和巨大的资源浪费。南京化工厂开发的流化床气相加氢制苯胺工艺,便不再产生铁泥废渣,固体废物产生量由原来的每吨产品 2 500 kg 降到 5 kg,还大大降低了能耗。

（3）提高产品质量和使用寿命。

任何产品都有其使用寿命,寿命的长短取决于产品的质量。质量越高的产品,使用的寿命越长,废弃的废物量越少。还可通过物品重复利用次数来降低固体废物的数量,如商品包装物的重复使用。

（4）废物综合利用。

有些固体废物含有很大一部分未起变化的原料或副产物,可以回收利用。例如,硫铁矿废渣可用来制砖和水泥,或采用适当的物理、化学熔炼加工方法,就可以将其中有价值的物质回收利用。

2.资源化

资源化是指采用适当的技术从固体废物中回收物质和能源,加速物质和能源的循环,再创经济价值的方法。其目的是减少资源消耗,加速资源循环,保护环境。综合利用固体废物,可以收到良好的经济效益和环境效益。据统计,我国 1991~1995 年,综合利用固体废物为国家增产达 12 亿吨原材料,"三废"综合利用产值达 721 亿元,利润达 185 亿元。综合利用固体废物除增产原材料、节约资源外,环境效益也是十分明显的。例如,对某些废金属、废纸等的再利用,对降低污染有明显的效果。

我国是一个发展中国家,面对经济建设的巨大需求与资源、能源供应严重不足的严峻局面,推行固体废物资源化,不但可为国家节约投资、降低能耗和生产成本、减少自然资源的开采,还可治理环境,维持生态系统良性循环,是一项强国富民的有效措施。

3.无害化

固体废物一旦产生,就要设法使用,使之资源化,发挥其经济效益,这是上策。但由于技术水平或其他限制,目前有些固体废物无法或不可能利用,对这样的固体废物,特别是其中的有害废物,必须无害化,以避免造成环境问题和公害。无害化是指对已产生又无法或暂时尚不能资源化利用的固体废物,通过工程处理,达到不损害人体健康、不污染周围自然环境的目的。对不同的固体废物,可按不同的条件,采用不同的无害化处理方法。其中包括使用无害化最终处置技术,如卫生土地填埋、安全土地填筑及土地深埋等现代化土地处置技术。

9.2　固体废物对环境的危害及污染综合防治对策

9.2.1　固体废物对环境的危害

固体废物对环境的危害很大,主要表现在以下几个方面。

1.侵占及污染土地

固体废物不加利用时,需占地堆放。随着生产的发展和消费的增长,城市垃圾消纳场地日益显得不足,垃圾占地的矛盾日益尖锐,给市政建设带来诸多不便。

固体废物及其淋洗和渗滤液中所含的有害物质会改变土壤性质和土壤结构,并将对土壤中微生物的活动产生影响,破坏土壤内的生态平衡,甚至导致草木不生。固体废物中的有害物质进入土壤后,还可能在土壤中积累。例如,我国西南某市郊因农田长期施用垃圾,土壤中的汞浓度已超过本底值8倍,铜、铅分别增加87%和55%。这些有害成分的存在,不仅有碍植物根系的发育和生长,还会在植物有机体内积蓄,通过食物链危及人体健康。固体废物污染土壤,影响人体健康的典型事例是含镉废渣排入土壤引起的日本富山县痛痛病事件。

2. 污染水体

固体废物随天然降水或地表径流进入水体,或随风飘迁落入湖泊、河流,污染地面水,并随沥水渗透到土壤中,进入地下水,使地下水受到污染,而废渣直接排入水体,会造成更大的水体污染。例如,德国莱茵河地区的地下水因受废渣渗沥水污染,导致自来水厂有的关闭,有的减产。美国的拉夫运河事件是典型的固体废物污染地下水事件。

3.污染大气

一些有机固体废物在适宜的温度和湿度下被微生物分解并释放出有害气体;堆放的细微颗粒、粉尘的固体废物可随风飞扬,对大气造成污染。煤矸石自燃是固体废物污染大气的典型例子。此外,采用焚烧法处理固体废物已成为有些国家大气污染的主要污染源之一。据报道,美国几千座固体废物焚烧炉中有三分之二由于缺乏空气净化装置而污染大气,有的露天焚烧炉排出的粉尘在接近地面处的浓度达到 0.56 g/m³。

9.2.2 固体废物减量化对策与措施

1.城市固体废物

控制城市固体废物产生量增长的对策和具体措施如下。

(1)逐步改变燃料结构。

我国城市垃圾中,有 40% ~ 50% 是煤灰。如果改变居民的燃料结构,较大幅度提高民用燃气的使用比例,则可大幅度降低垃圾中煤灰的质量分数,减少生活垃圾总量。

(2)净菜进城,减少垃圾产生量。

目前我国的蔬菜基本未进行简单处理即进入居民家中,其中有大量泥沙及不能食用的附着物。据估计,蔬菜中丢弃的垃圾平均占蔬菜质量的 40% 左右,且体积庞大。如果在一级批发市场和产地对蔬菜进行简单处理,净菜进城,即可大大减少城市垃圾中的有机废物量,并有利于利用蔬菜下脚料制成有机肥料,还可避免过度包装及减少一次性商品的使用。城市垃圾中一次性商品废物和包装废物日益增多,既增加了垃圾产生量,又造成了资源浪费。为了减少包装废物产生量,促进其回收利用,世界上许多国家颁布了包装法规或者条例,强调包装废物的产生者有义务回收包装废物,而包装废物的生产者、进口者和销售者必须对产品的整个生命周期负责,承担包装废物的分类回收、再生利用和无害化处理处置的义务,负担其中发生的费用。促使包装制品的生产者和进口者及销售者在产品的设计、制造环节少用材料,减少废物产生量,少使用塑料包装物,多使用易于回收利用和无害化处理处置的材料。

(3)生态设计。

加强产品的生态设计。产品的生态设计(又称为产品的绿色设计)是清洁生产的主要途径之一,即在产品设计中纳入环境准则,并置于优先考虑的地位。环境准则包括降低物料消耗,降低能耗,减少健康安全风险,产品可被生物降解。为满足上述环境准则,可通过以下方法实现。

① 采用“小而精”的设计思想。采用轻质材料,去除多余功能,这样的产品不仅可以减少资源消耗,而且可以减少产品报废后的垃圾量。

② 提倡“简而美”的设计原则。减少所用原材料的种类,采用单一的材料,这样产品废弃后作为垃圾进行分类时简便易行。

③ 推行垃圾分类收集。按垃圾的组分进行垃圾分类收集,不仅有利于废品回收与资源利用,还可大幅度减少垃圾处理量。分类收集过程中通常可把垃圾分为易腐物、可回收物、不可回收物几大类。其中可回收物又可按纸、塑料、玻璃、金属等几类分别回收。美国、日本、德国、加拿大、意大利、丹麦、荷兰、芬兰、瑞士、法国、挪威等国都大规模地开展了垃圾分类收集活动,取得了明显的成效。

④ 搞好废旧产品的回收、利用的再循环。报废的产品包括大批量的日常消费品,以及耐用消费品,如小汽车、电视机、冰箱、洗衣机、空调、地毯等。随着计算机技术的飞速发展,计算机更新换代的速度异常快,废弃的计算机设备数目惊人,目前我国每年至少淘汰500 万台计算机,对这些废品进行再利用也是减少城市固体废物产生量的重要途径。

2.工业固体废物

我国工业规模大,因而固体废物产生量很大。提高我国工业生产水平和管理水平,全面推行无废、少废工艺和清洁生产,减少废物产生量是固体废物污染控制的最有效途径之一。

(1)淘汰落后生产工艺。

1996 年 8 月,国务院发布的《国务院关于环境保护若干问题的决定》(国发〔1996〕31号)中明确规定取缔、关闭或停产 15 种污染严重的企业(以下简称取缔、关停“15 小”),这对保护环境,削减固体废物的排放,特别是削减有毒有害废物的产生意义重大。这 15种污染严重的企业均不同程度地产生大量有害废物,对环境造成很大危害。根据推算,1996 年全国有害废物产生量 $2\,600 \times 10^4$ 吨,如果全部取缔、关停“15 小”,全国每年可以减少有害废物产生量约 75.4 万吨。

(2)推广清洁生产工艺。

推广和实施清洁生产工艺对削减有害废物的产生量具有重要意义。利用清洁“绿色”的生产方式代替污染严重的生产方式和工艺,既可节约资源,又可少排或不排废物,减轻环境污染。例如,传统的苯胺生产工艺采用铁粉还原法,其生产过程产生大量含硝基苯、苯胺的铁泥和废水,造成环境污染和巨大的资源浪费。

工业生产中的原料品位低、质量差,也是造成工业固体废物大量产生的主要原因。只有采用精料工艺,才能减少废物的排放量和所含污染物质成分。例如,一些选矿技术落后、缺乏烧结能力的中小型炼铁厂,渣铁比相当高。如果在选矿过程中提高矿石品位,便可少加造渣熔剂和焦炭,并大大降低高炉渣的产生量。

(3)发展物质循环利用。

在企业生产过程中,发展物质循环利用工艺,使第一种产品的废物成为第二种产品的原料,并以第二种产品的废物再生产第三种产品,如此循环和回收利用,最后只剩下少量废物进入环境,以取得经济的、环境的和社会的综合效益。

9.3　固体废物的资源化与无害化处理处置

9.3.1　固体废物的资源化途径

固体废物的资源化途径主要包括物质回收、物质转换、能量转换等方法。物质回收即处理废弃物并从中回收指定的二次物质,如从废弃物中回收纸张、玻璃、金属等物质。物质转化即利用废弃物制取新形态的物质,如利用废玻璃和废橡胶生产铺路材料,利用炉渣生产水泥和其他建筑材料,利用有机垃圾生产堆肥等。能量转换即从废物处理过程中回收能量,包括热能或电能。例如,通过有机废物的焚烧处理回收热量,进一步发电;利用垃圾厌氧消化产生沼气,作为能源向居民和企业供热或发电。

9.3.2　固体废物资源化技术

1.物理处理技术

物理处理是通过浓缩或相变化改变固体废物的结构,使之成为便于运输、储存、利用或处置的形态。物理处理方法包括压实、破碎、分选、增稠、吸附、萃取等。物理处理也往往作为回收固体废物中有价物质的重要手段。

2.化学处理技术

化学处理技术采用化学方法使固体废物发生化学转换从而回收物质和能源,是固体废物资源化处理的有效技术。燃烧、焙烧、烧结、溶剂浸出、热分解、焚烧、氧化还原等都属于化学处理技术。例如,对含铬废渣(铬渣是冶金和化工部门在生产金属铬或铬盐时排出的废渣,其中所含的六价铬的毒性较大)的处理就是将毒性大的六价铬还原为毒性小的三价铬,并生成不溶性化合物,在此基础上再加以利用。

3.生物处理技术

生物处理技术可分为好氧生物处理法和厌氧生物处理法。好氧生物处理法是在水中有充分溶解氧存在的情况下,利用好氧微生物的活动,将固体废物中的有机物分解为二氧化碳、水、氨和硝酸盐。厌氧生物处理法是在缺氧的情况下,利用厌氧微生物的活动,将固体废物中的有机物分解为甲烷、二氧化碳、硫化氢、氨和水。生物处理法具有效率高、运行费用低等优点。固体废物处理及资源化中常用的生物处理技术有以下几种。

① 沼气发酵。沼气发酵是有机物质在隔绝空气和保持一定的水分、温度、酸和碱度等条件下利用微生物分解有机物的过程。城市有机垃圾、污水处理厂的污泥、农村的人畜粪便、作物秸秆等皆可做产生沼气的原料。为了使沼气发酵持续进行,必须提供和保持沼气发酵中各种微生物所需的条件。沼气发酵一般在隔绝氧的密闭沼气池内进行。

② 堆肥。堆肥是将人畜粪便、垃圾、青草、农作物的秸秆等堆积起来,利用微生物的作用,将堆料中的有机物分解,产生高热,以达到杀灭寄生虫卵和病原菌的目的。堆肥有厌氧和好氧两种,前者主要是厌氧分解过程,后者则主要是好氧分解过程。

③ 细菌冶金。细菌冶金是利用某些微生物的生物催化作用,使矿石或固体废物中的金属溶解出来,从溶液中提取所需要的金属。它与普通的"采矿—选矿—火法冶炼"比较,设备简单,操作方便,特别适宜处理废矿、尾矿和炉渣,可综合浸出,分别回收多种金属。

9.3.3　固体废物的无害化处理处置

1.焚烧处理

焚烧法是一种高温热处理技术,即以一定的过剩空气量与被处理的废物在焚烧炉内进行氧化燃烧反应,使废物中的有害毒物在高温下氧化、热解而被破坏。这种处理方式可使废物完全氧化成无毒害物质。焚烧是一种可同时实现废物无害化、减量化、资源化的处理技术。

焚烧法可处理城市垃圾、一般工业废物和有害废物,但当处理可燃有机物组分很少的废物时,需补加大量的燃料。一般来说,发热量小于 3 300 kJ/kg 的垃圾属低发热量垃圾,不适宜焚烧处理;发热量 3 300~5 000 kJ/kg 的垃圾为中发热量垃圾,适宜焚烧处理;发热量大于 5 000 kJ/kg 的垃圾属高发热量垃圾,适宜焚烧处理并回收其热能。

固体废物焚烧炉种类繁多,通常根据所处理废物对环境和人体健康的危害大小,以及所要求的处理程度,将焚烧炉分为城市垃圾焚烧炉、一般工业废物焚烧炉和有害废物焚烧炉三种类型。但根据机械结构和燃烧方式划分,固体废物焚烧炉主要有炉排型焚烧炉、炉床型焚烧炉和沸腾流化床焚烧炉三种类型。

废物在焚烧过程中会产生一系列新污染物,有可能造成二次污染。对焚烧设施排放的大气污染物控制项目包括:①有害气体,包括 SO_2、HCl、HF、CO 和 NO_x;②烟尘,将沉降颗粒物、黑度、总碳量作为控制指标;③重金属元素单质或其化合物,如 Hg、Cd、Pb、Ni、Cr、As 等;④有机污染物,如二噁英,包括多氯代二苯并-对-二噁英(PCDDs)和多氯代二苯并呋喃(PCDFs)。以美国法律为例,有害废物焚烧的法定处理效果标准为:①废物中所含的主要有机有害成分的去除率为 99.99% 以上;②排气中粉尘质量浓度不得超过 180 mg/m³ (以标准状态下干燥排气为基准,同时排气流量必须调整至 50% 过剩空气百分比条件下);③氯化氢去除率达 99% 或排放量低于 1.8 kg/h,以两者中数值较高者为基准;④多氯联苯的去除率为 99.999 9%,同时燃烧效率超过 99.9%。

2.填埋处理

陆地处置至今是世界各国常用的一种废物处置方法,其中应用最多的是土地填埋处置技术。土地填埋处置是从传统的堆放和填地处置发展起来的一项最终处置技术,不是单纯的堆、填、埋,而是一种按照工程理论和工程标准,对固体废物进行有控管理的一种综合性科学工程方法。在填埋操作处置方式上,它已从堆、填、覆盖向包容、屏蔽隔离的工程储存方向上发展。土地填埋处置,首先需要进行科学的选址,在设计规划的基础上对场地进行防护(如防渗)处理,然后按严格的操作程序进行填埋操作和封场,要制定全面的管理制度,定期对场地进行维护和监测。土地填埋处置具有工艺简单、成本较低、适于处置多种类型固体废物的优点。目前,土地填埋处置已成为固体废物最终处置的一种主要方法。

土地填埋处置的种类很多,按填埋场的地形特征可分为山间填埋、峡谷填埋、平地填埋、废矿坑填埋;按填埋场的水文气象条件可分为干式填埋、湿式填埋和干、湿式混合填埋;按填埋场的状态可分为厌氧性填埋、好氧性填埋、准好氧性填埋和保管型填埋;按固体废物污染防治法规,可分为一般固体废物填埋、生活垃圾填埋和有害废物填埋。

填埋场的构造与地形地貌、水文地质条件、填埋废物类别有关。

按填埋废物类别和填埋场污染防治设计原理,填埋场构造有自然衰减型填埋场和封闭型填埋场之分。通常,用于处置城市垃圾的卫生填埋场属于自然衰减型填埋场或半封闭型填埋场,而处置有害废物的安全填埋场属于全封闭型填埋场。

(1)自然衰减型填埋场。

自然衰减型填埋场的基本设计思路,是允许部分渗滤液由填埋场基部渗透,利用下部包气带土层和含水层的自净功能来降低渗滤液中污染物的浓度,使其达到能接受的水平。图9.1展示了一个理想的自然衰减型填埋场的地质横截面,填埋底部的包气带为黏土层,黏土层之下是含砂水层,而含砂水层下为基岩。

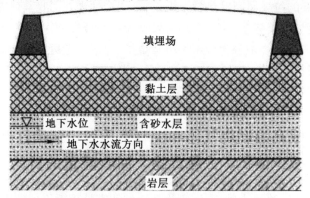

图 9.1　理想的自然衰减型填埋场土层分层结构

(2)全封闭型填埋场。

全封闭型填埋场的设计是将废物和渗滤液与环境隔绝开,将废物安全保存相当一段时间(数十年甚至上百年)。这类填埋场通常利用地层结构的低渗透性或工程密封系统来减少渗滤液产生量和通过底部的渗透泄露渗入蓄水层的渗滤液量,将对地下水的污染减少到最低限度,并对所收集的渗滤液进行妥善处理处置,认真执行封场及善后管理,从而达到使处置的废物与环境隔绝的目的。全封闭型填埋场剖面图如图 9.2 所示。

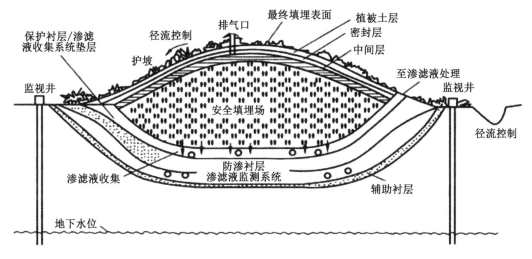

图 9.2　全封闭型填埋场剖面图

(3)半封闭型填埋场。

这种类型的填埋场实际上介于自然衰减型填埋场和全封闭型填埋场之间。半封闭型填埋场的顶部密封系统一般要求不高,而底部一般设置单密封系统,并在密封衬层上设置渗滤液收集系统。大气降水仍会部分进入填埋场,而渗滤液也可能会部分泄露进入下包气带和地下含水层,特别是只采用黏土衬层时更是如此。但是,由于大部分渗滤液可被收集排出,通过填埋场底部渗入下包气带和地下含水层的渗滤液量显著减少。

填埋场封闭后的管理工作十分必要,主要包括以下几项:维护最终覆盖层的完整性和有效性,进行必要的维修,以消除沉降和凹陷及其他因素的影响;维护和监测检漏系统;继续运行渗滤液收集和去除系统,直到未检出渗滤液为止;维护和检测地下水监测系统;维护所有的测量基准。

9.4　城市垃圾的处理、处置和利用

城市垃圾包括城市居民的生活垃圾、企事业单位和机关团体的办公垃圾、商业网点经营活动的垃圾、医疗垃圾和市政维护管理的垃圾等。城市垃圾的处理、处置和利用方法主要有卫生填埋、焚烧和堆肥等。我国城市垃圾产生量大,无害化处置率低,为防止城市垃圾污染,保护环境和人体健康,处理、处置和利用城市垃圾具有重要意义。

9.4.1　城市垃圾的组成、分类和性质

城市垃圾的组成极为复杂,由于组成成分的不同对其性质有影响,从而也影响所采取的处理、处置和利用技术。

1.城市垃圾的组成和分类

城市垃圾大体可分为无机物类和有机物类,属于无机物类的主要物质有灰渣、砖瓦、金属和玻璃等;属于有机物类的主要物质有厨余、塑料、纸、织物和草木等。垃圾中各组分的百分数与居民所处的阶层、生活水平和习惯等因素有关。表9.1为2011年北京市不同功能地区的垃圾组成。

表 9.1 2011 年北京市不同功能地区的垃圾组成　　　　　　　　　单位:%

取样点	金属	玻璃	塑料	纸类	织物	草木	厨余	灰渣	砖瓦	含水率
普通住宅区	1.96	12.8	14.6	15.1	2.86	11.2	32.6	1.92	6.74	53.9
高级住宅区	8.75	18.4	15.6	35.1	4.16	1.48	16.3	—	0.22	33.2
学院区	7.18	25.2	12.7	17.6	4.64	13.6	11.7	10.1	0.79	36.2
商业区	6.69	11.5	18.5	38.5	6.24	12.5	2.65	—	0.31	34.6
大饭店	4.79	25.1	18.2	44.4	2.43	0.2	4.7	—	0.3	10.3
医院	1.25	26.1	14.1	38.9	3.55	1.04	13.3	1.71	—	39.4
公园	6.56	9.52	12.4	12.2	1.63	14.8	5.5	22.6	12.8	26

2.城市垃圾的性质

城市垃圾的性质取决于其组成成分。对垃圾处理、处置和利用技术影响较大的主要是垃圾的含水率、容重及热值。

(1)垃圾的含水率。

垃圾的含水率不仅取决于垃圾的种类,而且随季节的不同而有所变化。垃圾的含水率用单位体积垃圾的含水量占垃圾(含水)总重量的分数表示,其计算如式(9.1)所示。

$$含水率 = \frac{W}{g} \times 100\% = \frac{g - g'}{g} \times 100\% \tag{9.1}$$

式中　　g——单位体积垃圾的总重量;

　　　　g'——单位体积垃圾样品烘干后的重量;

　　　　W——单位体积垃圾的含水量。

(2)垃圾的容重。

垃圾的容重是指单位体积垃圾的重量,垃圾的容重是设计收集、清运和贮存垃圾容器及处理垃圾构筑物的重要参数。其值与垃圾压缩方法及压缩程度有关。城市垃圾不同压缩情况的容重见表9.2。

表 9.2 城市垃圾不同压缩情况的容重

垃圾	容重/(kg·m⁻³)		备注
	范围	标准值	
未压缩的原始态垃圾	90~180	130	不包括炉灰
未压缩的园林废物	60~150	100	—

续表9.2

垃圾	容重/(kg·m⁻³)		备注
	范围	标准值	
未压缩的炉灰、灰土	650~830	740	—
运输车压缩后	180~440	300	—
填埋物正常压缩	360~500	440	—
填埋物良好压缩	600~700	600	—
加工后压缩成型	600~1 070	710	压力值<660 吨/m²
粉碎后未经压缩	120~270	200	—
粉碎后压缩	650~1 070	770	压力值<660 吨/m²

（3）垃圾的热值。

垃圾的热值对选择焚烧技术极为重要,垃圾必须含有一定的热值才有焚烧的价值。垃圾的热值越高,经济效益越好。垃圾的热值取决于垃圾的组成成分。城市垃圾热值及元素分析典型值见表9.3。

表 9.3　城市垃圾热值及元素分析典型值

成分	烧后残渣/%		热值/(kJ·kg⁻¹)	质量分数/%				
	范围	典型值	范围	碳	氢	氧	氮	硫
食品垃圾	2~8	5	3 500~7 000	48.0	6.4	37.6	2.6	0.4
废纸	4~8	6	11 630~18 000	43.5	6.0	44.0	0.3	0.2
废纸板	3~6	5	14 000~17 400	44.0	1.9	44.6	0.3	0.2
废塑料	6~20	10	28 000~37 200	60.0	7.2	22.8	—	—
纤维品	—	—	—	—	—	—	—	—
废橡胶	2~4	2.5	15 000~18 000	55.0	2.6	31.2	4.6	0.15
废皮革	8~20	10	20 900~28 000	78.0	10.0	—	2.0	—
园林废物	8~20	10	15 000~19 770	60.0	8.0	11.6	10.0	0.4
废木料	2~6	1.5	2 320~18 000	47.8	6.0	38.0	3.4	0.3
碎玻璃	0.6~2	1.5	17 400~19 700	49.5	6.0	42.7	0.2	0.1
罐头盒	96~99	98	120~230	—	—	—	—	—
非铁金属	90~99	98	230~1 200	—	—	—	—	—
铁金属	90~99	96	—	—	—	—	—	—
炉灰砖等	—	—	230~1 200	—	—	—	—	—
城市固体废物	94~99	98	2 300~12 000	—	—	—	—	—
其他废物	60~80	70	9 300~12 800	26.3	3.0	2.0	0.5	0.2

9.4.2 城市垃圾的收集和运输

将分散的垃圾收集、运输到处理场所,是处理垃圾的第一步工序。这是一项繁重且需要花费大量人力、物力和财力的工作。据统计,收集、运输垃圾的费用约占处理费用的50%以上。

目前,各国用于收集城市垃圾的容器多数是用金属或塑料制成的垃圾筒、垃圾箱和塑料袋、纸袋等。运输垃圾的主要工具是汽车,垃圾的专用运输车车厢是密闭的,许多发达国家的垃圾运输车带有压缩垃圾或破碎垃圾的装置。靠近江河湖海的城市,多用船舶收运垃圾。美国、日本、瑞典、俄罗斯等国还有在住宅区建造管道式运输垃圾设施的。

(1)垃圾收集、运输原则。

垃圾的收集、输运应注意以下原则:收集、输运过程应密闭,以控制污染环境;最大限度地方便居民;尽量改善清洁工人的工作条件;造价及维护费用便宜,以利推广。

(2)垃圾的分类收集。

近年来,国内外均大力提倡将垃圾分类收集,以利于垃圾的利用和降低处理成本。不少发达国家实行电池以旧换新,并实行由居民将自家的废纸本、金属和塑料、玻璃容器等单独存放,供收运者定期收集。美国有的城市甚至将每月两次收运的日期印在月份牌上,以方便居民。西欧、北欧发达国家的许多城市在街头放置分类、分格的垃圾箱、筒,供行人使用。德国、瑞典甚至为分别收集白色和杂色玻璃而设置分别为白色和绿色的垃圾筒。

近年来,我国也在推行垃圾分类收集工作。某些城市设置的固定和流动废品收购站,对城市垃圾分类收集、运输和回收利用起到了积极作用。

9.4.3 城市垃圾的破碎和分选

垃圾破碎和分选是对垃圾处理利用过程的前预处理过程。

垃圾破碎的目的主要是改变垃圾的形状和大小,以适应进一步处理和利用的需要。经过破碎后的垃圾具有以下优点:可增大容重,减少容积,从而提高运输效率,降低运输费用;破碎后的细碎垃圾,有利于填埋处置时压实垃圾土层,加快复土还原工程的速度;破碎后的垃圾对垃圾分类有利,容易通过磁选等方法回收高品位金属;有利于用焚烧法处置垃圾,提高垃圾焚烧热效率。

垃圾破碎通常采用颚式、锤式、滚压式、撕裂式和剪切式破碎机等进行破碎。当垃圾体积、形状过大,不能使用前述破碎机进行破碎时,一般要先对其进行切割解体,对大型金属垃圾块通常是采用气割法解体,如用压轧兼破碎的大型压轧破碎机来破碎废汽车。

垃圾分选技术在城市垃圾预处理中具有十分重要的作用。由于垃圾中有许多可以作为资源利用的组分,有目的地分选出需要的资源,可以达到充分利用垃圾的目的。

垃圾的分选方法有手工分选、风力分选、重力分选、筛分分选、浮选、光分选、静电分选和磁力分选等,各种分选方法的适用范围见表9.4。

表9.4　各种分选方法的适用范围

分选方法	预处理要求	分出的品种	功能
手工分选	无	纸/木材/金属	—
风力/重力分选	破碎	可燃物/金属	—
筛分分选	破碎	玻璃碎片	—
浮选	破碎/风力	玻璃碎片	轻(纸等可燃物)重(玻璃、金属等)分开,从重物中分离开
光分选	破碎/风力	玻璃碎片	—
静电分选	—	玻璃碎片	—
磁力分选	破碎,湿洗	铁类	—

9.4.4　利用城市垃圾进行堆肥

所谓垃圾堆肥,是指垃圾中的可降解有机物借助于微生物发酵降解的作用,使垃圾转化成肥料的方法。在堆肥过程中,微生物以有机物做养料,在分解有机物的同时放出生物热,其温度可达 50~55 ℃。在堆肥腐熟过程中能杀死垃圾中的病原体和寄生虫卵,在形成一种含腐殖质较高的类似"土壤"中,完成垃圾的无害化。

1.垃圾堆肥分类和堆肥过程

堆肥可分为厌氧发酵和好氧发酵堆肥两种。厌氧堆肥需要在隔绝空气的条件下,使厌氧微生物繁衍完成"厌氧发酵";好氧堆肥需在良好的供气条件下完成"好氧发酵"。过去我国农村主要采用厌氧堆肥法,将植物秸秆、垃圾、畜粪等在露天堆垛,沤制数月后启用。这种方法占地面积大,堆置时间长且影响环境卫生。近年来,各地大多发展机械化或半机械化的好氧堆肥法,其工艺过程一般包括预处理、主发酵(一次发酵)、后发酵(二次发酵)、后处理和脱臭贮存等步骤。

2.堆肥要素

影响堆肥品质的要素较多,主要的有以下几点。

(1)有机物质量分数。

垃圾中有机物的质量分数是堆肥的基础条件。国外现代化堆肥厂要求垃圾的有机物质量分数大于60%,其中可降解有机物应占主要成分。我国大部分城市的垃圾中有机物质量分数虽然在40%左右,但是塑料占了相当比重,而塑料不能被微生物降解,并且破坏土壤结构,所以减少垃圾中的塑料质量分数也是发展堆肥的重要课题。

(2)空气浓度。

厌氧堆肥过程中绝不能有氧气进入,而在好氧堆肥中,只有在适宜的空气量条件下,好氧菌才能充分繁殖,完成发酵过程。

(3)碳分。

碳分是微生物活动的能源,一般适宜的碳氮比为 30∶1~35∶1。碳氮比大于40∶1,

有机物分解慢,堆肥时间长;碳氮比小于30∶1,堆肥中可消耗的碳分不足,施入农田后会降低肥效。

(4)水分。

水分以含50%为好,如果水量低于20%,有机物降解就会停止;水量高于50%,水会堵塞堆肥中的孔隙和减少好氧堆肥中的空气浓度,并产生臭气,影响堆肥效果和环境卫生。

(5)pH。

pH是堆肥过程进展顺利与否的标志。在堆肥过程中,pH随着时间和温度变化而变化,当堆肥2~3 d时,pH在8.5左右,若供气量不足,则变为厌氧发酵,pH会降到4.5左右,此时应调整空气量,以保证堆肥顺利进行。通常pH应控制在5~8。

9.4.5　利用城市垃圾制取沼气

利用有机垃圾、植物秸秆、人畜粪便、活性污泥等制取沼气,工艺简单,质优价廉,是替代不可再生资源的好途径。制取沼气的过程可以杀灭病虫卵,有利环境卫生,沼气渣还可以提高肥效,因而利用城市垃圾制沼气具有广泛的发展前景。

沼气是有机物中的碳化物、蛋白质和脂肪等在一定的温度、湿度和pH的厌氧环境中,经过沼气细菌的发酵作用,而生成的一种可燃气体。沼气发酵过程可分为液化、产酸和生成甲烷三个阶段。控制沼气发酵的主要因素有:需要丰富的沼气菌种;保持严格的厌氧环境;选用适宜的发酵原料配比、适宜的干物浓度、适宜的发酵温度及适宜的pH。

9.4.6　城市垃圾的焚烧处置和热能回收

采用焚烧法处置城市垃圾,可以使垃圾减重、减容,并可以使某些有害组分分解和去除,因此焚烧是比较理想的处置方法。焚烧法采用的技术有马丁炉焚烧技术、流化床焚烧技术和热解技术。

利用焚烧法处置垃圾的过程中会产生相当数量的热能,如果不加以回收则是极大的浪费。现代化的垃圾焚烧厂一般都附有发电厂或供热动力站。影响热能回收的因素主要是垃圾所含的热值,德国都赛多夫垃圾焚烧厂1961年的经验已证明垃圾热值达到2 600 kJ/kg即可回收到热能,热值越高,效益越好。

9.4.7　城市垃圾的卫生填埋

卫生填埋是处置城市垃圾最基本的方法之一。由于填埋场地占地量大,征地困难,因此该方法只应用于处置无机物质量分数高的垃圾。卫生填埋场场址的要求及对环境的影响等方面均与安全填埋场大致相同。但是,垃圾填埋后的产气量、浸出液中有机物浓度、抗渗层做法等方面与安全填埋场有所区别。

垃圾中可降解的有机物在填埋场中会产生大量二氧化碳、甲烷等气体,同时产生浸出液。

(1)气体。

垃圾在填埋开始阶段,将进行好氧分解,产生以二氧化碳为主的气体。随着垃圾被压实后空气量减少,氧气被耗尽,垃圾的厌氧分解开始,并产生甲烷、氮气、氢气、二氧化碳及硫化物等。一般气体在施工前两年产生量最大,以后逐年减少,这个过程约延续 20 a。

（2）浸出液。

垃圾中可降解的有机物分解时产生的液体和施工过程中流进填埋场的地表水、雨雪水等共同组成填埋浸出液。浸出液的成分随垃圾组成的不同而变化很大。填埋场浸出液中的典型化学成分见表 9.5。由于浸出液中含有大量有机物,如果将浸出液返回新的填埋垃圾中,会加速垃圾的分解,使之早日达到稳定程度。浸出液的处理类似于高浓度有机废水的处理法。

表 9.5　填埋场浸出液中的典型化学成分　　　　单位:mg/L

成分	变化范围	典型值	成分	变化范围	典型值
BOD_5	2 000~3 000	10 000	pH	5.3~8.5	6
TOC	15 000~20 000	6 000	总硬度（以碳酸钙表示）	3 000~10 000	3 500
COD	3 000~45 000	18 000	钙	200~30 000	1 000
总悬浮物	200~1 000	500	镁	50~1 500	250
氨态氮	10~800	200	钾	200~2 000	300
有机氮	10~600	200	钠	200~2 000	500
硝酸盐	5~40	25	氯	100~3 000	300
总磷	1~70	30	氮	100~1 500	600
正磷	1~50	20	—	—	—
碱度（以碳酸钙表示）	1 000~10 000	3 000	总铁	50~600	—

9.5　煤系固体废物的资源化利用

煤系固体废物是煤炭的开采、加工和利用过程中产生的固体废物,包括煤矸石、粉煤灰和锅炉渣等,它们在工业固体废物中占有很大的比重,如不加以处理,不仅占用耕地,还会引起严重的环境问题。它们的组成和性质决定了它们有很高的利用价值,可以资源化利用。

9.5.1　煤矸石的资源化

煤矸石的生产量很大,约占我国工业废渣年排放总量的 1/4,它是煤炭开采和洗煤过程中排出的含碳量较低、比煤坚硬的黑灰色岩石。一般每采取 1 吨原煤排煤矸石 0.2 吨。据统计,煤矸石每年以 $0.8×10^6$~$1.0×10^8$ 吨的速度增加。因此,煤矸石是一类数量较大的固体废物。

1.煤矸石的组成与资源化途径

煤矸石的化学组成比较复杂,所含元素可多达数十种,SiO_2、Al_2O_3 是其主要成分,另

含有数量不等的 Fe_2O_3、CaO、MgO、K_2O、Na_2O 及磷、硫的氧化物（P_2O_5、SO_3）和微量的稀有金属元素，如 Ga、Be、Co、Cu、Mn、Mo、Ti、Pb、V、Zn、In、Bi、Ge 等，有的还含有放射性元素。不同地区的煤矸石，其组成和性质存在很大的差异，因此，必须根据当地条件因地制宜地选择煤矸石资源化技术。

我国各地煤矸石的含碳量差别很大，其热值波动范围一般为 837～12 600 kJ/kg。为了合理利用煤矸石资源，我国煤炭和建材工业按热值划分煤矸石的合理用途（表9.6）。就目前而言，技术成熟、利用量大的途径是生产建筑材料，主要是制水泥和烧结（内燃）砖。

表 9.6　煤矸石的合理利用途径

热值/($kJ \cdot kg^{-1}$)	合理利用途径	说明
<2 090	回填、修路、造地、制骨料	制骨料以砂岩类未燃矸石为宜
2 090～4 180	烧内燃砖	CaO 质量分数低于 5%
4 180～6 270	烧石灰	渣可做混合材、骨料
6 270～8 360	烧混合材、制骨料、代土节煤烧水泥	用于小型沸腾炉供热产气
>8 360	烧混合材、制骨料、代土节煤烧水泥	用于大型沸腾炉供热发电

一般来说，含碳量高于20%的煤矸石，应进行洗选回收煤炭。含硫量高于5%的煤矸石，应回收硫铁矿。高硫煤矸石堆应用石灰浆、土浆等灌注其孔隙，以隔绝空气，抑制自燃。自燃后的矸石成为一种多孔、质轻并有较高胶凝的活性材料，破碎筛分后，可作为轻质骨料使用，其保温、隔热和耐热性能都较好，自燃矸石磨细后即可作为水泥、混凝土、砂浆等的掺和料。

此外，煤矸石还可以用来生产化工产品（聚合铝、分子筛、氨水、低热值煤气等）和农用肥料（硫酸铵及其他化肥）等。

2.煤矸石生产建筑材料

目前，煤矸石主要用于生产建筑材料和筑路回填等。煤矸石建材主要包括煤矸石砖、煤矸石骨料、煤矸石水泥、煤矸石砌块等。

（1）煤矸石砖。

利用煤矸石制砖包括用煤矸石生产烧结砖和做烧砖内燃料。泥质和碳质煤矸石，质软、易粉碎，是生产煤矸石砖的理想原料。用作煤矸石砖的煤矸石，要求发热量在2 100～4 200 kJ/kg。煤矸石砖以煤矸石为主要原料，一般占坯料质量的80%以上，有的全部以煤矸石为原料，有的外掺少量黏土。煤矸石烧结砖的生产工艺流程如图9.3所示。

煤矸石制砖工艺与黏土制砖工艺相似，主要包括原料的破碎、成型、砖坯干燥和焙烧等工序。焙烧基本不要再外加燃料。煤矸石砖质量较好，颜色均匀，抗压强度一般为9.8～14.7 Mpa，抗折强度为2.5～5 MPa，抗冻、耐火、耐酸、耐碱等性能均较好，其强度和耐磨蚀性均优于黏土砖，成本较低，因此是一种极有发展前景的墙体材料。

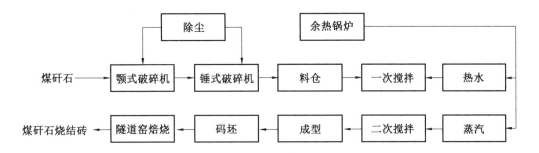

图 9.3　煤矸石烧结砖的生产工艺流程

（2）煤矸石做原料生产水泥。

煤矸石能做原料生产水泥，是由于煤矸石和黏土的化学成分相近，代替黏土提供硅质和铝质成分。煤矸石还能释放一定热量，可代替部分燃料。煤矸石作为原燃料生产水泥的工艺过程与生产普通水泥基本相同。水泥厂利用煤矸石生产水泥工艺流程如图 9.4所示。

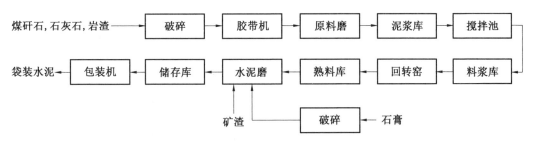

图 9.4　水泥厂利用煤矸石生产水泥工艺流程

将原料按一定的比例配合，磨细成生料，烧至部分熔融，得到以硅酸钙为主要成分的熟料，再加入适量的石膏和混合材料（矿渣），磨成细粉而制成煤矸石水泥，即采用所谓的"二磨一烧"工艺，煅烧设备可用回转窑或立窑。

（3）煤矸石生产化工产品。

从煤矸石中可生产化学肥料及多种化工产品，如结晶三氯化铝、固体聚合铝及氨水、高岭土等。本书主要介绍用煤矸石生产结晶三氯化铝和固体聚合铝。

结晶氯化铝分子式为 $AlCl_3 \cdot 6H_2O$，外观为浅黄色结晶颗粒，易溶于水，是一种新型净水剂。聚合氯化铝是一种优质的高分子混凝剂，具有优良的凝结性能，广泛应用于造纸、制革、原水及废水处理等许多领域。在废水处理中应用，具有比目前常用的无机混凝剂 $Al_2(SO_4)_3$、$FeSO_4$、$FeCl_3$ 更优越的性能。结晶氯化铝是聚合氯化铝生产的中间产品。

聚合物生产可供选择的矿物原料有铝矾土、硅藻土、高岭土、粉煤灰和煤矸石等。我国煤矸石资源丰富，是制取聚合铝最有前途的矿物原料，但要求所用煤矸石的含铝量较高，含铁量较低。聚合氯化铝制取方法很多，大致可分为：热解法、酸溶法、电解法、电渗法等，煤矸石酸溶法制取聚合氯化铝的工艺流程如图 9.5 所示。

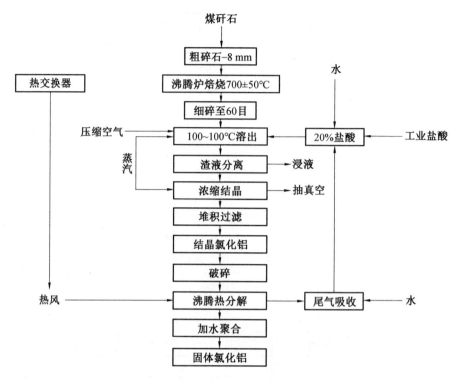

图 9.5　煤矸石酸溶法制取聚合氯化铝的工艺流程

9.5.2　粉煤灰的资源化利用

电力工业是我国国民经济的重要支柱行业之一,电力生产 80% 以上靠燃煤进行热电转换,目前我国煤炭产量的 50% 以上用于发电。燃煤电厂将煤磨细至 $100\ \mu m$ 以下用预热空气喷入炉膛悬浮燃烧,燃烧后产生大量煤灰渣。其中从烟道排出、经除尘设备收集的煤灰渣称为粉煤灰,又称飘灰或飞灰;由炉底排出的煤灰渣称为炉渣或底灰。一般来说,一座装机容量为 10^5 千瓦的电厂一年要排出 10^5 吨煤灰渣。我国电厂每 10^5 千瓦装机容量每年约排放 $1.4×10^5 \sim 1.5×10^5$ 吨的煤灰渣,其中,粉煤灰约占整个煤灰渣的 70%。

1.粉煤灰的组成和性质

（1）粉煤灰的组成。

粉煤灰的化学组成与黏土质相似,其中以 SiO_2 和 Al_2O_3 的质量分数占大多数,其余为少量 Fe_2O_3、CaO、MgO、Na_2O、K_2O 及 SO_3 等。粉煤灰的主要成分及其范围变化见表 9.7。

表 9.7　粉煤灰的主要成分及其范围变化　　　　　　　　　　单位:%

成分	SiO_2	Al_2O_3	Fe_2O_3	CaO	MgO	Na_2O 和 K_2O	SO_3	烧失量
质量分数	40~60	20~30	4~10	2.5~7	0.5~2.5	0.5~2.5	0.1~1.5	3~30

此外,粉煤灰中还含有少量镓、铟、钪、铌、钇等微量元素及镉、铅、汞、砷等有害元素。一般来说,粉煤灰中的有害元素质量分数低于允许值。

粉煤灰的化学组成是评价粉煤灰质量的重要技术参数,如常根据粉煤灰中 CaO 质量分数的多少,将粉煤灰分成高钙灰和低钙灰两类。一般来说,CaO 质量分数在 20% 以上的称为高钙灰,其质量优于低钙灰。我国燃煤电厂大多数燃用烟煤,粉煤灰中 CaO 质量分数偏低,属于低钙灰,但 Al_2O_3 质量分数一般较高,烧失量也较高。有些燃煤电厂为脱除燃煤过程产生的硫氧化物,常喷烧石灰石、白云石,导致其粉煤灰的 CaO 质量分数在30% 以上。

粉煤灰的烧失量可以反映锅炉燃烧状况。烧失量越高,粉煤灰质量越差。我国 1991年 10 月 1 日起开始实施的《粉煤灰混凝土应用技术规范》规定的粉煤灰质量指标,其中一个就是烧失量指标(表 9.8)。

表 9.8　粉煤灰质量指标分级　　　　　　　　　　　单位:%

粉煤灰等级	细度(45 μm 方孔筛筛余)	烧失量	需水量	SO₃ 质量分数
I	12	5	95	3
II	20	8	105	3
III	45	15	115	33

粉煤灰中 SiO_2、Al_2O_3、Fe_2O_3 的质量分数与建材质量的优劣直接相关。美国粉煤灰标准[ASTM(618)]规定,用于水泥和混凝土的低钙灰(F 级灰)中,$SiO_2+Al_2O_3+Fe_2O_3$ 的质量分数必须达到总量的 70% 以上。高钙灰(C 级灰)中,$SiO_2+Al_2O_3+Fe_2O_3$ 的质量分数必须达到总量的 50% 以上。此外,粉煤灰中的 MgO、SO_3 对水泥和混凝土来说是有害成分,对其质量分数要有一定的限制。我国要求 SO_3 质量分数控制在 3% 以内。

(2)粉煤灰的性质。

粉煤灰是灰色或灰白色的粉状物,含水量大的粉煤灰呈灰黑色。它是一种具有较大内表面的多孔结构,多半呈玻璃状。其密度为 2~2.3 g/cm^3,孔隙率为 60%~75%,比表面积为 1 700~3 500 cm^2/g

粉煤灰中含有较多的活性氧化物 SiO_2 和 Al_2O_3,它们能与氢氧化钙在常温下起化学反应,生成较稳定的水化硅酸钙和水化铝酸钙。因此,粉煤灰和其他火山灰质材料一样,当与石灰、水泥熟料等碱性物质混合加水搅拌成胶泥状态后,能凝结、硬化并具有一定的强度,即粉煤灰具有潜在的活性。粉煤灰的活性不仅取决于它的化学组成,而且与它的物相组成和结构特征有着密切的关系。高温熔融并经过骤冷的粉煤灰,含大量的表面光滑的玻璃微珠。这些玻璃微珠含有较高的化学内能,是粉煤灰具有活性的主要物相。玻璃体中活性 SiO_2 和活性 Al_2O_3 质量分数越多,粉煤灰的活性越强。

2.粉煤灰的资源化利用

粉煤灰的资源化利用取决于粉煤灰的化学组成。粉煤灰中碳质量分数(烧失量)较高时,可用浮选的方法回收粉煤灰中的煤炭。粉煤灰中的空心玻璃微珠质量分数较高时,可采用重力分选与磁选联合分选工艺提取其中的空心玻璃微珠。由于玻璃微珠具有颗粒细小、质轻、空心、隔热、隔音、耐高温、耐磨、强度高及电绝缘等优异的多功能特性,已成为一种可用于建筑、塑料、石油、电气、军事等方面的多功能材料。粉煤灰中 Al_2O_3 质量分数较高时,可用化学的方法回收其中的 Al_2O_3。此外,还可以用粉煤灰生产水泥、砖、硅酸盐砌块等建筑材料,生产絮凝剂、分子筛、白炭黑(沉淀 SiO_2)、水玻璃、无水氯化铝、硫酸铝等化工产品。下面简单介绍用粉煤灰生产化工产品的综合利用工艺流程(图9.6)的反应机理。

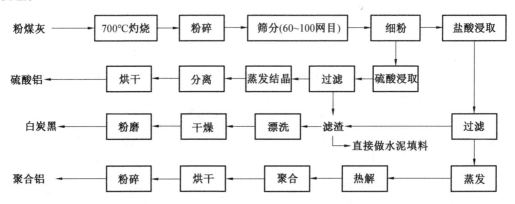

图 9.6　粉煤灰生产化工产品的综合利用工艺流程

(1)反应机理。

粉煤灰中的 Al_2O_3 质量分数一般在 25% 左右,但主要以 $3Al_2O_3 \cdot SiO_2$($\alpha\text{-}Al_2O_3$)的形式存在,酸溶性较差,一般要加入助熔剂或通过煅烧打开 Si—Al 键才能溶出铝,生成铝盐。而粉煤灰中的铁主要以氧化物的形式存在,可直接溶于酸,生成铁盐。本工艺通过马弗炉 700 ℃灼烧(温度不能超过 1 000 ℃)粉煤灰,使粉煤灰中不溶于酸碱的 $\alpha\text{-}Al_2O_3$ 转化为 $\gamma\text{-}Al_2O_3$,再经过粉碎、磨细、过筛,得到粒度 60~100 网目的细粉进行酸处理。酸处理过程发生一系列物理化学变化,其主要反应如下。

$$Al_2O_3 \cdot SiO_2 + 3H_2SO_4 \xrightarrow{\triangle} Al_2(SO_4)_3 + SiO_2 + 3H_2O$$

$$Al_2O_3 \cdot SiO_2 + 6HCl + 9H_2O \xrightarrow{\triangle} 2(Al \cdot 6H_2O)Cl_3 + SiO_2 + 3H_2O$$

$$Fe_2O_3 + 2H_2SO_4 \xrightarrow{\triangle} Fe_2(SO_4)_3 + 3H_2O$$

$$Fe_2O_3 + 6HCl + 9H_2O \xrightarrow{\triangle} 2(Fe \cdot 6H_2O)Cl_3 + 3H_2O$$

$$CaO \cdot MgO \cdot 2SiO_2 + 2H_2SO_4 \xrightarrow{\triangle} CaSO_4 + MgSO_4 + 2SiO_2 + 2H_2O$$

$$CaO \cdot MgO \cdot 2SiO_2 + 4HCl \xrightarrow{\triangle} CaCl_2 + MgCl_2 + 2SiO_2 + 2H_2O$$

(2)聚合铝的生成。

盐酸浸出液过滤、蒸发、热解,发生如下反应,即

$$2[Al \cdot 6H_2O]Cl_3 \xrightarrow{\triangle} [Al(H_2O)_5(OH)]Cl_2 + HCl$$

热解产物经分离、烘干得到碱式氯化铝。如果控制碱式氯化铝溶液的浓度和 pH,则碱式氯化铝可进一步水解和聚合。

$$2[Al(H_2O)_5(OH)]Cl_2 \xrightarrow{\triangle} [(H_2O)_4Al(OH)(OH)Al(H_2O)_4]Cl_2 + 2H_2O$$

随着聚合物生成浓度的增加,促使水解和聚合反应交替进行,其聚合反应式为

$$mAl_2(OH)_nCl_{6-n}+mxH_2O \xrightarrow{\triangle} [Al_2(OH)_nCl_{6-n} \cdot xH_2O]_m$$

将聚合后的晶体烘干,得到棕黄色或褐色的聚合铝产品。

(3)硫酸铝的生成。

硫酸浸出液过滤,将滤液蒸发至相对密度 1.4 后冷却,析出硫酸铝晶体,再经过滤、水洗、烘干、晾干,得到外观为白色或微带灰色的粒状结晶硫酸铝产品。

(4)白炭黑。

制备硫酸铝和聚铝的废渣,含高纯度的 SiO_2,经漂洗、热解干燥、粉磨得到白炭黑产品。烘干废渣也可作为水泥添加剂。

粉煤灰除可制上述化工产品外,还可制备吸附材料、生产农用复合肥等其他用途。

【阅读材料】

对"洋垃圾"说不! 我国禁止以任何方式进口固体废物

2020 年 11 月 25 日,生态环境部、商务部、国家发展和改革委员会、海关总署联合发布《关于全面禁止进口固体废物有关事项的公告》,从 2021 年 1 月 1 日起,我国全面禁止进口固体废物(俗称洋垃圾)。与此同时,生态环境部也不再审批相关进口固体废物作为原料的许可证。国家的此项举措极大地推动了我国环保事业的发展,也进一步防止这些洋垃圾继续危害我国的生态环境。随着我国近年来对于环保工作的重视,过去那种经济凌驾于生态环境的不可持续的发展模式已被逐渐摒弃。秉持着新发展理念的思想,我国对发展方式进行全面改革,我国各项事业发展出现了新的局面。在相关部门的大力协同下,我国固体废物进口的种类和数量正在大幅度地逐年减少,各方面的改革措施正有序平稳地推进。

之前的一段时间,由于国情和生产技术水平的限制,我国允许从国外进口部分固体废物,并将这些废物中的可回收部分作为资源重新回收利用,但是部分不可回收利用的废物给我国的生态环境造成了巨大的威胁。

所以,制定全面禁止进口洋垃圾的规定将极大改善我国当前的生态环境。随着科技水平和经济水平的进步,我国已经进入了新时代,各项事业有了一个新的发展,各个局面也都展现了新的亮点。在新发展理念的引导下,我国将会秉持生态环境优先、可持续发展的理念,继续推进我国各项事业的发展,使人们生活水平进一步提高,使人们能够生活在更好的生态环境中,为我国子孙后代留下一份蓝天、碧水、净土。

(资料来源:中国政府网,网址:http://www.gov.cn/xinwen/2020 - 12/03/content_5566564.htm)

复习与思考

1.固体废物的特点及其分类是什么?

2.固体废物资源化技术有哪些?

3.简述城市垃圾的组成、分类和性质。

4.目前,我国有哪些废物综合利用产业?

5.为什么说固体废物是"放错地方的原料"?

第 10 章　物理性污染及其防治

10.1　噪 声 污 染

声音由物体振动产生,是人类社会和自然界的一种物理现象。从物理学观点来看,声音是一种机械波,是机械振动在弹性介质中的传播。自然界的风声、雨声、鸟语、蝉鸣,不仅谱写了动听的乐章,也为我们传播研究自然现象和自然规律的信息;人类社会中,人们靠声音传播信息、交换思想感情。声音在我们的生活中起着十分重要的作用。

人类生活在一个丰富多彩的有声世界中,随着人类生产和生活的发展,人们生活的环境中,除有一些为我们提供信息、传递感情的声音外,还存在一些过响的、打扰人们正常生活的、使人不愉快的声音,甚至有些声音会给人类带来危害,如巨大的机器声、呼啸飞过的飞机声、汽车的鸣笛声等。这些过响的、打扰人们学习和休息、影响人们正常思考的声音就是噪声。《中华人民共和国噪声污染防治法》中把超过国家规定的噪声排放标准或者未依法采取防控措施产生噪声,并干扰他人正常生活、工作和学习的现象称为噪声污染。

10.1.1　噪声来源及其分类

声音是由于物体振动而产生的,故把振动的固体、液体和气体统称为声源。声音可以通过固体、液体和气体向外传播,并被感受目标所接收。在声学中,把声源、介质、接收器称为声的三要素。噪声的来源分两种:一种是由自然现象引起的自然界噪声;另一种是人为造成的。

人为造成的噪声污染,其污染源主要包括工业噪声、交通运输、建筑施工噪声和社会噪声 4 个方面。

1.工业噪声污染源

工业噪声污染源包括工厂、车间各种产生噪声的机械设备,如运行中的排风扇、鼓风机、内燃机、空气压缩机、电机、风铲、球磨机、振捣台和冲床机等。它不仅直接危害工人健康,而且干扰周围居民的生活。一些机械设备产生的噪声级范围见表 10.1。

表 10.1　一些机械设备产生的噪声级范围

设备名称	加速时噪声级/dB(A)	设备名称	加速时噪声级/dB(A)
轧钢机	92~107	柴油机	110~125

续表10.1

设备名称	加速时噪声级/dB（A）	设备名称	加速时噪声级/dB（A）
鼓风机	95~115	汽油机	95~110
电锯	100~105	纺纱机	90~100

2.交通运输污染源

交通运输污染源包括运行中的汽车、摩托车、拖拉机、火车、飞机和轮船等。典型机动车辆产生的噪声级范围见表10.2。

表 10.2　典型机动车辆产生的噪声级范围

车辆类型	加速时噪声级/dB（A）	车辆类型	加速时噪声级/dB（A）
重型货车	89~93	轿车	78~84
轻型货车	82~90	摩托车	81~90
公共汽车	82~89	拖拉机	83~90

3.建筑施工噪声污染源

建筑施工噪声包括打桩机、混凝土搅拌机、挖掘机、推土机等产生的噪声。由于建筑工地现场多在居民区,对周围居民影响很大,尤其是夜间施工,严重影响居民休息。随着城市建设的发展,建筑工地产生的噪声影响越来越广泛。但建筑施工噪声是暂时性的,随着建筑施工结束停止,其噪声也会终止。典型建筑施工机械产生的噪声级范围见表10.3。

表 10.3　典型建筑施工机械产生的噪声级范围

机械名称	距声源 15 m 处加速时噪声级/dB（A）	机械名称	距声源 15 m 处加速时噪声级/dB（A）
打桩机	95~105	推土机	80~95
挖土机	70~95	铺路机	80~90
混凝土搅拌机	75~90	凿岩机	80~100

4.社会噪声污染源

社会噪声污染源包括人们的社会活动和家用电器、音响设备发出的噪声,如娱乐场所、商业中心、运动场所、高音喇叭、家用电器等。生活噪声来源及噪声级范围见表10.4。

表 10.4　生活噪声来源及噪声级范围

设备名称	噪声级/dB（A）	设备名称	噪声级/dB（A）
洗衣机	50~80	电视机	60~83
吸尘器	60~80	电风扇	30~65
排风机	45~70	电冰箱	35~45

按产生的机理来划分,噪声可以分为机械性噪声、空气动力性噪声和电磁性噪声三大类。

(1)机械性噪声。

机械性噪声是物体间撞击、摩擦及在交变的机械力作用下部件发生振动而产生的,如破碎机、机车、机床、打桩机等产生的噪声均属于此类。

(2)空气动力性噪声。

空气动力性噪声是高速气流、不稳定气流中由于涡流或压力的突变引起了气体的振动而产生的,如鼓风机、压缩机等产生的噪声均属于此类。

(3)电磁性噪声。

电磁性噪声是由于磁场脉动、磁场伸缩引起电气部件振动而产生的,如发电机、变压器等产生的噪声均属于此类。

10.1.2 噪声污染特征

1.主观性

噪声是感觉公害,任何声音都可以成为噪声。噪声是人们不需要的声音的总称,因此一种声音是否属于噪声全由判断者心理和生理上的因素所决定。例如,优美的音乐对正在思考问题的人来说就是噪声。

2.局部性

声音在空气中传播时衰减很快,它不像大气污染和水污染那样影响面广,而只对一定范围内的区域有不利影响。

3.暂时性

当噪声源停止发声后,噪声污染也立即消失。

4.间接性

噪声一般不直接致命,它的危害是慢性的和间接的。

10.1.3 声音的量度——声压

1.声压的定义

为了衡量声音的强度,我们将声波产生的压力与承受这一压力的面积之比称为声压,声压是衡量声音大小的物理量。正常人的听觉有听阈和痛阈两个界限。

(1)听阈。

听阈是指人耳刚刚能听到的声音的声压,人耳的听阈也称基准声压,用 p_0 表示,($p_0 = 2 \times 10^{-5}$ Pa)对应 0 分贝。听阈对于不同频率的声波是不相同的。人耳对 1 000 Hz 的声音感觉最灵敏,该频率下声压大小为 2×10^{-5} Pa 的声压能被人感知。

（2）痛阈。

使人耳产生痛感的声音的声压，对 1 000 Hz 的声音为 20 Pa。人耳的痛阈亦称极限声压，用 p_{max} 表示。

我们日常听到的声音通常介于听阈和痛阈之间，这二者绝对值相差 10^6 倍，表述起来不太方便，为了更加简洁、方便地表述声音，可以利用声压级这一概念，声压级的单位为分贝（dB）。

2.声压级

声压级的计算如式（10.1）所示。

$$L_p = 20\lg = (p/p_0) \tag{10.1}$$

式中　　L_p——声压级，dB；

　　　　p——被测声压，Pa；

　　　　p_0——基准声压，2×10^{-5} Pa。

有了声压级这一概念，用声压绝对值表示的数万倍的变化范围，即可变成 0~120 dB。

为了能用仪器直接反映人的主观响度感觉的评价量，有关人员在噪声测量仪器——声级计中设计了一种特殊滤波器，叫计权网络。通过计权网络测得的声压级，已不再是客观物理量的声压级，而叫计权声压级或计权声级，简称声级。通用的有 A、B、C 和 D 计权声级。A 计权声级是模拟人耳对 55 dB 以下低强度噪声的频率特性；B 计权声级是模拟 55 dB 到 85 dB 的中等强度噪声的频率特性；C 计权声级是模拟高强度噪声的频率特性；D 计权声级是对噪声参量的模拟，专用于飞机噪声的测量。计权网络是一种特殊滤波器，当含有各种频率成分通过时，它对不同频率成分的衰减是不一样的。A、B、C 计权网络的主要差别在于对低频成分的衰减程度，A 衰减最多，B 其次，C 最少。A、B、C、D 计权的特性曲线如图 10.1 所示。

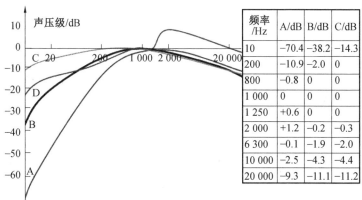

频率/Hz	A/dB	B/dB	C/dB
10	−70.4	−38.2	−14.3
200	−10.9	−2.0	0
800	−0.8	0	0
1 000	0	0	0
1 250	+0.6	0	0
2 000	+1.2	−0.2	−0.3
6 300	−0.1	−1.9	−2.0
10 000	−2.5	−4.3	−4.4
20 000	−9.3	−11.1	−11.2

图 10.1　计权网络频率特性

前面讲到的 A 计权声级对于稳态的宽频带噪声是一种较好的评价方法，但对于一个声级起伏或不连续的噪声，A 计权声级就很难确切地反映噪声的状况。对于这种声级起伏或不连续的噪声,采用噪声能量按时间平均的方法来评价噪声对人的影响更为确切,因此提出了等效连续 A 声级评价参量。等效连续 A 声级又称等能量 A 计权级,它等效于在相同的时间间隔 T 内与不稳定噪声能量相等的连续稳定噪声的 A 声级。由于同样的噪声在白天和夜间对人的影响是不一样的,而等效连续 A 声级评价量并不能反映人对噪声主观反应的这一特点。为了考虑噪声在夜间对人们烦恼的增加,规定在夜间测得的所有声级均加上 10 dB(A 计权)作为修正值,再计算昼夜噪声能量的加权平均,由此构成昼夜等效声级这一评价参量。

10.1.4　噪声的危害

1.对成人的生理影响

噪声直接的生理效应是引起听觉疲劳甚至耳聋。在噪声长期作用下,听觉器官过度受到刺激,听觉敏感性显著降低,听觉呈现暂时性听阈上移,称作听觉疲劳。听觉疲劳在经过休息后可以恢复。这是噪声性耳聋的前驱信号。听力损失是听觉疲劳的进一步发展。人耳在某一频率的听力损失是他们的听阈较正常人听阈升高的分贝数,可分为暂时性和永久性的听力损失。前者还可以恢复,后者难以恢复。听力损失在 10 dB 以内,属正常情况。听力损失在 30 dB 以内,和人谈话还不困难,叫轻度耳聋。听力损失在 60 dB 以内,听觉障碍就比较明显了,叫中度噪声性耳聋。听力损失在 60 dB 以上,就听不到普通的讲话声。听力损失超过 80 dB,就完全丧失听觉能力,即使有人在耳边大声讲话,也毫无感觉。过去人们常把耳聋看作人体衰老的现象,但科学实验和大量调查证明,人老不一定耳聋。噪声却是造成人们听力减退甚至耳聋的一个重要原因。例如,人耳突然暴露在高强度噪声(140~160 dB)下,常常会引起鼓膜破裂,甚至螺旋体从基底脱离等外伤,双耳可能完全失听。

噪声是一种恶性刺激波,长期作用于人的中枢神经系统,可使大脑皮层的兴奋和抑制失调,条件反射异常,出现头晕、头痛、耳鸣、多梦、失眠、心慌、记忆力减退、注意力不集中等症状,严重者可产生精神错乱。这些症状,药物治疗的疗效很差,但当脱离噪声环境时,症状就会明显好转。噪声可引起自主神经系统功能紊乱,表现在血压升高或降低,心率改变,心脏病加剧。噪声会使人唾液、胃液分泌减少,胃酸降低,胃蠕动减弱,食欲不振,引起胃溃疡。噪声对人的内分泌机能也会产生影响,如导致女性机能紊乱,月经失调,流产率增加等。

心脏病的发展和恶化与噪声有着密不可分的关系。噪声会引起神经紧张,使肾上腺素分泌增强,心率改变,血压升高。同时,噪声还能引起消化系统疾病,某些吵闹工业区,肠胃病的发病率比安静条件下提高 5 倍,这是由于在强噪声作用下,人的肠蠕动减少,胃收缩减退,造成消化不良、食欲不振,从而导致肠胃溃疡疾病。

2.对成人的心理影响

噪声的心理效应反映在噪声干扰人们的交谈、休息和睡眠,从而使人产生烦扰,降低工作效率,久而久之,就会得神经衰弱症,表现为失眠、耳鸣、疲劳。休息和睡眠是人们消除疲劳、恢复体力和维持健康的必要条件,但噪声使人不得安宁,难以休息和入睡。噪声对人们行为的影响与所处环境、噪声性质和心理状态等都有关系,而且还因人而异。一般来说,噪声越强,引起人们烦恼的可能性越大。此外,高音调噪声比响度相同的低音调噪声更使人烦恼,影响人们对噪声感觉烦恼的另一个因素是噪声特性的变化。调查研究表明,噪声特性的时间变化、噪声强度或频谱变化都可以使人产生更为强烈的不愉快情绪,噪声强度的变化比频谱变化有更明显的影响,脉冲声比连续噪声更易使人烦恼。

3.对儿童和胎儿的影响

在噪声环境下,儿童的智力发育缓慢。曾经有项调查表明,在吵闹环境下,儿童智力发育比在安静环境中低 20%。噪声对胎儿的影响主要表现在对胎儿发育的不良影响及致畸作用等方面。原因在于噪声使母体产生紧张反应,会引起子宫血管收缩,以致影响供给胎儿发育所必需的养料和氧气。

医学专家研究认为,家庭噪声是造成儿童聋哑的病因之一。噪声对儿童身心健康危害更大。因儿童发育尚未成熟,各组织器官十分娇嫩和脆弱,不论是体内的胎儿还是刚出生的孩子,噪声均可损伤其听觉器官,使听力减退或丧失。

4.对动物的影响

噪声对动物的影响十分广泛,包括听觉器官、内脏器官和中枢神经系统的病理性改变和损伤。有关资料显示:120~130 dB 的噪声可引起动物听觉器官的病理性变化;130~150 dB 的噪声会引起动物视觉器官的损伤和非听觉器官的病理性变化;150 dB 以上的噪声能使动物的各类器官发生损伤,严重的可能导致死亡。例如,机场附近的一个饲养场,在喷气飞机的噪声影响下,鸡群发生大量死亡。一些调查报告还指出,强噪声会使鸟类羽毛脱落,不下蛋,甚至发生内脏出血。如果把兔子放在很吵闹的工业环境中饲养,可发现其胆固醇比正常情况下要高得多。

10.1.5　噪声的防控

噪声在传播过程中有三个要素:声源、介质、接受者。只有当声源、介质和接受者三个因素同时存在时,才能对人造成干扰和危害。

1.技术因素控制

控制噪声必须考虑以下三个因素。

(1)在声源处控制噪声。

这是最根本的措施,包含降低激发力、减小系统各环节对激发力的响应,以及改变操作程序或改造工艺过程等。但我国目前大多数设备的噪声强度超过了标准,使得从声源处控制噪声难以实现,往往需要在传播途径上采取噪声控制措施。

(2)在声传播途径中控制噪声。

这是噪声控制中的普遍技术,常用技术有吸音、隔声、消声及隔振等。噪声在传播过程中一旦遇到障碍物,就会被障碍物吸收、反射、折射和绕射等。所以在噪声控制中,人们常利用障碍物进行隔声,将高频声反射回声源;采用吸声材料贴附在墙壁上,既吸收噪声,又反射噪声。一部分声波经过障碍物顶部折射后,会增加传播距离,噪声在传播过程中的能量是随着距离的增加而逐渐衰减的。

(3)接受者保护措施。

因条件所限不能从噪声源和传播途径上控制噪声时,可采取个人防护的办法,个人防护是一种经济而有效的防噪措施。个人防护一是采用防护用具,如防声棉(蜡浸棉花)、耳塞、耳罩、帽盔等;二是采取轮班作业,缩短在强噪声环境中的时间。

2.传播途径控制

(1)吸声。

在噪声控制中常用吸声材料和吸声结构来降低室内噪声,尤其在体积较大、混响时间较长的室内空间,应用非常普遍。按照吸声的机理可以将吸声材料分为多孔性吸声材料和共振性吸声材料两大类。

① 多孔性吸声材料。多孔性吸声材料的物理结构特征是材料内部有大量的、互相贯通的、向外敞开的微孔,即材料具有一定的透气性。工程上广泛使用的有纤维材料和灰泥材料两大类。前者包括玻璃棉和矿渣棉或以此类材料为主要原料制成的各种吸声板材或吸声构件等;后者包括微孔砖和颗粒性矿渣吸声砖等。吸声机理是当声波入射到多孔材料时,引起孔隙中的空气振动。由于摩擦和空气的黏滞阻力,使一部分声能转变成热能;此外,孔隙中的空气与孔壁、纤维之间的热传导,也会引起热损失,使声能衰减。

② 共振性吸声材料。由于多孔性吸声材料的低频吸声性能差,为解决中、低频吸声问题,往往采用共振吸声材料,其吸声频谱以共振频率为中心出现吸收峰,当远离共振频率时,吸声系数就很低。常见的共振性吸声材料包括穿孔板共振吸声结构、微穿孔板吸声结构、薄膜和薄板共振吸声结构等。

(2)隔声。

隔声是在噪声控制中最常用的技术之一。隔声是指声波在空气中传播时,一般用各种易吸收能量的物质消耗声波的能量,使声能在传播途径中受到阻挡而不能直接通过的措施。隔声的具体形式包括隔声罩、隔声间、隔声屏障等。

① 隔声罩。隔声罩是一种可取的有效降噪措施,它把噪声较大的装置(如空压机、水泵、鼓风机等)封闭起来,可以有效地阻隔噪声的外传,减少噪声对环境的影响,但会给维修、监视、管路布置等带来不便,并且不利于所罩装置的散热,有时需要通风以冷却罩内的空气。隔声罩的隔声量主要是由罩壁的面密度与吸声材料的吸声系数、吸声量、噪声频率所确定的。罩壁材料可采用铅板、钢板、铝板,壁薄且密度大,一般采用 2~3 mm 钢板即可。也可以通过加筋或涂贴阻尼层,以抑制和避免钢板之类的轻型结构与罩壁发生共振和吻合效应,减少声波的辐射。同时,为了提高隔声效果,可在罩内用 50 mm 厚的多孔吸声材料进行处理,吸声系数一般不应低于 0.5。

② 隔声间。隔声间是为了防止外界噪声入侵,形成局部空间安静的小室或房间。隔声间的应用主要有两种形式:一种是在高噪声环境下建造一个具有良好的隔声性能的控制室,能有效地减少噪声对操作人员的干扰;另一种是声源较多、采取单一噪声控制措施

不易见效,或者采用多种措施治理成本较高,就把声源围蔽在局部空间内,以降低噪声对周围环境的污染。

隔声间的形式应根据需要而定。常用的有封闭式、三边式和迷宫式。隔声间的大小以能符合工作需要的最小空间为宜。隔声间的墙体和顶棚材料可采用木板、砖料、混凝土预制板或薄金属板等。

隔声间在设计时应注意:隔声间的内表面,应覆以吸声系数高的材料作为吸声饰面;隔声间门的面积应尽量小些,密封应尽量好些,可以采用橡皮条、毡条等作为密封材料。

③ 隔声屏障。在声源与接收点之间设置障板,阻断声波的直接传播,使声波传播有一个显著的附加衰减,从而减弱接收者所在的一定区域内的噪声影响,这种结构称为隔声屏障。噪声在传播途径中遇到障碍物,若障碍物尺寸远大于声波波长时,大部分声能被反射和吸收,一部分绕射,于是在障碍物背后一定距离内形成声影区。声影区的大小与声音的频率和屏障高度等有关,频率越高,声影区的范围越大。隔声屏障将声源和保护目标隔开,使保护目标落在隔声屏障的声影区内。隔声屏障主要用于室外,随着公路交通噪声污染日益严重,有些国家大量采用各种形式的屏障来降低交通噪声。在建筑物内,如果对隔声的要求不高,也可采用屏障来分隔车间与办公室。另外,为了保护工作人员免受强烈噪声的直接辐射,可采用屏障隔成工作区。隔声屏障的拆装和移动都比较方便,又有一定的隔声效果,因而应用较广。

隔声屏障主要有四类。一是阻性隔声屏障,由前板、后板、侧板构成一个封闭的箱式结构,形成一个模块化单元。前板为穿孔率 25% 的镀锌钢板,后板和侧板为不穿孔的镀锌钢板,两层板之间内填防潮离心玻璃棉板,吸声材料用聚氟乙烯薄膜覆盖。二是普通透明隔声屏障,采用透明的聚碳酸酯板,因为是透明的,所以隔声屏障的景观感较好,比较容易融入周围的环境。三是微孔板透明隔声屏障,有两层,它应用了微孔吸声原理,在一层聚碳酸酯板上穿许多直径为 0.88 mm 的小孔,穿孔率 1%;另一层聚碳酸酯板不穿孔,两层板之间的间距为 100 mm,它相当于一个单层微孔吸声结构。四是复合式隔声屏障,它兼有透明和不透明隔声屏障的优点,它的一半是阻性隔声屏障,另一半是透明隔声屏障。

(3)消声。

消声器是一种既能允许气流顺利通过,又能有效地阻止或减弱声能向外传播的装置。但消声器只能用来降低空气动力设备的进排气口噪声或沿管道传播的噪声,而不能降低空气动力设备本身所辐射的噪声。

① 阻性消声器。阻性消声器是一种吸收型消声器,利用声波在多孔吸声材料中传播时,摩擦将声能转化成热能而散发掉,从而达到消声的目的。其材料的消声性能类似于电路中的电阻耗损电功率,因而得名。一般来说,阻性消声器具有良好的中高频消声性能,低频消声性能较差。

② 抗性消声器。抗性消声器与阻性消声器不同,它不使用吸声材料,仅依靠管道截面的突变或者旁接共振腔等在声传播过程中引起阻抗的改变而产生声能的反射、干涉,从而降低由消声器向外辐射的声能,达到消声的目的。常用的抗性消声器有扩张室式、共振腔式、插入管式、干涉式、穿孔板式等。这类消声器的选择性较强,适用于窄带噪声和中低频噪声的控制。

（4）隔振。

声波起源于物体的振动，物体的振动除了向周围空间辐射噪声外，还可通过与其相连的固体结构传播声波。固体声波在传播过程中会向周围空气辐射噪声，尤其当引起物体共振时，产生的噪声会更强烈。

隔振的影响，特别是对于环境来说，主要是通过振动传递来达到的，减少或隔离振动的传递，振动就能得以控制。控制共振的主要方法包括：改变设施的结构和总体尺寸或采用局部加强法等，以改变机械结构的固有频率；改变机器的转速或改换机型等以改变振动源的振动频率；将振动源安装在非刚性的基础上以降低共振响应；对于一些薄壳机体或仪器仪表柜等结构，用粘贴弹性高阻尼结构材料增加其阻尼，以增加能量逸散，降低其振幅。在设备下安装隔振元件——隔振器是目前工程上应用最为广泛的控制振动的有效措施，广泛采用钢弹簧、橡胶、软木、毛毡、玻璃纤维板和气垫等进行隔振。

10.2　放射性污染

10.2.1　放射性污染的定义

在人类生存的地球上，自古以来就存在着各种放射源。从 1895 年伦琴发现 X 射线和 1898 年居里发现镭元素后，原子能科学得到了飞速发展。核能的大量开发和利用及不断进行核武器爆炸试验，都给人类带来了巨大的经济效益和社会效益，但同时也给人类环境增添了人工放射性物质，对环境造成了新的污染。

放射性元素的原子核在衰变过程放出射线的现象，称为放射性。具有这种放射性质的物质称为放射性物质。在自然状态下，来自宇宙的射线和地球环境本身的放射性元素一般不会给生物带来危害，但在自然资源中还存在着一些能自发地放射出某些特殊射线的物质，这些射线具有很强的穿透性，如铀、镭等都是放射性的物质。20 世纪 50 年代以来，人类活动使得人工辐射和人工放射性物质大大增加，环境中的射线强度随之增强，危及生物的生存，从而产生了放射性污染。放射性污染很难消除，射线强弱只能随时间的推移而减弱。

10.2.2　放射性污染的来源

1.核武器试验的沉降物

全球频繁的核武器试验是造成核放射污染的主要来源。在进行大气层、地面或地下核试验时，排入大气中的放射性物质与大气中的飘尘相结合，由于重力作用或雨雪的冲刷而沉降于地球表面，这些物质称为放射性沉降物或放射性粉尘。放射性沉降物播散的范围很大，往往可以沉降到整个地球表面，而且沉降很慢，一般需要几个月甚至几年才能落到大气对流层或地面。

2.核燃料循环的"三废"排放

原子能工业中核燃料的提炼、精制和核燃料元件的制造,都会有放射性废弃物产生和废水、废气的排放,这些均会对周围环境带来一定程度的污染。

3.医疗照射引起的放射性污染

现在由于辐射在医学上的广泛应用,医用射线源已成为主要的人工污染源。

4.其他

其他辐射污染来源可归纳为两类:一是工业、医疗、军队、核舰艇或研究用的放射源,因运输事故、遗失、偷窃、误用,以及废物处理等,失去控制而对居民造成大剂量照射或污染环境;二是一般居民消费用品,包括含有天然或人工放射性核素的产品,如放射性发光表盘、夜光表及彩色电视产生的照射。

10.2.3　放射性污染的特点及危害

放射性污染是指由放射性物质造成的环境污染。放射性污染具有以下特点。
(1)放射性核素毒性远远高于一般的化学物质。
(2)按辐射损伤产生的效应,可能影响遗传。
(3)放射性剂量的大小,只有辐射探测仪器可探测。
(4)放射性核素具有蜕变能力。
(5)放射性活度只能通过自然衰变而减弱。
放射性污染的危害如下。

1.躯体效应

人体受到射线过量照射所引起的疾病,称为放射性病,它可以分为急性损伤和慢性损伤两种。如果人在短时间内受到大剂量的 X 射线、γ 射线和中子的全身照射,就会产生急性损伤。慢性放射病是多次照射、长期积累的结果。全身的慢性放射病,通常与血液病相联系,如白细胞减少、白血病等。局部的慢性放射病如当手部受到多次照射损伤时,指甲周围的皮肤会呈现红色,并且发亮,同时,指甲变脆、变形,手指皮肤光滑、失去指纹,手指无感觉,随后发生溃烂。

2.遗传效应

辐射的遗传效应是由于生殖细胞受损伤,而生殖细胞是具有遗传性的细胞。染色体是生物遗传变异的物质基础,由蛋白质和 DNA 组成;DNA 有修复损伤和复制自己的能力,许多决定遗传信息的基因定位在 DNA 分子的不同区段上。电离辐射的作用使 DNA 分子损伤,如果是生殖细胞中 DNA 受到损伤,并把这种损伤传给子孙后代,后代身上就可能出现某种程度的遗传疾病。

10.2.4　放射性污染防治

加强对放射性物质的管理是控制放射性污染的必要措施,从技术控制手段来讲,放射性废物中的放射性物质,采用一般的物理、化学及生物的方法都不能将其消灭或破坏,只有通过放射性核素的自身衰变才能使放射性衰减到一定的水平,而许多放射性元素的半衰期十分长,并且衰变的产物又是新的放射性元素,所以放射性废物与其他废物相比在处理和处置上有许多不同之处。

(1)重视放射性废气处理。

核设施排出的放射性气溶胶和固体粒子,必须经过滤净化处理,使之减到最低程度,符合国家排放标准。

(2)强化放射性废水处理。

铀矿外排水必须经回收铀后复用或加净化后排放;水冶厂废水应适当处理后送尾矿库澄清,上清液返回复用或达标排放;核设施产生的废液要注意改进和强化处理,提高净化效能,降低处理费用,减少二次废物产生量。

(3)妥善处理固体放射性废物。

废矿石应填埋,并覆土、植被做无害化处理;尾砂坝初期用当地土、石,后期用尾砂堆筑,顶部须用泥土、草皮和石块覆盖;核设施产生的易燃性固体废物须装桶送往废物库集中贮存;焚烧后的放射性废物,其灰渣应装桶或固化贮存;中、低放射性固体废物须经减容处理,在缩小体积、增强稳定性后,送废物库做浅层埋藏;已减至最小量的高放射性废物,在充分验证其对环境无害的基础上,做深地质处置。

此外,还要求提高设计质量,减少核"三废"的产生量;加强科学管理,提高操作水平,落实经济责任制;讲究经济效益,扩大利用范围;积极推行工艺生产线的革新和改造,把"三废"消除在生产工艺流程之中,减少废液产量,并减小其体积,尽可能考虑固化处理。

10.3　电磁污染

10.3.1　电磁辐射

电磁辐射(electromagnetic radiation)是由振荡的电磁波产生的。在电磁振荡的发射过程中,电磁波在自由空间以一定速度向四周传播,这种以电磁波传递能量的过程或现象称为电磁波辐射,简称电磁辐射。

电磁辐射源主要包括两大类,即天然电磁辐射源和人为电磁辐射源。

1.天然电磁辐射源

天然电磁辐射源最常见的是雷电,除了可能对电器设备、飞机、建筑物等直接造成危害外,还会在广大地区从几千赫到几百兆赫以上的极宽频率范围内产生严重电磁干扰。火山爆发、地震和太阳黑子活动引起的磁暴等都会产生电磁干扰,天然的电磁污染对短波通信的干扰特别严重。

2.人为电磁辐射源

人为电磁辐射源产生于人工制造的若干系统、电子设备与电气装置,主要来自广播、电视、雷达、通信基站及电磁能在工业、科学、医疗和生活中的应用设备。人为电磁辐射源按照频率不同又可分为工频场源和射频场源。工频场源中,以大功率输电线路所产生的电磁污染为主,同时也包括若干种放电型场源。射频场源主要是无线电设备或射频设备工作中产生的电磁感应与电磁辐射,它是目前电磁辐射污染环境的重要因素。人为电磁辐射污染源分类见表 10.5。

表 10.5　人为电磁辐射污染源分类

分类		设备名称	污染来源与部件
放电所致场源	电晕放电	电力线(送配电线)	由高电压、大电流而引起静电感应、电磁感应、大地漏泄电流所造成
	辉光放电	放电管	荧光灯、高压水银灯及其他放电管
	弧光放电	开关、电气铁道、放电管	点火系统、发电机、整流装置
	火花放电	电气设备、发动机、冷藏车、汽车	整流器、发电机、放电管、点火系统
工频感应场源		大功率输电线、电气设备、电气铁道	高电压、大电流的电力线场、电气设备
射频感应场源		无线电发射机、雷达	广播、电视的发射系统
		高频加热设备、热合机、微波干燥机	工业用射频利用设备的工作电路与振荡系统
		理疗剂、治疗机	医学用射频利用设备的工作电路与振荡系统
家用电器		微波炉、计算机、电磁炉、电热毯	功率源为主
移动通信设备		手机、对讲机等	天线为主

10.3.2　电磁辐射的危害

电磁辐射的危害主要表现在以下几个方面。

1.对人体健康产生的影响和危害

人类一直生活在一个存在着电磁辐射的环境之中,因此,在长期的进化过程中,人类已经能够和外部的电磁辐射环境在一定程度上相适应。但是,在超出人体的适应调节范围以后,电磁辐射就会对人体造成伤害。人体的不同部分对辐射的敏感程度是不一样的,也就是说,在同样的辐射环境下,身体的不同部分受到的伤害是不一样的。电磁辐射可使人出现头昏脑涨、失眠多梦、记忆力减退等症状。电磁辐射对于人的心血管系统的危害主要表现为心悸、失眠、心动过缓、血压下降、白细胞减少、免疫力下降。这种影响一般认为主要是通过影响人的神经系统从而导致心血管系统的不良反应。高强度电磁辐射还可使人眼中的组织受到损伤,导致视力减退乃至完全丧失。此外,电磁辐射对人体内分泌系统、免疫系统、骨髓造血系统均有不同程度的影响。当然,电磁辐射对人体的健康危害还与辐射源、周围环境及受体差异有关。其中辐射源主要涉及频率(波长)、电磁场强度、波形、与辐射源的距离、照射时间与累计频次等。

2.电磁辐射对机械设备的危害

电磁辐射可直接影响电气设备、仪器仪表的正常工作,造成信息失真、控制失灵以致酿成大祸,如火车、飞机、导弹或人造卫星的失控,干扰医院的脑电图、心电图信号,使之无法正常工作。有的电磁波还会对有线电设施产生干扰而引起铁路信号的失误动作、交通指挥灯的失控、计算机的差错和自动化工厂操作的失灵,甚至还可能使民航系统的警报被拉响而发出假警报;在纵横交错、蛛网密布的高压线网、电视发射台、转播台等附近的家庭,电视机会被严重干扰。

3.电磁辐射对安全的危害

电磁辐射会引燃引爆,特别是高场强作用下会引起火花,导致可燃性油类、气体和武器弹药的燃烧与爆炸事故。

10.3.3 电磁辐射的防治

1.电磁屏蔽

电磁屏蔽是利用一些能抑制电磁辐射扩散的材料,将电磁辐射源与外界隔离开来,使辐射能被限制在某一范围内,从而达到防止电磁污染的目的。屏蔽装置一般为金属材料(或导电性好的非金属)制成的封闭壳体,并与地相接。屏蔽防护主要是利用其对电磁能进行反射与吸收,使得传递到屏蔽体上的电磁场,一部分被屏蔽体反射,进入屏蔽体内的电磁能又有一部分被吸收,因此透过屏蔽的电磁场强度会大幅度衰减,从而避免对人与环境的危害。根据场源与屏蔽体的相对位置,屏蔽方式可分为以下两类。

(1)限定电磁场的作用。

将电磁场的作用限定在某一范围内,用屏蔽壳体将电磁污染源包围起来,使其不对范围以外的生物机体或仪器设备产生影响的方法,称为主动场屏蔽或有源场屏蔽。

(2)将场源放置于屏蔽体之外。

用屏蔽壳体将需保护的区域包围起来,使场源对限定范围内的生物机体及仪器设备不产生影响,称为被动场屏蔽或无源场屏蔽。

2.吸收防护

采用吸收电磁辐射能量的材料进行防护是降低电磁辐射的一项有效措施。能吸收电磁辐射能量的材料种类很多,如铁粉、石墨、木材和水等,以及各种塑料、橡胶、胶木、陶瓷等。吸收防护就是利用吸收材料对电磁辐射能量有一定的吸收作用,从而使电磁波能量得到衰减,达到防护的目的。吸收防护主要用于微波频段,不同的材料对微波能量均有不同的微波吸收效果。

3.个人防护

我们在平时工作和日常生活中,应自觉采取措施,减少电磁波的危害。应尽量增大人体与发射源的距离,因为电磁波对人体的影响,与发射功率大小及与发射源的距离紧密相关,它的危害程度与发射功率成正比,而与距离的平方成反比。当因工作需要,操作人员必须进入微波辐射源近场区作业时,或因某些原因不能对辐射源采取有效的屏蔽、吸收等措施时,必须采取个人防护措施,以保护作业人员安全。个人防护措施主要有穿防护服、带防护头盔和防护眼镜等。这些个人防护装备同样也是应用了屏蔽、吸收等原理,用相应材料制成的。

4.接地导流

将辐射源的屏蔽部分或屏蔽体通过感应产生的射频电流由地极导入地下,以免成为二次辐射源。接地极埋入地下的形式有板式、棒式、格网式多种,通常采用前两种。接地法的效果与接地极的电阻值有关,使用电阻值越低的材料,其导电效果越好。

5.区域控制与综合治理

对工业集中城市,特别是电子工业集中城市或电气、电子设备密集使用地区,可以将电磁辐射源相对集中在某一区域,使其远离一般工作区或居民区,并对这样的区域设置安全隔离带。例如,绿色植物对电磁辐射能具有较好的吸收作用,可以采用绿化隔离带,从而在较大的区域范围内控制电磁辐射的危害。

10.4　热　污　染

10.4.1　热污染概述

人类生活和生产中排出的各种废热影响和危害环境的现象称为热污染。热污染主要是由于能源消费引起的,在能源消费和能量转换过程中,产生了大量废热蒸气、热废水和化学物质(如二氧化碳、一氧化二氮等),这些物质向环境直接排放,干扰了地球环境的热平衡,造成环境中水体和空气的温度升高。热污染对自然环境造成的破坏,将直接或间接对人类和其他生物产生长远的影响。

10.4.2　热污染的来源及危害

1.热岛效应

因城市地区人口集中,建筑群、街道等代替了地面的天然覆盖层,工业生产排放热量,生产过程产生的废热直接排向环境,大量机动车行驶,大量空调排放热量而形成城市气温高于郊区农村的热岛效应。热岛效应形成的环流现象使城市的污染物不能及时扩散稀释,并使城市上空云雾和降水量有所增加,造成局部气候反常。随着人口和耗能量的增长,城市排入大气的热量日益增多。按照热力学定律,人类使用的全部能量终将转化为热,传入大气,逸入太空。这样使地面反射太阳热能的反射率增高,吸收太阳辐射热减少,沿地面空气的热减少,上升气流减弱,阻碍云雨形成,造成局部地区干旱,影响农作物生长。

2.温室气体的排放

近一个世纪以来,地球大气中的二氧化碳不断增加,气候变暖,冰川积雪融化,使海水水位上升。

3.水体热污染

因热电厂、核电站、炼钢厂等冷却水所造成的水体温度升高,使溶解氧减少,某些毒物毒性提高,鱼类不能繁殖或死亡,某些细菌繁殖,破坏水生生态环境进行而引起水质恶化,即水体热污染。热污染对水体的水质会产生影响,当温度上升时,由于水的黏度降低,密度减小,从而可使水中沉淀物的空间位置和数量发生变化,导致污泥沉积量增多。火力发电厂、核电站和钢铁厂的冷却系统排出的热水,以及石油、化工、造纸等工厂排出的生产性废水中均含有大量废热,这些废热排入地面水体之后,均能使水温升高。

10.4.3　热污染防治

1.改进热能利用技术,提高热能利用率

随着技术的进步,通过提高热能利用率,既能够节约能源,又能够减少废热的排放。例如,通过提高火力发电厂的能量利用率,可以大大降低废热的排放量。

2.废热的综合利用

利用温热水进行水产品养殖,在国内外都取得了较好的试验成果。农业是温热水有效利用的一个重要途径,在冬季用热水灌溉能促进种子发芽和生长,从而延长适于作物种植的时间。利用温热排水在冬季供暖、在夏季作为吸收型空调设备的能源已成功实现。温热水的排放在高纬度寒冷地区可以预防船运航道和港口结冰,从而节约运费。适量的温热水在冬季时排入污水处理系统有利于提高活性污泥的活性,提高污水处理效果。

3.减少温排水

对排放后可能对水体造成热污染的电力等生产工艺系统中的温排水,可通过冷却的方法使其降温,降温后的冷水可以回到工业冷却系统中重新使用。冷却方法有冷却塔冷却和冷却池冷却,比较常用的是冷却塔冷却。在塔内,喷淋的温水与空气对流流动,通过散热和部分蒸发达到目的。应用冷却回用的方法,既可以节约水资源,又可以实现向水体不排或少排温排水。

4.加强隔热保温

在工业生产中,有些窑体要加强保温、隔热措施,以降低热损失,如水泥窑筒体用硅酸铝毡、珍珠岩等高效保温材料,既能够减少热散失,又能够降低水泥熟料热耗。

5.新能源的开发利用

积极开发利用水能、风能、地热能和太阳能等新能源,不仅能有效地解决污染物的排放,又能够防止和减少热污染。

6.制定废热水的排放标准

为了防止废热水污染,尽可能利用废水中的余热,除了要大力发展废热水热能回收技术外,还要充分了解废水排放水域的水文、水质及水生生物的生态习性,以便综合治理。同时,应在经济合理的条件下,制定废热水的排放标准。

10.5　光　污　染

10.5.1　光污染概述

光污染指的是过量或不当的光辐射对人类的生存环境及人体健康造成不良影响的现象。医学研究发现,人们长期生活或工作在逾量或不协调的光辐射下会出现头晕目眩、失眠、心悸和情绪低落等神经衰弱症状。城市中的夜景灯光由于采用人工光源而非全光谱照射,会扰乱人们正常的生物钟规律,使人倦乏无力。用强光照射植物同样会破坏植物体内生物钟的节律,妨碍其正常生长,特别是夜里长时间、高辐射能量作用于植物,会使植物的叶和茎变色,甚至枯死。

10.5.2　光污染的来源

一般认为,光污染的来源有可见光污染、红外光污染和紫外光污染。

1.可见光污染

(1)眩光污染。

人们接触较多的,如电焊时产生的强烈眩光,在无防护情况下会对人的眼睛造成伤害;夜间迎面驶来的汽车头灯的灯光,会使人视物极度不清,造成事故;长期工作在强光条件下,视觉会受损;车站、机场、控制室过多闪动的信号灯,以及电视中为渲染舞厅气氛,快速地切换画面,也属于眩光污染,会使人视觉不舒服。

(2)灯光污染。

城市夜间灯光不加控制,使夜空亮度增加,影响天文观测。同时,路灯控制不当或建筑工地安装的聚光灯照进住宅,会影响居民休息。

(3)其他可见光污染。

例如,现代城市的商店、写字楼和大厦等,外墙全部用玻璃或反光玻璃装饰,在阳光或强烈灯光照射下,所发出的反光会扰乱驾驶员或行人的视觉,成为交通事故的隐患。

(4)视觉污染。

光污染还有一类特殊形式,就是视觉污染,这是指杂乱无章的环境对人视觉和情绪的不良影响。人们都有过这样的感觉,走进一个整洁、干净明亮的环境,心情会格外舒畅,情绪很高;相反,如果看到周围的一切都是乱糟糟的,就会感到心情烦躁,情绪低落。

(5)激光污染。

激光污染是一种可直接造成眼底伤害的污染现象。激光是一种指向性好、颜色纯、能量高、密度大的高能辐射,它的密度通常比太阳光线要高出几百倍乃至几亿倍。激光光束一旦进入人眼,经晶状体会聚,可使光强度提高几百倍甚至几万倍,眼底细胞都会被烧伤。激光光谱还有一部分属紫外线和红外线频率范围,它们因不能被人眼看到,更容易误入人眼造成伤害。此外,功率很大的激光甚至可以直接进入人体,危害人的深层组织。

2.红外光污染

近年来,红外线在军事、科研、工业、卫生等方面应用日益广泛,由此产生红外线污染。较强的红外线可造成皮肤伤害,其情况与烫伤相似,最初是灼痛,然后是造成烧伤。还可透过眼睛角膜对视网膜造成伤害,波长较长的红外线甚至能伤害人眼的角膜。人眼如果长期处于红外线的环境中,可能引起白内障。

3.紫外光污染

紫外线根据波长不同,可分为以下几个光区:波长为 10~190 nm 的为真空紫外线,可被空气和水吸收;波长为 190~300 nm 的远紫外部分,大部分可被生物分子强烈吸收;波长为 300~380 nm 的为近紫外部分,可被某些生物分子吸收。

紫外线最早应用于消毒及某些工艺流程,近年来它的使用范围不断扩大,如用于人造卫星对地面的探测。紫外线会伤害人的眼角膜和皮肤。造成眼角膜损伤的紫外线主要是波长为 250~300 nm 的部分,而其中波长为 288 nm 的作用最强。角膜多次暴露于紫外线,并不增加对紫外线的耐受能力。紫外线对角膜的伤害作用表现为一种称为畏光眼炎的极痛的角膜白斑伤害。除了剧痛外,还导致流泪、眼睑痉挛、眼结膜充血和睫状肌抽搐。波长为 280~320 nm 和 250~260 nm 的紫外线对皮肤的效应最强。紫外线对皮肤的伤害作用主要是引起红斑和小水疱,严重时会使表皮坏死和脱皮。人体胸、腹、背部皮肤对紫外线最敏感,其次是前额、肩和臀部,再次为脚掌和手背。

10.5.3　光污染防治

光污染已经成为现代社会的公害之一,应引起政府、专家及民众的足够重视,积极控制和预防光污染,改善城市环境。为了避免光污染的产生,可以从以下几方面着手。

1.加强城市规划和管理

在建筑物和娱乐场所的周围做合理规划,在装修中采用反光系数极小的材料,进行绿化并少用或不用玻璃幕墙,对广告牌和霓虹灯应加以控制和科学管理,注意减少大功率强光源,以减少光污染的来源。

2.加大宣传工作及科学研究

一方面,教育人们科学合理地使用灯光,注意调整亮度,不可滥用光源,不要扩大光的污染,白天提倡使用自然光;另一方面,科研部门要进行光污染对人群健康影响的科学调查,让广大民众对光污染有一定的了解。

3.强化市民保护意识

注意工作环境中的紫外线、红外线及高强度眩光的损伤,劳逸结合,夜间尽量少到强光污染的场所活动。如果不能避免长期处于光污染的工作环境中,应该考虑到防止光污染的问题,采用个人防护措施:戴防护镜、防护面罩、穿防护服等,把光污染的危害消除在萌芽状态。已出现症状的应定期去医院眼科做检查,及时发现病情,以防为主,防治结合。

【阅读材料】

《中华人民共和国噪声污染防治法》的修订重点内容

噪声污染属于物理污染,其污染源分布很广,出现在人们生产和生活的各个领域。随着城市的不断发展,噪声污染已经成为当前的主要环境污染因素之一,如商场促销广告、邻里噪声、装修噪声、汽车鸣笛、建筑工地噪声等。加强噪声污染治理,不但是满足人民群众日益增长的对和谐安宁生活环境的需要,也是推进我国生态环境治理体系和治理能力现代化的客观需要,更是深入落实习近平总书记"还自然以宁静、和谐、美丽"重要指示精神和党中央决策部署的具体行动。《中华人民共和国噪声污染防治法》(以下简称《噪声法》)已于 2021 年 12 月 24 日由第十三届全国人民代表大会党务委员会第十二次会议审议通过,自 2022 年 6 月 5 日起施行。新法修订的几个重要方面如下。

(1)条文增加近三分之一。

新法修订后条文从 64 条扩展到 90 条,增加了 26 条,新法中近三分之一为增加条款。从新增的条文中可以看出修订重点包含了交通运输和社会生活噪声两方面内容,其中,交通运输涉及的条款从原来的 10 条增至 15 条,社会生活噪声涉及的条款则从 7 条增至 12 条。在本法修订中,从立法材料来看,在宪法和法律委员会的审议中系统地对厘清部门职责、完善规划和标准制度、夯实企业主体责任、有针对性地完善防治措施、加强噪声污染防治信息公开、加大对违法行为的惩处力度补充了大量条款。

（2）新增"噪声污染防治标准和规划"一章。

修订后的内容中将"噪声污染防治标准和规划"独立成为一章,共9条内容,其中近一半内容为首次出现,修订后的内容再次强调了预防原则,并以规划和许可制度为基础,技术标准体系建设作为许可制度的操作前提。明确了声标准体系建设(第13、17、19条);强化了"噪声敏感建筑物集中区域"划分和保护(第14条);增加了相关的环境振动控制标准,明确了省级地方噪声排放标准的制定(第15条);全面强化了产品噪声污染防治责任,从原来的工业设备扩展到"可能产生噪声污染的工业设备、施工机械、机动车、铁路机车车辆、城市轨道交通车辆、民用航空器、机动船舶、电气电子产品、建筑附属设备等产品",并明确了责任形式和监管机制(第16条);明确将噪声污染防治纳入规划环境影响评价(第18条);明确了编制声环境质量改善规划及其实施方案(第20、21条)。此外,尽管不在规划制度章节中,但还针对工业噪声、交通运输噪声控制增加了对规划制度的规定(第35、45、52条)。

旧法中针对厂界和场界排放标准的相关条目不再出现,取而代之的是产品噪声限值、排放标准、制定交通基础设施工程技术规范(第46条)、民用航空器(第53条)、排放许可制度等。

（3）适用范围多角度扩展。

地域适用范围最主要的变化是在工业、建筑施工、交通运输、社会生活噪声污染防治中,取消了农村与城市地域范围的差异,新修订内容涵盖旧法中第12、19、23、28、29、30、33~37、39、40、42、45、56、58条,即不再将农村与城市加以区分。

在对象适用范围上,增加了环境振动控制标准和措施要求,扩展了噪声治理对象的内涵及在源头上对噪音的预防内容(第15、22、26、36、40、46、51、68条)。对工业噪声的概念,也去掉了"使用固定的设备"的限制,由此对工业噪声的规定不仅限于相关设备,也包括不使用设备,可以是工艺自身,只要为工业生产服务的活动均包括在内(第34条)。

（4）强化了政府及其相关部门的职责。

首先,强化了整体政府责任。将国民经济和社会发展规划、工作经费纳入本级政府预算,明确了生态环境规划中噪声防治的内容(第5条);明确了政府对声质量负责、目标责任制和相应考核评价制度(第6条);明确县以上政府建立协调联动机制,加强部门协同配合,实现信息共享(第7条);增加规定基层群众性自治组织应当协助地方人民政府及相关部门做好噪声污染防治控制工作(第8条);强化了"噪声敏感建筑物集中区域"划分和保护(第14条);规定了约谈和整改(第28条)。

其次,明确了具体事务的职责。明确了住房和城乡建设对建筑施工噪声污染具有治理职责(第8条);明确将噪声污染防治纳入规划环境影响评价的内容(第18条);明确了编制声环境质量改善规划及其实施方案(第20、21条)。

最后,区分了部门职责。明确说明因特殊需要必须夜间施工作业的,应当取得地方人民政府住房和城乡建设、生态环境主管部门或者地方人民政府指定的其他部门的证明(第43、77、88条);明确由地方人民政府生态环境主管部门会同公安机关划定禁止机动车行驶和使用声响装置的路段和时间,由公安机关交通管理部门依法设置相关标志、标线(第48、49、79条);明确对建设单位建设噪声敏感建筑物不满足民用建筑隔声设计相关标准要求的行为,由"县级以上地方人民政府住房和城乡建设主管部门"处罚(第52、73条)。

(5)进一步明确个人权利义务和社会共治。

在个人权利义务上,明确强调了公民依法享有获得声环境信息的权利,对排放噪声的行为应当采取相应措施(第9条);新增将"维护社会和谐"作为立法目的;多处强调了"基层群众性自治组织"(第8、10、69、70条);新增防治噪声的宣传教育和舆论监督相关内容(第10条)及宁静创建活动(第32条)。

(6)增加分类噪声污染防治制度。

在一般性噪声监督管理中,规定了"排放噪声、产生振动,应当符合噪声排放标准以及相关的环境振动控制标准和有关法律、法规、规章的要求。排放噪声的单位和公共场所管理者,应当建立噪声污染防治责任制度,明确负责人和相关人员的责任"(第22条)。

(资料来源:中国人大网,网址:http://www.npc.gov.cn/npc/c30834/202112/528c29567316465894e6bf6040c33a8c.shtml)

复习与思考

1.噪声的来源有哪些?噪声污染的特征是什么?噪声会对人类造成哪些危害?

2.如何有效控制噪声污染?

3.放射性污染的特点及危害有哪些?

4.电磁辐射对人体和环境的危害有哪些?

5.电磁辐射有哪些防治方法?

6.热污染的危害有哪些?如何防治热污染?

7.什么是光污染?城市中光污染的来源有哪些?其主要防治措施有哪些?

第 11 章 双 碳 战 略

11.1 温室效应与碳排放

11.1.1 温室效应的成因

气候是指一个地区大气的多年平均状况,通常由温度、降水、光照等气候要素的统计量来反映。气候变化是指长时期内气候状态的变化。如图 11.1 所示,气候变化有两方面表现形式:一是气候平均值的变化,如温度整体下降或者升高;二是气候离差值的变化,是指目前的气候状态偏离正常状态的程度,气候离差值增大,气候状态的不稳定性增加,气候异常将愈加明显。

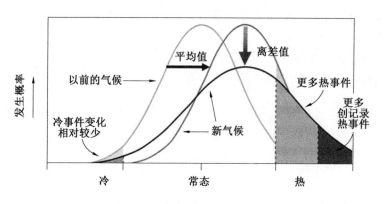

图 11.1 气候变化的主要表现

气候变化的原因既有自然因素也有人为因素。自然因素包括太阳辐射的变化、地球轨道的变化、火山活动、大气与海洋环流的变化等;人为因素主要是工业革命以来的人类活动,包括人类生产、生活所造成的二氧化碳等温室气体的排放、对土地的利用、城市化等。

全球变暖是目前气候变化的主要特征,其主要原因是大气中温室气体浓度上升导致温室效应增强。温室气体主要包括水蒸气(H_2O)、二氧化碳(CO_2)、一氧化二氮(N_2O)、甲烷(CH_4)、氢氟碳化物(HFCs)、氟碳化合物(PFCs)、六氟化硫(SF_6)、三氟化氮(NF_3)等,其中除水蒸气外的其他温室气体与人类活动关系密切,成为当前减排的重点。温室效应是指地球主要通过地表吸收来自太阳的辐射,并以长波辐射(热辐射、红外辐射)到宇宙,某些长波辐射被大气中的温室气体所吸收,这些被吸收的能量再向各个方向辐射,向上辐射的部分从大气较冷的高层消失到宇宙中,向下辐射的部分使地表增温。

人类活动排放的温室气体快速增长,导致全球气候变暖、极端天气频发等一系列严重后果。根据政府间气候变化专门委员会(Intergovernmental Panel on Climate Change,IPCC)最近一次评估形成的《气候变化 2014 综合报告》,自 1850 年以来,全球人为 CO_2 排放快速增长,导致地球表面温度趋势性上行,过去 30 年里,每 10 年的地球表面温度都依次比前一个 10 年的温度更高。人为温室气体排放与全球温升、海平面上升具有高度相关性。

11.1.2　温室效应的危害

1.全球变暖

温室气体浓度的增加会减少红外线辐射反射到太空外,地球的气候因此需要转变来使吸取和释放辐射的分量达至新的平衡。这个转变包括全球性的地球表面及大气低层变暖,因为这样可以将过剩的辐射排放出去。

2.地球上的病虫害增加

温室效应可使史前致命病毒威胁人类。美国科学家发出警告,由于全球气温上升令北极冰层融化,被冰封十几万年的史前致命病毒可能会重见天日,导致全球陷入疫症恐慌,人类生命受到严重威胁。一系列的流行性感冒、小儿麻痹症和天花等疫症病毒可能藏在冰块深处,人类对这些原始病毒尚无抵抗能力,当全球气温上升令冰层融化时,这些埋藏在冰层千年或更长时间的病毒便可能复活,形成疫症。

3.海平面上升

假如全球变暖继续发生,有两种过程会导致海平面升高。第一种是海水受热膨胀令海平面上升,第二种是冰川及格陵兰和南极洲上的冰块融化使海洋水增加。预期由 1900 年至 2100 年地球的平均海平面上升幅度为 0.09～0.88 m。

全球变暖使南北极的冰层迅速融化,海平面上升对岛屿国家和沿海低洼地区带来的灾害是显而易见的,突出的是:淹没土地,侵蚀海岸。全世界岛屿国家有 40 多个,大多分布在太平洋和加勒比海地区,地理面积总和约为 77 万 km^2,人口总和约为 4 300 万,依据《联合国海洋法公约》有关规定,这些岛国将负责管理占地球表面 1/5 的海洋环境,其重要战略地位是不言而喻的。尽管这些岛国人均国民总收入普遍较高,但极易遭受海洋灾害毁灭性的打击,特别是全球气候变暖使海平面上升的威胁最为严重,很多岛国的国土仅在海平面上几米,有的甚至在海平面以下,靠海堤围护国土,海平面上升将使这些国家面临淹没的危险。

4.气候反常

气候反常、极端天气多是因为全球性温室效应,即二氧化碳这种温室气体浓度增加,使热量不能发散到外太空,从而使地球变成一个"保温瓶",而且是不断加温的"保温瓶"。

全球温度升高,使得南北极冰川大量融化,海平面上升,导致海啸、台风,夏天非常热、冬天非常冷的反常气候,极端天气多。

5.土地沙漠化

土地沙漠化是一个全球性的环境问题。自有历史记载以来,我国已有 1 200 万公顷的土地变成了沙漠,特别是近 50 年来形成的"现代沙漠化土地"就有 500 万公顷。

6.缺氧

由于温室气体的摩尔质量短时大于氧气,若世界上所有的化石类能源全部被开采,则易造成地球上氧气浓度的下降,造成动植物缺氧,威胁生态安全。

11.1.3　碳排放现状

碳排放的急剧增加,使温室效应持续加强,导致全球平均气温不断攀升。近 40 年来,每个十年都比前一个十年变得更暖。而全球气候变化则进一步刺激了地球的某些"敏感神经",如北极海冰面积减少,使全球气候变化进入正反馈进程,如同推倒了第一张多米诺骨牌,进而引起更加复杂和剧烈的气候变化,引发更加频繁和更具破坏性的自然灾害。

世界各国科学家通过长期的持续观测和探索研究,证实温室气体排放与全球气候变化之间存在直接关系。如图 11.2 所示,目前全球每年排放的二氧化碳已接近 400 亿吨,是 1950 年的 7 倍左右,其中绝大部分来自化石燃料燃烧。二氧化碳浓度的急剧增加,使地球系统原有热量平衡被打破,地球气候系统出现了以变暖为主要特征的显著变化。

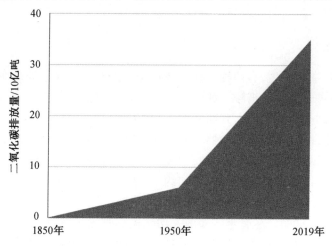

图 11.2　1850 年、1950 年、2019 年全球二氧化碳排放量

1.世界碳排放现状

20 世纪 70 年代至今,全球碳排放与全球经济发展基本呈现出正相关关系,随着全球经济发展,碳排放和人均排放均有大幅增长。从排放总量和增速来看,全球碳排放量与经济总量呈现同步上升趋势,但增速近年来有所放缓。

　　经济总量与碳排放同步增长的原因是经济增长加大了各经济部门对电力、石油等能源的需求，而电力生产、石油、天然气等化石能源使用都会产生大量碳排放。经济衰退时期，能源使用量下滑，碳排放量也同样出现阶段性下滑，如 2008 年经济危机，带来了阶段性的碳排放量下降。2018 年，全球碳排放量达到了目前为止的最高值——340.5 亿吨，是1965 年的 3 倍。在增速方面，随着气候问题逐步成为全球共识，各国纷纷采取措施控制碳排放，碳排放增速开始放缓，直到 2019 年，全球碳排放增长率已接近 0。从人均碳排放量来看，全球人均碳排放量和全球碳排放量基本呈现出相同的变化趋势，在波动中逐渐增长。2018 年，全球人均碳排放量增长到了 4.42 吨/人，较 1971 年增长了 20%。

　　从区域结构来看，亚洲在中国、日本等国家经济增长的驱动下碳排放量快速增加，逐步成为世界第一大碳排放地区；北美、欧洲的碳排放量则逐步走低，进入负增长阶段；大洋洲、非洲、南极洲碳排放量则相对较少。从区域碳排放总量来看，亚洲是当前世界第一大碳排放地区，碳排放量远超其他区域。主要原因是二战后很多亚洲国家开始进行大规模经济建设，随着中国、日本、韩国、印度等国家的经济快速发展，对能源、工业产品等的需求剧增，从而带动了碳排放量的快速增长。亚洲的碳排放量在 1985 年超过北美洲，在 1992年超越欧洲，成为世界碳排放最多的地区，碳排放量从 1965 年的 16.46 亿吨增长到 2019年的 202.42 亿吨，增长超过 12 倍。

　　从排放来源看，电、热生产活动，制造产业和建筑业，交通运输业是碳排放的最主要来源。电、热生产活动是全球主要的碳排放来源。目前供电行业依然以煤炭、石油、天然气等化石燃料燃烧作为最主要的发电方式，供热产业也以燃烧化石燃料作为主要的供热方式，而化石燃料燃烧会带来大量碳排放。2018 年，全球主要电、热生产活动产生的碳排放达到了 139.8 亿吨，占全球当年碳排放量的 41.7%。交通运输业是全球第二大碳排放来源。目前陆上交通、航空、航海依然以燃油作为最主要的动力来源，对燃油的高需求也会带来大量碳排放。制造产业和建筑业是另一个重要的碳排放来源。钢铁冶炼、化工制造、采矿、建筑等行业对能源需求量大，生产过程中原材料分解也会带来碳排放。

2. 中国碳排放现状

　　2021 年 12 月举行的中央经济工作会议首次公开提出，将尽早实现能耗"双控"向碳排放总量和强度"双控"转变。以碳排放总量和强度作为管理和考核指标，是中国实现能源转型和可持续发展的基础，是国际气候行动新形势下的新需要。同时，也对企业、政府等主体的低碳转型行动与管理提出了更精细化的要求。2021 年 10 月 24 日，国务院发布《2030 年前碳达峰行动方案》（以下简称《行动方案》），要求省级、自治区和直辖市政府"按照国家总体部署，结合本地区资源环境禀赋、产业布局、发展阶段等，坚持全国一盘棋，不抢跑，科学制定本地区碳达峰行动方案"。《行动方案》作为碳达峰碳中和"1+N"政策体系中的"N 之首"，明确了中国低碳转型的基准情景和路径；而各个省级政府的转型雄心和行动力，则决定了碳达峰行动的实际成效及绿色低碳革命的深度。目前，各省政府都在制订本省行动方案。

　　根据官方公开渠道统计的结果，"3060 目标"提出后，中国已有三个省份（直辖市）公布了达峰时间表，另有七省在 2021 年发布的政府工作报告、十四五规划或重要会议中提出"率先达峰"。对于各省最终的双碳时间表，《行动方案》中明确指出："各地区碳达峰行动方案经碳达峰碳中和工作领导小组综合平衡、审核通过后,由地方自行印发实施。"省级政府是地方社会经济发展的主要政策制定方、推动者,也是引领政策和机制改革的关键力量。在国家绿色低碳治理进一步精细化的趋势下,省级政府"摸清家底",掌握省内碳排放的基本情况和重点排放源,将为科学合理制定省内低碳发展转型策略奠定基础。

从碳排放总量来看,中国各省之间碳排放总量存在较大差异。以 2019 年为例,碳排放总量最大的前 5 个省份(区、市)为山东、河北、江苏、内蒙古、广东,5 省(区、市)合计占全国碳排放总量的 36.65%;而碳排放总量最小的后 5、后 10 个省份的合计碳排放总量则分别仅贡献了全国碳排放总量的 4.58% 和 13.10%。碳排放强度反映了经济增长过程中的单位碳排放。2020 年 12 月,习近平总书记在气候雄心峰会上宣布,到 2030 年,中国单位国内生产总值二氧化碳排放将比 2005 年下降 65% 以上。据中国官方公布,2019 年,中国碳排放强度比 2005 年总体下降了约 48.1%,提前完成在 2020 年实现碳排放强度下降 40%~45% 的目标。而在省级层面,在同一时段内,中国大部分省份的碳排放强度呈下降态势,但不同省市间降幅存在差异。其中,北京、上海、浙江、江苏、天津、广东等 15 个省(区、市)的强度降幅高于全国水平。如图 11.3 所示,2005~2019 年排在前 10 位的碳排放降幅省(市)依次为北京、云南、河南、上海、重庆、贵州、湖南、浙江、湖北、四川。

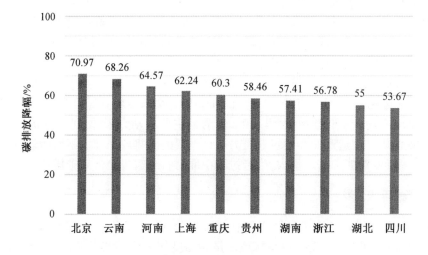

图 11.3　2005~2019 年碳排放强度降幅最大的 10 个省(市)

从人均碳排放量来看,中国各省的人均碳排放量情况与碳排放强度表现存在一定同步性。仍以 2019 年为例,30 个省(市)中人均碳排放量最小的 5 个省(市)为云南、北京、四川、海南与河南,最高的省份则主要来自西北地区。云南省的人均碳排放量全国最低,为 3.94 吨,内蒙古的人均碳排放量则达到 33.29 吨,排名全国第一。从变化趋势来看,近年来(2015~2019 年),30 省中有 10 省人均碳排放量呈下降趋势,而内蒙古、宁夏、新疆、山西等省(区、市)的人均碳排放量则仍呈明显上升趋势(增速大于 20%)。综上,从碳排放总量、碳排放强度和人均碳排放量等主要指标来看,中国不同省份的低碳转型的基础和条件各异。这是各省的产业结构、能源结构及发展战略定位的差异所导致的。近年来,我国在应对气候变化和推动低碳发展领域取得了显著成效,基本扭转了温室气体排放快速增长的局面。

11.2　碳排放公约

全球应对气候变化,以《联合国气候变化框架公约》为基本框架,通过《京都议定书》(《联合国气候变化框架公约》补充条款)、《〈京都议定书〉多哈修正案》、《巴黎协定》对2008~2012 年、2013~2020 年、2020 年之后三阶段减排行动做出了安排。从目标要求来看,减排压力逐渐加大。《京都议定书》规定了《联合国气候变化框架公约》附件一所列发达国家和转轨经济国家 2008~2012 年(第一承诺期)温室气体排放量在 1990 年的水平上平均削减至少 5.2%;《〈京都议定书〉多哈修正案》规定附件一所列缔约方在 2013~2020年(第二承诺期)内将温室气体的全部排放量从 1990 年水平至少减少 18%;《巴黎协定》提出将全球平均气温较工业化前水平上升幅度控制在 2 ℃以内,并努力将温度上升幅度限制在 1.5 ℃以内。

从执行方式来看,由"自上而下"向"自下而上"转变。《京都议定书》和《〈京都议定书〉多哈修正案》在总体减排目标下,划分《联合国气候变化框架公约》附件一所列发达国家和转轨经济国家各自减排量。《巴黎协定》规定各方将以"自主贡献"的方式参与全球应对气候变化行动,各方根据不同的国情,逐步增加当前的自主贡献,并尽可能增大力度。

11.2.1　《京都议定书》

面对全球气候变暖的挑战,国际社会在 1992 年制定了《联合国气候变化框架公约》,1997 年 12 月在日本京都召开的《联合国气候变化框架公约》第三次缔约方大会上达成了《京都议定书》,并于 2005 年 2 月 16 日正式生效。这标志着国际社会进入了一个实质性减排温室气体的阶段,人类发展史上首次具有了一个国际法律框架,用以限制人类活动对地球系统的碳循环和气候变化的干扰。减少碳排放成为缔约国家社会经济发展和生产经营活动的重要目标之一。

《京都议定书》设计的清洁发展机制(CDM)为温室气体减排提供了一个双赢的长期行动框架,是《京都议定书》设计的三个灵活机制之一,其初衷是为了各国可以采用最小成本且有效的方式来削减排放,各国可以运用这些机制相互协作以履行减排的承诺。该机制允许发达国家在发展中国家开展减排项目来获取减排信用,并从 2000 年开始到第一个承诺期(2008~2012 年)执行。它既可以使发达国家降低减排的成本,又可以使发展中国家通过项目合作,获得相应的资金和技术支持。

《京都议定书》生效是各国在政治、经济、能源、环境等方面利益相互妥协的结果。由于各国在温室气体减排方面具有共同但有区别的责任,加上资源禀赋和经济发展水平差异较大,在履行减排义务时付出的代价不同,所以在减排的国际谈判中不得不考虑各自的国家利益,使得谈判过程成为一个各个国家或利益集团在政治、经济、资源、环境等方面博弈的复杂过程。

由于占发达国家温室气体排放量约 40%的美国和澳大利亚没有批准《京都议定书》,并且《京都议定书》的最终文本是在谈判过程中对一些国家的减排义务做了较大让步的情况下才达成的妥协方案,所以《京都议定书》执行的意义和效果并不显著。

即使《京都议定书》所规定的各项目标能够实现，与稳定气候变化的最终目标仍相距甚远。由于温室气体减排的成本较高，对经济将产生不可忽视的重要影响。所以，实力薄弱的发展中国家无力承担如此巨大的经济负担，需要发达国家提供资金和技术援助。另外，减排的效果如何还有很大的不确定性，因此国际社会实现稳定气候变化的目标仍然任重道远。

11.2.2　《哥本哈根协议》

《哥本哈根协议》主要是就各国二氧化碳的排放量问题签署协议，根据各国的 GDP 大小减少二氧化碳的排放量。《哥本哈根协议》的目的是商讨《京都议定书》一期承诺到期后的后续方案，就未来应对气候变化的全球行动签署新的协议。

尽管《哥本哈根协议》是一项不具法律约束力的政治协议，但它表达了各方共同应对气候变化的政治意愿，锁定了已经达成的共识和谈判取得的成果，推动谈判向正确方向迈出了第一步。其积极意义表现在以下三个方面。

首先，坚定维护了《联合国气候变化框架公约》及其《京都议定书》，坚持"共同但有区别的责任"原则，维护了"巴厘路线图"授权。会议主办方丹麦一度联合主要发达国家起草"丹麦草案"，试图"两轨并一轨"，抛弃《京都议定书》，为发展中国家强加减排义务。经过缔约方尤其是发展中国家缔约方的不懈努力，坚定了巴厘路线图的方向。

其次，在发达国家实行强制减排和发展中国家采取自主减缓行动方面迈出了新的坚实步伐。截至目前，所有发达国家都提出了中期减排目标，主要发展中大国也提出了自己减缓行动的目标。尽管一些发达国家的目标在利用森林碳汇和海外减排等方面还不清晰，有些还有附加条件，而且根据国际相关研究机构的评估，发达国家 2020 年相比 1990 年整体减排幅度仅为 8%~12%，仍远低于政府间气候变化专门委员会科学结论 25%~40% 及多数发展中国家要求的至少 40% 的水平，但这些目标是推动后续谈判的重要基础。

最后，在全球长期目标、资金和技术支持、透明度等焦点问题上达成了广泛共识。《哥本哈根协议》中认可有关控制全球升温不超过 2 ℃ 的科学结论作为全球合作行动的长期目标；初步形成了发达国家 2010~2012 年快速启动阶段提供 300 亿美元，2020 年增加到每年 1 000 亿美元的短期和长期资金援助计划；两大阵营之间就发达国家履行减排义务和发展中国家采取减缓行动的透明性问题也达成了共识。

在哥本哈根谈判进程中，中国自始至终采取积极和建设性的态度，努力通过各种双边和多边平台展开外交努力，积极推动哥本哈根会议取得积极成果。主要表现在以下三个方面。

(1)提出中国减缓行动目标，展现中国的诚意。

在 2009 年 9 月的联合国气候变化峰会上，中国提出了 2020 年在 2005 年基础上单位 GDP 碳排放强度下降 40%~45% 的减缓行动目标。不仅积极回应了国际社会的期待，而且中国目标没有附加条件，不与其他国家减排目标挂钩，主要依靠国内资源完成，展现了中国努力减排的诚意，对推动哥本哈根谈判发挥了积极作用。

(2)联合发展中国家，协同维护发展中国家利益。

中国在哥本哈根谈判进程中，积极与主要发展中大国协调立场。会前中国、印度、巴西、南非就谈判主要问题形成了共同立场。会议期间,在部分发达国家拿出丹麦文本而使会议可能误入歧途的关键时刻,中国协同发展中国家缔约方,坚持《联合国气候变化框架公约》和《京都议定书》规定的"共同但有区别责任"的基本原则及双轨制,有效维护了发展中国家的利益。作为快速工业化、城市化进程中的发展中大国,中国在资金问题上明确表示小岛屿国家、最不发达国家和非洲国家应优先获得资金支持,有效维护了发展中国家阵营的团结。

(3)为促进国际合作积极斡旋,政策更具有灵活性。

在哥本哈根会议谈判最后时刻,中国以"言必信,行必果"的坚定决心认真完成甚至超过减排目标的态度得到国际社会的普遍赞誉。为了哥本哈根会议能达成某种政治协议不至无果而终,中国也展现了政策上的灵活性,与其他发展中大国和美国一起,积极沟通和斡旋,最终促成了《哥本哈根协议》的产生。尽管这一框架性的政治协议远不足以解决全球气候变化问题,但达成协议本身就意味着巩固成果,继续前进,中国对此应该说功不可没。

11.2.3　《巴黎协定》

《巴黎协定》是由近 200 个缔约方于 2015 年 12 月 12 日在法国巴黎达成的新的全球气候协议,是人类历史上应对气候变化的第三个里程碑式的国际法律文本,形成了 2020 年后的全球气候治理格局。

根据第 21 届联合国气候变化大会决定,2016 年 4 月 22 日全球开始召集《巴黎协定》的高级别签署,我国于 2016 年 9 月 3 日由全国人民代表大会党务委员会批准加入了《巴黎协定》,成为第 23 个完成批准协定的缔约方。2016 年 10 月 5 日,温室气体排放量约占全球总排放量12%的欧盟及其 7 个成员国正式批准了《巴黎协定》,从而包括中国、美国等在内的 72 个缔约方批准了《巴黎协定》,这些缔约方的碳排放量在全球碳排放量中的比例超过56%,跨过了《巴黎协定》生效所规定的两个门槛。2016 年 11 月 5 日,时任联合国秘书长潘基文宣布《巴黎协定》于 2016 年 11 月 4 日正式生效。

《巴黎协定》共 29 条,包括目标、减缓、适应、损失损害、资金、技术、能力建设、透明度、全球盘点等内容。《巴黎协定》指出,各方将加强对气候变化威胁的全球应对,在 20世纪末把全球平均气温较工业化前水平升高控制在 2 ℃之内,争取控制在 1.5 ℃。全球将尽快实现温室气体排放达峰,20 世纪下半叶实现温室气体净零排放。

根据协定,各方将以"自主贡献"的方式参与全球应对气候变化行动。发达国家将继续带头减排,并加强对发展中国家的资金、技术和能力建设支持,帮助后者减缓和适应气候变化,到 2030 年,全球温室气体排放要降到 400 亿吨。从 2023 年开始,每 5 年将对全球行动总体进展进行一次盘点,以帮助各国提高力度、加强国际合作,实现全球应对气候变化长期目标。

11.3　双碳战略概述

所谓双碳战略是指"碳达峰"与"碳中和"的简称。碳达峰是指在某个节点内二氧化碳的排放量达到顶峰,并呈现出下降的一个趋势。而碳中和是指通过节能减排、产业调节、植树造林、优化资源配置等治理二氧化碳的手段,使二氧化碳排放量减少甚至是回收利用,以达到二氧化碳"零排放"的目的。

2020年9月,习近平总书记在第75届联合国大会提出我国2030年前碳达峰、2060年前碳中和目标,12月在气候雄心峰会进一步宣布提升国家自主贡献的一系列新举措,得到国际社会高度赞誉和广泛响应。2020年中央经济工作会议明确将做好碳达峰、碳中和工作列为八项重点任务之一。习近平总书记系列重要讲话和党中央决策部署为推动气候环境治理和可持续发展擘画宏伟蓝图、指明道路方向,彰显了我国坚持绿色低碳发展的战略定力和积极应对气候变化、推动构建人类命运共同体的大国担当。

当前,我国开启全面建设社会主义现代化国家新征程,实现碳达峰、碳中和对于加快生态文明建设、促进高质量发展至关重要。作为全球最大的发展中国家和碳排放国,我国需要在推进发展的同时实现快速减排,任务十分艰巨。立足国情,实现碳达峰、碳中和目标,需要贯彻新发展理念,抓住能源这个"牛鼻子",以特高压电网引领中国能源互联网建设,加快推进能源生产清洁替代和能源消费电能替代("两个替代"),打造清洁低碳、安全高效的现代能源体系,通过能源零碳革命引领全社会加速脱碳,实现能源电力发展与碳脱钩、经济社会发展与碳排放脱钩("双脱钩"),开辟一条速度快、成本低、效益高的中国碳中和之路。

11.3.1 实现双碳战略的重要意义

我国宣布碳达峰、碳中和目标意义重大、影响深远。从国内来看,这一重大宣示对我国应对气候变化、推进生态文明建设提出了更高要求;对于建立以绿色发展为价值引领和增长动力的现代经济体系,实现经济社会发展与生态环境保护协同,建设美丽中国具有重要意义。从国际来看,这一重大宣示充分展现了我国积极应对全球气候变化、推动世界可持续发展的责任担当,增强了我国在全球气候治理中的主动权和影响力,为世界各国树立了标杆和典范。在我国宣布碳中和目标后,日本、韩国等国家相继做出碳中和承诺,美国宣布重回《巴黎协定》,国际应对气候变化行动全面加速。

近年来,我国积极实施应对气候变化国家战略,取得突出成绩,但要在未来40年先后实现碳达峰、碳中和目标,也面临艰巨挑战。一是排放总量大。我国经济体量大、发展速度快、用能需求高,能源结构以煤为主,使得我国碳排放总量和强度"双高"。2019年我国煤炭消费比重达到58%,碳排放总量占全球比重达到29%,人均碳排放量比世界平均水平高46%。二是减排时间紧。我国仍处于工业化和城镇化快速发展阶段,具有高碳的能源结构和产业结构,发展惯性大、路径依赖强,要用不到10年时间实现碳达峰,再用30年左右时间实现碳中和,意味着碳排放达峰后就要快速下降,几乎没有缓冲期,实现减排目标需要付出艰苦努力。三是制约因素多。碳减排既是气候环境问题也是发展问题,涉及能源、经济、社会、环境方方面面,需统筹考虑能源安全、经济增长、社会民生、成本投入等诸多因素,这对我国能源转型和经济高质量发展提出了更高要求。

总体来看,实现碳达峰、碳中和对我国发展意义重大,但也面临许多困难和挑战。如何在社会主义现代化建设的宏伟蓝图中科学谋划碳减排路径与方案,需要立足国情和发展实际研究思考,关键要坚持新发展理念和系统观念,统筹发展与减排、统筹近期与长远、统筹全局与重点,以大格局、大思路开辟一条高效率减排促进高质量发展的中国碳达峰、碳中和之路。

11.3.2 双碳战略的实施

1.双碳战略的实施方式

碳排放受经济发展、产业结构、能源使用、技术水平等诸多因素影响,根源是化石能源的大量开发使用。目前我国化石能源占一次能源比重为85%,产生的碳排放约为每年98亿吨,占全社会碳排放总量的近90%。解决碳排放问题关键要减少能源碳排放,治本之策是转变能源发展方式,加快推进清洁替代和电能替代("两个替代"),彻底摆脱化石能源依赖,从源头上消除碳排放。清洁替代即在能源生产环节以太阳能、风能、水能等清洁能源替代化石能源发电,加快形成以清洁能源为主的能源供应体系,以清洁和绿色方式满足用能需求。电能替代即在能源消费环节以电代煤、以电代油、以电代气、以电代柴,用的是清洁发电,加快形成以电为中心的能源消费体系,让能源使用更绿色、更高效。

建设中国能源互联网为推进"两个替代",实现碳达峰、碳中和目标提供了高效可行的系统解决方案。我国清洁能源资源丰富但与主要用能地区逆向分布,实现"两个替代",需要解决好能源开发、配置和消纳问题。中国能源互联网是清洁能源在全国范围大规模开发、输送和使用的基础平台,是清洁主导、电为中心、互联互通的现代能源体系,为能源转型升级、减排增效提供了重要载体,实质是"智能电网+特高压电网+清洁能源",智能电网是基础,特高压电网是关键,清洁能源是根本。建设中国能源互联网是落实习近平总书记关于"四个革命、一个合作"能源安全新战略,推进国内能源互联网建设,抢占全球能源互联网构建制高点等重要指示精神的必然要求,将加快推动清洁能源大规模开发和电能广泛使用,全方位减少煤、油、气消费,促进能源生产清洁主导、能源消费电能主导("双主导"),能源电力发展与碳脱钩、经济社会发展与碳排放脱钩("双脱钩"),以能源体系零碳革命加快全社会碳减排,实现绿色、低碳、可持续发展。

加快发展特高压电网是构建中国能源互联网的关键。特高压技术作为我国原创、世界领先、具有自主知识产权的重大创新,破解了远距离、大容量、低损耗输电世界难题,是构建特大型互联电网、实现清洁能源在全国范围高效优化配置的核心技术。经过十几年的不懈努力,我国在特高压技术、装备、标准、工程等方面实现全面引领,建成世界上电压等级最高、配置能力最强的特高压交直流混合电网,2019年输送电量达4 500亿千瓦时,一半以上为清洁能源发电,为保障能源安全、推动清洁发展做出了重要贡献。

以特高压电网引领中国能源互联网建设,推动我国碳减排总体分三个阶段。第一阶段尽早达峰(2030年前)。重点是推进西部、北部清洁能源基地特高压直流外送通道和东部、西部特高压交流骨干网架建设,加快清洁能源大开发,压控化石能源消费总量,主要以清洁能源满足新增能源需求,电力、能源、全社会分别于2025、2028、2028年实现碳达峰,峰值为45亿、102亿、109亿吨。第二阶段加速脱碳(2030~2050年)。重点是全面建成中国能源互联网,形成东部、西部两个特高压同步电网,深入推进清洁替代和电能替代,带动产业结构调整和经济转型升级,2050 年电力实现近零排放,能源、全社会碳排放分别降至 18 亿、14 亿吨,相比峰值下降 80%、90%。第三阶段全面中和(2050～2060 年)。重点是进一步发挥中国能源互联网的带动作用,推进各行业各领域深度脱碳,结合自然碳汇、碳移除等措施,力争 2055 年全社会碳排放净零,实现 2060 年前碳中和目标。

　　构建中国能源互联网将打造能源转型和碳中和的中国模式,优势显著,效益巨大。一是见效快。相比现有发展模式,我国清洁能源开发速度和全社会电气化率增速都将提高 1.5 倍以上,到 2060 年,清洁能源占一次能源比重将达 90%,电能占终端能源比重将达 66%,高效实现能源清洁化和电气化的全面转型。二是成本低。预计 2020～2060 年我国能源电力系统累计投资约 122 万亿元,占 GDP 比重不到 1.2%,其中清洁能源、能源传输、能效提升投资分别占 47%、32%、12%,全社会碳减排边际成本仅为 260 元/吨,远低于 700 元/吨左右的全球其他减排方案。三是综合价值大。中国能源互联网在促进气候治理、改善环境与健康、减少油气进口、带动产业升级、创造更多就业等方面将产生巨大协同效益,累计创造社会福利可达 1 100 万亿元,相当于能源系统每投入 1 元能够产生 9 元的综合效益,对我国高质量发展作用显著。

2.双碳战略的实施要点

　　碳达峰是碳中和的前提,达峰越早、峰值越低,碳中和代价越小、效益越大。实现碳达峰的关键是压控化石能源消费总量。从能源品种来看,煤炭和油气消费产生的碳排放分别占能源相关碳排放的 79% 和 21%;从排放增量构成来看,近 10 年油气的碳排放增量占能源碳排放增量的 75%。压降煤炭消费总量,抑制油气过快增长,是实现碳达峰的重要前提。同时,需要大力发展清洁能源,满足全社会新增用能需求。加快建设中国能源互联网,推进“两控”,加速“两化”,即压控煤炭消费总量、油气消费增速,加速能源清洁化、高效化发展,将根本扭转化石能源增势,让化石能源消费总量和全社会碳排放在 2028 年达峰,峰值分别为 43 亿吨标煤和 109 亿吨二氧化碳。

　　压控煤电和终端用煤。煤电碳排放占能源排放总量的 40%,控煤电是碳达峰的最重要任务,重点要控总量、调布局、转定位。控总量,即确保煤电 2025 年左右达峰,峰值 11 亿千瓦,到 2028 年进一步降至 10.8 亿千瓦。调布局,即压减东中部低效煤电,新增煤电全部布局到西部和北部地区,让东部地区率先实现碳达峰。转定位,即实施煤电灵活性改造,提升调峰能力,推动煤电由主体电源逐步转变为调节电源,更好促进清洁能源发展。同时,大力压降散烧煤和工业用煤,将终端用煤控制在 10 亿吨标煤以内。预计到 2028 年,我国煤炭消费将降至 27 亿吨标煤左右,为碳达峰发挥重要作用。

　　压控油气消费增速。在终端用能领域,加快实施电能替代,将有效抑制油气消费过快增长,是实现碳达峰的重要举措。在工业、交通、建筑等领域,大力推广电锅炉、电动汽车、港口岸电、电采暖和电炊具等新技术、新设备,积极发展电制氢、电制合成燃料,加快以清洁电能取代油和气,有效控制终端油气消费增长速度。预计 2021～2028 年,石油、天然气消费年均增速为 1%、4%,分别较目前下降 4 个百分点和 8 个百分点;石油、天然气将分别在 2030、2035 年实现达峰,峰值 7.4 亿吨、5 000 亿 m^3。

　　大力推动能源清洁化发展。重点是加快建设西部、北部太阳能发电、风电基地和西南水电基地,因地制宜发展分布式清洁能源和海上风电,补上煤电退出缺口,满足新增用电需求。预计到 2028 年,我国清洁能源装机将达 21 亿千瓦,年均新增太阳能发电 7 000 万千瓦、风电 5 200 万千瓦、水电 1 600 万千瓦。同时,加快特高压电网建设,2028 年前初步建成东部、西部特高压同步电网,电力跨省跨区跨国配置能力达 5 亿千瓦左右,满足清洁能源大规模开发和消纳需要,根本解决弃水、弃风、弃光等问题。

大力推动能源高效化发展。推进各领域节能,提高能源使用效率,是降低能源强度、促进碳减排的重要手段。目前,我国单位 GDP 能耗约为经合组织国家平均水平的 3 倍,节能空间很大。应积极发挥中国能源互联网的关键作用,在能源生产环节,提高清洁能源发电效率,降低火电机组煤耗;在能源消费环节,积极推广先进用能技术和智能控制技术,提升钢铁、建筑、化工等重点行业用能效率。预计 2028 年前,我国单位 GDP 能耗较目前下降 1/4,其中钢铁、建材、化工等行业能耗将分别下降 20%、8%、30%,为有效降低化石能源消费总量,实现全社会碳达峰奠定坚实基础。

11.4　双碳战略的发展

双碳战略的顺利实施需在减少碳排放的同时提升碳的固定。具体来说,可采用新技术与相关政策法规等方式进行调节并积极引导。

11.4.1　碳的固定与封存

1.生态固碳

近些年来,许多生态学家致力于森林生态系统碳贮量研究,并取得了一些成果。自 1981 年起到 2000 年止,我国工业碳排放总量达到 132 亿吨,而森林生态系统抵消了同期工业总排放的 22.6%,在未来 50 年里,如果面积不变,仅仅改善林分结构,增加密度,我国森林还可以增加 22 亿吨碳汇;如果按照林业规划到 2050 年我国森林覆盖率达到 28.4%,我国的森林碳库可以再增加 30 亿吨碳汇。不仅如此,生态固碳还有良好的经济效益,2009 年湖北省森林生态系统固定二氧化碳价值为 445.02 亿元/年。

除森林生态系统外,湿地生态系统也有较强的固碳能力。湿地是高碳汇生态系统,适合高生物量草本植物生长,特别是芦苇湿地是河湖湿地和沿海滩涂湿地的主要生态系统类型。而且,芦苇作为非粮作物,纤维素质量分数较高,具有开发纤维素生物质能的可能性。芦苇茎秆中的纤维素质量分数达 40%~60%,可以转化生产乙醇。1 吨芦苇可生产 180 升纯度 96% 的乙醇和 3 升甲醇,其能源替代性潜力十分可观。由此可见,生态系统固碳是一种非常好的减少二氧化碳体积分数的途径。

2.二氧化碳封存

碳封存技术主要是将工业和相关能源产业所生产的二氧化碳分离出来,再通过碳封存手段将其输送到一个封存地点,并且长期与大气隔绝的一个过程。目前也将二氧化碳固化成无机碳酸盐和用于工业生产中列入碳封存技术。碳封存可阻止或显著减少二氧化碳向大气中排放,封存二氧化碳是避免或减缓气候变化的有效途径。

(1)地质封存。

二氧化碳的地质封存是将二氧化碳压缩液注入地下岩石构造中。目前,二氧化碳的地质封存主要有五种相对技术较成熟、可行的方案:①将二氧化碳注入废弃的油田和气田;②在改进的石油气体回收系统中使用二氧化碳;③在深层盐沼池构造中注入二氧化碳;④在油气田中注入二氧化碳提高油气采收率(EOR),强化采油分为混相驱油和非混相驱油;⑤在提高煤层气采收率中使用二氧化碳。其中对于 EOR 的二氧化碳注入是一项成熟的市场技术,但是当这项技术用于二氧化碳封存时,其仅在特定条件下经济可行;将二氧化碳注入废弃的油、气田和在盐沼池构造中注入二氧化碳的技术在特定条件下经济可行;二氧化碳注入用于提高煤层气采收率仍处于示范工程研究阶段。

(2)海洋封存。

利用海洋巨大的碳封存潜力,从工业或相关能源大排放点源中捕获的二氧化碳直接注入深海(深度在 1 000 m 以上),大部分二氧化碳在此与大气隔离。在实验室条件下试验得到,液态的二氧化碳在 35 MPa 以上的压力下可以保持长期稳定。海洋封存有两种潜在的实施途径:一种是经固定管道或移动船只将二氧化碳注入并溶解到水体中(以 1 000 m 以下最为典型);另一种则是经由固定的管道或者安装在深度 3 000 m 以下的海床上的沿海平台将其沉淀,此处的二氧化碳比水更为密集,预计将形成一个"湖",从而延缓二氧化碳分解在周围环境中。这里指的封存不涉及通过海洋肥化作用所产生的生物固碳,二氧化碳注入海洋封存及其生态影响尚处于研究阶段,需进一步完善。尤其在大面积海域和长期时间尺度上,二氧化碳直接注入海洋对于海洋生态系统的慢性影响尚未深入研究。

但无论是液态封存还是固态封存,都存在二氧化碳挥发和溶解在海水中的问题,可能会对海洋环境和海洋生物产生危害。而且,二氧化碳封存还存在成本高、能耗大、投资回收期长、法律法规的缺失等问题。

3.二氧化碳的捕集和储存

二氧化碳的捕集和储存是利用吸附、吸收、低温及膜系统等现已较为成熟的工艺技术将废气中的二氧化碳捕集下来,并进行长期或永久性的储存。一般而言,有三种基本的二氧化碳捕集路线,即燃烧前脱碳、燃烧后脱碳和富氧燃烧捕集。

(1)燃烧前脱碳。

首先,化石燃料与氧或空气发生反应,产生由一氧化碳和氢气组成的混合气体。其次,混合气体冷却后,在催化转化器中与蒸汽发生反应,使混合气体中的一氧化碳转化为二氧化碳,并产生更多的氢气。最后,将氢气从混合气中分离,干燥的混合气中的二氧化碳体积分数可达 15%~60%,总压力 2~7 MPa。二氧化碳从混合气体中分离并被捕获和储存,氢气被用作燃气联合循环的燃料送入燃气轮机,进行燃气轮机与蒸汽轮机联合循环发电。燃烧前脱碳的缺点是投资成本较高,并且该工艺对现有设备的兼容性较差,不利于设备改造。

（2）燃烧后脱碳。

燃烧后脱碳是从燃料燃烧后的烟气中分离二氧化碳。燃烧后捕获省去了对目前现有燃烧过程和设施的改造。二氧化碳的收集法主要有化学溶剂吸收法、吸附法、膜分离、深冷分离和微藻生物固定化等方法。燃烧后捕集二氧化碳的技术方案因其适用于现有燃煤电厂的改造，被认为是短期内最具潜力的技术。

（3）富氧燃烧捕集。

富氧燃烧捕集是指燃料在氧气和二氧化碳的混合气体中燃烧，燃烧产物主要是二氧化碳、水蒸气及少量其他成分，经过冷却后二氧化碳体积分数在 80%~98%。在富氧燃烧系统中，由于二氧化碳浓度较高，因此捕获分离的成本较低，但是供给的富氧成本较高，并且纯氧燃烧通常情况下燃烧器的温度比较难控制，这对包括耐火材料在内等诸多指标要求更高。

11.4.2　二氧化碳吸收法

吸收法主要应用于化学和石油工业的二氧化碳捕捉体系。物理吸收强度决定于吸收条件下的温度和压力，高温低压有利于其吸收。气态如烟道气的化学吸收强度决定于其和溶剂的酸碱中和反应。脱碳常用溶剂为胺（如乙醇胺）、氨溶液、聚乙二醇二甲醚、低温甲醇洗（低温甲醇）、氟化溶剂等。当前最好的收集法为化学溶剂胺吸收法。胺与二氧化碳发生化学反应后形成一种含二氧化碳的化合物。对溶剂加温后，化合物分解，分离出溶剂和高纯度的二氧化碳。

11.4.3　膜分离法

膜用于气体分离是基于气体和膜之间不同的物理或化学作用，即允许一种物质比另一种物质通过膜的速度更高。膜模块既可以用作常规膜分离装置，又可以用作气体吸收塔。在前一种情况下，脱碳是通过二氧化碳和其他气体对膜的内在选择性的不同进行的；而在后一种情况下，脱碳是通过膜对气体吸收进行的，通常是多微孔、疏水性和非选择性的膜被用作固定的二氧化碳传输界面。这种气膜分离法是比较新的，且选择性普遍偏低的，而能源消耗高的分离方法。

11.4.4　其他方法

1.能效验证

中国、澳大利亚、欧洲和北美洲的许多国家和地区已主动制定了节能标准，以帮助减少二氧化碳的排放。能效验证是应对温室效应问题的有力手段之一。所谓的能效验证，即要求产品制造商把产品能耗数据提交给负责执行能效法规的机构验证其是否符合相应的规定，若符合就由该机构授权其使用能效标志。

对于制造商来说，能效验证标志可以帮助其顺利进入市场并增加销售；对于消费者来说，他们可以更加简便地识别高能效的产品。

2.发展能源新技术

加快发展新能源是实现碳达峰、碳中和目标,构建新发展格局的重要举措。新能源产业发展必须统筹发展和安全,加快补短板、强基础、促升级,加强战略科技力量布局和产业体系建设,提升新能源产业链、供应链的保障能力和全球竞争力。

(1)未来30年全球新能源需求将持续大幅增长。

近年来,以风电、光伏、储能、电动汽车和氢能为代表的新能源应用成本快速下降,全球开发利用规模不断扩大,开发利用新能源已成为世界各国能源转型战略的核心内容和应对气候变化的主要途径。未来全球新能源市场空间极为广阔。国际可再生能源署(IRENA)的最新研究显示,为实现《巴黎协定》确定的应对气候变化目标,2050年前全球风电、光伏发电累计装机需求分别达到81亿千瓦时和140亿千瓦时,电池储能装机容量需求提高至超过160亿千瓦时,电解制氢需求电解槽容量达到50亿千瓦时,氢能在终端能源消费中占比达到约12%(图11.4)。

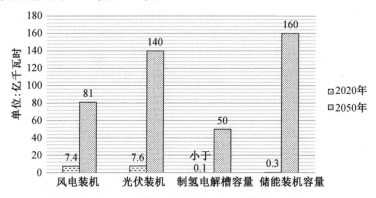

图11.4　全球新能源2020年累计装机和2050年装机需求

(2)加快发展新能源是实现碳达峰、碳中和目标的重大举措。

2020年9月以来,习近平总书记在系列国际会议上宣示,中国将提高国家自主贡献力度,采取更加有力的政策和措施,二氧化碳排放力争于2030年前达峰,努力争取2060年前实现碳中和。到2030年,非化石能源占一次能源消费比重将达到25%左右,风电、太阳能发电总装机容量将达到12亿千瓦时以上。相关分析显示,未来10年,我国需要每年新增风电和光伏装机合计超过1.2亿千瓦时左右,比"十四五"期间年均新增装机翻一番;到2050年,我国风电和光伏发电累计装机将超过50亿千瓦时,电动汽车保有量将超过4亿辆,为新能源产业发展创造巨大需求。

(3)新能源产业是全球绿色低碳经济竞争的关键领域。

在世界各国加快发展绿色低碳经济的背景下,以光伏、风电、电动汽车和储能、氢能等为代表的新能源产业,已成为世界各国未来经济发展与安全的必争之地。大力发展新能源也是我国在低碳经济中抢占国际产业竞争制高点、增强国家竞争力的重要举措。习近平总书记在《国家中长期经济社会发展战略若干重大问题》中特别强调,要巩固提升优势产业的国际领先地位,锻造一些"撒手锏"技术,持续增强新能源等领域的全产业链优势。

（4）新能源是构建新发展格局的重要引擎。

我国在"十四五"规划纲要中提出,坚持深化供给侧结构性改革,充分发挥我国超大规模市场优势和内需潜力,加快构建以国内大循环为主体、国内国际双循环相互促进的新发展格局。构建新发展格局的最本质的特征是实现高水平的自立自强,关键要科技创新和突破产业瓶颈。新能源作为未来清洁、低碳、安全、高效的新型能源体系的主要组成部分,是推动形成新发展格局的重要引擎。我国必须坚持深化供给侧结构性改革这条主线,大力发展新能源产业,全面优化升级产业结构,提升创新能力、竞争力和综合实力,增强供给体系的韧性。

3.倡导低碳生活

有环保部的人士认为,二氧化碳的排放主要来自人的生活方式,这与人们普遍认为的二氧化碳的主要排放来源为工业的观点有一些出入,但这表明人们的生活方式所引起的二氧化碳的排放的量也是相当大的。因此,我们应尽量改变高能耗的生活方式,尽量回收废物并再利用;使用节能设备;减少私家车的使用,出行使用公共交通工具等。

国外的学者曾做过一项实验:他让 3 名男士步行 1 km 的距离后,再让其乘坐汽车行驶相同的距离。两者对比后发现步行的碳排放量较大,这与通常的看法相差较大,可见,低碳生活并不像想象中的那样简单。

（1）经济制度。

根据国内外研究和实践,目前碳减排常用的经济手段,主要包括以碳税（carbon tax）为核心的价格管制工具和以碳排放权交易、联合履约及清洁发展机制（CDM）为内容的数量管制工具四项。

（2）碳税。

根据新古典经济学的理论,征收碳税是减少碳排放最具市场效率的经济措施,也是成本有效的重要手段。目前有关碳税的讨论主要包括理论的探讨,如何设定最优碳税税率,及其对国内产业结构、能源结构、经济成长的影响等方面。很多国家都承认碳税对碳减排的重要性,包括丹麦、芬兰、荷兰、挪威、意大利和瑞典等,而且都采取国家碳税模式。但从各国实施效果来看,只有挪威和瑞典的碳税制度才具有足够有效的刺激作用。

（3）国际碳汇贸易。

国际碳汇贸易是一种"碳补偿"交易,其基本原理是合同一方通过支付给另一方费用,而获得温室气体减排额度。国际碳汇贸易是通过市场机制实现生态价值补偿的一种有效途径,也是一种双赢合约——发达国家通过"资金+技术",在不改变生产模式的前提下,购买发展中国家的减排额度,换取温室气体排放权。目前,国际碳汇贸易问题已经成为可持续发展领域和国际贸易领域研究的前沿问题,国际碳汇贸易主要发生在发达国家与发展中国家之间。

【阅读材料】

谈到"双碳",总书记讲了一个故事

2022 年 3 月 5 日下午,中共中央总书记、国家主席、中央军委主席习近平参加了十三届全国人大五次会议内蒙古代表团审议。习近平总书记每年到内蒙古代表团参加审议都把煤炭作为一个常提常新的话题。于谦在《咏煤炭》中称道:凿开混沌得乌金。这一次,来自内蒙古的全国人大代表,国能包头煤化工有限责任公司党委书记、董事长贾润安,发言的题目就是《促进煤化工产业高端化、多元化、低碳化发展,助力碳达峰碳中和》。习近平总书记听了贾润安的发言很有感触。

2020年秋天,习近平总书记在联合国大会上宣布了中国经过深思熟虑后做出的一项重大战略决策:"我国二氧化碳排放力争于2030年前达到峰值,努力争取2060年前实现碳中和。"

作为世界上最大的发展中国家,也作为世界上第二大经济体,中国将完成全球最高碳排放强度降幅,用世界历史上最短的时间实现从碳达峰到碳中和,事情的难度可想而知。为了实现中国对世界的承诺,14亿中国人民撸起袖子,全国上下众志成城。然而,有些地方难免步子急了些,步子大了些。在人民大会堂的审议现场,习近平总书记听了代表们的发言后,深刻阐述了对碳达峰、碳中和的思考。

"实现'双碳'目标是一场广泛而深刻的变革,也是一项长期任务,既要坚定不移,又要科学有序推进。""这件事,要按照全国布局来统筹考虑。'双碳'目标是全国来看的,哪里减,哪里清零,哪里还能保留,甚至哪里要作为保能源的措施还要增加,都要从全国角度来衡量。"急不得也慢不得。稳扎稳打,步履坚实。

总书记谆谆叮嘱,殷殷重托:"绿色转型是一个过程,不是一蹴而就的事情。要先立后破,而不能够未立先破。富煤贫油少气是我国的国情,以煤为主的能源结构短期内难以根本改变。实现'双碳'目标,必须立足国情,坚持稳中求进、逐步实现,不能脱离实际、急于求成,搞运动式'降碳'、踩'急刹车'。不能把手里吃饭的家伙先扔了,结果新的吃饭家伙还没拿到手,这不行。既要有一个绿色清洁的环境,也要保证我们的生产生活正常进行。"说到这里,习近平总书记给在座的各位代表讲了一个故事:

"孙中山当年讲过一个有趣的故事,讽刺一些人。有一个干苦力的,平常拿一根竹竿给人挑东西。有天买了张彩票,把彩票藏竹竿里了,突然发现自己的号码中了头彩,一高兴就把竹竿扔江里去了,心想这辈子再也不用干这种苦力了。结果到领奖处才发现彩票已经随竹竿扔到江里了。这就是竹篮打水一场空。"

万物得其本者生,百事得其道者成。总书记语重心长:"办事情一定要掌握这么一个原则,一定要算大账、算长远账、算整体账、算综合账。"

(资料来源:《光明日报》,2022年03月06日01版,网址:https://epaper.gmw.cn/gmrb/html/2022-03/06/nw.D110000gmrb_20220306_2-01.htm? tdsourcetag=s_pcqq_aiomsg)

复习与思考

1.什么是温室效应? 温室效应有哪些危害?

2.什么是双碳战略? 为什么要实施双碳战略?

3.双碳战略的实施要点是什么?

4.为什么说发展能源新技术是实现双碳战略的重要方法之一?

5.二氧化碳的捕集和储存包括哪些技术?

第 12 章　环境质量评价

12.1　环境质量与环境质量评价

　　环境质量一般是指在一个具体的环境单元内,环境要素或整体环境性质的优劣。环境质量包括自然环境质量和社会环境质量。自然环境质量包括物理的、化学的、生物的三方面的质量。社会环境质量包括经济的、文化的及美学的等各个方面。各地区由于政治、经济、文化发展程度不同,社会环境质量差异明显。

　　环境质量评价是研究人类环境质量变化规律,评价人类环境质量水平,并对环境要素或区域环境性质的优劣进行定量描述的科学,也是研究改善和提高人类环境质量的方法和途径的科学。因此,对环境质量评价的理解通常有两种:一种狭义地称"环境质量评价",是对一切可能引起环境发生变化的人类社会行为,包括政策、法令在内的一切活动,从保护环境角度进行定性和定量的评定;另一种广义地说是对环境的结构、状态、质量、功能的现状进行分析,对可能发生的变化进行预测,对其社会经济发展活动的协调性进行定性或定量的评估。

　　环境质量评价实质上是对环境质量优劣的评定过程,该过程包括环境评价因子的确定、环境监测、评价标准、评价方法、环境识别。环境质量评价的目的是掌握和比较环境质量状况及其变化趋势,寻找污染治理重点,为环境综合治理、城市规划及环境规划提供科学依据。同时,研究环境质量与人群健康的关系,预测评价拟建的项目对周围环境可能产生的影响。

　　环境质量评价工作的核心问题是研究环境质量的好坏,并以其是否适于人类生存和发展(当前通常是以对人类健康的适宜程度)作为判别的标准。目前我国在环境科学研究中所谈的环境质量,一般关注在由于工业、农业排放大量污染物而造成的环境质量的下降。在判定环境受污染的程度时,以国家规定的环境标准或污染物在环境中的本底值作为依据。实际上进行环境质量评价时,所考虑的范围既应包括自然环境质量、化学污染所引起的环境质量变异,还应包括社会经济及文化、美学等方面的部分。随着环境科学的不断发展,人们对环境的研究范围还会不断提出新的要求。因此,环境质量评价的内容不但应包括环境污染引起的环境变化,还应对生活环境的舒适性进行研究。

12.2　　环境质量评价的目的及意义

环境质量评价的主要目的有：

（1）通过环境质量评价为区域环境质量状况及其各个时期的变化趋势提供科学依据，对控制环境污染和治理重点污染源提出要求。

（2）为制定城市环境规划、城市建设规划方案提供依据。

（3）为制定区域环境污染物排放标准、环境标准和环境法规等提供依据。

（4）作为环境管理工作的重要手段之一，通过评价，为搞好环境管理提供科学依据。

通过研究和评价某一区域环境质量，将大量的环境监测数据和调查材料系统地加以分析与评价，既了解单一污染状况与影响，又探究多种因子之间的关系及其影响，研究多因子的联合作用，并对环境质量变化的时空分布进行综合分析，对了解区域环境质量总状况、制定区域环境污染保护规划，以及开展环境污染趋势预报都有重要意义。

20世纪60年代以来，世界上一些主要国家都相继开展了环境质量评价工作及理论研究，不少国家在环境保护法律中规定了环境影响评价制度。20世纪70年代初期，环境质量评价的研究逐渐得到重视。总体来说，环境质量评价研究人类环境质量的变化规律，评价人类环境质量水平，并对环境要素或区域环境状况的优劣进行定量描述，是研究改善和提高人类环境质量的方法和途径。环境质量评价包括自然环境和社会环境两方面的内容。由此可见，环境质量评价是认识和研究环境的一种科学方法，是对环境质量优劣的定量描述。从广泛的领域理解，环境质量评价是对环境的结构、状态、质量、功能的现状进行分析，对可能发生的变化进行预测，对其与社会、经济发展的协调性进行定性或定量的评估等。

12.3　　环境质量评价的分类

12.3.1　　按时间尺度分类

1.环境质量回顾评价

进行环境质量回顾评价时，一方面要收集过去积累的环境资料，另一方面要进行环境模拟，或者采集样品分析，推算出过去的环境状况。

2.环境质量现状评价

环境质量现状评价指的是依据一定的标准和方法，着眼当前情况，对区域内人类活动所造成的环境质量变化进行评价，为区域环境污染综合防治提供科学依据。

3.环境影响评价

环境影响评价，又称环境预断评价、环境影响分析，对建设项目、区域开发计划及国家政策实施后可能对环境造成的影响进行预测和估计。

12.3.2 按环境要素分类

1.单要素环境质量评价

单要素环境质量评价是指根据某种目的对构成环境的某个要素的环境质量进行评估。单要素环境质量评价是最基本和最具有实用价值的评价手段,可以定量、直观地反映环境要素的质量,它是相对于环境质量综合评价而言的,由各种单一污染物的评价综合而成。

2.环境质量综合评价

环境质量综合评价是指按照一定的目的,依据一定的方法和标准,在各种单要素环境质量评价的基础上,对一个区域的环境质量进行总体的定性和定量的评定。

12.4 环境质量综合评价的基本概念及原则

12.4.1 环境质量综合评价的基本概念

环境质量综合评价的目的具有多样性,评价范围可大可小,它以环境单元中某些环境要素为基础,在评价过程中选取能表征各种环境要素质量的评价参数。简言之,环境质量综合评价就是按照一定的目的在对一个区域的各种单要素环境质量评价的基础上,对环境质量进行总体的定性和定量的评定。

环境质量综合评价与单要素环境质量评价的主要不同点在于:综合评价是将某一环境体系看成一个整体,即一个环境基本单元。在考虑它的功能的同时,突出其中某一项或某几项主要污染问题,将其与人体健康及防治对策作为主要的研究目标,进行总体的环境质量评定。

12.4.2 环境质量综合评价的原则

1.主要关系原则

要正确进行综合评价,必须弄清区域环境中的各种环境要素变化之间的因果关系和主次关系,这不仅可以深刻地认识评价对象,也便于划分环境要素的等级体系,确定适宜的权系数值,有助于正确地评价环境质量状况和计算环境污染所产生的效益与损失。

2.总体估计原则

环境质量综合评价是指就已建项目和待建项目对各种环境要素所造成的综合影响,做一个总体的估计和比较。要求既要有一定的准确性和可比性,又不能过于精细和烦琐。这就既要注意所选择的环境评价要素和评价参数要有代表性,又要考虑经济、技术力量的可能性,要避免评价工作的复杂化。

3.经济补偿原则

环境质量综合评价往往要落实到经济效益和损失上。建设项目对环境所造成的影响,有的损失是永久性的,如修建水库所造成的损失;有的损失是周期性的;有的损失是偶然性的,如旱灾或涝灾。这些损失不能直接相比较,因此,在计算经济损失时应按一次性补偿的原则来确定。"三废"污染物对农业环境所造成的损失,按其污染面积的大小和轻重程度酌情补偿。

4.贵极无价原则

所谓贵极无价原则是指少数贵重的稀世珍品即是无价之宝,如濒临灭绝的珍稀物种、独一无二的文物古董、自然奇观等,其价值无法用金钱来衡量,对这些事物只能用特殊的符号来表示而不能估价。

12.5　环境质量综合评价的程序及方法

12.5.1　环境质量综合评价的程序

环境质量综合评价没有固定的模式,通常根据评价目的和评价区域的特点来确定评价的程序。国内外已进行的环境质量综合评价的方法大体上可分为两类:一种是两步法,即先进行单要素评价,然后归纳这些评价结果,得出环境质量综合评价。我国目前大都采用这种方法。另一种是一步法,即根据评价目的,直接选用最能反映环境质量的某些环境要素和某些有代表性的参数,直接求出环境质量综合评价值。日本大阪府的环境污染评价采取这种方法。

12.5.2　环境质量综合评价的方法

1.评价参数的选择及其权系数的确定

(1)评价参数的选择。

评价参数是根据评价的目的和条件选择的,选择评价参数时应考虑以下几方面。

① 评价的对象和目的。评价的对象和目的不同,要求的环境质量也有差异。例如,对同一水体,当作为饮用水源和农田灌溉用水进行评价时,所选择的评价参数及指标就有所不同。前者主要选用与人体健康有关的参数,如大肠杆菌、水的硬度和人体毒理学指标等;而后者主要选用重金属、农药、石油、酚、氰化物等与农作物生长相关的指标作为评价参数。

② 根据评价区域排入的有害污染物的特点选择。不同地区的产业结构、布局、数量、规模不同,地质结构和成土母质不同,对环境释放出来的有害物质也不相同。只有从主要污染物中选择评价参数,才能体现这一地区环境质量优劣的真实性和改造控制环境质量

的可能性。

③ 应尽量选择国家规定的监测项目。我国相继提出了一系列环境污染监测项目和标准,这些标准都是从毒性大小、对人体健康的危害程度、对生物生存的影响程度及对环境质量的影响情况等多因素考虑所制定的。当评价一个特定区域环境时,应尽量选择国家有关规定的监测项目和标准中的项目,这样不仅使评价有所规范,而且使有关参数有标准可循,使评价的质量准确有效。

如果评价参数没有国家规定的标准,可根据本地区调整,以确定不同数据所反映的环境状况,制定相应标准。就综合环境质量评价而言,概括起来,选择评价参数的限制条件有两个:a.在评价区域内,所选择的评价参数应能准确反映本地区环境受到的影响程度;b.所选评价参数在评价方法上能解决定量化问题,从而确定评价方法的函数和确定权系数。

(2)评价参数权系数的确定。

为了说明某一要素或全环境质量的好坏,需要将等标化后的评价参数综合考虑,即将评价参数质量分指数加权,这就需要确定评价参数的权系数。正确地确定不同评价参数的权系数包括两个方面的工作:一是要明晰标志污染物所在区域环境中的污染状况及对生物和人体健康的影响,特别对多种污染物联合作用的毒理学特点更要深入研究;二是要运用现代数学工具进行数学分析。具体来说,对环境质量评价参数的权系数可采用下述方法确定。

① 综合群众反馈意见,由专家确定权值。例如,选取环境要素后,可根据当地群众反馈意见进行统计分析,并结合当地环境污染特点提出相应的加权值。

② 根据生产需要确定。例如,一条河流,可以根据饮用、灌溉和养鱼用水等的需要量确定权值。

③ 根据环境容量确定。环境容量是指在确保人类生存、发展不受危害、自然生态平衡不受破坏的前提下,某一环境所能容纳污染物的最大负荷值。

④ 模糊数学法。利用模糊数学法可从几组权系数方案中选择最优的一种方案。

2.决定论评价方法

决定论评价法是通过对环境因素与评价标准进行判断与比较的过程。使用这种方法,首先要设定若干评价指标和若干评价标准,然后将各个因子依据各个判别标准,通过直接观察和相互比较对环境质量进行分等,或者按评分的多少进行排序,从而判断该环境因素的状态,它包括指数评价法和专家评价法。

(1)指数评价法。

① 环境质量指数的基本形式。

根据不同评价目的的需要,环境质量指数可以设计为随环境质量提高而递增,也可以设计为随污染程度的提高而递增。其环境质量指数的公式如式(12.1)所示。

$$P_i = \frac{C_i}{S_i} \tag{12.1}$$

式中　　P_i——环境质量指数；

　　　　　C_i——i污染物在环境中的浓度；

　　　　　S_i——i污染物对人类影响程度的某一数值或标准，即评价标准。

　　如果一个地区某一种因素中的污染物是单一的或某一污染物占明显优势时，上述计算求得的环境质量指数大体上可以反映出环境质量的状况。若某一环境因素中有多种污染物，并且这些污染物之间并没有明显的激发或抑制作用，这时，可以近似地认为它们基本上是各自独立发挥作用的，那么环境质量指数计算公式如式（12.2）所示。

$$P = \frac{C_1}{S_1} + \frac{C_2}{S_2} + \frac{C_3}{S_3} + \cdots + \frac{C_n}{S_n} = \sum_{i=1}^{n} \frac{C_i}{S_i} \qquad (12.2)$$

　　若多种污染物之间可发生明显的化学反应，上式可分别乘以系数进行修正。若考虑各环境质量在某一环境中所占的比例不同，则需要根据各环境因素在环境系统中各自与人类行为发生关系时所占的比例来确定其权系数。

　　② 环境质量指数的作用。

　　对区域环境质量进行分级，以便对不同区域、不同时期的环境质量进行比较；为专家评价法提供比较客观的量化依据；可作为评价标准的替代形式进行交流；将大量的监测数据归纳为少数有规律的指数表达式，从而提高环境质量评价方法的可比性。

　　③ 环境质量指数评价的主要环节。

　　a. 收集、整理数据和资料。在收集和整理资料的基础上，对所评价的区域环境要素的监测数据和资料进行分析。在现有监测数据不足以支撑分析时，要对环境质量背景值进行调查分析，设计监测网络系统，确定本地区环境中污染物和各种有关参数的背景值。

　　b. 确定评价要素及评价因子。确定评价要素及评价因子的依据主要有四点：一是所选择的评价要素及评价因子应能满足预定的目的和要求，二是污染源调查和评价所确定的主要污染源和主要污染物，三是尽可能选择环境质量标准所规定的因子，四是评价单位可能提供的监测和测试条件。

　　c. 评价指数的选用和综合。首先，应尽可能选择国内或地区范围内已通用的评价指数，其优点是评价结果既有可比性又节省工作量。其次，选用国内外使用较多、较成熟的指数。只有在必要的情况下才自行设计评价指数。新设计的评价指数要物理意义明确、易于计算。

　　d. 环境质量分级。环境质量分级系统是依据评价的目的，根据历史和现在的环境质量状况，经过汇总分析，在找出环境质量指数与实际环境污染的定量关系基础上建立起来的。环境质量分级系统应在实用中不断检验、修订，逐步完善，使之较为客观地反映环境质量状况。

　　环境质量分级系统是评价方法的重要组成部分，实际上是如何使评价结果更为准确地反映环境质量的一种手段和方法。一般是按一定的指标对环境指数范围进行客观分段。其分段依据通常为污染物浓度超标倍数、超标污染物的种类，以及不同的污染物浓度对应的生物、人体健康受环境影响的程度等。

　　（2）专家评价法。

　　专家评价法是指从专家处获得必要的信息，通过组织环境科学领域的专家，运用专业方面的经验和理论知识对环境质量进行评价的方法。专家评价法的最大优点在于适用于评价某些难以用数学模型定量化的因素。同时,在缺乏足够统计数据和原始资料的情况下,也可以做出定量评价。与古老的直观的评价法相比,专家评价法并不是简单的历史重复,而是有质的飞跃。与直观的评价法相比,专家评价法具有以下特点。

① 已经形成一套如何组织专家、充分利用专家们的创造性思维进行评价的理论方法。

② 不是依靠一个或少数专家,而是依靠专家集体,这样可以消除个别专家的片面性和局限性。

③ 现代的专家评价法在定性分析的基础上以打分的方式进行定量评价。

特尔斐法是在专家会议预测法的基础上发展起来的,它以匿名方式通过几封函征询专家们的意见。该法是 20 世纪 60 年代初美国兰德公司的专家们为避免集体讨论存在的屈从于权威或盲目服从多数的缺陷而提出的一种定性预测的情报分析方法。评价领导小组对每一轮意见进行汇总整理,将整理后的资料作为参考再发给每个专家,供他们分析判断,提出新的论证。经过多次反复,使专家们的意见趋于一致,其结论的可靠性很高。

特尔斐法有以下三个特点:一是匿名性。为尽量减少专家容易受到心理因素影响的缺点,特尔斐法采用匿名函征询意见以消除某种心理因素的影响。二是轮回反馈沟通情况。特尔斐法一般要经过四轮意见征求,在匿名的情况下,为了使参加讨论的专家掌握每一轮的汇总结果和其他专家的评价意见,达到相互启发的目的,组织领导小组对每一轮的意见进行汇总,并将汇总后的意见作为反馈材料发给每一个专家,为下一轮评价提供参考。三是评价结果的统计特性。采用统计方法,对结果进行定量处理是该方法的一个重要特点。

目前,特尔斐法在以下环境质量评价工作中应用较为广泛:对环境影响事件发生的时间做出评价;对某一环境因素在环境质量总体中的权系数进行评价;尤其是近年来对重大工程项目的多目标、多方案的环境影响相对重要性进行评价,如三峡工程的环境影响评价中就采用了这种方法。

3.经济论评价法

从经济的角度,用资金投入与收益的比较来评价人类活动与环境质量关系的方法,称为经济论评价法。环境为人类直接或间接提供具有经济效益的商品或劳务,既包括具有消费性的商品或劳务,也包括生产性的商品或劳务。例如,秀丽的山水具有使人舒服的价值,是消费性的,而自然环境对工厂排放污染物的净化能力是生产性的。环境质量的经济论评价法的根本立足点在于体现环境质量在人类活动过程中所具有的经济价值。人类活动对环境质量产生的影响,可能危害环境质量及其周围的受纳体(包括人群、动植物、建筑等),从而把经济强加于社会。如果把环境质量看作一个生产要素,是可以观察和测量的。

生产率的变化如果能够用市场价格来表示,那么环境质量变化的效益或损失就可以度量。在度量的过程中,除了考虑经济因素外,一些社会因素也是经济论评价中必须考虑的:①人口(人口总数、密度、组成、结构及分布等情况);②人体健康情况(出生率、死亡率、医疗保健设施、人体健康的背景值等);③文化教育(当地的传统文化、历史遗产、文化水平及入学率、教学水平等);④社会福利(社会保险和福利事业);⑤收入与分配(总收入水平、人均收入水平及分配的合理性、平均程度等)。

(1)效益-费用分析法。

效益-费用分析的一个基本前提是,可以按照人们为消费商品和劳务准备支付的价格表计量消费者对需求的满足程度。因此,环境质量的效益费用评价是以人们对环境质量改善的支付愿望或由于破坏接受补偿的愿望为基础的。

评价过程大致可分为以下四步。

① 确定经济要素、社会要素与环境要素之间的关系,或者确定人类开发行为对环境的重要影响。

② 将这种关系或影响加以定量化,如大气中某些污染物质的浓度增加使人群发病率增加多少等。

③ 对这些量的变化加以估价,尽可能用货币来表示。

④ 进行经济分析。

(2)费用-效果分析法。

无法对效益进行计量时,可采用费用-效果分析法权衡效益和资源费用。该法可以通过对活动的效果进行比较来实现,如:

① 在费用相同的条件下,比较它们效果的大小。

② 在效果相同的条件下,比较它们费用的多少。

③ 有效性比较,即比较它们的费用对效果或效果对费用的比率。

在水资源开发利用规划中,常常遇到水中携带某些流行性疾病,如血吸虫病、肠道病菌等,因此在对规划进行环境影响评价时,必须分析传染性疾病对人体健康的影响,目标是要减少、阻止这种传染病的流行。实现费用最小化这个目标,是无法用效益-费用分析法计算的,而用费用-效果分析法是可以实现的。

12.6 环境质量现状评价

环境质量现状评价(environmental quality assessment)是根据近期环境质量监测资料及区域背景环境资料,对一定区域内人类社会近期和当前的活动所引起的环境质量变异所进行的描述和评定。确定拟建项目所在的环境质量本底值,为展开环境影响预测评价等工作提供基础资料。

12.6.1 环境质量现状评价的程序和方法

1.环境质量现状评价的程序

环境质量现状评价的程序如图 12.1 所示。在评价程序中,首先,应确定评价的对象、地区的范围与评价目的,并根据评价深度和目的确定评价的精度。其次,把污染源、环境、影响作为一个统一的整体来进行调查和研究。因此,环境质量现状评价的基本程序分四个阶段。

（1）第一阶段：准备阶段。

确定评价的目的、范围、方法及评价的深度和广度，制订出评价工作计划。组织各专业部门分工协作，充分利用各专业部门积累的资料，并对已掌握的有关资料做初步分析。初步确定主要污染源和主要污染因子，做好评价工作的人员、资源及物质的准备。

（2）第二阶段：监测阶段。

根据确定的主要污染因子和主要污染项目开展环境质量现状监测工作，按国家规定标准进行，使监测资料具有代表性、可比性和准确性。有条件的地方，可增加环境生物学监测和环境医学监测，从不同专业来评价环境污染状况，可更全面地反映环境的实际情况。

（3）第三阶段：评价和分析阶段。

选用适当方法，根据环境监测资料，对不同地区、不同地点、不同季节和时间的环境污染程度进行定性和定量的判断和描述，得到不同地区、不同时间的环境质量状况，并分析说明造成环境污染的原因、重污染发生的条件及这种污染对人、植物、动物的影响程度（环境效应评价）。

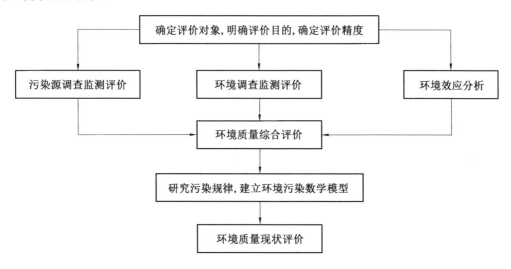

图 12.1　环境质量现状评价的程序

（4）第四阶段：成果应用阶段。

通过评价研究污染规律，建立环境污染数学模型。这一成果对于环境管理部门、规划部门都是重要而有意义的基础资料。据此，可以制定出环境治理的规划意见，即控制和减轻一个地区的环境污染程度的具体措施。对一些主要环境问题，可以通过调整工业布局、产业结构，进行污染技术治理，制订合理的国民经济发展计划等措施来解决，所以，评价结果是进行环境管理和决策的主要依据。

2.环境质量现状评价的方法

环境质量现状评价的方法主要有调查法、监测法和综合分析法等。

（1）调查法。

对评价地区内的污染源（包括排放的污染物种类、排放量和排放规律）、自然环境特征进行实地考察，取得定性和定量的资料，以评价区域的环境背景值作为标准来衡量环境污染的程度。

（2）监测法。

按评价区域的环境特征布点采样，进行分析测定，取得环境污染现状的数据，根据环境质量标准或背景值来说明环境质量变化的情况。

（3）综合分析法。

综合分析法是环境现状评价的主要方法。这种方法根据评价目的、环境结构功能的特点和污染源评价的结论，并根据环境质量标准，参考污染物之间的协同作用和拮抗作用及背景值和评价的特殊要求等因素来确定评价标准，说明环境质量变化状况。

12.6.2　环境质量现状综合评价

环境质量现状综合评价的目的是为环境规划、环境管理提供依据，同时也是为了比较不同区域受污染的程度。由此可见，环境质量评价具有明显的区域性目标。为了描绘区域环境质量的总体状况，需要对区域环境质量进行综合评价，其综合性特征表现在：必须综合认识自然环境的承载能力与人为活动的环境影响之间的关系；必须综合了解不同环境单元构成的区域环境质量的总体状况；必须综合表达气、水、土等多种环境要素组成的全环境特征；必须综合判断不同时间尺度内环境质量的变化趋势。环境质量的综合评价实质是不同时间尺度、不同空间尺度、不同科学领域、不同研究内容的综合。因此，环境质量指数的原理和方法在环境质量现状综合评价中具有特殊的应用价值。

在区域环境质量的综合评价中应注意环境现状与经济社会的综合、生态稳定性与脆弱性的关系和环境物质的地球化学平衡，从而满足区域环境质量综合评价的基本目标，即为控制污染、环境管理和国土整治提供科学依据，为工业布局、环境规划和经济开发提供优化方案。

12.7　环境影响评价

环境评价即环境影响评价，是在全球范围内较普及的成熟的环境保护制度，是世界各国为了人类赖以生存的环境的可持续发展，针对本国特色制定的环境保护法律制度。环境影响评价是对于未来的一种预测型环境质量评价，是考察一个建设项目区域开发利用及国家政策实施后，可能对环境带来的影响所做的预测性研究。环境影响评价一般包括项目对自然环境的影响和对社会环境的影响两个方面。

12.7.1　环境影响评价概述

1.环境影响评价基本概念

环境影响是指人类活动对环境的作用和导致的环境变化及由此引起的对人类社会和经济的效应。环境影响包括人类活动对环境的作用和环境对人类社会的反作用，这两方面的作用可能是有益的，也可能是有害的。

《中华人民共和国环境影响评价法》规定,环境影响评价是指对规划和建设项目实施后可能造成的环境影响进行分析、预测和评估,提出预防或者减轻不良环境影响的对策和措施,进行跟踪监测的方法与制度。

环境影响评价制度是国家通过立法确立的调整和规范环境评价活动的一种法律制度。这种制度具有强制执行力,任何组织、机构、团体和个人都不得违反,否则就要承担相应的法律责任。

2.我国环境影响评价制度的特点

随着我国环境影响评价研究的不断深入,逐渐形成了具有我国特色的环境影响评价制度。其特点主要表现在以下几方面。

（1）具有法律强制性。

我国环境影响评价制度是《环境保护法》和《中华人民共和国环境影响评价法》明令规定的一项法律制度,以法律形式约束公民必须遵照执行,具有不可违抗的强制性。

《中华人民共和国环境影响评价法》第四章明确了环境影响评价制度中各涉及单位的法律责任,包括规划编制机关、规划审批机关、建设单位、建设项目审批部门、环境影响评价机构、环境保护行政主管部门及其他相关部门等单位应承担的法律责任。

（2）纳入基本建设程序。

我国建设项目环境影响评价工作开展的时间较长,建设项目环境管理程序通过法律规定纳入基本建设程序,对项目实行统一管理,这是我国独有的管理模式。

早在 1986 年发布的《建设项目环境保护管理办法》和 1990 年发布的《建设项目环境保护管理程序》,以及 1998 年 11 月国务院发布的《建设项目环境保护管理条例》都明确规定了对未经环境保护主管部门批准环境影响报告书的建设项目,计划部门不办理设计任务书的审批手续,土地管理部门不办理征地手续,银行不予贷款。这样就更加具体地把环境影响评价制度结合到基本建设的程序中去,使其成为建设程序中不可缺少的环节。因此,环境影响评价制度在项目前期工作中有较大的约束力。

（3）实行分类管理与分级审批。

为了适应我国的具体国情和体制,提高环境影响评价管理审批效率,我国实行环境影响评价的分类管理和分级审批。

所谓分类管理,是指国家根据建设项目对环境的影响程度,对建设项目的环境影响评价实行分类管理。建设单位需根据分类管理要求,组织编制环境影响报告书、环境影响报告表或者填报环境影响登记表。

我国从 1998 年开始对建设项目环境影响评价实行分类管理。《建设项目环境保护管理条例》第七条规定,国家根据建设项目对环境的影响程度,对建设项目的环境保护实行分类管理:建设项目对环境可能造成重大影响的,应当编制环境影响报告书,对建设项目产生的污染和对环境的影响进行全面、详细的评价;建设项目对环境可能造成轻度影响的,应当编制环境影响报告表,对建设项目产生的污染和对环境的影响进行分析或者专项评价;建设项目对环境影响很小,不需要进行环境影响评价的,应当填报环境影响登记表。

2020 年国家生态环境部颁布的《建设项目环境影响评价分类管理名录（2021 年版）》中将建设项目分成具体的 55 个大类,包括农业、林业、畜牧业,渔业,煤炭开采和洗选业,石油和天然气开采业,黑色金属矿采选业,有色金属矿采选业,非金属矿采选业,其他采矿业,农副食品加工业,食品制造业,酒、饮料制造业,烟草制品业,纺织业,纺织服装、服饰业,皮革、毛皮、羽毛及其制品和制鞋业,木材加工和木、竹、藤、棕、草制品业,家具制造业,造纸和纸制品业,印刷和记录媒介复制业,文教、工美、体育和娱乐用品制造业,石油、煤炭及其他燃料加工业,化学原料和化学制品制造业,医药制造业,化学纤维制造业,橡胶和塑料制品业,非金属矿物制品业,黑色金属冶炼和压延加工业,有色金属冶炼和压延加工业,金属制品业,通用设备制造业,专用设备制造业,汽车制造业,铁路、船舶、航空航天和其他运输设备制造业,电气机械和器材制造业,计算机、通信和其他电子设备制造业,仪器仪表制造业,其他制造业,废弃资源综合利用业,金属制品、机械和设备修理业,电力、热力生产和供应业,燃气生产和供应业,水的生产和供应业,房地产业,研究和试验发展,专业技术服务业,生态保护和环境治理业,公共设施管理业,卫生,社会事业与服务业,水利,交通运输业、管道运输业,装卸搬运和仓储业,海洋工程,核与辐射。不仅考虑建设项目对环境的影响大小,而且按建设项目所处环境的敏感性质和敏感程度,确定建设项目环境影响评价的类别,并对其实行分类管理。

所谓分级审批,是指为进一步加强和规范建设项目环境影响评价文件审批,提高审批效率,明确审批权责。根据《中华人民共和国环境影响评价法》等有关规定,国家环境保护部于 2002 年 7 月颁布了《建设项目环境影响评价文件分级审批规定》,要求建设对环境有影响的项目,不论投资主体、资金来源、项目性质和投资规模,其环境影响评价文件均应确定分级审批权限。

(4)实行环境影响评价机构资质管理。

为加强建设项目环境影响评价管理,提高环境影响评价工作质量,维护环境影响评价行业秩序,根据《中华人民共和国环境影响评价法》和《中华人民共和国行政许可法》的有关规定,国家环境保护总局于 2005 年 7 月发布了《建设项目环境影响评价资质管理办法》。

凡接受委托为建设项目环境影响评价提供技术服务的机构,应当按照《建设项目环境影响评价资质管理办法》的规定申请建设项目环境影响评价资质,经国家环境保护总局审查合格,取得建设项目环境影响评价资质证书后,方可在资质证书规定的资质等级和评价范围内从事环境影响评价技术服务。

3.我国环境影响评价的原则

《中华人民共和国环境影响评价法》第四条规定了环境影响评价的基本原则:"环境影响评价必须客观、公开、公正,综合考虑规划或者建设项目实施后对各种环境因素及其所构成的生态系统可能造成的影响,为决策提供科学依据。"

环境影响评价作为我国一项重要的环境管理制度,在其组织实施中必须坚持可持续发展战略和循环经济的理念,严格遵守环境影响评价的基本原则。除此之外,环境影响评价还应该遵循以下相应的技术原则。

① 符合国家相关产业政策、环保政策和法规。

② 符合流域、区域功能区的相应规划、生态保护规划和城市发展总体规划,布局合理。

③ 符合清洁生产的原则。

④ 符合国家有关保护生物多样性等生态保护的法规和政策。

⑤ 符合国家资源综合合理利用的政策。

⑥ 符合国家土地利用的政策。

⑦ 符合国家和地方规定的总量控制要求。

⑧ 符合污染物达标排放和区域环境质量要求。

4.环境影响评价的重要性

（1）保证建设项目选址和布局的合理性。

合理的经济布局是保证环境与经济可持续发展的前提条件，而不合理的布局则是造成环境污染的主要原因。环境影响评价从所在地区的整体布局出发，通过考察建设项目的不同选址和布局对区域整体的不同影响，并对方案进行比较和取舍，选择最有利的方案进行选址和布局，保证建设项目的合理性。

（2）指导环境保护措施的设计。

一般来说，建设项目的开发建设和生产活动都要消耗一定的自然资源，同时给环境带来一定的污染与破坏，因此，项目的开发建设必须采取相应的环境保护措施。环境影响评价针对具体的开发建设活动或生产活动，综合考虑活动特点和环境特征，通过对污染治理措施的技术、经济和环境进行分析认证，可得到相对合理的环境保护对策和措施，使因人类活动而产生的环境污染或生态破坏程度降到最低。

（3）为区域社会经济发展提供导向。

环境影响评价可以通过对区域的自然条件、资源条件、社会条件和经济发展状况等进行综合分析判断，较为准确地掌握该地区的资源、环境和社会承载能力，从而对该地区发展方向、发展规模、产业结构和布局等做出科学的决策和规划，实现经济活动的可持续发展。

（4）推进科学决策与民主决策进程。

环境影响评价从决策的源头考虑环境的影响，并吸纳公众的意见，其本质是在决策过程中加强科学认证，强调公开、公正，对我国决策民主化、科学化具有重要的推进作用。

（5）促进相关环境科学技术的发展。

环境影响评价涉及自然科学和社会科学的众多领域，包括基础理论研究和应用技术开发。环境影响评价工作中遇到的问题，必然是对相关环境科学技术的挑战，进而推动相关环境科学技术的发展。

12.7.2　环境影响评价程序

环境影响评价程序是指按一定的顺序或步骤指导完成环境影响评价工作的过程，环境影响评价程序可分为管理程序和工作程序。前者主要用于指导环境影响评价的监督管理，后者用于指导环境影响评价的工作内容和进程。

1.环境影响评价管理程序

我国执行的环境影响评价管理程序是管理部门监督环境影响评价工作的重要方法，其流程图如图 12.2 所示，其具体的内容如下。

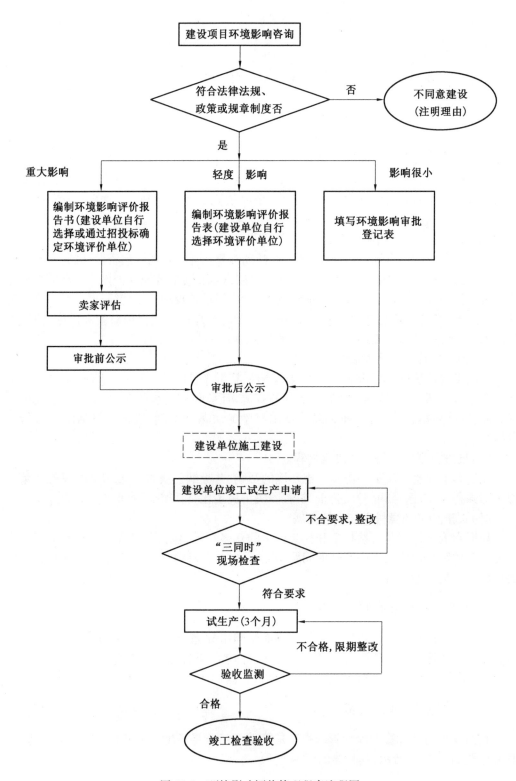

图 12.2 环境影响评价管理程序流程图

① 项目建议书批准后,建设单位应根据《建设项目环境影响评价分类管理名录(2021年版)》,确定建设项目环境影响评价类别,以委托或招标方式确定开展环境影响评价工作的相关单位。对《建设项目环境影响评价分类管理名录(2021 年版)》中没有列出的建设项目类型,建设单位应向有审批权的环境保护行政主管部门申报,由环境保护行政主管部门依据分类管理原则确定该建设项目的评价类型并书面通知建设单位开展环境评价工作。

② 应根据环境影响报告书的项目需要编写环境影响评价大纲,应编制环境影响报告表的项目则不需编写评价大纲。环境影响评价大纲由建设单位上报有审批权的环境保护行政主管部门,同时抄报有关部门。有审批权的环境保护行政主管部门负责组织对评价大纲的审查,审批通过后的评价大纲作为环境影响评价的工作和收费依据。

③ 建设单位根据环境保护行政主管部门对评价大纲的意见和要求,与评价单位签订合同开展工作。

④ 环境影响报告书、报告表编制完成后,由建设单位报有审批权的环境保护行政主管部门审批,同时抄报有关部门。建设项目有行业主管部门的,由行业主管部门组织环境影响报告书、报告表的预审,有审批权的环境保护行政主管部门参加预审;建设项目无行业主管部门的,其环境影响报告书、报告表由有审批权的环境保护行政主管部门组织审批。

⑤ 有水土保持方案的建设项目,其水土保持方案必须纳入环境影响报告书。水行政主管部门应在报告书预审时完成对水土保持方案的审查。

⑥ 海洋工程、海岸工程的环境影响报告书,海洋行政主管部门应会同负责预审的行业主管部门,在预审时完成涉及海洋环境影响部分的审核,并签署意见;建设项目无行业主管部门的,审核工作可在有审批权的环境保护行政主管部门审查环境影响报告书时同时完成。

⑦ 建设项目的环境影响报告书、报告表必须由持有国家环境保护部颁发的环境影响评价资格证书的单位编写。对填写环境影响登记表的单位无资格要求。评价单位环境影响评价资格证书规定工作范围内有水土保持的,可编制水土保持方案,不另设水土保持的环境影响评价资格证书。

⑧ 经审查通过的建设项目,环境保护行政主管部门做出予以批准的决定,并书面通知建设单位。若建设项目不符合条件,则环境保护行政主管部门不予批准,并将不予批准的通知书面通知建设单位并说明理由。环境保护行政主管部门需在收到环境影响报告书60 日内、环境影响报告表 30 日内、环境影响登记表 15 日内做出审批决定并进行书面通知。

2.环境影响评价工作程序

环境影响评价工作程序一般分为三个阶段:第一阶段为准备阶段,第二阶段为工作阶段,第三阶段为编制环境影响评价文件阶段。环境影响评价工作程序流程图如图 12.3所示。

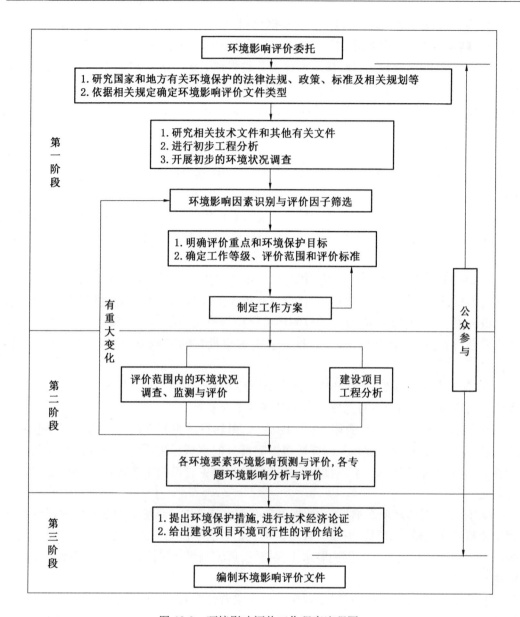

图 12.3　环境影响评价工作程序流程图

3.环境影响评价工作等级划分

　　评价工作等级是对环境影响评价工作深度的划分。建设项目各环境要素专项评价原则上应划分工作等级,一般可划分为三级:一级评价对环境影响进行全面、详细、深入的评价,二级评价对环境影响进行较为详细、深入的评价,三级评价可只进行环境影响分析。

　　评价工作等级划分的依据如下。

　　(1)建设项目特点。

　　包括工程的性质、规模、能源类型与资源的使用情况、主要污染物种类、源强、排放方式等。

（2）项目所在地的环境特征。

包括自然环境、生态和社会环境状况、环境功能、环境敏感程度等。

（3）国家或地方的有关法律法规。

包括环境质量标准、污染物排放标准等。对于某一具体建设项目,其评价工作等级可根据建设项目所处区域敏感程度、工程污染或生态影响特征及其他特殊要求等情况进行适当调整,但调整的幅度不超过一个工作等级,并需说明调整的具体理由。

12.7.3　环境影响评价方法

环境影响评价方法就是对调查收集的大量资料、数据、信息、情况等进行研究、管理、鉴别的过程,以实现量化或形象直观的描述评价结果为目的所采用的方法。这些方法按照其功能大致分为环境影响识别方法、环境影响预测方法、环境影响综合评估方法。

环境影响综合评估方法是将开发活动可能导致的各主要环境影响综合起来,即对定量预测的各种影响因子进行综合,从总体上评估环境影响的大小,主要方法有列表清单法、矩阵法、网络法、图形叠置法、质量指标法、环境预测模拟模型法等。随着地理信息技术的发展,基于地理信息平台的综合评估近年来越来越受到重视。

1.图形叠置法

图形叠置法是把两个或更多的环境特征重叠表示在同一张图上,构成一份复合图,用以在开发行为影响所及的范围内,指明被影响的环境特性及影响的相对大小。图形叠置法最早由美国生态规划师麦克哈格提出,这种方法最初是手工作业,在一张透明图片上画出项目位置及评价区域的轮廓基图,该法一般适用于确定公路线路的建设方案。图形叠置法具体的实施步骤为:

① 用透明纸作为底图,在图上标出开发项目的具体位置及受影响的地区范围。

② 在底图上描出植被现状、动物分布或其他受影响的环境因子的特征。

③ 给出每个影响因子影响程度的透明图。

④ 将影响因子图和底图重叠后,用不同颜色和色度表示不同的影响及影响程度。

图形叠置法直观性强、易于理解,适用于空间特征明显的开发活动。手工进行叠图通常会因为评价因子过多,使得颜色过于杂乱,不易识别,而图形叠置法正好可以克服以上缺点。

2.矩阵法

矩阵法是把项目开发行为和受影响的环境特征及条件组成一个矩阵,通过矩阵在开发行为和环境影响之间建立起直接因果关系,解析开发行为与环境特征影响的对应关系,并说明影响的大小。矩阵法可以分为关联矩阵法和迭代矩阵法两大类。

关联矩阵法的做法是:

① 横轴列出开发行为。

② 纵轴列出受影响的环境要素。

③ 列出每一种开发行为对每一个环境要素影响的等级及权重。

④ 统计出开发行为对环境要素的总影响。

迭代矩阵法的做法是：

① 列出所有开发行为和受影响的环境因素。

② 将两份清单合成一个关联矩阵（肯定的用"●"表示，可能的用"○"表示）。

③ 给定每一个影响的权重值。

④ 进行迭代（影响可忽略的用"□"表示，影响难以评价的用"?"表示，影响不可忽略的用"!"表示）。

3.地理信息系统的应用

地理信息系统是利用地理空间数据库，对相关数据进行采集、存储、管理、描述、检索、分析、模拟、显示和应用的计算机系统。由于计算机强大的数据分析能力，地理信息系统在环境影响评价、选址及建立环境影响预测模型中得到了广泛应用。

12.7.4　环境影响评价文件的编制

根据建设项目环境影响评价分类管理的要求，建设项目环境影响评价文件分为环境影响报告书、环境影响报告表和环境影响登记表。

1.环境影响报告书

环境影响报告书的编制原则是全面、客观、公正地反映环境影响评价的全部工作，报告书中的文字需简洁、准确，图表要清晰，论点要明确。环境影响报告书的编排结构需符合《建设项目环境保护管理条例》，内容全面，重点突出，实用性强，基础数据可靠。预测模式及参数选择需准确合理。报告书中的结论观点要明确、客观可信，语句要通顺、条理清晰、文字简练。同时，要附带评价资格证书，署名及盖章。

建设项目的类型不同，对环境的影响差别很大，环境影响报告书的编制内容也就不相同，但是基本格式、内容相差不大。根据《中华人民共和国环境影响评价法》第十七条的规定，建设项目编制环境影响报告书的典型编排格式如下。

（1）总则：包括项目来源、编制依据、评价因子与评价标准、评价范围及环境保护目标、相关规划及环境功能区划、评价工作等级和评价重点、资料引用。

（2）建设项目概况：包括项目建设规模及生产工艺简介、原料类别及使用情况、燃料及用水量、污染物的排放量清单、建设项目采取的环保措施、工程影响环境因素分析。

（3）工程分析：包括工程概况、工艺流程及产污单元分析、污染物产量及性质分析、清洁生产水平分析、环保措施方案分析、总图布置方案分析。

（4）环境现状调查与评价：包括自然环境调查，社会环境调查，评价区的大气、地面水、地下水质量现状调查，土壤及农作物现状调查，环境噪声现状调查，评价区内居民身体健康及地方病调查，其他社会经济活动污染调查，破坏环境现状调查，建设项目污染源评估，评价区内污染源调查与评价等。

（5）环境影响预测与评价：包括大气环境影响预测与评价，水环境影响预测与评价，噪声环境影响预测与评价,土壤及农作物环境影响分析,对人群健康影响分析,振动及电磁环境影响分析,对周围地区的地质、水文、气象可能产生的影响。

(6)环境风险评价:包括风险识别、评价等级及范围、风险类型、事故概率分析、事故发生对环境的影响、环境风险防范措施、应急预案等。

(7)环境保护措施及其经济、技术论证:包括"三废"及噪声治理措施分析、环保投资估算等。

(8)污染物排放总量控制:包括总量控制因子、总量控制建议等。

(9)环境影响经济损益分析:包括环境保护所需费用、环境保护产生的效益、环境影响经济损益分析等。

(10)环境管理与环境监测:包括环境管理、环境监测计划等。

(11)方案比选:包括产业政策符合性分析、规划符合性分析、总平面布置合理性分析、环境容量分析、环境风险分析等。

(12)清洁生产分析和循环经济:包括本项目清洁生产分析及清洁生产措施等。

(13)公众意见调查:包括征求公众意见的来源、人数、次数、组织形式、反对意见处理情况的说明等。

(14)环境影响评价结论:包括建设项目内容、规划符合性分析、环境现状、清洁生产、拟建项目中污染物产生及相应治理情况、环境影响的预测与评价、环境风险评估、建设项目的环境可行性、总结论。

(15)附录和附件:主要有建设项目建议书及其批复、附图等。

2.环境影响评价报告表

要求随附环境影响评价资质证书及评价人员情况说明。环境影响评价报告表的填写内容包括建设项目基本情况说明、建设项目所在地自然环境和社会环境简介、环境质量状况评估、评价选用标准、建设项目工程概况分析、项目主要污染物产生及预计排放情况、环境影响分析、建设项目拟采取的防治措施及预期治理效果、结论与建议。

3.环境影响登记表

建设项目环境影响登记表一式四份,登记内容包括项目基本情况介绍,具体包括项目内容及规模,原辅材料及主要设施规格、数量,水及能源消耗量,废水排水量、排放去向及受纳水体,周围环境简况,与项目相关的污染源情况,拟采取的防治污染措施,当地环境部门审查意见等。

【阅读材料】

苏州张家港生态环境局"打捆"环评助企业降本提效

2022 年 5 月,张家港闸上工业区内的 11 家化纤企业向江苏省苏州市张家港生态环境局共同提交了同一本《环境影响报告表》并通过了审批。这是张家港市首次尝试并成功采用"打捆"的方式受理审批企业的环境影响评价行政许可事项。

2021 年底,苏州市张家港生态环境局按照《关于优化小微企业项目环评工作的意见》

的相关要求,组织经开区(杨舍镇)闸上工业区园区内11家化纤企业开展以张家港市昱邦化纤有限公司名义集中打捆环评试点工作,与以往环评工作不同,此次将这11家企业作为一个整体进行环境工作(即"打捆"环评),通过统一环评、统一标准、统一服务、统一治污的方式为园区化纤企业减轻运行费用。

"所谓'打捆'环评,就是针对区内工业集聚区(小微园区)及入驻企业属于同一园区、同一类型或者同一产业的项目捆绑开展环评审批,统一提出污染防治要求,单个项目不再重复开展环评。"据苏州市张家港生态环境局综合业务科科长王永浩介绍,在确保企业所有的新、扩、改、迁等项目满足污染物排放总量替代的前提下,审查其工艺、装备、资源利用、污染物排放等各项内容均符合标准要求后,一同完成环评审批。与此同时,将打捆环评与代办代跑、网上办理等一批便企举措相结合,真正实现了企业办理环评"零次跑"。

为了使11家企业的环评工作能尽快落地实施,苏州市张家港生态环境局工作人员第一时间召集各建设单位、环评编制单位召开见面碰头会,针对"打捆"环评工作办理过程中的注意事项和关键问题进行深入研究,并明确了企业主体责任落实和环评审批后排污许可证申领方式等关键性内容。

在随后的时间里,张家港生态环境局工作人员多次前往园区,针对化纤行业抽真空废水处理难的问题,指导园区企业按照江苏省生态环境厅《"绿岛"项目管理暂行办法》的要求,构建共享园区化纤纺丝行业废水处理设施,实现园区同类型企业生产废水集中经污水处理站处理后大部分回用,使生产废水不外排。

"环评拿在手里,我们就能踏实生产了,现在我们复工率达到了100%。"张家港市昱邦化纤有限公司法人代表李栋告诉记者,以往单个企业申请环评需承担的费用在18至20万元,时间要长达1年左右。而"打捆"环评试点后,11家企业共同承担80万元费用,时间缩短了近三分之二。

环评是约束企业生产项目与工业园区环境准入的法制保障,是发展中守住生态安全的第一道防线。苏州市张家港生态环境局试行"打捆"环评有助于减轻小微企业的负担,提高环评审批效能,加快建设项目投资落地,助力小微企业复工复产。下一步,该局将积极帮助试点企业解决问题,巩固成果,形成长效,拓展"打捆"环评的范围,积极推进"打捆"环评审批工作。

(资料来源:新浪财经,网址:http://finance.sina.com.cn/jjxw/2022-05-11/doc-imc-wipii9215798.shtml)

复习与思考

1.环境质量是如何定义的? 什么是环境质量评价?

2.环境质量评价按时间尺寸可以分为哪几类?

3.环境质量现状评价的程序是什么?

4.我国对环境影响评价是怎么定义的? 我国环境影响评价的原则是什么?

5.环境影响评价管理程序流程是怎样的? 环境影响评价工作程序是什么?

第 13 章　环 境 管 理

13.1　环境管理概述

20 世纪 70 年代以前,环境问题往往被认为是单纯的污染问题,采取的对策通常是运用工程技术措施进行治理,并且运用法律、行政手段限制排污。通过实践,人们逐步认识到环境问题不只是污染问题,采取工程技术措施代价太大,而且不是治本之道,必须在发展的同时采取预见性政策,合理利用环境资源,预防污染。环境问题除了污染问题以外,还有沙漠化、水土流失、生态失调等自然资源破坏问题。环境管理的概念就是在这种认识的基础上提出来的。1974 年,联合国环境规划署与联合国贸易和发展会议在墨西哥联合召开了资源利用、环境和发展战略方针讨论会,提出了发展是为了满足人类的需要,但又不能超过生物圈的承载能力的看法。会议认为,协调环境和发展目标的方法就是环境管理。一般来说,环境管理是从环境保护实践中产生,又从环境保护实践中发展起来的。它既是一门环境科学的分支学科,是环境科学与管理科学交叉渗透的产物,同时也是一个工作领域,是环境保护实践的重要组成部分。环境管理从 20 世纪 70 年代初开始形成,并逐步发展成为一门新兴的学科。随着人们对于环境管理实践和环境问题认识的发展,国内外学者对环境管理的概念与内涵认识日益深化。

13.1.1　环境管理的概念

环境管理是国家环境保护部门的基本职能。由于环境管理的内容涉及土壤、水、大气、生物等各种环境因素,环境管理的领域涉及经济、社会、政治、自然、科学技术等方面,环境管理的范围涉及国家的各个部门,所以环境管理从不同角度考虑有多种定义。

对企业生产而言,所谓环境管理是指组织对其所从事活动的过程包括制造产品、使用过程和提供服务行为的过程等进行系统的监控,以杜绝或减少上述过程对环境造成不良影响。

对政府职能而言,所谓环境管理是指人们依据各种信息,对全社会的环境活动进行规划、组织、监督、调节和评价,实现环境资源的有效整合,以达到特定管理目标的一系列活动的总和。

总体来看,环境管理主要涵盖以下几个方面。

1.协调发展与环境的关系

建立可持续发展的经济体系、社会体系并保持与之相适应的可持续利用的资源和环境基础,是环境管理的根本目标。

2.运用各种手段限制人类损害环境质量的行为

人在管理活动中扮演着管理者和被管理者的双重角色,具有决定性的作用,因此环境管理的核心是对人的管理。

3.环境管理是一个动态过程

环境管理必须适应社会、经济、技术的发展,及时调整政策措施,使人类的经济活动不超过环境的承载能力和自净能力。

4.协调合作

环境保护作为国际社会共同关注的问题,环境管理需要超越文化和意识形态等方面的差异,采取协调合作的行动。

对国家发展而言,环境管理就是以实现国家生态可持续为根本目标,政府及有关机构根据国家有关法律、法规,运用一切手段调控人类社会经济活动与环境关系,保证生产、生活、生态三个目标协同实现的所有活动。

在环境保护发展已渗透到人类生活方方面面的今天,环境管理作为交叉学科的概念理应有一个科学的定义。顾名思义,"环境管理"是两个概念的交叉与融合,既包括环境科学的基础,又包括管理学的政策,综合可概括为:环境管理是为合理调节经济增长、社会发展、生态平衡与环境保护之间的关系,由相关政府部门综合环境科学与管理科学的方法对社会-环境整体系统进行的一种协调性规划管理。

环境管理的核心问题是以生态规律和经济规律为指导,正确处理发展与环境的关系。生态环境首先是发展的物质基础,在超出承受能力范围后就变成约束发展的"瓶颈"。发展自然会对环境造成污染与破坏,但如果在经济技术发展的基础上及时合理地予以环境管理,发展就可以不断地改善环境质量。因此,环境管理的关键在于通过全面规划和合理开发利用自然资源,使经济、技术、社会相结合,发展与环境相结合。

13.1.2　环境管理的内容

环境管理从自然、经济、社会几个方面入手,解决环境问题。环境管理涉及的内容可从不同的角度进行划分,主要包括以下几种划分方法。

1.从环境管理的范围来划分

(1)资源环境管理。

资源环境管理的主要目的是保护自然资源,包括不可更新资源的节约利用及可更新资源的恢复和扩大再生产。因此,要选择最佳方法使用资源,尽力采用对环境危害最小的发展技术,同时根据自然资源、社会、经济的具体情况,建立一个新的社会、经济、生态系统。

资源环境管理的重点是对自然环境的要素的管理,其中包括可再生资源的管理和非可再生资源的管理。可再生资源的管理面临的主要问题是,人类开发的速度远远超过资源自身的补给速度,以至于可再生资源的基地不断萎缩,甚至接近枯竭;非可再生资源的管理面临的主要问题是,人类开发利用数量呈指数规律增长,部分非可再生资源将会在可预见的时期内被消耗殆尽。

资源环境管理当前遇到的危机主要是资源使用不合理和浪费。如何以最低的环境成本确保自然资源可持续利用,已成为现代环境管理的重要内容。资源环境管理主要内容包括:淡水资源的保护与开发利用,海洋资源的可持续开发与保护,土地资源的管理与可持续利用,森林资源的培育、保护、管理与可持续发展,生物多样性保护,能源的合理开发利用与保护等。

(2)区域环境管理。

由于各地自然环境和社会环境的差异,环境问题存在着明显的区域性特征,因地制宜地加强区域环境管理是管理的基本原则。区域环境管理的主要任务就是根据区域自然资源和社会、经济的具体情况,选择有利于环境的发展模式,建立可持续发展的经济、社会、生态环境系统。其主要内容包括:城市环境管理、流域环境管理、地区环境管理、海洋环境管理等。

(3)专业环境管理。

由于行业性质和污染因素的差异,环境问题存在着明显的专业性特征。现代科学管理的基本原则就是要有针对性地加强专业化管理。专业环境管理的主要内容包括:根据行业和污染因素(或环境要素)的特点,调整经济结构和生产布局,开展清洁生产和绿色产品生产,推广有利于环境的实用技术,提高污染防治和生态恢复工程及设施技术水平,加强和改善专业管理。专业环境管理也可按照行业划分,主要内容包括工业环境管理(如化工、轻工、石油、冶金等的环境管理),农业环境管理(如农、林、牧、渔等的环境管理),交通运输环境管理(如城市交通、高速公路等的环境管理),商业、医疗等国民经济各部门的环境管理及企业环境管理等。

2.从环境管理的性质来划分

(1)环境规划管理。

规划是管理的首要职能。规划是一个组织为实现一定目标而科学地预计和判定未来的行动方案。规划主要包括确立目标和决定达到这些目标的实施方案两项基本内容。规划能促进和保证管理人员在管理活动中进行有效的管理。环境规划管理的主要内容包括:进行总体的环境规划,对环境规划的实施情况进行检查和监督,并根据实际情况检查和调整环境规划。

(2)环境质量管理。

环境质量管理是环境管理的核心内容,即为保证人类生存和健康所必需的环境质量而进行的各项管理工作。环境质量管理是一种标准化的管理,它以环境标准为依据,以改善环境质量为目标,以环境质量评价和环境监测为内容,主要实施手段包括环境调查、监测、研究、信息交流、检查和评价等。环境质量管理按照环境要素可以分为大气环境管理、水环境管理、声环境管理、土壤环境管理、固体废物环境管理等。环境质量管理按照区域类型又可以分为城市环境管理和农村环境管理。

（3）环境技术管理。

环境技术管理通过制定环境技术政策、技术标准和技术规程,以调整产业结构,规范企业的生产行为,促进企业的技术改革与创新。它以调整技术经济发展与环境保护的关系为目的,包括环境法规标准的不断完善、环境监测与信息管理系统的建立、环境科技支撑能力的建设、环境教育的深化和普及、国际环境科技的交流与合作等。环境技术管理具有比较强的程序性、规范性和可操作性。

环境保护部门直接进行的技术工作包括:制定各种标准;进行污染防治技术的环境经济评价;对环境科学技术的发展进行预测、论证,明确方向、重点,制定环境科学发展规划;等等。环境技术管理最重要的任务是把环境管理渗透到科学技术管理、各行各业的技术管理及企业技术管理的整个过程中去。

为了便于对环境管理开展较为细致的研究,人们对环境管理内容从管理范围和管理性质角度进行分类,但在处理实际问题时可以发现各类环境管理的内容有着相互交叉、相互渗透的关系。因此,在管理过程中,最好依据所处理的环境问题的具体情况,选择最优化的环境管理模式。

13.1.3　环境管理的基本手段

环境管理是一个具有对象性、目的性的管理过程。为了实现管理目标,需要运用一定的手段对管理对象施以控制和管理。进行环境管理的手段主要包括行政手段、法律手段、经济手段、技术手段和教育手段。

1.行政手段

环境管理的行政手段是指在国家法律监督之下,各级环保行政管理机构运用国家和地方政府授予的行政权限开展环境管理的手段。它具有权威性、强制性和规范性的特点,包括制定相关的环境标准、政策并加以推行。例如,对违反法律、法规的行为进行警告,对擅自拆除或限制环境保护设施的行为责令重新安装使用,对污染严重又难以治理的企业,责令停业、关闭、拆迁或限期整改等。

2.法律手段

法律是一种社会行为规范,与其他形式的社会行为规范相比,法律规范最显著的特征是强制性,它通过国家机器的保障,强制执行。法律手段是指管理者代表国家和政府,依据国家环境法律、法规,并受国家强制力保证实施的、对人们的行为进行管理以保护环境的手段。它是环境管理的一个最基本的手段,是其他手段的保障和支撑,通常也称为最终手段。目前,我国已初步形成了由国家宪法、环境保护法、环境保护单行法和环境保护相关法等法律、法规组成的环境保护法律体系,这是强化环境执法监督管理的根本保证。在政府环境管理中,根据管理对象的性质和特点,可分别采取行政、法律、经济、技术和教育等不同的手段,但是经济、技术、教育手段的运用不能独立于行政手段或法律手段,它必须以行政手段或法律手段作为载体来加以实施。

3.经济手段

经济手段是指管理者依据国家的环境经济政策和经济法规,运用价格、成本、利润、信贷、税收、收费和罚款等经济杠杆来调整各方面的经济利益关系,规范人们的宏观经济行为,培育环保市场,以实现环境和经济协调发展的手段。在目前的环境管理中,环境和自然资源的价值虽然在认识上已被肯定,但一时还无法在价格上加以表示,可以运用一些经济手段加以补救,以间接调整对环境和自然资源的利用。在我国,政府环境管理的现行经济手段主要包括排污收费制度、减免税制度、补贴政策、贷款优惠政策等。

4.技术手段

环境管理的技术手段是指管理者为实现环境保护目标而采取的环境工程、环境监测、环境预测、评价、决策分析技术,以达到强化环境监督的手段。例如,清洁生产工艺的研究,环境友好的新材料、新工艺的开发等。

5.教育手段

环境管理的教育手段是指运用各种形式开展环境保护的宣传教育以增强人们的环境意识和环境保护专业知识的手段。通过宣传教育,提高社会公众的环境保护意识,增强环境保护管理工作的参与能力。每个社会成员既是物质产品的消费者,同时又是社会的组织行动者。只有每个社会成员都能从我做起,在决策时充分考虑环境保护的要求,行动中切实贯彻环境保护的政策法规,在全社会形成自觉的环境保护的道德规范,才能使环境保护从根本上得到保证。

13.1.4 环境管理的原则

1.全过程控制原则

由于环境管理是人类为解决环境问题而进行的对自身行为的调节,因此环境管理的内容应当包括所有对环境产生影响的人类社会经济活动。全过程控制是指对人类社会活动的全过程进行管理控制。无论是人类社会的组织行为、生产行为还是生活行为,其全过程均应受到环境管理的监督控制。例如,政策的制定、制度的确定及一个工程项目从立项到实施等,均有它自己的全过程。又如,一个"消费"的生命,也有一个从原材料开发、加工、流通、消费到废弃的全过程。

近年来涌现出的全过程控制的管理方法和思路中,以环境标志和清洁生产最为突出。环境标志是对在产品生命过程中所产生的环境影响不超过某一规定限度的产品颁发的标志,表明该产品是符合环境保护要求的;清洁生产是从技术管理角度对产品生命过程的每一个阶段或环节所提出的要求,从而使产品的整个生命周期对环境和人类健康的影响都能够达到最小。

全过程控制意味着管理方法的综合,其特点主要包括以下几个方面。

(1)管理内容的综合集成。

要求环境管理不仅要掌握人类社会的规律,还要掌握自然环境的演变规律,尤其重要的是掌握环境变化和人类社会经济行为之间的"剂量-反应关系"。

(2)管理对象的综合集成。

生产行为、消费行为和文化行为相互交织在一起出现或连锁式地出现对环境产生影响。

(3)管理手段的综合集成。

对于"环境-经济"这个复杂系统而言,其中许多关系呈现出巨大的随机性和模糊性,包含大量不确定信息,必须去探索一种能把定量信息和定性信息综合成一体的管理办法。

2."双赢"原则

"双赢"是指在制定处理利益冲突的双方或多方关系的方案时,必须注意使双方都得利,而不是牺牲一方的利益去保障另一方获利。"双赢"体现在处理环境与经济的冲突时,就必须去追求既能保护环境又能促进经济发展的方案。这是环境与经济的"双赢",也是可持续发展的要求。"双赢"既是一种策略,又是一种结果。一般情况下,环境管理工作中处理的都是多方面的关系,因此不仅要"双赢",甚至要"多赢",即在处理与多个部门、多个地区有关的环境管理问题时都必须遵循"双赢"原则。

在实现"双赢"的过程中,规则是最重要的,其次是技术和资金。

规则实际上就是法律、标准、政策和制度,可以协调冲突,是达到"双赢"的保障。因为"双赢"并非双方都会得到最大程度的好处,而是彼此在遵守规则的前提下一定程度的妥协。

技术和资金在体现"双赢"原则时起着很关键的作用,如节水技术对于农业、节能技术对于工业的作用。对于一个钢铁厂而言,如果要提高钢产量,就势必会增加对水的需求,但如果通过对原来工艺的改革,提高水的循环利用率来发展,就会降低对水的需求,这样既能提高钢产量,又能发展经济,还节约了水资源,保护了环境,切实地体现了"双赢"原则。

因此,在环境管理的过程中,要想实现"双赢",就必须依赖法律标准和政策制度等的保障,同时还要大力发展环保技术,积极筹措资金。

13.1.5　环境管理的职能

环境管理是国家机关的一种基本职能。环境管理部门是国家机关对政治、经济、文化、外交、科学教育等各个社会领域行使管理事务的职能机构。环境管理部门的职能,就是运用规划、组织、协调、监督、监察、研究、支持等各种方式去推动环境保护事业的发展。

一般来说,环境管理的基本职能包括宏观指导、统筹规划、组织协调、提供服务、监督检查。

1.宏观指导

在社会主义市场经济条件下,政府转变职能的重点之一,就是加强宏观指导的调控功能。环境管理的宏观指导具体表现在以下两个方面。

(1)对环境保护战略的指导。

通过制定和实施环境保护战略,对地区、部门、行业的环境保护工作进行指导。它包括确定战略重点、环境总体目标、总量控制目标,制定战略对策。

(2)对有关政策的指导。

通过制定环境保护的方针、政策、法律、法规、行政规章,以及相关的产业、经济、资源配置等政策,对有关环境及环境保护的各项活动进行规范、控制、引导。

2.统筹规划

环境规划是环境管理的先导和依据。

(1)环境规划的先导作用。

环境规划通过综合决策来使环境因素、经济因素和社会因素协调发展,统筹兼顾。

(2)环境规划的主要目标。

控制污染,保护和改善生态环境,促进经济与环境协调发展。

3.组织协调

(1)战略协调。

实施可持续发展战略,推行环境经济综合决策,在制定国家区域发展战略时要同时制定环境保护战略。要坚持"谁开发、谁保护,谁利用、谁补偿,谁破坏、谁恢复"的原则,在经济与环境协调发展的过程中,使自然资源可持续利用,环境质量有所改善。

(2)政策协调。

运用政策、法规及各项环境管理制度协调经济与环境的关系,促进经济与环境协调发展。例如,为落实环境保护基本国策和"三同步"战略方针而进行环境管理体制改革。

(3)技术协调。

运用科学技术促进经济与环境协调发展,主要包括优化工业结构、采用无废和少废技术及生产工艺、开发清洁能源、推行清洁生产及采用现代环境管理技术等。

(4)部门协调。

要顺利完成控制污染与保护生态环境的任务,不能只靠环境保护行政主管部门孤军作战,必须使各地区、各部门协同动作,相互配合,积极做好所承担的环境保护工作。

4.提供服务

(1)技术服务。

解决技术难题,组织技术攻关,搞好示范工厂建设;培育技术市场,筛选最佳实用技术,推动科技成果的产业化;为推行清洁生产提供技术指导;等等。

（2）信息咨询服务。

建立环境信息咨询服务系统，为重大的经济建设决策、大规模的自然资源开发规划、大型林业建设活动及重大的污染治理工程和自然保护等提供信息服务。

（3）市场服务。

建立环境保护市场信息服务系统，逐步完善环境保护市场运行机制；完善环境保护产业市场流通渠道，加强环境保护市场监督和管理；建立环境保护产品质量监督体系；引导和培育排污权交易市场的正常发育。

5.监督检查

《中国环境与发展十大对策》在对策九中指出，进一步完善适应社会主义市场经济要求的环保法律、法规、管理制度和标准。环境法规、环境标准和环境监测是环境管理部门执行监督检查的三个基本依据。监督检查可以采取多种方式，如联合监督检查、专项监督检查、日常现场监督检查及污染状况监测和生态环境监测等。

13.2　环境管理的技术支持及保证

环境管理是在环境学和管理学交叉综合的基础上发展产生的，它既包括了环境保护方面的自然科学领域，同时也包含了社会学、管理学，环境管理的有效实施必须依赖于相应的技术支持和保证。

环境管理的技术支持体系主要包括环境监测技术、环境预测技术、环境标准、环境审计和环境信息管理技术（图 13.1）。

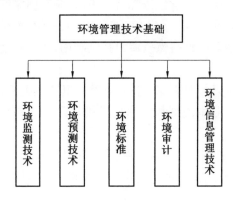

图 13.1　环境管理的技术支持体系

13.2.1　环境监测技术

环境监测是开展环境管理工作的重要基础，它通过技术手段测定环境质量因素的代表值以把握环境质量的状况。通过长期大量的监测数据，可以据此判断该地区的环境质量状况是否符合国家的规定，可以预测环境质量的变化趋势，进而找出该地的主要环境问题及主要原因。只有在此基础上，才有可能提出相应的治理方案、控制方案、预防方案，以及法规和标准等一整套的环境管理办法,做出正确的环境决策。此外,通过环境监测还可以不断发现新的和潜在的环境问题,通过对污染源的监测,掌握污染物的迁移、转化规律,为环境科学研究提供及时和可靠的数据。作为环境管理的一项经常性、制度化的工作,通过环境监测可以检查、督促企事业单位遵守国家规定的污染物排放标准,掌握环境污染的变化情况,为选择防治措施、实施目标管理提供可靠的环境数据,为制定环保法规、标准及污染防治对策提供科学依据。

13.2.2　环境预测技术

环境预测是根据已掌握的情报资料和监测数据,对未来的环境发展趋势进行估计和推测,为提出防止环境污染进一步恶化和改善环境的对策提供依据。环境管理的主要职能是协调各方面的关系,规范各方面的行为,以减少环境问题的产生,在这些环境管理活动中,就需要了解环境质量状况,并对其发展的趋势做出及时有效的分析和预测,在此基础上进一步保证决策目标的正确性和管理方案的可达性。

13.2.3　环境标准

环境标准是为了保护人群健康、社会物质财富和维持生态平衡,对大气、水、土壤等环境质量及污染源的监测方法等制定的标准。环境标准是一种法规性的技术指标和准则,是环境保护法制体系的一个组成部分。因此,环境标准是国家进行科学的环境管理遵循的技术基础和准则,它是环保工作的核心和目标。合理的环境标准可以指导经济和环境协调发展,严格执行环境标准可以保护和恢复环境资源价值,维持生态平衡,提高人类生活质量和健康水平,并为制定区域发展负载容量奠定基础。对于某些有价值的环境资源已被污染而导致破坏的地区,采用严格的区域排放标准可以逐步改善各种参数,使其逐步达到环境质量标准,并恢复资源价值。

13.2.4　环境审计

环境审计是指对环境管理的某些方面进行功能检查、检验和核实,它是一种管理工具,用于对环境组织、环境管理和仪器设备是否发挥作用进行系统的、文化的、定期的和客观的评价,其目的在于通过简化环境活动的管理和评定公司政策与环境的一致性来保护环境。环境审计尽管种类方法较多,但它都具有一些基本特征,即完整、组织良好的结构体系,详细有条理的调查,并强调须向所有相应的管理部门做汇报等。这些特征为环境审计在世界范围的活动过程中,向管理部门提供可靠、有用的环境信息奠定了良好的基础。

13.2.5　环境信息管理技术

环境信息管理技术是近年来发展起来的、依托于计算机技术基础的一门学科。它是以计算机为主体,通过网络系统对环境数据与信息的收集、传递、存贮和加工进行规范化处理的管理技术。它可以分为环境信息系统、环境决策支持系统两类。环境信息系统是以系统论为指导思想,通过人机结合收集环境信息,通过模型对环境信息进行转化和加工,并据此进行环境评价、预测和控制,最后再通过计算机等先进技术实现环境管理的计算机模拟系统。环境决策支持系统是将决策支持系统引入环境规划、管理、决策工作中的产物。环境决策支持系统是从系统观点出发,应用决策理论方法,对环境问题进行描述、计算,并协助人们完成管理决策的支持技术。随着近年来计算机处理技术的日趋成熟和完善,环境信息管理技术也有了迅速发展,通过人机对话系统,环境信息管理技术大大提高了环境信息的收集、处理效率,为环境管理的正确决策和有效监控提供了良好的技术平台。

13.3　中国环境管理的政策制度

环境管理制度是体现国家环境保护的法律、法规、方针和政策的程序性、规范性、可操作性、实践性很强的环境管理对策与措施。推行各项制度是控制污染和防止生态破坏,有目标地改善环境质量,实现环境保护的总原则和总目标。同时,也是环境保护部门依法行使环境管理职能的主要方法和手段。

13.3.1　中国环境管理的八项制度

1.环境影响评价制度

环境影响评价又称环境质量预断评价或环境质量预测评价。环境影响评价制度是环境管理中贯彻预防为主的一项基本原则,也是防止新污染、保护生态环境的一项重要法律制度。

环境影响评价是对可能影响环境的重大工程建设、区域开发建设及区域经济发展规划或其他一切可能影响环境的活动,在事先进行调查研究的基础上,对活动可能引起的环境影响进行预测和评定,为防止和减少这种影响制定最佳行动方案。根据2017年8月1日国务院公布的《建设项目环境保护管理条例》规定,依法应当编制环境影响报告书、环境影响报告表的建设项目,建设单位应当在开工建设前将环境影响报告书、环境影响报告表报有审批权的环境保护行政主管部门审批;建设项目的环境影响评价文件未依法经审批部门审查或者审查后未予批准的,建设单位不得开工建设。依法应当填报环境影响登记表的建设项目,建设单位应当按照国务院环境保护行政主管部门的规定将环境影响登记表报建设项目所在地县级环境保护行政主管部门备案。

环境影响评价制度的实施,从国家的技术政策方面对新建设的项目提出了新的要求和限制,对可以开发建设的项目提出了超前的污染预防对策和措施,减少了重复建设,杜绝了新污染的产生。同时,为开展区域政策环境影响评价,实施环境与发展综合决策技术创造了条件。环境影响评价制度已经历了20多年的发展,取得了较好的成果,获得了广泛的认可。第九届全国人民代表大会常务委员会第三十次会议于2002年10月28日通过并颁布了《中华人民共和国环境影响评价法》,并根据2016年7月2日第十二届全国人民代表大会常务委员会第二十一次会议《关于修改〈中华人民共和国节约能源法〉等六部法律的决定》第一次修正,根据2018年12月29日第十三届全国人民代表大会常务委员会第七次会议《关于修改〈中华人民共和国劳动法〉等七部法律的决定》第二次修正。

2."三同时"制度

"三同时"制度是指新建、改建、扩建项目和技术改造项目,以及区域性开发建设项目的污染治理措施必须与主体工程同时设计、同时施工、同时投产的制度。它与环境影响评价制度相辅相成,是防止新污染和破坏的两大"法宝",是我国环境保护法以预防为主的基本原则的具体化、制度化、规范化,是加强开发建设项目环境管理的重要措施,是防止我国环境质量继续恶化有效的经济手段和法律手段,是根据我国的实际情况提出的符合中国国情并具有中国特色的行之有效的环境管理制度。

(1)同时设计。

在建设项目的设计阶段,应对建设项目建成后可能造成的环境影响进行简要说明。

(2)同时施工。

在建设项目的施工阶段,环境保护设施必须与主体工程同时施工。

(3)同时投产。

在建设项目正式投产或使用前,建设单位必须向负责审批的环境保护部门提交环境保护设施竣工验收报告,说明环境保护设施运行的情况、治理的效果、达到的标准。

3.排污收费制度

排污收费制度是指一切向环境排放污染物的单位和个体生产经营者,应当依照国家的规定和标准,交纳一定费用的制度。这一制度与环境影响评价制度、"三同时"制度共同组成了中国的"老三项"环境管理制度,被誉为"中国环境管理的三大法宝"。我国的排污收费制度规定,在全国范围内,对污水、废气、固体废物、噪声、放射性等各类污染物的各种污染因子,按照一定标准收取一定数额的费用,并规定排污费主要用于补助重点排污源治理等。

4.环境目标责任制度

环境目标责任制度是一种具体落实地方各级人民政府和有污染的单位对环境质量负责的行政管理制度。这种制度以社会主义初级阶段的基本国情为基础,以现行法律为依据,以责任制为核心,以行政制约为机制,把责任、权力、利益和义务有机地结合在一起,明确地方政府在改善环境质量上的权力、责任和义务。环境目标责任制度的各项指标可以层层分解,使保护环境的任务落实到方方面面、各行各业,调动全社会参与保护环境的积极性。

5.城市环境综合整治定量考核制度

城市环境综合整治就是在政府的统一领导下,以城市生态理论为指导,以发挥城市综合功能和整体最佳效益为前提,采用系统分析的方法,从总体上找出制约和影响城市生态系统发展的综合因素,理顺经济建设、城市建设和环境建设的相互依存又相互制约的辩证关系,用综合的对策整治、调控、保护和塑造城市环境,为城市人民群众创建一个适宜的生态环境,使城市生态系统良性发展。

该制度的考核内容包括五个方面,即大气环境保护、水环境保护、噪声控制、固体废物处置和绿化,共二十一项指标。为进一步促进城市生态环境的改善,鼓励先进城市,国家环境保护总局自1997年开展了创建国家环境保护模范城市活动,得到了各城市地方政府的积极响应,比照模范城市标准纷纷制订了创建国家环境保护模范城市规划和计划。截至2010年,共命名了72个国家环境保护模范城市和5个模范城区。目前,全国正在开展创建工作的城市已经达到70多个,城市的综合素质有了很大提高。

6.排污申报登记与排污许可证制度

排污申报登记是环境行政管理部门的一项特别制度。凡是排放污染物的单位,必须按规定向环境保护管理部门申报登记拥有的污染物排放设施、污染物处理设施和正常作业条件下排放污染物的种类、数量和浓度。

排污许可证制度以改善环境质量为目标,以污染物总量控制为基础,规定排污单位许可排放什么污染物、许可污染物排放量、许可污染物排放去向等。排污许可证制度是一项具有法律含义的行政管理制度,它是进行总量控制、有效管理总量目标的重要措施,有利于实现区域资源的优化配置和合理工业布局,有利于促进污染防治技术的发展,进一步强化管理。

排污申报登记制度与排污许可证制度是两个不同的制度,这两个制度既有区别,又有联系。排污申报登记制度是实行排污许可证制度的基础,排污许可证是对排污者排污的定量化。排污申报登记制度的实施具有普遍性,要求每个排污单位都应申报登记。排污许可证制度则不同,只对重点区域、重点污染源单位的主要污染物排放实行定量化管理。

7.限期污染治理制度

限期污染治理制度是强化环境管理的一项重要制度。限期治理是以污染源调查、评价为基础,以环境保护规划为依据,突出重点,分期分批地对污染危害严重,群众反映强烈的污染物、污染源、污染区域采取的限定治理时间、治理内容及治理效果的强制性措施,是政府为了保护人民的利益对排污单位采取的法律手段。它包括限定治理时间、限定治理内容、限定治理对象及限定治理效果四大要素,被限期治理的企事业单位必须依法完成限期治理任务。

限期治理是在经过科学的调查评价污染源,对污染源的性质、排放地点、排放状况、污染物迁移转化规律及其对周围环境的影响等各种因素进行调查,并在总体规划的指导下确定的。限期治理包括三个类型,即区域限期治理、行业限期治理和点源限期治理,三种形式相互促进、相互影响、相互补充,其中点源限期治理是最基本的形式。限期治理必须突出重点,分期分批解决污染危害严重、群众反映强烈的污染源与污染区域。被列为限期治理对象的,主要具有下列特征:污染危害严重,群众反映强烈的污染源和污染区域;位于居民稠密区、水源保护区、风景名胜区、城市上风向等环境敏感地区,排放污染物严重超标准的企事业单位;排放有毒有害物质,对环境造成严重污染,从而严重危害人体健康的企事业单位;污染物排放量大,对当地环境质量有重大影响的污染源;区域或水域环境质量十分恶劣,有碍人民正常生活、观瞻,有损景观的区域或水域环境综合整治项目。

污染限期治理是我国环境法律法规规范程度较高和较完备的一项法律制度。例如,《环境保护法》第十八条、第二十九条和第三十九条明确规定了限期治理对象、决定权限、法律责任和义务等,形成了不同层次的法律体系。

8.污染集中控制制度

污染集中控制是在一个特定的范围内,为保护环境建立的集中治理设施和采用的管理措施,是强化管理的一种重要手段。污染集中控制应以改善流域、区域等控制单元的环境质量为目的。依据污染防治规划,按照废气、废水、固体废物等的性质、种类和所处的地理位置,以集中治理为主,用尽可能小的投入获取尽可能大的环境、经济、社会效益。在制定区域污染综合防治规划的过程中,根据区域环境特征和功能确定环境目标,并通过科学合理的计算,分配到各个污染源,集中和分散结合,将环境效益和经济效益相统一。

自 1998 年以来,国家采取扩大内需的政策,加大城市基础设施建设的投资力度。国家政策性投资主要用于大中城市的污水和垃圾处理、供水、供热、供气、城市道路和绿化等方面。到 2009 年初,我国已建成并投入运行的城市污水处理厂约 883 座,县城污水处理厂约 323 座,建制镇污水处理厂约 763 座,共计约 1 969 座污水处理厂,污水处理总能力 7 000多万吨,是 1995 年的 10 倍。这些污染强化集中治理设施的建设为提高资源利用率、改善区域环境起到了积极的作用。

13.3.2　中国环境管理政策制度的新发展

经过 20 多年的发展和实践,我国环境管理的政策制度日趋完善,环境管理八项制度的实施为我国的环境保护工作打下了扎实的基础。与此同时,随着中国社会和国民经济的进一步发展,特别是中国加入世界贸易组织后,新的问题也在不断地涌现,如生态环境破坏、绿色贸易壁垒的产生等,这些都对我国的环境管理政策提出了新的要求,我国环境管理政策制度的发展也将进入一个新的阶段。

1.污染物排放总量控制管理

环境生态系统与其他生态系统一样具有一定的自我调节功能,即对排放到环境中的污染物具有一定的消纳和自净作用,但它的自净能力(环境容量)是有限的。一旦污染物的排放超过了环境的承载能力,就将出现环境污染和生态破坏,导致环境质量的退化,而且这种退化往往以不可逆的形态出现。这就使得区域内污染物总量控制的实施显得十分必要。要使这一区域的环境不被污染破坏,就必须控制污染物的排放总量在其环境容量的限度以内,从根本上消除污染的产生。因此,实施"污染物排放总量控制"是实现保护和改善环境质量的必由之路,是极为重要的措施。

2.清洁生产

清洁生产是一种创造性的思想,该思想将整体预防的环境战略持续应用于生产过程和产品的服务中,以增加生产效率并减少人类和环境风险。在经历了污染治理和综合利用阶段之后,环境保护中的许多深刻教训使人们逐渐意识到,在传统决策思想影响下,那种只注重末端治理的污染防治对策是被动、低效的。人们不仅要为严重的环境污染付出巨大的代价，而且要为落后的污染治理方式付出巨大的代价，要改变这种状况，必须从污染源头及污染全过程入手实施清洁生产。清洁生产强调清洁的能源、清洁的原材料、清洁的生产过程和清洁的产品，强调减少生产、加工、运输等过程中的"跑、冒、滴、漏"，提高资源、能源的利用率和产品的转化率，减少污染的产生，减轻末端治理的压力和成本，是一项环境与经济效益的"双赢"战略。

3.ISO 14000 环境管理系列标准

ISO 14000 标准是环境管理系列标准的总称。1993 年 6 月，国际标准化组织（ISO）经过充分的筹备，正式成立了 ISO/TC207 环境管理技术委员会，并在短期内推出 ISO 14000 环境管理系列标准，其目的是规范全球企业及各种组织的活动、产品和服务的环境行为，节省资源，减少环境污染，改善环境质量，保证经济可持续发展。

ISO 14000 环境管理系列标准是继 ISO 9000 系列标准后推出的又一重要的国际通行的管理标准。ISO 14000 体系由五个要素组成，即环境方针、策划、实施和运行、检查和纠正措施、管理评审。体系认证的标准为 ISO 14001，这是系列标准的核心部分。其他标准则是其技术支撑文件，以保证环境体系审核、认证活动规范化并与国际接轨。目前，ISO 14000 系列标准已被许多国家所采用，我国等同采用的 GB/T 24000-ISO 14000 环境管理系列标准已于 1997 年 4 月 1 日开始实施。随着环境管理体系认证工作在我国的蓬勃开展，为加强对我国环境管理体系认证工作的管理，1997 年 4 月国务院批准成立了中国环境管理体系认证指导委员会，由国家环保局牵头，负责对我国环境管理体系认证工作的统一管理和指导。目前，我国的环境管理体系审核员注册和认证机构国家认可工作都已正式启动，构成了我国环境管理体系认证国家认可制度的基本框架，这标志着我国对环境管理体系认证工作的管理已步入正规化阶段。在中国环境管理体系认证指导委员会的指导下，我国与国际接轨同步开展 ISO 14001 环境管理系列标准认证。

4.环境标志管理

环境标志是张贴在产品上的一种图案，一种产品证明性商标。它不同于一般的产品商标，是一种用于证明产品环境友好性能的商标。它表明该标志产品不仅质量合格，而且在产品的生产、使用和处理处置过程中符合特定的环境保护要求，与同类产品相比，具有低毒少害、节约资源等环境优势。

随着人们环境意识的觉醒，更多的公众希望能通过自身的行动来维护生态、保护环境，选购和使用对环境有益的产品则是他们非常乐于接受而又行之有效的办法。环境标志制度正是以其独特的经济手段，使广大公众行动起来，将消费者购买力作为一种保护环境的工具，促使生产厂商在产品的生产、使用及处置的整个过程中都注意对环境的影响，并以此观点来审查其商品的整个产品生命周期，从而达到预防污染、保护环境、增加效益的目的。

13.4　全球环境管理及对策

20 世纪 80 年代以来,全球气候变化、臭氧层破坏、酸雨、生物多样性的减少、生态环境的退化、海洋环境的污染等问题不断产生,全球性的环境问题日益凸显。环境污染和生态破坏日益全球化,使人们结成了一个命运共同体。人类不仅要"共享"地球赋予的丰富资源和优美环境,还要共同保护地球,为建立一个理想的生存和发展环境而努力。

13.4.1　全球环境管理的原因和内容

1.全球环境管理的原因

20 世纪 80 年代以来,环境问题呈现的一个重要特点就是从局部地区的环境污染向全球性环境问题发展,并且呈现出综合化、社会化、政治化的特点,全球气候变化、臭氧层破坏、酸雨、生态环境破坏、海洋污染、危险废物越境转移等全球性环境问题已日益成为世界各国关注的焦点。全球环境管理的产生就是由环境本身的特点及当今全球环境问题的特点决定的。

(1)自然环境自身的发展规律决定了必须对人类环境进行全球管理。

人类的生存环境是一个开放的系统,各个组成部分之间互相联系、互相制约。大气的流动,会使某个国家排放的大气污染物扩散到很远的地方,对其他国家产生影响。例如,工业国家释放的多氯联苯通过气流的运动传到了北极,英国等西欧国家排放的二氧化硫在北欧形成了酸雨等。全球的水系是相互联系的整体,因此跨国流域的水体如在某个国家发生污染,也会影响其他国家的水体。动物的迁徙也不受国界的限制,候鸟在一年之中会有规律地从一个地方迁到另一个地方,包括从一个国家迁到另一个国家。地球环境本身的这些发展变化规律及特点,决定了需要各国共同给予保护。

(2)地球环境中的财产属于人类所共有,这些共有财产需要人类共同给予保护。

在地球环境中不仅有由各国所有或多个国家共有的环境资源,同时也存在属于整个人类共有的环境资源。例如,《联合国海洋公约》宣布国家管辖范围以外的海床和海洋及其底土为人类的共同继承财产。根据《指导各国在月球和其他天体上活动的协定》,宇宙空间及其自然资源为全人类的共同财产。对于这些属于全人类的共同环境资源,当然需要各国采取共同的行动进行管理。

(3)维持国际社会的安全和政治秩序的稳定,也需要通过共同的行动对全球环境问题进行管理。

发达国家大量占用发展中国家的环境资源,向发展中国家转嫁工业污染,已成为令人担忧的政治问题;跨国的环境污染和生态破坏也会引起国家的纠纷、冲突,影响国际社会的安全和政治秩序的稳定。有些国际问题专家明确指出,以色列和巴勒斯坦之间纠纷的一个重要原因就是对水资源的争夺,因为水是决定他们生死存亡的问题,环境难民的增多等也成为国际社会的不安全因素。1992 年,联合国环境与发展会议秘书长斯特朗明确指出,"确保全球环境安全是人类历史上所面临的空前绝后的巨大挑战"。消除这些不安全因素需要采取共同行动。

2.全球环境管理的内容

全球环境管理主要是通过国际社会采取各种措施,协调各个主权国家的意志,制定有关的国际法律原则、规则和制度,调整国家与国家之间的关系,规范各国的行动,使其符合自然生态的发展规律,有利于地球环境的保护和改善,保障全球环境资源的合理利用,促进和保障整个人类社会的持续正常发展。全球环境管理的内容根据环境问题的类型可分为两方面:①污染控制管理,包括有害废物控制管理、海洋环境污染控制管理等;②资源管理,包括森林植被管理、自然资源养护、野生动植物保护、土地资源合理利用等方面的内容。

13.4.2 全球环境管理的基本原则

1.国家环境主权原则

国家环境主权是当代全球环境管理的基本原则,是核心,是国家主权原则在全球环境管理中的应用。国家环境主权应包括两方面内容:一是国家对其自然资源拥有永久主权;二是国家虽有权按自己的政策开发本国的自然资源,但必须保证这种活动不致损害他国和国际公有地区的环境。每个国家不论大小,都有自己的环境主权,即对于本国范围内的环境保护问题拥有在国内的最高处理权和国际上的自主独立性。该原则要求每个国家在与他国的互相关系中必须彼此尊重对方主权,不得从事任何侵害别国环境主权的活动,这体现了国际法上权利义务一致性的思想。

2.国际环境合作原则

全球环境问题多是跨越国界的,它既不同于经济问题,也不同于军事问题,更不同于政治问题,任何国家都可以控制经济、军事、政治等方面的对外交往,但是,对于全球环境问题,如海洋污染、臭氧层耗竭、大气污染物长距离漂移等问题,任何一个国家,无论其经济实力和科技实力多么雄厚,都不能依靠自己单独的力量来切实地解决环境问题,持久地取得环境保护的成效,更无法阻止全球性环境恶化。《人类环境宣言》第7条指出:"种类越来越多的环境问题,因为它们在范围上是地区性或全球性的,或者因为它们影响着共同的国际领域,将要求国与国之间广泛合作和国际组织采取行动以谋求共同的利益。"《里约宣言》也强调,世界各国应在环境与发展领域内加强国际合作,为建立一种新的、公平的全球伙伴关系而共同努力。

3.共同但有区别的原则

该原则包括两个相关联的内容,即共同的责任和有区别的责任。共同的责任是指由于地球生态环境的整体性,各国对保护全球环境都负有共同的责任,都应该参与全球环境保护事业。有区别的责任是指各国虽然负有保护全球环境的共同责任,但发达国家和发展中国家对全球环境问题应负有的责任是有区别的。从全球和区域的环境问题来看,主要是直接或间接来自工业发达国家,这是历史事实。就是发展中国家面临的一些环境问题,也与发达国家的长期掠夺或廉价收购资源有关,对此发达国家已承认了这一事实。

工业发达国家要对所造成的环境问题负主要责任,有义务承担相应环境的治理费用。在这方面,修正后的《蒙特利尔议定书》做出了表率,设立了专门基金,帮助发展中国家转变传统的氯氟烃工业技术。在联合国环境与发展会议通过的《联合国气候变化框架公约》和《21世纪议程》中都明确规定了筹集环境基金的渠道和数额,由工业发达国家每年拿出占国民生产总值0.7%的基金,即1 250亿美元帮助发展中国家治理环境,发达国家原则上接受了这一规定。

4.预防原则

由于存在科学不确定性,不能完全确认某一环境变化是由什么人的行为引起的,因此只要不确定性存在,哪个国家都不会主动承担义务。因此,不确定性是全球环境管理领域的一个重大障碍,解决不确定性的最好方法是采取预防原则。《里约环境与发展宣言》原则就明确提出了"为了保护环境,各国应按照本国的能力,广泛采用预防措施,遇到严重或不可逆转损害的威胁时,不得以缺乏科学充分确实证据为理由,延迟采取符合成本效益的措施防止环境恶化"。

【阅读材料】

新技术助力企业环境管理现代化

在第二轮第六批中央生态环境保护督察通报的典型案例中,部分企业将污泥非法倾倒堆放在耕地上,造成数万吨污泥去向不明;违规占用国家森林公园采矿选矿破坏森林植被,露天堆放尾矿和废石污染周围环境;在道路两旁大量顺坡倾倒建筑废渣及残土;大面积露天开采,严重破坏当地脆弱的生态环境等问题,反映出相关管理部门对生态保护的重视不够、监管缺失、整治不力。上述问题反映出,与大气及水污染问题不同,固体废物由于其具有时间及空间上的特殊性,在生态环境破坏与修复等问题方面无法实现污染物浓度在线监测,尤其是对量大面广的在产中小企业,监管的效率较低,存在一定的监管盲区。因此,有效提高在产中小企业的固体废物和土壤类环境监管效率和执法水平迫在眉睫。

运用数字孪生技术强化环境监管,助力企业环境治理,是一条值得探索的路径。数字孪生是一种监测在产企业环境管理的系统,该系统利用GIS(geographic information system,地理信息系统)、BIM(building information modeling,建筑信息模型)、无人机倾斜摄影、激光点云、虚拟现实(VR)、虚拟增强现实(AR)等技术,通过数据采集构建在产企业三维数字底盘,在数字虚体空间中创建出数字模型,与在产企业实体在形态、质地、行为和发展规律上形成精确映射,使在产企业拥有一个数字化的"双胞胎",充分利用物理模型和物联网传感器技术,通过"多源数据+算法+应用场景",实现在产企业环境数据的实时模拟采集,价值深度挖掘,并应用于在产企业污染防控体系的建立。

通过打造基于GIS+BIM+IOT(internet of things,物联网)+AI(artificial intelligence,人工智能)的企业数字化孪生体,创建基于数字孪生的信息化平台,将数字孪生技术与在产企业的环境管理有机融合,不但可以在污染物治理过程中变被动为主动,实现全域协同治理、智能预警,做到污染可追溯、过程可还原、数据可监管,还可以实现对在产企业的水、气、土、声、渣等全要素的全过程监管,以及污染物精准识别和源头防控。

基于数字孪生的信息化平台可以实现以下五个方面的功能。

一是实景三维还原,形成在产企业的数字化模型。以 GIS 系统为基础框架,融合实景三维模型、BIM 模型、激光点云等多源异构数据,集成 VR、AR,结合三维可视化引擎,绘制真实空间的细节模型,打造精准、动态、可视化的数字场景,形成包括地上建筑、设施设备、地质体、地下空间、排污管线等的三维电子沙盘。通过数字化模型掌握全局,实现对重点区域全方位的实时、多角度监控,实现对原辅材料及中间体清单的监测。同时,对生产工艺、污染物排放清单、特征污染物、地上及地下储罐等数据实现全方位模拟,实现场地水文地质条件的形象化描述。

二是消除数据孤岛,提升数据间的全要素联动。实现在产企业全要素数字化联动。无论是摸清企业家底,还是实现跨部门管理协同工作,都需要全域全要素数字化多源信息的动态联动,并挖掘信息之间的内在联系,再现在产企业全景、全周期变化和企业内在元素的关系。数据的自动流动能够降低复杂系统的不确定性,优化资源配置效率,构建企业新型竞争优势,从本质上解决企业全局优化的需求和信息碎片化供给之间的矛盾。

三是融合物联网技术,实现在产企业工业生产实时动态化监管。通过对在产企业建立空、天、地一体化模型,将自动监控作为非现场监管的主要手段,推行视频监控和在线实时监控等物联网监管手段,实现全覆盖、全天候、全自动监测,真正做到既无时不在又无事不扰,逐步实现企业非现场的智能化监管,使监管部门针对企业可能发生的环境风险提前做好快速应急预警与辅助决策。例如,无人机自动起降机场结合多种传感器及智能算法,可以替代传统人工操控;机器狗可以搭载多种污染物监测系统,突破地形限制,降低事故风险。

四是集成多源数据,实现在产企业污染模拟与预测预警。基于历史数据及实时监测数据,利用先进的算法模型,对企业物理对象的状态和行为进行高效反映及预测,通过三维模型展示污染物的时空变化规律,实现污染物产出及排放的精准识别与溯源追踪。能够实现模拟在产企业的污染防治措施,推演污染物排放及发展态势,预警污染事件,研判复杂环境问题,做到事前及时预警、事中应急处置、事后精准追责。

五是建立企业数字化档案,支撑在产企业环境管理决策。结合企业实景三维模型和虚拟现实系统,为在产企业环境管理提供基础信息和依据。应用 VR 技术还原重点关注生产车间,完善在产企业三维记录档案,杜绝企业擅自改变原料及配方、非法接收污泥、企业有超过数万吨污泥去向不明等问题,为生态环境的精准执法提供决策参考和切实证据。

目前,数字孪生技术应用于在产企业环境管理仍是新生事物,需要坚持系统观念,重点突破和整体推进并重,以实战、实用、实效为导向,利用数字化技术的优势突破企业在环境监测过程中的难题,为在产企业污染治理现代化提供数字化的系统解决方案。

(资料来源:中国环境报,作者:刘锋平,丁贞玉,孙宁,魏兴刚。网址:https://www.ce-news.com.cn/news.html? aid=973715)

复习与思考

1.环境管理主要涵盖哪几个方面？

2.环境管理的基本手段有哪些？

3.评述中国环境管理的发展趋势。

4.中国环境管理的政策制度包括哪些内容？

5.聆听或观看一场环境经济或环境管理相关的专家报告或专题片。

第 14 章　环境保护措施

环境保护是指人类有意识地保护自然资源并使其得到合理的利用,防止自然环境受到污染和破坏。对受到污染和破坏的环境必须做好综合治理,以创造出适合于人类生活、工作的环境。

14.1　环境保护概念

环境保护是利用环境科学的理论和方法,协调人类与环境的关系,解决各种问题,保护和改善环境的一切人类活动的总称。包括采取行政、法律、经济和科学技术等多方面的措施,合理地利用自然资源,防止环境的污染和破坏,保持和发展生态平衡,扩大自然资源的再生产,保证人类社会的发展。环境保护涉及的范围广、综合性强,它涉及自然科学和社会科学的许多领域,还有其独特的研究对象。环境保护包含至少三个层面的意思:

14.1.1　对自然环境的保护

防止自然环境的恶化,包括对青山、绿水、蓝天和大海的保护。这里就涉及不能私采(矿)滥伐(树)、不能乱排(污水)乱放(污气)、不能过度放牧、不能过度开荒、不能过度开发自然资源、不能破坏自然界的生态平衡等。这个层面属于宏观的,主要依靠各级政府行使自己的职能进行调控。

14.1.2　对人类居住、生活环境的保护

保护环境,使之更适合人类工作和生活的需要。这就涉及人们衣、食、住、行、玩的方方面面,都要符合科学、卫生、健康和绿色的要求。这个层面属于微观的,既要靠公民的自觉行动,又要依靠政府的政策法规做保证,依靠社区的组织教育来引导,要工、农、兵、学、商各行各业齐抓共管。

14.1.3　对地球生物的保护

对地球生物的保护主要指物种的保全,植物植被的养护,动物的回归,生物多样性,转基因的合理、慎用,濒临灭绝生物的特别、特殊保护,栖息地的扩大,人类与生物的和谐共处等。

14.2　环境保护的政策法律

14.2.1　我国环境保护方针政策体系

1.我国环境保护的基本方针

（1）环境保护的"32 字"方针。

1973 年 8 月，国务院召开第一次全国环境保护会议，确立了我国环境保护工作的基本方针，即"全面规划、合理布局、综合利用、化害为利、依靠群众、大家动手、保护环境、造福人民"的"32 字"方针。至此，我国环境保护事业开始起步。

（2）环境保护是我国的基本国策。

1983 年 12 月，国务院召开第二次全国环境保护会议，进一步制定出我国环境保护的大政方针：①将环境保护提升到我国现代化建设中的一项战略任务，是一项基本国策，从而确立了环境保护在我国经济和社会发展中的重要地位；②制订出了"三同步、三统一"的环保战略方针，即经济建设、城乡建设、环境建设同步规划、同步实施、同步发展，实现经济效益、社会效益和环境效益的统一；③确定了把强化环境管理作为当前工作的中心环节。

（3）可持续发展战略方针。

1992 年联合国环境与发展会议之后，我国在世界上率先提出了《中国政府环境与发展十大对策》，第一次明确提出转变传统发展模式，走可持续发展道路。随后我国又制订了《中国 21 世纪议程——中国 21 世纪人口、环境与发展白皮书》《中国环境保护行动计划》等纲领性文件，确定了实施可持续发展战略的政策框架、行动目标和实施方案。

2.我国环境保护的基本政策

我国环境保护的全部历史，也就是推行环境政策的历史。所谓政策，就是指国家或地区为实现一定历史时期的路线和任务而规定的行动准则。我国的环境保护基本政策可以归纳为三大政策，即"预防为主、防治结合"政策，"污染者付费"政策和"强化环境管理"政策。

（1）"预防为主，防治结合"政策。

坚持科学发展观，把保护环境与转变经济增长方式紧密结合起来，积极发挥环境保护对经济建设的调控职能，对环境污染和生态破坏实行全过程控制，促进资源优化配置，提高经济增长的质量和效益。主要措施包括：一是把环境保护纳入国家的、地方的和各行各业的中长期和年度经济社会发展计划；二是对开发建设项目实行环境影响评价和"三同时"制度；三是对城市实行综合整治。

（2）"污染者付费"政策。

按照《环境保护法》等有关法律规定，环境保护费用主要由企业和地方政府承担。企业负责解决自己造成的环境污染和生态破坏问题，不可转嫁给国家和社会；地方政府负责组织城市环境基础设施的建设并维护其运行，设施建设和运行费用应由污染排放者合理负担;对跨地区的环境问题,有关地方政府需督促各自辖区内的污染排放者切实承担责任,不得推诿。其主要措施为:一是结合技术改造防治工业污染,我国明确规定,在技术改造过程中要把污染防治作为一项重要目标,并规定防治污染的费用不得低于总费用的7%;二是对历史上遗留下来的一批工矿企业所产生的污染实行限期治理,其费用主要由企业和地方政府筹措,国家给予少量资助;三是对排放污染物的单位实行收费。

(3)"强化环境管理"政策。

要把法律手段、经济手段和行政手段有机地结合起来,提高管理水平和效能。在建立社会主义市场经济的过程中,更要注重法律手段,坚决扭转以牺牲环境为代价、片面追求局部利益和暂时利益的倾向,严肃查处违法案件。其主要措施为:一是建立健全环境保护法规体系,加强执法力度;二是制定有利于环境保护的金融、财税政策和产业政策,增强对环境保护的宏观调控力度;三是从中央到省、市、县、镇(乡)五级政府建立环境管理机构,加强监督管理;四是广泛开展环境保护宣传教育,不断提高群众的环境保护意识。

3.环境保护的其他相关政策

为了贯彻"三大环境政策",我国还制定了一系列的单项政策作为补充,形成了完整的环境政策体系,成为环境保护的政策依据。

(1)《环保装备制造业高质量发展行动计划(2022—2025 年)》。

2022 年 1 月 13 日,工业和信息化部、科学技术部和生态环境部印发《环保装备制造业高质量发展行动计划(2022—2025 年)》,为环保装备制造业未来几年的发展指明了方向。这是国家层面第一次发布"环保装备制造业高质量发展行动计划"。《环保装备制造业高质量发展行动计划(2022—2025 年)》明确提出,到 2025 年,环保装备制造业产值要力争达到 1.3 万亿元。截至 2021 年,环保装备制造业的产值为 9 500 亿元,未来 3 年还有增长空间。

(2)《农业农村污染治理攻坚战行动方案(2021—2025 年)》。

2022 年 1 月 19 日,生态环境部、农业农村部、住房和城乡建设部、水利部、国家乡村振兴局联合印发《农业农村污染治理攻坚战行动方案(2021—2025 年)》,要求到 2025 年,农村环境整治水平显著提升,农业面源污染得到初步管控,农村生态环境持续改善。新增完成 8 万个行政村环境整治,农村生活污水治理率达到 40%,基本消除较大面积农村黑臭水体;化肥农药使用量持续减少,主要农作物化肥、农药利用率均达到 43%,农膜回收率达到 85%;畜禽粪污综合利用率达到 80%以上。

(3)《关于促进钢铁工业高质量发展的指导意见》。

2022 年 1 月 20 日,工业和信息化部、国家发展改革委和生态环境部联合印发《关于促进钢铁工业高质量发展的指导意见》,提出到 2025 年,80%以上钢铁产能完成超低排放改造。据《经济日报》2022 年 9 月份报道,我国基本完成主体改造工程的钢铁产能已近 4 亿吨,累计完成超低排放改造投资超过 1 500 亿元。2025 年之前要完成 8 亿吨钢铁产能改造工程,还有约 4 亿吨待实施,按平均吨钢投资 360 元计,需要新增投资不少于 1 500 亿元。

(4)《加快推动工业资源综合利用实施方案》。

2022 年 1 月 27 日,工业和信息化部等 8 部门印发《关于加快推动工业资源综合利用的实施方案》,提出到 2025 年,力争大宗工业固废综合利用率达到 57%,主要再生资源品种利用量超过 4.8 亿吨。围绕构建资源高效循环利用闭环管理,提出三大工程:工业固废综合利用提质增效工程、再生资源高效循环利用工程和工业资源综合利用能力提升工程。

(5)《关于加快推进城镇环境基础设施建设的指导意见》。

2022 年 2 月 9 日,国务院办公厅转发国家发展改革委等部门《关于加快推进城镇环境基础设施建设的指导意见》,部署加快推进城镇环境基础设施建设,助力深入打好污染防治攻坚战。文件明确了 2025 年城镇环境基础设施建设的主要目标,提出了加快推进城镇环境基础设施建设的 15 项重点任务,对"十四五"时期生活污水、生活垃圾、固体废物、危险废物、医疗废物进行了系统布局和统筹谋划。

(6)《关于推进共建"一带一路"绿色发展的意见》。

2022 年 3 月 16 日,国家发展改革委、外交部、生态环境部、商务部印发《关于推进共建"一带一路"绿色发展的意见》,统筹推进绿色发展重点领域合作和境外项目绿色发展。在"一带一路"倡议下,海外业务将成为环保产业新的增长极,一部分环保企业也将目光转向国外市场,力图实现由中国企业至跨国公司的阶梯式发展。《关于推进共建"一带一路"绿色发展的意见》的发布,对打算"走出去"的环保企业来说是一个利好。

(7)《关于加快建设全国统一大市场的意见》。

2022 年 3 月 25 日,中共中央、国务院印发《关于加快建设全国统一大市场的意见》,明确提出"培育发展全国统一的生态环境市场"的要求。文件的发布有利于促进环保市场打破区域分割,防止形成新的条块分割,能够进一步建立健全高效、规范的环保产业市场机制,加速产业的优胜劣汰,倒逼企业提升核心竞争能力,促进科技创新和产业升级。

(8)《深入打好城市黑臭水体治理攻坚战实施方案》。

2022 年 3 月 28 日,住房和城乡建设部、生态环境部等 4 部门印发《深入打好城市黑臭水体治理攻坚战实施方案》,要求到 2025 年,县级城市建成区黑臭水体消除比例达到 90%,京津冀、长三角和珠三角等区域力争提前 1 年完成。文件要求,持续推进源头污染治理。这对末端污水处理企业来说是一个利好。

(9)《"十四五"城市黑臭水体整治环境保护行动方案》。

2022 年 4 月 18 日,生态环境部会同住房和城乡建设部印发《"十四五"城市黑臭水体整治环境保护行动方案》,"十四五"期间将采取国家与地方相结合的方式开展行动工作。地方层面,工作任务重点包括:核实城市建成区黑臭水体清单;排查城市黑臭水体水质、污水垃圾收集处理效能、工业和农业污染防治、河湖生态修复等方面的问题;判定城市黑臭水体治理成效;建立城市黑臭水体问题清单,督促地方限期整改。国家层面,加强城市黑臭水体清单管理,抽查省级行动成效,通过卫星遥感、群众举报、断面监测、现场调查等方式,精准识别突出问题和工作滞后地区。对于突出问题久拖不决的,将有关问题线索移交中央生态环境保护督察和长江经济带、黄河流域生态环境警示片现场拍摄。

(10)《关于同意开展第二批生态环境导向的开发(EOD)模式试点的通知》。

2022 年 4 月 26 日,生态环境部办公厅、国家发展改革委办公厅、国家开发银行办公室联合印发《关于同意开展第二批生态环境导向的开发(EOD)模式试点的通知》,同意河北省潮河流域(滦平段)生态治理与乡村振兴产业融合发展项目等 58 个项目开展第二批生态环境导向的开发(EOD)模式试点工作,期限为 2022 年~2024 年。EOD 模式就是通过生态环境治理与产业开发项目肥瘦搭配、组合开发、统筹推进,以产业盈利反哺生态环境治理,努力实现项目整体收益与融资自求平衡,有效缓解了财政投入不足、缺乏投资回报机制等生态环保投融资问题。

(11)《关于推进以县城为重要载体的城镇化建设的意见》。

2022 年 5 月 6 日,中共中央办公厅、国务院办公厅印发《关于推进以县城为重要载体的城镇化建设的意见》,提出"促进县城产业配套设施提质增效、市政公用设施提档升级、公共服务设施提标扩面、环境基础设施提级扩能"的要求。根据文件,到 2025 年,以县城为重要载体的城镇化建设取得重要进展,县城短板弱项进一步补齐补强,一批具有良好区位优势和产业基础、资源环境承载能力较强、集聚人口经济条件较好的县城建设取得明显成效。这意味着,未来 3 年县城一级的环境基础设施建设将迎来一波高潮。

(12)《工业水效提升行动计划》。

2022 年 6 月 20 日,工业和信息化部等 6 部门印发《工业水效提升行动计划》,提出到 2025 年,全国万元工业增加值用水量较 2020 年下降 16%。工业废水循环利用水平进一步提高,力争全国规模以上工业用水重复利用率达 94% 左右。围绕行业节水技术难点和装备短板加强协同攻关,文件指出要着力突破高浓度有机废水和高盐废水处理与循环利用、高性能膜材料、高效催化剂、绿色药剂、智能监测与优化控制等节水关键共性技术等。也就是说,未来掌握先进技术的企业将获益。

(13)《黄河流域生态环境保护规划》。

2022 年 6 月 30 日,生态环境部、国家发展改革委、自然资源部、水利部联合印发《黄河流域生态环境保护规划》,这是指导黄河流域当前和今后一个时期生态环境保护工作,制定实施相关规划方案、政策措施和工程项目建设的重要依据。《规划》聚焦解决黄河流域突出的生态环境问题,分别提出 2030 年、2035 年和 21 世纪中叶的生态环境保护目标,并提出 7 方面重点任务,部署了 8 类重点工程。

(14)《黄河生态保护治理攻坚战行动方案》。

2022 年 8 月 5 日,生态环境部等 12 部门联合印发《黄河生态保护治理攻坚战行动方案》,聚焦流域生态环境突出问题,部署开展河湖生态保护治理等五大行动。《黄河生态保护治理攻坚战行动方案》加上 6 月份印发的《黄河流域生态环境保护规划》,以及 10 月份通过的《中华人民共和国黄河保护法》,对于环保产业及环保企业来说,黄河保护将是继长江保护后的又一重大历史机遇。

(15)《污泥无害化处理和资源化利用实施方案》。

2022 年 9 月 22 日,国家发展改革委、住房和城乡建设部、生态环境部印发《污泥无害化处理和资源化利用实施方案》,提出到 2025 年,全国新增污泥无害化处置设施规模不少于 2 万吨/日,城市污泥无害化处置率达到 90% 以上,地级及以上城市达到 95% 以上,基本形成设施完备、运行安全、绿色低碳、监管有效的污泥无害化资源化处理体系。这是国家层面首次针对污泥出台的方案,填补了该领域政策的空白,从处理路径、设施规划、空间布局等角度将污泥无害化处理和资源化利用纳入城镇环境基础设施整体布局,明确了污泥处理处置的方向和路径,这将对整个污泥处理行业的发展是一大利好。

（16）《中华人民共和国黄河保护法》。

2022 年 10 月 30 日，第十三届全国人民代表大会常务委员会第三十七次会议通过《中华人民共和国黄河保护法》，这是我国第二部流域专门法律。《中华人民共和国黄河保护法》出台后，水、固废、生态修复等环保产业细分领域被看好，但政策红利释放不是一蹴而就的，环保企业不要盲目，要"积极稳妥有序"，特别是对企业自身在技术水平、资本实力、团队管理等方面要有全面清晰认识。

（17）《关于加强县级地区生活垃圾焚烧处理设施建设的指导意见》。

2022 年 11 月 14 日，国家发展改革委、住房和城乡建设部、生态环境部等联合印发《关于加强县级地区生活垃圾焚烧处理设施建设的指导意见》，明确了加强县级地区焚烧处理设施建设 6 方面 19 项重点任务。文件提出，到 2025 年，长江经济带、黄河流域、生活垃圾分类重点城市、"无废城市"建设地区及其他地区具备条件的县级地区，应建尽建生活垃圾焚烧处理设施。

（18）《深入打好重污染天气消除、臭氧污染防治和柴油货车污染治理攻坚战行动方案》。

2022 年 11 月 10 日，生态环境部等 15 部门联合印发《深入打好重污染天气消除、臭氧污染防治和柴油货车污染治理攻坚战行动方案》，要求打好重污染天气消除、臭氧污染防治、柴油货车污染治理三个标志性战役。文件提出，到 2025 年，全国重度及以上污染天气基本消除；PM2.5 和臭氧协同控制取得积极成效，臭氧浓度增长趋势得到有效遏制；柴油货车污染治理水平显著提高，移动源大气主要污染物排放总量明显下降。

（19）《扩大内需战略规划纲要（2022—2035 年）》。

2022 年 12 月 14 日，中共中央、国务院印发了《扩大内需战略规划纲要（2022—2035 年）》，明确提出"持续推进重点领域补短板投资"的要求，其中包括加大生态环保设施建设力度。具体包括：一是构建集污水、垃圾、固废、危废、医废处理处置设施和监测监管能力于一体的环境基础设施体系，形成由城市向建制镇和乡村延伸覆盖的环境基础设施网络；二是实施重要生态系统保护和修复重大工程；三是全面推进资源高效利用，建设促进提高清洁能源利用水平、降低二氧化碳排放的生态环保设施。

（20）《关于进一步完善市场导向的绿色技术创新体系实施方案（2023—2025 年）》。

2022 年 12 月 28 日，国家发展改革委、科技部联合印发《关于进一步完善市场导向的绿色技术创新体系实施方案（2023—2025 年）》。到 2025 年，市场导向的绿色技术创新体系进一步完善，绿色技术创新对绿色低碳发展的支撑能力持续强化。企业绿色技术创新主体进一步壮大。在壮大绿色技术创新主体方面，《关于进一步完善市场导向的绿色技术创新体系实施方案（2023—2025 年）》将培育绿色技术创新领军企业，支持领军企业及其联合体承担国家科技计划支持的绿色技术研发项目。培育绿色技术创新领域专精特新中小企业、专精特新"小巨人"企业，加大对中小微绿色技术创新企业的支持力度。这对中小环保企业来说是一个利好，只有掌握核心技术才能在大浪淘沙中安身立命。

14.2.2　环境保护法律制度

环境保护法律制度是指为了实现环境立法的目的,并在环境保护基本法中做出规定的,由环境保护单行法规或规章所具体表现的,对国家环境保护具有普遍指导意义,并由环境行政主管部门来监督实施的同类法律规范的总称。环境保护法律制度属于环境管理行为的基本法律制度。按照规划和管理的不同要求,可以分为环境规划法律制度和环境管理法律制度两类。

1.八项环境管理制度

第三次全国环境保护会议上推出了环境保护目标责任制、城市环境综合整治定量考核制度、排污申报登记与排污许可证制度、污染集中控制制度和限期治理制度共五项新的环境管理制度,与原已实行的"三同时"制度、排污收费制度、环境影响评价制度三项制度,形成了一整套强化环境管理的制度体系。这八项环境管理制度,从探索管理整个中国环境的规律和方法出发,以实现环境战略总体目标为原则,构成了具有中国特色的环境管理制度体系,是我国改革开放中的一大创举,并已在实践中取得明显成效。

我国现行的八项环境管理制度主要沿革于 20 世纪 70 年代中期以来的有关国家环境保护政策的规定,这一时期,我国环境保护工作的重点主要放在环境污染的治理上。为了加强环境规划管理,贯彻"预防为主、防治结合"的环境政策,根据《环境保护法》和《中华人民共和国土地管理法》的相关规定,我国又实施了两项环境规划行政法律制度,即环境保护计划制度和土地利用规划制度。这两项制度的实施,进一步完善了我国环境保护的法律制度体系。

2.环境保护计划制度

环境保护计划,是指由国家或地方人民政府及其行政管理部门依照一定法定程序编制的关于环境质量控制、污染物排放控制及污染治理、自然生态保护及其他与环境保护有关的计划。环境保护计划是各级政府和各有关部门在计划期内要实现的环境目标和所要采取的防治措施的具体体现。

对环境保护计划实行国家、省(自治区、直辖市)、市(地)、县四级管理制,由各级计划行政主管部门负责组织编制。各级环境保护主管部门负责编制环境保护计划建议和监督、检查计划的落实和具体执行。其他有关部门则主要是根据计划和环境保护部门的要求,组织实施环境保护计划。

3.土地利用规划制度

土地利用规划制度是国家根据各地区的自然条件、资源状况和经济发展需要,通过制定土地利用的全面规划,对城镇设置、工农业布局、交通设施等进行总体安排,以保证社会经济的可持续发展,防止环境污染和生态破坏。

1998 年我国颁布的《中华人民共和国土地管理法》专设一章——土地利用总体规划,要求各级政府依据国家经济和社会发展规划、国土整治和资源环境保护的要求、土地供给能力及各项建设对土地的需求,编制土地利用总体规划。《中华人民共和国土地管理法》首次以法律形式明确了"促进社会经济的可持续发展""十分珍惜、合理利用土地和切实保护耕地是我国的基本国策""国家实行土地用途管制制度"等内容,正式确立了以用途管制为核心的新型土地管理制度。2006 年起,国务院出台了《国务院关于加强土地调控有关问题的通知》等一系列文件,要求采取更严格的管理措施切实加强土地调控。随着经济体制和社会背景的变化,以往规范城乡规划建设的《中华人民共和国城市规划法》和《村庄和集镇规划建设管理条例》难以适应城乡统筹发展的时代精神。2008 年 1 月 1 日,酝酿 10 年的《中华人民共和国城乡规划法》正式实施,确立了城乡规划包括"城镇体系规划、城市规划、镇规划、乡规划和村庄规划",不仅指导城市健康合理发展,也能规范农村地区的建设行为。

2008 年《中华人民共和国城乡规划法》的实施为城市规划带来了新变革。首先,明确将"城乡规划确定的建设用地范围"作为城乡规划部门行政责任的主要范围。其次,进一步强化了区域化管理的思想,更加重视各级各类城镇的空间关系。在"一书两证"的基础上增加乡村建设规划许可,改变了以往城市规划无法触及农村建设、农村地区土地资源浪费严重的状态。最后,强化了城乡规划的公共政策属性,更加注重对规划相关利益主体的权责划分及其关系明晰。同年,国务院批准颁布了《全国土地利用总体规划纲要(2006—2020 年)》,提出将土地用途管制的思路进一步延展到建设空间与非建设空间的管制上,通过"落实城乡建设用地空间管制制度",划定规模边界、扩展边界和禁止建设边界,形成允许建设区、有条件建设区、限制建设区、禁止建设区四类空间管制区。

2011 年,第二轮《全国国土规划纲要(2011—2030 年)》开始编制。在新形势、新体制下,国土规划的着眼点从以生产力布局为主转向以资源合理开发保护为主。2017 年获批的《全国国土规划纲要(2016—2030 年)》提出,国土规划"对国土空间开发、资源环境保护、国土综合整治和保障体系建设等作出总体部署与统筹安排,对涉及国土空间开发、保护、整治的各类活动具有指导和管控作用,对相关国土空间专项规划具有引领和协调作用,是战略性、综合性、基础性规划"。目前的国土规划以资源环境承载力为基础,是实现我国国土空间开发保护格局优化的顶层性的空间综合规划。2013 年《中共中央关于全面深化改革若干重大问题的决定》明确提出"建立空间规划体系"后,中央多次强调推进"多规合一"。2014 年《关于开展市县"多规合一"试点工作的通知》,将全国 28 个试点市县列入试点名单,分部门探索多种空间规划的融合。不同牵头部门的试点表现出不同的多规协同模式:住房和城乡建设部门负责的试点依托城乡总体规划,充分衔接土地利用总体规划,建立城乡全域空间管控体系;国土部门负责的试点以土地利用总体规划为底盘,立足于国土空间用途管制的落实,编制全域国土空间规划;由发展和改革委、环保部门负责的试点,主张以经济社会五年规划统领其他单项规划。

2016 年中央全面深化改革委员会开始部署省级空间规划试点,海南和宁夏率先开展了空间规划体系的实践探索。2016 年,中共中央、国务院印发《关于进一步加强城市规划建设管理工作的若干意见》,要求"一张蓝图干到底",推进城市总体规划和土地利用总体规划"两图合一"。2018 年,为了统一行使全民所有自然资源资产所有者职责,统一行使所有国土空间用途管制和生态保护修复职责,组建自然资源部,履行国土空间用途管制、建立空间规划体系并监督实施、组织实施最严格的耕地保护制度等职责。

14.3　环境保护的经济手段

14.3.1　环境经济政策

环境经济政策是指按照市场经济规律的要求,运用一系列经济手段,调节或影响市场主体的行为,以实现经济建设与环境保护协调发展的政策手段。它以内化环境成本为原则,对各类市场主体进行基本环境资源利益的调整,从而建立保护可持续利用资源环境的激励和约束机制。与传统的行政手段"外部约束"相比,环境经济政策是一种"内在约束"力量,具有促进环保技术创新、增强市场竞争力、降低环境治理与行政监控成本等优点。

按照环境经济政策作用的不同可将其分为两类:一类是鼓励性经济政策,如税收、信贷、价格优惠等;另一类是限制性经济政策,如排污收费、经济赔偿等。按照环境经济政策的执行形式可将其分为收费、补贴、建立市场、押金制和执行鼓励金等。根据如何发挥市场在解决环境问题上的作用,环境经济政策可分为调节市场和建立市场两类。

调节市场型环境经济政策又称为庇古手段,因为最先提出这一思想的人是英国经济学家庇古(Arthur Cecil Pigou)。这类政策通过"看得见的手"即政府干预来解决环境问题,其核心思想是由政府给外部不经济性确定一个合理的负价格,由外部不经济性的制造者承担全部外部费用。

建立市场型的环境经济政策主要通过"看不见的手"即市场机制本身来解决环境问题。其基本思想是 I960 年科斯(Ronald Harry Coase)在《社会成本问题》(*the problem of social cost*)一文中提出的"科斯定理"(coase theorem),因此又称之为"科斯手段"。

14.3.2　环境经济手段

经济手段是实施环境经济政策的工具,传达政策意图的载体。环境经济手段是在"污染者负担原则"的基础上建立起来的,它利用价值规律的作用,通过对生产企业采取鼓励性或限制性措施,在一定程度上减轻污染。到目前为止,世界各国环境经济政策经常采用的经济手段主要有以下 9 类:明晰产权,包括所有权、使用权和开发权;建立市场,包括可交易的排污许可证、可交易的环境股票等;税收手段,包括污染税、产品税、出口税、进口税、税率差、资源税、免税等;收费制度,包括排污费、使用者费、资源(环境)补偿费等;罚款制度,包括违法罚款、违约罚款等;金融手段,包括软贷款、贴息贷款、优惠贷款、商业贷款、环境基金等;财政手段,包括财政拨款、赠款、部门基金、专项基金等;责任赔偿,包括法律责任赔偿、环境资源损害责任赔偿、保险赔偿等;证券与押金制度,包括环境行为证券、废物处理证券、押金、股票等。

下面主要介绍一下目前为世界多数国家广泛采用的 5 种环境经济手段。

1.收费制度

在某种程度上,收费可被认为是对污染所支付的"价格"。污染者必须对他们对环境隐含的消耗支付费用,因此,这至少在一定程度上将进入个人成本或收益的核算中。从政策角度来看,收费可能有刺激和再分配两种结果。收费的刺激效果取决于收费对成本和价格变化产生影响的大小。另外,收费还有再分配的功能,因为过低的收费不足以产生刺激效果,收费是为了集中处理,为了研究新的治理技术或为了补助新的投资。因此,收费制度是目前应用最为广泛的一种经济手段,它具体又可分为排污收费、用户收费、产品收费、管理收费、差别税收,其中最为常见的是排污收费制度。

排污收费是根据排污者所排放污染物的数量和质量向排污者征收费用。它是现代环境污染控制政策领域应用广泛和刺激效果较好的环境经济手段。

征收排污费一般有两个层次:第一个层次是超标收费,即对超过国家或地方规定标准排放污染物的排污者征收一定的费用,对达到排放标准的则不收费。实行超标收费,一方面是为了合理利用环境容量;另一方面,在目前生产经营中,要求"零排放"是做不到的。第二个层次是排污即收费。凡是向环境排放污染物的排污者都需缴纳排污费。我国污水排放实行排污即收费政策,对于超标排放的污水,还要征收超标费。实行排污即收费主要考虑到污染物总会对环境造成一定的影响,同时也是为了贯彻资源的有偿使用原则,促使污染者减少污染物的排放量,以节约使用环境资源。

2.补贴

补贴是各种形式的财政资助的总称,这些资助的作用是鼓励污染者改变他们的行为或者帮助那些面临困难的企业达到环境标准。

补贴的形式有三种。

(1)补助金。

补助金是指污染者采取一定措施降低污染而得到不需返还的财政补助。

(2)长期低息贷款。

长期低息贷款是指提供给采用防治污染措施的生产者低于市场利率的贷款。

(3)减免税办法。

减免税是通过加快折旧、免征或回扣税金等手段,对采取防治污染措施的生产者给予支持。

3.建立市场

可以建立人为的市场,使人们在这里购买实际或潜在的污染"权",或出售他们在生产过程中产生的剩余物作为别人生产的原料,主要有三种形式。

(1)排污交易。

排污交易是排污收费的一种替代方式。污染物跟在通常污染控制计划中一样,有排放限制。然而,若是某排污者释放的污染量低于此限制,这家企业就可把它的实际排放与允许排放间的差额卖给另一个企业,买进企业因而可以排放高于自家排放限制的污染物。通过不同的方式,这种交易可在一个工厂内部、某个公司或几个公司之间进行。

当然,污染者也不能过多地购买污染权,任意增加其排放量,必须首先满足国家或地方有关法规对污染治理的基本要求。此外,任何污染者均不能超过允许排放量,一旦超过,则会受到比允许排放量市场价格高得多的罚款。

(2)价格干预。

价格干预是通过对某种物品在其价格下跌到一定水平之下时给予补贴,来维持其一定的价格水平,或对某种物品事先拟定价格来建立该物品市场或者使该物品的已有市场连续存在,使得那些具有潜在价值的残余物不被扔掉,相反还可以对其进行再利用。

(3)责任保险。

污染者因排污或堆存废物而破坏环境时要负担一笔治理费用,如果从法律上规定了污染者的上述责任,就可能形成一种市场,使破坏环境的惩罚转嫁给保险公司。于是保险费将大致反映环境的破坏程度或者治理费用,如果工艺流程更安全,对环境的损害更低,废弃物减少或者事故减少,保险金也跟着降低,这就对污染者形成了一种刺激。

4.押金制度

押金制度是对可能产生污染的产品要加收一份押金。当把这些产品或其消费后的残余物送回收集系统而避免了污染时,可退还这份押金。这种方法并不少见,我国市场上的退瓶回收办法就是一个例子,它一方面能够减少丢弃而造成的污染,另一方面也是一种节约行为。世界各国基本上都实行这种押金制度,有的国家回收瓶的百分率达到90%。除此之外,押金制度也向其他产品领域发展,如瑞典和挪威用押金制来解决汽车的报废问题。

5.执行鼓励金

目前鼓励金的应用主要集中在综合利用上。综合利用在实现废物资源化方面有两个意义:一是提高原料及能源的利用率,减少废物产量;二是把排出的废物进行处理、循环利用。为了鼓励综合利用,国家制定了有关规定和奖励方法,具体措施如下:

(1)对开展综合利用的生产建设项目实行奖励和优惠。

例如,企业自筹资金建设的综合利用项目,获益归企业所有;综合利用项目的折旧基金,全部留给企业;工矿企业用自筹资金和环境保护补助资金治理污染的综合利用工程项目,免征建筑税;等等。

(2)对开展综合利用生产的产品实行优惠。

凡按规定自销的综合利用项目产品,除国家专门规定外,价格可自定;对企业自筹资金建设的综合利用项目生产的产品,减免产品税;对综合利用给予一定的利润留成;等等。此外,国家还有计划地安排开展综合利用的资金,在贷款和投资上给予一定的优惠。

14.4 环保产业

随着经济的快速发展,人们生活水平的不断提高,环境问题也日益严重。与此同时,人们对环境质量的高层次需求也日益加大。环境不仅是生产过程中的生产要素,同时也是一种特殊的消费品,当生活质量提高到一定层次时,人们就会产生环境质量方面的消费需求。从某种程度上而言,环保产业是伴随着人们的需求由低级向高级发展的过程中逐步产生的,是为满足人类高级需求的产物。

环保产业作为一个跨产业、跨领域、跨地域,与其他经济部门相互交叉、相互渗透的综合性新兴产业,是目前世界上各个国家都十分重视的"朝阳产业",而我国政府更是把节能环保产业定位于国家重点培育和发展的 7 个战略性新兴产业之首。因此,有专家提出,应将环保产业列为继"知识产业"之后的"第五产业"。

14.4.1 环保产业的概念界定

目前,环保产业在不同国家、地区和组织有不同的名称。经济合作与发展组织(Organization for Economic Cooperation and Development, OECD)将环保产业称为environment industry(环境产业)或 environmental goods and services industry(环境物品和服务产业);日本称之为 eco-industry(生态产业)、global environment industry(地球环境产业)。在我国,环保产业的称谓也有环境保护产业(environmental protection industry)、绿色产业(green industry)、环境产业(environmental industry)、节能环保产业(energy conservation and environmental protection industry)等多种提法。以上这些称呼虽有差异,但其所阐述的内容基本是一致的。

环保产业的概念在国际上存在着多种解释,但大致可分为狭义和广义两种理解。对环保产业的狭义理解认为:环保产业是指在环境污染控制与污染物减排、清理及废弃物处理等方面提供设备和服务的行业。广义理解则认为:环保产业既包括能够在测量、防止、限制及克服环境破坏方面生产并提供相关产品和服务的行业,又包括能够使污染排放和原材料消耗最小化的洁净产品和技术。

由此可见,环保产业的"狭"定义是针对环境问题的终端治理而言的,指在污染控制和污染治理及废弃物处理处置等方面提供产品和服务的行业,其核心内容是环保产业的生产及相关的技术服务,传统上称为"环保产业";"广"定义是针对产品的生命周期,即生产、使用及废物的环境安全处置与再利用而言的,它不仅包括狭义的全部内容,还包括涉及产品生命周期中的洁净技术、洁净产品、节能技术及绿色设计等,目前多称为"环境产业"或"环境保护相关产业"。广义上的环保产业比狭义的环保产业所增加的部分,我国一般称为"间接环保产业",国外则称为"浅绿色产业"。

从全球范围来看,大多数欧洲国家,如德国、意大利、挪威、荷兰等采用狭义的环保产业的定义;加拿大、印度、日本等则采用广义的环保产业定义;而美国采用的定义则居于二者之间。尽管世界各国对环保产业的定义不尽相同,但目前已达成两点共识:一是环保产业的狭义定义是环保产业的核心;二是认为与全球环境保护的趋势相适应,环保产业的广义定义将是一种必然的趋势。

顺应我国及世界环保产业的发展趋势,本书倾向于采用比较权威的原国家环境保护总局在其发布的《2000年全国环境保护相关产业状况公报》中所给出的定义:环境保护相关产业是指国民经济结构中为环境污染防治、生态保护与恢复、有效利用资源、满足人居环境需求,为社会、经济可持续发展提供产品和服务支持的产业。它不仅包括污染控制与减排、污染清理及废物处理等方面提供产品与技术服务的狭义内涵,还包括涉及产品生命周期过程中的洁净技术与洁净产品、节能技术、生态设计及与环境相关的服务等。该定义为广义上的环保产业,目前国内不少学者将其称之为环境产业。为了与国际通行的用法保持一致,同时也为了保持称呼的连续性、一致性,本书统称为"环保产业"。

14.4.2 环保产业的分类及内容

虽然国际上趋向于广义的环保产业,但是世界各个国家并没有完全采纳广义的定义,因此在环保产业的分类及其具体内容上,也存在不同程度的差异。美国的环保产业起步较早,其环保产业的分类及内容具体见表 14.1。

表 14.1　美国环保产业的分类及内容

类别	内容
环保服务	环境测试与分析服务 废水处理工程 固体废物管理 危险废物管理 修复服务 咨询与设计
环保设备	水处理设备与药剂 仪器与信息系统 大气污染控制设备 清洁生产和污染预防技术
环境管理	水资源使用 资源回收 清洁能源

根据环保产业的依附基础,日本的环保产业分为两类:一类是基于工业技术的技术系环保产业,主要包括污染防治技术、妥善处理废弃物、生物材料、环境调和设施、清洁能源;另一类是根据社会、经济、人类行为的人文系环保产业,包括环境咨询、环境影响评价、环

境教育、智力和信息服务、流通、金融、物流。日本环境厅的环保产业分类及内容见表14.2。

表14.2 日本环境厅的环保产业分类及内容

类别	内容
降低环境负荷的装置及技术	公害防治装置及技术 节能装置及技术 利用自然资源的发电系统
环境负荷少的产品	减轻环境负荷的商品开发 家庭用节能技术开发及应用 废弃物回收、再利用及商品开发
环保服务的提供	环境影响评价 环境监察技术、土壤、地下水污染净化技术的情报提供 环境管理、环境咨询 环境教育 环境金融
有关公共设施的技术、设备的配备	废弃物处理设施 节约能源、资源设备 绿化、造林事业 下水道整治 水域环境修复 确保人与自然接触的自然环境再生修复

我国对环保产业的分类主要有三种依据。

第一种是按照技术经济特点来划分,可将环保产业分成四类:末端控制技术产业、洁净技术产业、绿色产品产业及环境功能服务产业。此种分类方法涵盖的范围较为狭窄,与环保产业的广泛定义不太相符。

第二种是按照产品生命周期及产品和服务的环境功能分类,可将环保产业分为四类,分别为自然资源开发与保护型环境产业、清洁生产型环境产业、污染源控制型环境产业及污染治理型环境产业。此种分类方法独立性较强,但将环保产业与其他产业关系分裂开来,而这恰恰违背了环保产业关联性、渗透性较强的特点。

第三种是由中华人民共和国生态环境部、国家发展和改革委员会及国家统计局在对我国的环保产业进行调查统计时所提出的分类方法,所依据的是传统的产业分类。到目前为止,我国分别在1997年、2000年、2004年及2011年共进行过四次全国范围的环保相关产业基本状况的调查。因环保产业发展势头迅猛,为了充分反映产业发展情况,并且与国际环保产业接轨,故而在这四次调查中,有关环保产业的分类及其具体内容均有所调整。《2011年全国环境保护相关产业状况公报》中有关环保产业的分类及其具体内容见表14.3。

表 14.3 我国环保产业的分类及内容(2011 年)

类别	内容
环境保护产品生产	水污染治理产品 大气污染治理产品 固体废物处理处置产品 噪声与振动控制产品 环境监测仪器设备 资源循环利用产品生产设备 其他环境保护产品
环境保护服务	污染治理及环境保护设施运行服务 环境工程建设服务 环境咨询服务 生态修复与生态保护服务 其他环境保护服务
资源循环利用产品生产	矿产资源综合利用产品 产业"三废"综合利用产品 　工业废物综合利用产品 　建筑和道路废物综合利用产品 　农林废物资源化利用产品 　生活垃圾资源化利用产品 　污水处理厂污泥综合利用产品 　其他固体废物综合利用产品 　废气综合利用产品 　废水(液)综合利用产品 再生资源回收利用产品
环境友好产品生产	环境标志产品 节能产品 节水产品 有机产品

14.4.3 国外环保产业的发展概况

20 世纪 70 年代,德国就开展了大规模的环保活动,与此同时,作为一个国家职能目标的环境保护也已被列入了德国的宪法之中。目前,德国的环保法涵盖了经济生活的各个领域,包括《垃圾处理法》《控制水污染防治法》《控制大气排放法》《控制燃烧污染法》《废水征税法》《可再生能源法》《排放控制法》《联邦控制大气排放条例》《循环经济与废弃物处理法》《可再生能源法修正案》《电器设备法案》《能源节约条例》及在 2016 年 5 月

1 日生效的《新节能法规》等。此外,德国还设立了专门的环保警察,隶属于联邦内政部,以便联邦政府对各个州环境政策法规的实施情况进行更好的监督。德国也会运用经济手段来刺激环保产业的发展,其中包括开征能源税、环保税等税收政策。同时,德国政府还为新兴环保能源开发建设提供了一定数量的无息贷款。德国针对环保产业而实施的一系列支持政策、财政补贴、税收优惠等,不仅推动了德国再生资源产业的发展,还提高了德国环保产业的整体竞争力。德国环保产业的资金投入不仅包括政府投资的方式,还是由一套完善的环境财税体系来支撑的。德国政府将各部门用于环保投入的预算统一,其中一部分列入环境部预算,由联邦环境部负责组织实施,其余的环保预算资金分散在联邦各职能部门中,如经济技术部、农业部、林业部、建设部等。同时,德国还鼓励企业与个人发明与环保有关专利,并通过财政支出来解决发明中的资金问题。

1874 年,瑞士联邦政府在《宪法》及之后相关的重大法令中就对环境问题做出严格规定,不仅颁布了《瑞士清洁空气法案》等各种关于环境保护的法律法规,还在 2011 年制定了新的"2050 年能源策略"。另外,在政策的落实上,瑞士各州依据联邦法律法规和自身条件,制定了相关条例以解决有关的环境问题。瑞士运用多种经济手段来刺激其环保产业的发展,如增加能源消费税、垃圾处理税、取暖燃油税、颁发消费许可证、补贴等方式。瑞士联邦政府将征收的与环境有关的税收收入,大部分仍用于相应的环保产业和环境项目中,其他剩余部分则投入公共基金中。引入经济手段来刺激环保产业,使得瑞士的企业更关注于环境保护,从而有利于环保产业的提升和新环保产业的出现。瑞士约有 1.6 万人(占总劳动力的 4.5%)从事与环保技术相关的工作,预计创造的生产总值为瑞士国民生产总值的 3.5%,且有 38% 的瑞士环保技术公司对外出口产品和服务。瑞士对于环保产业界定标准是遵循 OECD(Organization for Economic Cooperation and Developmen)的标准。即:环保产业不仅包括防治水污染、空气污染、土壤污染、噪声污染及废物的缩减处理等部门,还包括为保护生态系统而提供产品和劳务的部门及减少污染程度、减少环境风险和提高资源使用效率的清洁技术生产和劳务部门。瑞士在垃圾回收利用、垃圾燃烧发电、低污染发电、废水处理、节能及环保仪器等领域发展迅速。例如,瑞士的垃圾清洁车和与其相配的高压水枪和大吹风机、零能耗房屋、复合材料的饮料瓶等,随着新型环保产品的创造与使用,不仅提高了瑞士环保产业的创新力,还提升了瑞士环保产业的世界地位。瑞士在自身环保产业发展的同时还产生了良好的多边效应,并带动了其他国家环保产业的发展。

日本的环保产业起步于 20 世纪 60 年代,在 20 世纪 90 年代发展迅速,在此之后,日本基本建成了覆盖整个国家的环境保护产业的网络体系。时至今日,伴随着日本经济的快速发展,其环保产业也发展迅速,渗透在日本产业的各个领域。在日本,环保产业被称为"生态商务"或"生态产业",其生态产业的范畴包括有利于环境保护的各个生产过程及日本的资源循环产业。资源再生利用领域产业占有环保产业的较大比例,在日本政府出台以《循环型社会形成推进基本法》为核心的相关法律法规之后,更利于资源回收利用政策体系的全面构建。日本的再生资源回收再利用技术和处理处置设施建设均居世界前列,并且已经在生活废弃物、工业废弃物的回收利用领域建立了完整的回收与资源化体系。日本增加对废弃物的循环利用在一定程度上缓解了日本经济发展与环境保护之间的矛盾,从而实现了经济发展与环保的双赢。日本拥有完善的环保法律及标准体系,而且其中的权责关系明确,执法力度强,因此才确保日本环保产业的稳定发展。日本的环保法律包括《烟尘排放规制法》《环境基本计划》《公害对策基本法》《地球化时代的环境政策》《大气污染防治法》《环境基本法》《噪声规制法》《日本工业环境标准》《公害防止事业企业负担法》《推进形成循环型社会基本法》《水质污染防治法》《新国家能源战略》《再生资源利用促进法》等。与此同时,日本政府通过经济手段来刺激环保产业的外部成本逐渐内部化,包括预算补贴、税收支持等方式。此外,日本政府还为环保技术的革新项目提供相应的补助,以鼓励与支持企业更好、更快地建立起环保产业发展的利益驱动机制。日本政府的技术政策包括增加环保方面的技术与设备投资、绿色招标补助、新能源补助金制度、节能和新能源项目补贴、利息补贴等。

韩国遵循的也是 OECD 的环境标准。2005 年,韩国已经形成了巨大的环保产业市场,共拥有 3 万家从事环保产业的企业,18.5 万名员工,且年均增长率达 23.1%。韩国环保产业市场的形成,促进了资源开发与节能技术的提升,从而改善了韩国由于本土地理环境所造成的资源紧迫性,与此同时,资源的高效利用又反作用于其环保产业的发展,形成良性循环。同时,各种环保产品的创新,如环保装配鞋、绿色环保船等都提高了韩国人民的生活质量。经济的发展推动环境的改善,真正实现了环境质量与经济发展同步提升。随着民众对环境认知程度的提升,韩国政府不断修订与环境相关的法制,形成了以《环境政策基本法》为核心的环境法律体系。韩国的环保法律除了基本的法律之外,还包括 60多部其他政府机构的法令,覆盖范围极广,如《大气环境保全法》《湿地保护法》《废弃物管理法》《土壤环境保全法》《水道法》等。韩国政府重视金融市场的创新,将绿色金融划为高附加值服务业进行重点扶持,以此来促进环保产业的发展。其中,韩国政府的支持政策包括绿色产业专用基金制度化、开发绿色产业股价指数、设立碳排放权交易所、帮助绿色公募基金成长、开发绿色股份专用交易市场等。

14.4.4 我国环保产业的发展概况

我国的环保产业是从环境保护工业发展演变而来的。20 世纪 50 年代,我国在大力发展经济的前提下,在一些重点工程建设项目中引进了除尘设备和废水处理设备等少数的环保设施,并在此基础上,于 1954 年开始试制和生产有限的环保设备,并先后在重工业城市开展"三废"治理。1973 年,我国颁布《工业"三废"排放试行标准》,各企业纷纷进行污染治理,环保设备的需求量猛增。同时,国家投入大量的治理资金,许多企业开始从事环保产品的设计与生产,研究机构相继出现,从而使我国环境保护工业的框架基本形成。同年,中国第一次环境保护工作会议召开,正式确定环境保护是我国的一项基本国策,环境保护的范围从环保产品的生产,逐步向"三废"综合利用、资源节约方面发展。

1988 年 6 月,当时的国务委员宋健首次提出发展我国环保产业的思想。20 世纪 90年代初以来,党中央、国务院对发展环境保护相关产业高度重视,颁布实施了一系列环境保护法规、标准,加大了对环境污染的治理力度,制定了鼓励和扶持环境保护相关产业发展的政策措施,国家对环境保护的投资力度逐年加大,因此极大地促进了我国环境保护相关产业的发展,由此我国的环保产业步入了快速发展阶段。

1990 年 11 月,国家发布了《关于积极发展环境保护产业的若干意见》,为我国环保产业的发展奠定了政策基础;1992 年 4 月,国家环保局召开全国第一次环保产业会议,明确了我国环保产业发展的指导思想和基本方向,全国各个省份也纷纷将环保产业作为新的发展方向大力倡导,并积极探索研究发展之路。

1996 年颁布的《国务院关于环境保护若干问题的决定》再次明确了国家和各级政府都要制定鼓励和优惠政策,大力发展环保产业。在 1997 年 12 月召开的中央经济工作会议上,提出将环保产业列为国民经济新的增长点之一。"九五"(1996~2000 年)期间,随着环保事业的不断深入,我国环保产业经历了从量变到质变的过程。在快速发展的同时,加快了产业结构的调整步伐,可持续发展和循环经济战略在国民经济中得到加强。环保产业的发展基本走过了以"三废"治理为特征的发展阶段,朝着有利于改善经济质量、促进经济增长、提高经济档次的方向发展。1993~2000 年我国环保产业发展情况比较见表 14.4。

表 14.4　我国环保产业发展情况比较(1993~2000 年)

项目	1993 年	1997 年	2000 年
企事业单位总数/个	8 651	9 090	18 144
从业人数/万人	188.2	169.9	317.6
年收入总额/亿元	311.5	459.2	1 689.9
其中:环境保护产品生产	104.0	182.1	236.9
洁净产品生产	–	21.6	281.1
环境保护服务	11.1	57.8	643.4
废物循环利用	169.3	181.4	243.1
自然生态保护	27.1	16.3	285.4
年利润总额/亿元	40.9	58.1	166.7
人均收入/万元	1.66	3.07	5.32
人均利润/万元	0.22	0.34	0.52

"十五"(2001~2005 年)期间,国家加大了环境保护基础设施的建设投资,有力地拉动了环境保护相关产业的市场需求,产业总体规模迅速扩大、领域不断拓展、结构逐步调整、水平明显提升,为防治环境污染、保护自然资源、改善生态环境、维护社会可持续发展发挥了重要作用,环境保护相关产业已成为国民经济结构的重要组成部分。2004 年的全国环境保护相关产业状况调查,按环境保护产品、资源综合利用、环境保护服务、洁净产品四个领域进行调查统计,其概况见表 14.5。

表 14.5　2004 年全国环保产业概况

类别	从业单位数/个	从业人数/万人	年收入总额/亿元	年利润总额/亿元	出口合同额/亿美元
环境保护产品	1 867	16.8	341.9	37.0	1.9
资源综合利用	6 105	95.9	2 787.4	264.1	1 178.7
环境保护服务	3 387	17.0	264.1	26.2	0.7

续表14.5

类别	从业单位数 /个	从业人数 /万人	年收入总额 /亿元	年利润总额 /亿元	出口合同额 /亿美元
洁净产品	947	23.3	1 178.7	107.3	48.0
合计	11 623*	159.5*	4 572.1	393.9	61.9

注*:因部分单位同时从事多种环境保护相关产业活动,表中单位数、从业人数的总计与分项加总不等。

2011年我国进行了第四次环境保护相关产业发展状况的调查,在这次调查中,按照环保产业的最新发展趋势,对环保产业的分类再次进行了调整。2011年我国的环保产业概况见表14.6。

为了扶持和鼓励我国环保产业的发展壮大,国家先后出台了多项优惠政策。已发布的有《国家重点鼓励发展的产业、产品和技术目录(2000年修订)》《中西部地区外商投资优势产业目录》《关于公布〈当前国家鼓励发展的环保产业设备(产品)目录〉(第一批)的通知》等。2010年发布的《国务院关于加快培育和发展战略性新兴产业的决定》中将节能环保产业放在了七个战略性新兴产业之首。2012年国务院出台了《"十二五"节能环保产业发展规划》,明确提出我国节能环保产业发展的总体目标及重点领域。2014年新修订的《环境保护法》中第七条提出:"国家支持环境保护科学技术研究、开发和应用,鼓励环境保护产业发展,促进环境保护信息化建设,提高环境保护科学技术水平。"这是我国首次在国家法律的层面提出鼓励环保产业的发展。从上述法律、法规及政策中不难看出国家对于发展环保产业的重视。在相关政策的引导和鼓励下,近几年来环保技术开发、技术改造和技术推广的力度不断加大,环保新技术、新工艺、新产品层出不穷,各种技术和产品基本覆盖了环境污染治理和生态环境保护的各个领域。环保产业迅速发展,领域不断扩大,特别是环境服务业得到了更快的发展。

表14.6　2011年我国环保产业概况

类别	从业单位数* /个	从业人数* /万人	营业收入 /亿元	营业利润 /亿元	出口合同额 /亿美元
环境保护产品	4 471	39.6	1 997.3	213.9	20.4
环境保护服务	8 820	51.8	1 706.8	183.6	4.3
资源循环利用产品	7 138	92.0	7 001.6	474.2	32.2
环境友好产品	4 104	146.8	20 046.8	1 905.5	276.9
合计	23 820	319.5	30 752.5	2 777.2	333.8

注*:因部分单位同时从事多种环境保护相关产业活动,表中单位数、从业人数的总计与分项加总不等。

党的十八大以来,在国家有关政策支持下,我国大力推进节能减排,发展循环低碳经济,建设资源节约型环境友好型社会,生态环保产业快速、高质量发展。2013年8月,国务院办公厅印发《国务院关于加快发展节能环保产业的意见》,强调将节能环保产业打造为国民经济新的支柱产业。2016年12月,国家发展和改革委员会等四部门联合印发的

《"十三五"节能环保产业发展规划》提出,要发展节能环保产业,加强大气、水、土壤等污染防治工作,推动节能环保产业和传统产业融合发展,同时提出到 2020 年节能环保产业成为国民经济的一大支柱产业。2017 年 10 月,工业和信息化部印发的《关于加快推进环保装备制造业发展的指导意见》提出,到 2020 年,行业创新能力明显提升,关键核心技术取得新突破,创新驱动的行业发展体系基本建成。

"十四五"时期,我国生态文明建设进入了以降碳为重点战略方向、推动减污降碳协同增效、促进经济社会发展全面绿色转型、实现生态环境质量改善由量变到质变的关键时期。中共中央、国务院发布了一系列重要政策和规划文件,为生态环保产业发展明确了新目标、新任务和新要求。深入打好污染防治攻坚战,以更高标准打好蓝天、碧水、净土保卫战,开展重污染天气消除、臭氧污染防治、柴油货车污染治理、城市黑臭水体治理、长江保护修复、黄河生态保护治理、重点海域综合治理、农业农村污染治理等工作,全面建立"十四五"生态环境保护规划体系,开展新污染物治理,实施塑料污染治理行动方案,加强海洋垃圾污染防治和入海排污口的排查整治,制定实施生物多样性保护重大工程十年规划,以高水平保护推动高质量发展、创造高品质生活。

2022 年 6 月,中国环境保护产业协会发布了《加快推进生态环保产业高质量发展 深入打好污染防治攻坚战 全力支撑碳达峰碳中和工作行动纲要(2021—2030 年)》(以下简称《行动纲要》)。《行动纲要》是中国环境保护产业协会在国家发展和改革委员会、工业和信息化部、生态环境部等部门的指导和支持下,从行业组织使命职责出发,紧密结合新时期我国生态环保产业发展实际,贯彻党中央关于加强生态文明建设和生态环境保护战略部署,加快推进生态环保产业高质量发展,深入打好污染防治攻坚战,全力支撑碳达峰、碳中和工作的路线图和施工图。面对新形势、新任务、新要求,未来生态环保产业将进一步完善产业体系;坚持系统观念,实现协同发展、融合发展、一体化发展;加强科技赋能,加速技术升级,创新服务模式、商业模式和管理方式,全面提升产业的智慧化、智能化、绿色化水平,为更好服务深入打好污染防治攻坚战和实现碳达峰、碳中和目标,促进经济社会发展全面绿色转型。

14.5　自然保护与自然保护区

自然保护区是一个泛称,实际上,由于建立的目的、要求和本身所具备的条件不同,自然保护区有多种类型。按照保护的主要对象来划分,自然保护区可以分为生态系统类型保护区、生物物种保护区和自然遗迹保护区三类。

14.5.1　自然保护

自然保护是对人类赖以生存的自然环境和自然资源进行全面的保护,使之免于遭到破坏。自然环境包括阳光、空气、水、土壤及各种矿物质,这些成分在一定的地理条件下,形成了具有一定特点的自然环境。自然资源是指自然界中对人类有用的一切物质和不同形式的能量。一般来说,自然资源分为可更新资源、不可更新资源和无限资源三个部分。

自然保护的目的是人类利用科学技术方法和法律、行政手段,保护、维持和发展与人类生存有密切关系的自然环境和自然资源,从而满足人类生产、生活中多方面的需求。

保护人类赖以生存、发展的生态过程和生命支持系统(如水、土壤、光、热、空气等自然物质系统,农业生态系统,森林、草原、荒漠、湿地、湖泊、高山和海洋等生态系统),使其免遭退化、破坏和污染。保证生物资源(包括水生、陆生野生生物和人工饲养生物资源)的永续利用。保存生态系统、生物物种资源和遗传物质的多样性。保留自然历史遗迹和地理景观(包括河流、瀑布、火山口、山脊山峰、峡谷、古生物化石、地质剖面、岩溶地貌、洞穴及古树名木等)。

14.5.2 自然保护区

自然保护区是指具有典型特殊的自然生态系统或自然综合体(如珍稀动植物的集中栖息或分布区、重要的自然景观区、水源涵养区、具有特殊意义的自然地质建造及重要的自然遗产和人文古迹等)及其他为了科研、监测、教育、文化娱乐目的而划分出的保护地域的总称。

1.建立自然保护区的国际行动

自然保护区在国际上已有一百多年的历史。19 世纪初,随着资本主义社会发展对自然环境造成的破坏和影响,使许多野生动植物不断灭绝或濒危,许多生态系统变得十分脆弱。这引起了世界各国科学家的关注,保护自然的呼声在国际上越来越强烈。当时德国博物学家汉伯特首先提出应建立天然纪念物,以保护自然界的名胜和独特自然景观。

美国于 1872 年建立了世界上第一个国家公园——黄石公园,从此开始了通过建立自然保护区的形式保护自然界的实际行动。从 1962 年开始,在每 10 年举行一届的世界国家公园保护区大会上,世界各国代表、专家就国家公园及自然保护区问题进行专题研究和讨论,这对促进和发展国家公园和自然保护区建设起到了积极的推动作用。目前在国际上,建立国家公园和自然保护区已成为各国保存自然生态系统和珍贵野生动植物物种的主要方法和手段,也是衡量一个国家自然保护发展水平的重要标志。

2.中国丰富的自然资源急需得到特殊保护

我国是一个幅员辽阔的国家,地跨寒温带、温带、暖温带、亚热带和热带,地形复杂,气候多样,形成了丰富多彩的动植物区系。我国是世界上动植物种类最多的国家之一,仅脊椎动物就有 6 266 种,占世界总数的 14% 以上。其中,两栖类 284 种、爬行类 376 种、鸟类 1 244 种、兽类 500 种、鱼类 3 862 种。大熊猫、金丝猴、台湾猴、羚牛、白唇鹿、华南虎、褐马鸡、黑颈鹤、绿尾虹雉、扬子鳄、白鳍豚和中华鲟等 100 多种珍稀动物,是我国特有或主要分布的动物种类;分布在我国的无脊椎动物(包括昆虫)种类,尚无确切统计,但估计不下 100 万种;我国有高等植物 30 000 余种,占世界总数的 12% 以上,仅次于马来西亚和巴西,居世界第三位;被子植物 30 000 多种,裸子植物 250 种,苔藓植物约 2 800 种,蕨类植物 2 600 余种。

由于我国大部分地区未受到第四纪冰川覆盖的影响,因而保留了许多北半球其他地区早已灭绝的古老物种和特有种,约有 200 属,如银杉、水杉、水松、金钱松、台湾杉、银杏、珙桐、水青树、钟萼木和香果树等都是我国特有的珍贵树种。我国还是世界第三大栽培植物起源中心之一,拥有大量栽培植物的野生亲缘种,如野核桃、野板栗、野苹果、野荔枝、野龙眼、野杨梅、野生稻及野生大麦、野生大豆和野生茶叶等。保护好我国的野生动植物资源,建立自然保护区是一个良好的途径。另外,我国还有绚丽多彩的自然历史遗产,如地质剖面、冰川、熔岩、温泉、瀑布、化石、湿地、滩涂、珊瑚礁、火山遗迹和陨石坑等,这些都是建立自然保护区良好的基本条件。

3.环境和资源面临巨大威胁和破坏

人为活动造成生态系统不断破坏和恶化,已成为我国目前最严重的环境问题之一。生态受破坏的形式主要表现在森林减少、草原退化、农田土地沙化、水土流失,以及沿海水质恶化、赤潮发生频繁、经济资源锐减和自然灾害加剧等方面。

随着我国人口增加和经济发展,对自然资源索取和需求加大。由于人们在利用自然资源时,没有按自然规律办事,因而造成森林超量采伐、草原过度放牧、沼泽围垦造田、过度利用土地和水资源,导致生物生存环境破坏,影响物种的正常生存。工业废水的污染,使得我国不少湖泊和主要河流水质急剧下降,水生生物大量消亡,许多河流内自然生长的常见鱼类也因水体污染而灭绝或处于濒危状态。据资料记载,近半个世纪,我国仅动物资源已经灭绝的物种已达数十种,如蒙古野马、高鼻羚羊、麋鹿等均在我国原分布区内绝迹。同时,《中国植物红皮书》中记述的濒危植物已高达 1 000 种之多。

14.5.3　自然保护区的作用和效益

建立自然保护区的作用主要有 10 个方面,且能产生生态、社会和经济效益。

1.自然保护区的作用

(1)保护自然环境与自然资源。

保护自然环境与自然资源是自然保护区的最大作用,为了获得最佳的生态效益,必须将自然保护区内的自然资源和自然环境保护好,使各种典型的生态系统和生物物种,在人工保护下正常地生存、繁衍与协调发展;使各种有科学价值和历史意义的自然历史遗迹和各种有益于人类的自然景观,在人工的保护下保持本来面目。

(2)科学研究。

科学研究对自然保护区的建设和发展有极其重要的作用。科学研究是自然保护区工作的灵魂,既是基础性工作,又是开拓性工作,是实现对自然资源有效保护与合理开发利用的关键。

(3)宣传教育。

宣传教育是自然保护区所发挥的又一个重要作用。

(4)培养繁育。

众所周知，人类社会中见到的园林花卉和家畜、家禽都是由自然界野生物种中培养和驯化选育而来的。随着科学的发展，对某些珍稀动物或植物进行科学的培养和繁育，使之为人类提供新的、更多的优质品种，也是自然保护区开展的一项实验活动。

(5)生态演替和环境监测。

在自然条件下，生态系统是按照自然界的规律进行它的发展、延续和变化的，但在受到外界自然因素和人为因素的严重干扰后，将会出现自然演替和人为演替。所谓自然演替，就是生态系统如遭到雷电火烧、洪水冲击、暴风雪、干旱和病虫害等外界突发性因素影响后，使系统中某些生物群落毁灭或衰落而被另一些生物群落替代的过程。所谓人为演替，则是由于人类频繁的经济活动和严重索取自然资源，使得生态系统中某些生物群落被强迫地替代。

自然保护区内的野生动植物中有许多种类是反映环境好坏的指示物，它们对空气、水文和植被等污染破坏状况十分敏感，定位定点对自然保护区这些生物指示物受危害的程度进行观察可起到监测环境的作用。自然保护区有独特的条件同时监测和显示这两种演替的作用。

(6)生物多样性。

自然保护区有使多种多样的生物物种和自然群落在其面积范围内生存和繁衍并能自然平衡发展的功能。同时，自然保护区内还含有多种地貌、土壤、气候、水系，以及独特的人文景观单元。

(7)涵养水源和净化空气。

许多自然保护区内生长着茂密的原始森林，而森林涵养水源的作用是巨大的。森林能阻挡雨水直接冲刷土地，减低地表径流的速度，使其获得缓慢下渗的机会。林地土壤疏松，林内枯枝落叶又能保水。据实验，无林坡地土壤只能吸收56%的水分，但坡上如有80~100 m宽的林带时，地表径流则完全被转变为地下径流而储蓄起来，像水库一样。

森林同时有吸收有毒气体、杀菌和阻滞粉尘的作用。林木能在低浓度的范围内吸收各种有毒气体，使污染的空气得到净化。研究证明，许多植物种类能分泌出有强大杀菌的挥发性物质——杀菌素。同时，林木对大气中的粉尘污染能起到阻滞过滤作用，由于林木枝叶茂盛，能减少风速，而使大粒灰尘沉降地面。据统计，一公顷松树林一年滞尘的总量达34吨。

(8)合理利用自然资源。

自然保护区有丰富的自然资源，对于可更新资源(如野生动物和植物资源等)，在人为提供特殊保护的条件下，合理开发利用一部分野生动植物，对它们的种群结构不会发生太大变化，不影响它们的正常生息和繁衍。因此，要发挥自然保护区的资源优势，按照生物自然更新的规律，在自然资源承受能力与生物种群及其数量相适应的条件下，积极发展种植业、养殖业、采集业、加工业和具有地方特色的手工艺品业等，不断提高自然保护区的利用价值。

（9）参观游览。

接待中外科学工作者、大专院校师生考察参观自然保护区内的生态系统和野生动植物，把具有旅游特征的景观区划为向社会公众开放的自然保护区旅游区，融了解、探索、教育、宣传鉴赏和娱乐等为一体，不断发挥和扩大自然保护区在国内外的影响，吸引更多的人们来关心、支持自然保护区的保护、管理和建设工作。

（10）国际合作交流。

人类共同生活在一个地球上，陆地、水体和大气的连接、传递，使地球各部分之间进行能量和物质的交换，因而一个地区的变化往往会影响另一个地区乃至整个地球。不同国家建立的自然保护区通常在地理上或生物学上是相互联系的，许多迁徙物种在跨国保护区或是相邻保护区内互相往返。为保护和管理迁徙物种，需要国与国之间的共同保护和联合行动。同时，有关自然保护区科学研究进展和保护区网的信息数据也需要通过国际的合作与交流来共享其成果。因此，中国自然保护事业的发展和自然保护区建设管理水平的高低也将对全世界产生影响。

2.自然保护区的效益

（1）生态效益。

自然保护区利用它所具有的良好的自然生态系统、丰富的生物物种和群落，以及优美的环境景观，使有关自然保护的理论能在自然保护区内得以实践和操作，充分发挥在生态方面的巨大效益。

生态效益可用以下六个方面来衡量：保护野生生物物种和生物群落的大小；明显体现水源涵养和调节气候的能力；减少土壤侵蚀和水土流失面积；促进生态演替的顺利进行；生物资源和自然环境价值的高低；生物多样性的保存量与增加系数。

（2）社会效益。

由于自然保护区能够作为向公众介绍、传播和展示自然保护事业所做工作的良好场所，因而有广泛的社会影响和感染力。社会效益概括起来有四个方面：展示自然界丰富多彩的变化和存在；展示人与自然界相互依存的关系，为人类认识自然提供良好的场所；展示环境科学、生物科学、生命科学和其他科学的特点及相互间的发展；展示世界各国自然保护领域的成果、技术和交流与合作。

（3）经济效益。

通过自然保护区的建立和有效管理，使保护区本身和周围地区获得一定的经济收入和资金积累。它表现在：粮食、农作物、畜产品和水产品的增产；保存水源向周围和下游地区持续供应无污染的优质水；促进环境、生物、医学等学科高新科技产品的研究与发展；种植和养殖业发展与利用；增加当地的旅游和其他服务性收入；潜在的生命科学研究；优质无污染和绿色食品的研究与生产。

14.5.4　自然保护区的类型、结构和功能区划

自 1872 年美国建立了世界上第一个自然保护区——黄石公园以来，世界各国都陆续建立了各种类型的自然保护区，由于保护对象、管理目标、管理级别的不同，各国在保护区的名称上也是五花八门，各有特色。

1.自然保护区的类型

（1）国际上的保护区分类。

除了在城市中建造的公园外,全世界与自然界有关的保护区名称,初步统计为 44 种（表 14.7）。

表 14.7　全世界与自然界有关的保护区名称

1.人类学保护区	Anthropological Reserve	23.自然生物保护区	Natural Biotic Reserve
2.生物保护区	Biological Reserve	24.自然景物保护区	Natural Landmark
3.生物圈保护区	Biosphere Reserve	25.自然纪念地	Natural Monument
4.鸟类保护区（禁猎区）	Bird Sanctuary	26.自然保育区	Nature Conservation Reserve
5.保护区	Conservation Area	27.自然公园	Nature Park
6.保护公园	Conservation Park	28.自然保护区	Nature Reserve
7.联邦生物保护区	Federal Biological Reserve	29.公园	Park
8.动植物保护区	Fauna and Flora Reserve	30.景观保护区	Protected Landscape
9.动物保护区	Fauna Reserve	31.保护区域	Protected Region
10.森林和动物保护区	Forest and Fauna Reserve	32.省立（级）公园	Provincial Park
11.森林保护区（禁伐区）	Forest Sanctuary	33.保护区	Reserve
12.狩猎动物保护区	Game Reserve	34.资源保护区	Resource Reserve
13.狩猎动物禁猎区	Game Sanctuary	35.科学保护区	Scientific Reserve
14.受管理的自然保护区	Managed Nature Reserve	36.州立（级）公园	State Park
15.受管理的资源区	Managed Resources Area	37.严格的自然保护区	Strict Nature Reserve
16.多种经营管理区	Multiple Use Management Area	38.严格的保护区	Strict Reserve
17.国家动物保护区	National Fauna Reserve	39.野生生物管理区	Wildlife Management Area
18.国家森林	National Forest	40.野生生物保护区	Wildlife Reserve
19.国家狩猎动物保护区	National Game Reserve	41.野生动物避难区	Wildlife Refuge
20.国家（级）自然保护区	National Nature Reserve	42.野生动物禁猎区	Wildlife Sanctuary
21.国家公园	National Park	43.原野地	Wildness Area
22.自然区	Natural Area	44.世界遗产地	World Heritage Site

为了解决保护区类型各不相同的问题,世界自然保护联盟(International Union for Conservation of Nature,IUCN)保护区与国家公园委员会于 1978 年提出了保护区的分类、目标和标准。这个报告提出 10 种保护区类型,分别是:科研保护区(严格的自然保护区);受管理的自然保护区(野生生物禁猎区);生物圈保护区;国家公园与省立公园;自然纪念地(自然景物地);保护性景观;世界自然历史遗产保护地;自然资源保护区;人类学保护区;多种经营管理区(资源经营管理区)。

1984 年,国家公园委员会指定一个专家组开始修改保护区的分类标准,经过多次讨论和完善,1993 年,世界自然保护联盟形成了一个《保护区管理类型指南》,该指南将保护区类型最后确定为六种:自然保护区(荒野);国家公园;自然纪念地;生境、物种管理区;受保护的陆地景观和海洋景观;受管理的资源保护区。

《保护区管理类型指南》不仅解释了六种保护区名称的含义,同时还规定了各类型保护区的管理目标和指导原则。这个分类标准虽然在世界各国仍有分歧和争议,但世界自然保护联盟通过为保护区划分类型来强调保护区的类型要以保护目标为分类依据。

(2)中国的保护区分类。

中国的自然保护区类型是在自然保护区逐步发展中建立的,最早建立的自然保护区(如 1956 年的广东鼎湖山,1957 年的福建万木林,1958 年的云南勐养、勐腊,黑龙江丰林等自然保护区)都是森林类型自然保护区。随着自然保护区数量的增加,保护区的保护对象也由原来仅是森林类型慢慢扩大到森林、野生动物和野生植物类型。

截至 2018 年 5 月 31 日,我国已建立自然保护区 1 000 多处,其中中国国家级自然保护区数量为 474 个。保护区的类型有两种生态系统类型(陆地生态系统和海洋生态系统)、野生动物类型、野生植物类型,以及自然遗迹类型自然保护区五种。20 世纪 80 年代,中国自然保护区进入快速发展的第一个阶段,自然保护区的类型也在逐步扩大,除上述提到的五种以外,又出现了荒漠生态系统、草原生态系统、海洋生态系统和古生物化石类型自然保护区。

① 生态系统类型自然保护区。

生态系统类型自然保护区是对各类较为完整的自然生态系统及其生物、非生物资源进行全面的保护。就生态系统而言,有陆地生态系统和海洋生态系统两部分。在陆地生态系统中,有森林、草原、湿地、荒漠、岛屿等类型,其中森林是陆地生态系统的主体。在划定自然保护区时,首先考虑它应属于不同自然地带典型而有代表性的自然生态系统,同时又具有一些珍稀、濒危动植物种或自然历史遗迹等成分。另外,还包括一些生态系统已遭到破坏,亟待恢复或更新演替的有价值的典型地区。生态系统自然保护区的面积一般都比较大,保护、研究的对象比较多。例如,吉林长白山、福建武夷山、云南西双版纳、陕西太白山和新疆哈纳斯保护区等。

② 野生生物类型自然保护区。

野生动物类型自然保护区是以各种珍稀动物及其主要栖息、繁殖地或其他有科研、经济、医学等特殊价值的野生动物为主要保护对象而建立的特别保护区。例如,四川卧龙大熊猫保护区、江西桃红岭梅花鹿自然保护区、海南南湾猕猴自然保护区和安徽扬子鳄自然保护区等。野生植物类型自然保护区是以我国珍贵稀有的野生植物物种及典型、独有和特殊的植被类型为主要保护对象的特别保护区。例如,重庆金佛山银杉保护区、新疆巩留野核桃保护区和四川攀枝花自然保护区等。

③ 自然遗迹类型自然保护区。

地球的形成经历了漫长而复杂的变化,其内部一直处于不断的运动之中,形成冰川、火山、岩溶、温泉和洞穴等多种多样的自然遗迹,这对于人类了解自然界有极其重要的作用。自然遗迹类型自然保护区就是一些自然原因形成的、有特殊价值而需要采取保护措施的非生物资源地区。例如,黑龙江五大连池温泉保护区、吉林伊通火山群保护区和天津蓟县地质剖面保护区等。

1985 年,国务院批准的《森林和野生动物类型自然保护区管理办法》中提出了森林和野生动物类型自然保护区概念。1993 年,国家环境保护局批准了《自然保护区类型与级别划分原则》,并设为中国的国家标准。该分类根据自然保护区的保护对象,将自然保护区分为三个类别九个类型,具体见表 14.8。

表 14.8　自然保护区类别

类别	类型
自然生态系统类	森林生态系统类型
	草原与草甸生态系统类型
	荒漠生态系统类型
	内陆湿地和水域生态系统类型
	海洋和海岸生态系统类型
野生生物类	野生动物类型
	野生植物类型
自然遗迹类	地质遗迹类型
	古生物遗迹类型

目前,我国自然保护区的分类只是按照保护对象划分,而没有按照管理类型划分,因此与世界自然保护联盟的划分标准和世界大多数国家类型划分有很大的不同。国内一些专家学者和自然保护区主管部门已开始研究和讨论按管理类型来划分中国的自然保护区。

2.自然保护区的结构

自然保护区内部结构取决于保护的自然资源和自然环境的特点。我国自然保护区的类型多样,面积大小也各不相同,因此在确定内部结构时也不能完全一致。要根据各自的具体情况,经过科学的调查和论证,最后确定每个自然保护区内部的合理结构。一般来说,自然环境保存比较完好,被保护物种个体和种群较为丰富又相对稳定,面积中等(0.1 万~20 万公顷)的自然保护区,其内部结构可分为三个部分,即核心区、缓冲区和实验区。对有多种自然综合体或多种生态系统的自然保护区,面积较大(20 万公顷以上)的,可根据不同的功能划分出更多特定的内部结构。

3.自然保护区的功能区划

自然保护区的结构由核心区、缓冲区和实验区组成,这些不同的区域具有不同的功能,按照不同的功能来划分自然保护区的结构,称为自然保护区的功能区划。

(1)核心区。

它是自然保护区的精华所在,是被保护物种和环境的核心,需要严格保护。核心区的自然环境保存完好,自然景观十分优美;生态系统内部结构稳定,演替过程能够自然进行;集中了本自然保护区特殊的、稀有的野生生物物种。

核心区的面积一般不得小于自然保护区总面积的三分之一。在核心区内可允许进行科学观测,在科学研究中起对照作用。不得在核心区采取人为的干预措施,更不允许修建人工设施和进入机动车辆,同时禁止参观和游览的人员进入。

(2)缓冲区。

缓冲区是指在核心区外围为保护、防止和减缓外界对核心区造成影响和干扰而划分出的区域。它有两方面的作用:进一步保护和减缓核心区不受侵害;可允许进行经过管理机构批准的科学研究活动和非破坏性旅游。

(3)实验区。

实验区是指自然保护区内可进行多种科学实验的地区。实验区内在保护好物种资源和自然景观的原则下,可进行以下活动和实验:

①有计划地发展本地特有的植物和动物资源,建立栽培和驯化试验的苗圃、种子繁育基地、树木园、植物园和野生动物饲养场。

②建立科学研究的生态系统观测站、标准地、实验室、气象站、水文观察点和物候观测站,用收集到的数据和资料对生态系统进行对比和研究。

③进行大专院校的教学实习,设立科学普及教育的标本室和展览馆及陈列室、野外标本采集地。

④进行生物资源的永续利用和再循环方面的实验研究。

⑤旅游活动。具有旅游资源和景点的自然保护区,在经过调查和论证后,在实验区内可划出一定的点、线或范围,构成自然保护区的生态旅游区。它除了包括风景观赏和景点游览外,还有其独特的生态旅游方式,例如组织观鸟、丛林探秘和跨树冠桥等项目,不仅使游人领略到了大自然美丽的风光,而且受到了自然保护和野生生物学知识的教育。

【阅读材料】

论保护生态环境的重要性

生态文明建设事关中华民族永续发展和"两个一百年"奋斗目标的实现。保护生态环境就是保护生产力,改善生态环境就是发展生产力,保护生态环境,加强生态文明建设对社会发展具有重要意义。

生态本身就是经济,要坚持以"创新、协调、绿色、开放、共享"的新发展理念为指导,落实科学发展观,统筹兼顾经济发展和生态建设,推动高质量发展。

一是要持续推进贫困地区生态发展和绿色发展。创新生态扶贫举措,因地制宜、因时制宜巩固提升贫困地区生态资源优势,培育发展绿色生态产业,促进生态要素向经济发展要素转变,让生态环境优势成为贫困地区的生态经济优势。就目前来看,要把生态环境保护作为夯实脱贫攻坚基础的抓手,生态扶贫推动脱贫减贫,切实提高脱贫攻坚质量,实现脱贫攻坚和污染防治攻坚双赢,补齐全面建成小康社会短板,让良好生态成为实施乡村振兴战略的重要支撑点。

二是大力推进生态振兴和美丽中国建设。坚持既要 GDP 又要绿色 GDP 理念,牢固树立科学发展观,不以牺牲生态环境为代价追求发展,既要着眼当下,也要考虑长远,切实担负起全面、协调、可持续发展的重任,坚持人与自然和谐共生,建设看得见山、看得清水、记得住乡愁的美丽中国。

三是大力推进全国人民的自觉环保意识。建设美丽家园是全国人民的共同梦想,要把建设美丽中国切实转化为全民的自觉行动,在全社会牢固树立生态文明理念,让生态意识、环保意识内化于人民群众心中,外化于人民群众的行为习惯,推动形成生态发展方式和绿色生活方式。习近平总书记曾在文章《环境保护要靠自觉自为》中提道,"任何规则的遵守,既需要外在的约束,也需要内在的自觉"。因此,生态环境保护必须要建立在广大人民群众普遍认同和自觉自为的基础之上,才能达到预期目的和更好的效果。这就需要让生态意识和环保意识成为全民共同的价值理念,全社会担负起保护生态环境的共同责任,重视生态规律、自觉注意环境卫生、善待地球生命、自发节约资源等,使生态价值观成为人们的一种行为准则。

生态兴则文明兴,生态衰则文明衰。要实现中华民族伟大复兴的中国梦,就必须建设生态文明、建设美丽中国。生态文明是实现人与自然和谐发展的必然要求,生态文明建设是关系中华民族永续发展的根本大计。要通过提升宣传教育力度、开展全民绿色行动、倡导绿色生活方式、形成文明健康新风尚,不断推动绿色发展新理念深入人心,为全面推进生态文明建设、建设美丽中国营造良好氛围,让中华大地天更蓝、山更绿、水更清、环境更优美。

(资料来源:中国网,网址: http://henan. china. com. cn/m/2020 - 10/29/content _41341591.html)

复习与思考

1.环境经济手段包括哪些内容?
2.什么是环保产业,具体包括哪些内容?
3.为什么要建立自然保护区?
4.建立自然保护区的重大意义是什么?
5.实地参观某一个保护区或某个城市公园,调研其存在价值。

第 15 章　新兴污染物

近年来,随着科技的进步与发展,日常生活、生产中化学品的持续大量使用,使得新兴污染物广泛存在于环境之中。目前大多数新兴污染物还未受法规规范限制使用及排放,且对于新兴污染物的环境评价仍欠缺基于人体健康和生态环境安全的公认评价基准。这些物质往往具有浓度低、不易降解等特性。新兴污染物在国内外的城市污水、地表水、饮用水中被频繁检出,其化学结构与基本性质不同于传统污染物,环境行为受化学条件影响较大,常规处理工艺对新兴污染物去除效果不佳,需与必要的预处理和深度处理技术结合,研究和构建高效新兴污染物的处理技术与组合工艺。

15.1　新兴污染物的概念

新兴污染物(emerging contaminants, ECs)一般指尚未有相关的环境管理政策法规或排放控制标准,但根据对其检出率及潜在的健康风险的评估,有可能被纳入管制对象的物质。美国环境保护署(US-EPA)将新兴污染物分为药品和个人护理用品(pharmaceuticals and personal care products,PPCPs)、环境内分泌干扰物(environmental endocrine disruptors,EEDs)、持久性有机污染物(persistent organic pollutants,POPs)等。这些物质不一定是新的化学品,通常是已长期存在环境中,但由于浓度较低,其存在和潜在危害在近期才被发现的污染物。其具有持久性、难降解、生物富集等特点,容易在环境中迁移转化,具有致突变、致畸变和致癌等"三致"风险。

15.1.1　药品和个人护理用品

环境中药品和个人护理用品中的活性成分之类的潜在污染物统称为 PPCPs,PPCPs 在水环境中存在浓度低,一般在 ng/L~μg/L 水平,不具备急性毒性。PPCPs 有 1 600 多种,但是水环境中常见的 PPCPs 大概有 100 多种。按照性质和功能,可以分为抗生素、解热镇痛药、抗癫痫药、血脂调节剂、阻断剂、造影剂、细胞抑制剂、驱虫剂、合成麝香、防腐剂、防晒霜和对照剂等。个人护理用品(PCPs)是一种多样化的化合物,是生活中常见于肥皂、洗手液、牙膏、香水和防晒产品中的成分。PCPs 主要用于人体外部,并不受体内代谢变化的影响。环境中发现的 PCPs 及它们通常不为人知的转化产物,实际上是无穷尽的。与其他类别的新兴污染物相比,PCPs 的毒性研究相对较少,许多 PCPs 的生态毒性和作用机理并不明确。

15.1.2 环境内分泌干扰物

环境内分泌干扰物(EEDs)是一种外源性物质,常见于包括洗涤剂、有机农药、杀虫剂、除草剂、增塑剂、阻燃剂等在内的产品中,能通过干扰激素功能引起个体或群体发生可逆性或不可逆性的生物学效应。目前人工合成的化合物中,EEDs 大约有 70 种。由于 EEDs 在环境中几乎无处不在,并且对人和其他动物的生长发育有不可忽略的影响,严重者可产生致癌、致畸、致突变的作用,因此受到全世界研究工作者的重视,成为毒理学、流行病学和生物学的热点研究方向。它们通过摄入、积累等各种途径,并不直接作为有毒物质给生物体带来异常影响,而是类似雌激素对生物体起作用,即使数量极少,也能让生物体的内分泌失衡,出现种种异常现象。这类物质会导致动物体和人体生殖器障碍、行为异常、生殖能力下降、幼体死亡甚至灭绝。

环境内分泌干扰物主要包括两大类:天然产生的化合物和人工合成的化合物,其中天然产生的内分泌干扰物主要有天然雌激素、植物性雌激素、真菌性雌激素和天然雄激素;人工合成的内分泌干扰物种类较多,包括各种工业化学用品和家用产品,如人工合成雌激素、多环芳烃(polycyclic aromatic hydrocarbons, PAHs)、多氯化合物(如多氯联苯、二噁英、呋喃)、烷基酚化合物、杀虫剂、塑化剂、表面活性剂、农药及其代谢产物等。天然雌激素主要指人体和动物体内天然存在的雌激素,主要有雌酮(estrone, E1)、17α-雌二醇(17α-estradiol, 17α-E2)、17β-雌二醇(17β-estradiol, 17β-E2)和雌三醇(estriol, E3)。人工合成的雌激素通常作为口服避孕药和促进牲畜生长的同化激素使用,如己烯雌酚(diethylstilbestrol, DES)、己烷雌酚(hexestrol)、炔雌醇(ethinyloestradiol, EE2)和炔雌醚(quinestrol)。

15.1.3 持久性有机污染物

持久性有机污染物指人类合成的能持久存在于环境中、通过生物食物链(网)累积并对人类健康造成有害影响的化学物质。它具备四种特性:高毒性、持久性、生物积累性、远距离迁移性,而对位于生物链顶端的人类来说,其毒性比最初放大了七万倍以上。国际持久性有机污染物公约首批持久性有机污染物分为有机氯杀虫剂、工业化学品和非故意生产的副产物三类。事实上,符合持久性有机污染物定义的化学物质还远远不止上面所提到的,一些机构和非政府组织已相继提出了关于新持久性有机污染物的建议,2004 年 8 月,欧盟拟在《斯德哥尔摩公约》中加入下列 9 类新持久性有机污染物:α-六氯环己烷、β-六氯环己烷、十氯酮、六溴联苯、六溴二苯醚和七溴二苯醚、林丹、五氯苯、全氟辛基磺酸及其盐类和全氟辛基磺酰氟、四溴二苯醚和五溴二苯醚。另外一些被学术界或非政府组织提名的新持久性有机污染物包括:毒死蜱、阿特拉津和全氟辛烷磺酸类。

15.2　新兴污染物的特性

15.2.1　药品和个人护理用品特性

1.持久性

PPCPs 在人类生活中用量巨大,化学结构稳定,不易被降解,能长期存在于土壤、水体等环境介质中。尽管 PPCPs 的半衰期短,浓度低,但人类活动连续的输入使环境中的 PPCPs 呈现出一种"持续存在"的状态。

2.生物活性

PPCPs 化合物中的药物,为了达到治疗效果,多数具有特定的氧化活性。当环境生物暴露于这类化合物时,体内的氧化剂和还原剂的平衡状态就会被破坏,这一过程中细胞色素 P450 酶就会受诱导表达,并清除氧化自由基,从而导致氧化应激增加。而低等环境生物的新陈代谢系统并不像哺乳动物和人类一样完善,代谢和转化这些药物的能力相对较弱,因而无法及时清除体内产生的氧化自由基,这些化合物进入其体内以后就有可能会产生细胞毒性。

3.蓄积性

由于许多 PPCPs 类化合物具有疏水性,因而更易于在水体中沉降而残留在底泥中。对于 PPCPs 类化合物在生物体内的蓄积,有学者研究了 18 种 PPCPs 化合物的生物浓缩因子(BCF),结果发现,不同 PPCPs 化合物的 BCF 差别很大,从最高的克拉霉素的 54,红霉素的 45,到最低的氯霉素的 0.34 不等。在天然环境中,低 PPCPs 浓度下生物体内的长期积累和毒性作用仍然有待进一步研究。

15.2.2　环境内分泌干扰物特性

1.种类繁多,分布广,易富集

环境内分泌干扰物产量巨大,化学结构稳定,不易生物降解,易挥发,残留期长,可通过水、大气循环遍布包括南北极在内的全球各地,对生态环境造成极大危害。环境内分泌干扰物具有高亲脂性和脂溶性,通过食物链富集于动物与人类的脂肪和乳汁中,并可通过胎盘传递到胎儿或通过母乳传递到婴儿。日本厚生省在 1998 年 8 月的一份报告中指出,在日本妇女乳汁中发现环境激素浓度甚高,是婴儿可容许最高吸收量的 26 倍。

2.表现形式多样性

有些环境内分泌干扰物随剂量的变化表现出截然相反的作用,在不同组织中的作用也可能不同。对神经、免疫系统和内分泌系统中任意系统的作用都会影响到另外两个系统,从而造成了表现形式的多样性。

3.对幼体极其敏感

幼体在发育期受到的污染量为成年人平均水平的10~20倍,而且由于机体发育过程中内分泌系统缺乏反馈保护机制,同时幼体的激素受体分辨能力不如成体高,因此孕期、幼年动物及幼儿对激素的反应比成体敏感。

15.2.3　持久性有机污染物特性

1.高毒性

持久性有机污染物在低浓度时也会对生物体造成伤害。例如,二噁英类物质中最毒者的毒性相当于氰化钾的1 000倍以上,号称是世界上最毒的化合物之一,每人每日能容忍的二噁英摄入量为每公斤体重1皮克,二噁英中的2,3,7,8-TCDD只需几十皮克就足以使豚鼠毙命,连续数天施以每公斤体重若干皮克的喂量能使孕猴流产。持久性有机污染物还具有生物放大效应,它可以通过生物链逐渐积聚成高浓度,从而造成更大的危害。

2.持久性

持久性有机污染物具有抗光解性、化学分解和生物降解性。例如,二噁英系列物质在气相中的半衰期为8~400天,水相中为166~2 119天,在土壤和沉积物中为17~273年。

3.生物积累性

持久性有机污染物具有高亲油性和高憎水性,其能在活的生物体的脂肪组织中进行生物积累,可通过食物链危害人类健康。

4.远距离迁移性

持久性有机污染物可以通过风和水流传播到很远的距离。持久性有机污染物一般是半挥发性物质,在室温下就能挥发进入大气层。因此,它们能从水体或土壤中以蒸气形式进入大气环境或者附在大气中的颗粒物上,由于其具有持久性,所以能在大气环境中远距离迁移而不会全部被降解,但半挥发性又使得它们不会永久停留在大气层中,它们会在一定条件下又沉降下来,然后又在某些条件下挥发。这样的挥发和沉降重复多次就可以导致持久性有机污染物分散到地球上各个地方。由于持久性有机污染物容易从比较暖和的地方迁移到比较冷的地方,因此像北极圈这种远离污染源的地方也发现了持久性有机污染物污染。

15.3 新兴污染物的来源

15.3.1 药品和个人护理用品的来源

人体或动物用药是 PPCPs 最主要的来源。PPCPs 易溶于水,在土壤和水体之间相互迁移。水产养殖业所用到的药品,则随着水生动物的排泄物直接进入水体。随着宠物越来越多,每年用于宠物的疾病治疗和预防也会消耗很多药品,医药品经动物摄入后,只有少部分发生代谢,其中绝大部分随着宠物排泄物直接进入土壤。对于人类,除了药品会随着人体排泄物进入市政管网到达污水厂之外,个人护理品则伴随沐浴、游泳等活动进入排污管后汇入生活污水。此外,一些不用和过期的药物通过厕所丢弃等方式最终也会汇入城市生活污水中。因而市政生活污水是 PPCPs 最主要的汇集源。由于目前的污水处理工艺并非针对 PPCPs 设计,一些 PPCPs 类物质不能在污水处理厂中得到有效去除,从而越过种种屏障如生物降解等最后排入天然水体,或者吸附于活性污泥,通过施肥等农业生产活动最终进入环境。部分 PPCPs 物质在整个排放过程中能够转化成仍有生物活性的降解产物出现于环境水体中。未经过任何处理的农业废水、养殖废水和生活污水的直接排放也是环境中 PPCPs 的一个重要来源。此外,进入城市固体废物的 PPCPs(如药物的直接丢弃)、家畜养殖场所排放的粪便和吸附于污水处理厂活性污泥中的 PPCPs 还有可能通过填埋、施肥等方式进入土壤环境中,最后通过地表径流与渗滤,或者渔业直接使用等途径进入地表水与地下水。

PPCPs 制造业产生的环境排放也不容忽视。因为缺乏先进快捷的监测手段和严格的排放标准,生产过程中的大量 PPCPs 伴随着废水、废渣等排入环境中。尤其是发展中国家,承担着世界上大多数 PPCPs 或其原料的生产,如 2003 年中国青霉素和土霉素的产量分别占到世界总产量的 60% 和 65%,而多西环素和头孢菌素等抗生素的产量均排在世界第一位。一些国家没有明确的制药废水排放标准,而传统的处理工艺又缺乏针对性,因此这些国家 PPCPs 制造业所产生的污染可能更为突出。

大部分 PPCPs 极性强、难挥发,从而阻止了它们从水体环境的逃逸,因而水环境成为 PPCPs 类物质一个主要的储存"库"。随着 PPCPs 长期源源不断地输入,水生生物将会遭受 PPCPs 类物质的永久性暴露,部分具有生物积累性的物质还可能通过食物链传递。与此同时,地表水体和土壤沉积物中的 PPCPs 还有可能通过渗透作用与径流进入地下水,进而威胁到人类的饮用水环境。

15.3.2 环境内分泌干扰物的来源

内分泌干扰素广泛存在于大气、土壤、水体等介质中,在内分泌干扰素中,以雌激素为主,它们进入环境的主要途径是污水处理厂出水和牲畜活动产生的污水。人体和动物雌激素的分泌水平会根据性别、生长发育时期、动物品种等的不同而不同。例如,孕期妇女每天能够分泌雌三醇 6 mg/1 000 kg 体重,而未成年女子则不分泌雌三醇;奶牛每天可分泌 17α-雌二醇 $0.8 \sim 11.4$ mg/1 000 kg 体重,而其他动物则不分泌 17α-雌二醇。雌激素主要通过肝脏进行代谢,除少量直接转化成酯类排泄外,大部分将在经历过类固醇环上的化学转化后,再与葡萄糖苷或硫酸盐结合成酯,此时雌激素活性大大降低,随尿液或胆汁排出体外。结合态的雌激素在进入污水处理厂之前,或在污水厂处理的过程中,葡萄糖基和磺酸基被脱去,具有雌激素活性的自由态雌激素重新生成。人工合成的雌激素被服用后,同样经过肝脏代谢,绝大部分通过尿液或粪便以原形排泄出。生物排泄物中的雌激素,随污水经过处理后进入环境或直接排入收纳水体,这是环境中内分泌干扰素的主要来源之一。除此之外,具有雌激素效应的农药、杀虫剂及作为肥料的人类或动物排泄物,经过雨水径流进入环境。用于工业生产的表面活性剂、增塑剂等随着工业废水经过污水厂处理后排放进入环境。

内分泌干扰素影响生物内分泌系统的主要途径有两种:激动效应和拮抗作用。内分泌干扰素作为激素模拟物通过与受体位点结合而激活反应,这类反应被称为激动效应。拮抗作用是指内分泌干扰素充当激素阻断剂,阻止雌激素与受体结合。有时激动剂和拮抗剂结合相同的受体导致受体构象产生微妙的变化。另外,内分泌干扰素进入生物体内还会影响生物的生殖和发育,具有致癌性,影响神经系统和免疫系统。内分泌干扰素进入水体后将导致鱼类雌雄同体或雄性雌化的现象增加,畸形率增加,性别比例失调。类固醇类雌激素相较其他内分泌干扰素污染物,其长期毒性风险要高 2~3 个数量级,过量摄入将引起生殖系统的病变。同时,此类 EEDs 在浓度极低的水平下就能够对水生生物产生雌激素效应。

类固醇类雌激素结构上的共同特点是具有 18 个碳的骨架,其中包括紧密相连的一个苯环、一个五元环和两个六元环。天然雌激素雌酮、17α-雌二醇、17β-雌二醇、雌三醇和人工合成雌激素炔雌醇均是典型的类固醇类雌激素。烷基酚类化合物是另一类引起关注较多的内分泌干扰素,典型代表有壬基酚和双酚 A(又称 BPA),因为该类化合物不但具有明显的雌激素效应,而且广泛应用于生产生活中,在环境中无处不在,能够与人体直接接触。双酚 A 作为生产塑料的重要原料,常被用来生产各种食品容器、饮料瓶、矿泉水瓶、婴儿奶瓶等,也应用于医疗卫生行业,生产医疗器械、牙齿填充材料等,在生活中随处可见。2011 年 5 月 30 日起,中国禁止双酚 A 应用于婴幼儿奶瓶,美国、加拿大、瑞典、挪威、欧盟等国家和地区同样对双酚 A 的应用制定了相关法律法规。

15.3.3　持久性有机污染物的来源

在工业中,城市工业三废的排放能够使污染物积累,如焦化厂和加压煤气化工艺废水中的多环芳烃类,合成染料中的联苯胺、偶氮染料、对氯苯胺等许多致突变物和致癌物,电器产品中的多氯联苯。生产中的副产品二噁英和呋喃,其来源主要有不完全燃烧与热解,包括城市垃圾、医院废弃物、木材及废家具的焚烧,汽车尾气,有色金属生产、铸造和炼焦、发电、水泥、石灰、砖、陶瓷、玻璃等工业及释放多氯联苯的事故,含氯化合物的使用(如氯酚、多氯联苯、氯代苯醚类农药和菌螨酚),氯碱工业,纸浆漂白,食品污染等。国内许多水系因受周边企业不同程度的污染,水中有机提取物种类高达 135 种,主要以烷烃、杂环类、有机硝基化合物、有机酸类、多环芳烃类、胺类及酚类为主。

在农业中,由于有机氯农药难降解,高残留使其在食品和环境中仍可检出残留。苯氧酸型除草剂、杀虫剂的使用使得二噁英在土壤中残留增加。

在交通上，汽车尾气的排放会产生多种有机污染物，柴油车尾气碳烟颗粒冷凝物样品曾检出 144 种有机物及其同分异构体 41 种多环芳烃类，主要为有机酸、有机碱、极性化合物、醛类、二噁英类、多环芳烃类。

在生活中，城市采暖季节燃料的燃烧、民用燃气、厨房烹调和烟草烟气中含有多环芳烃类物质。香烟侧流烟雾颗粒物中曾检出 123 种有机物及其异构体，含有较多的多环芳烃，含氮、氧的杂环化合物，苯酚等酚类化合物。含氯（如聚氯乙烯塑料）的生活垃圾和医院废弃物的焚烧会产生二噁英。饮水氯化消毒会产生副产物卤代烃类。

15.4　新兴污染物污染现状

新兴污染物在环境中的存在对生态系统构成了重大风险。根据美国环境保护署的标准，新兴污染物被归类为由于新发现的污染物而进入人类和动物的污染物。这些污染物尚无可用于调节其在环境中存在的准则或立法干预措施。人类活动（如个人护理、医疗保健和工业运营）需要使用会产生废物的化学物质，废物中的污染物通常很难降解。因此，它们倾向于在环境中积累，最终对活生物体构成危害。新兴污染物的常见场所是污水处理厂，它们接收来自人类活动和工业排放的废水。这些有机污染物的迹象在市政污水处理厂和其他污染物中最为明显，并扩散到各种水源中，如河流、水坝、湖泊和海洋。

15.4.1　药品和个人护理用品污染现状

药品包括酸性药品、中性药品和抗生素。其中酸性药品和中性药品较易溶解在水相，较少吸附到沉积物中。药品因使用量及其在人体内的代谢程度不同，各地污水处理厂出水中报道的药品浓度差别很大，由于药品易溶解在水中，其在污泥和土壤中检出浓度较低。抗生素种类多样，主要用于预防和治疗人和动物疾病，同时也常作为动物生长促进剂。据统计显示，我国每年抗生素的出产量高达 21 万吨，约 10 万吨抗生素被应用于畜牧业及养殖业，约 8.8 万吨应用在医疗业与制药业方面。抗生素用量如此巨大，已然对我国水体环境造成严重危害。近年来，已有大量研究显示抗生素在城市污水、地下水、地表水甚至是饮用水中均以不同浓度被检出，水环境中的喹诺酮类抗生素污染状况已然严峻。通过对北京某污水处理厂进行调查发现，抗生素在进水中普遍以 41.9 ~ 1 740 ng/L 浓度区间被检出，而在经处理后的排出水中仍检测到抗生素残留，且浓度高达519.27 ng/L。此外，通过对香港地区的污水处理厂水体进行检测，发现在进出口分别检测到氧氟沙星残留浓度为 7 900 ng/L、7 780 ng/L，诺氟沙星残留浓度为 5 430 ng/L、3 700 ng/L。除工业废水外，医疗污水对我国水体环境的污染也应引起足够重视，抗生素大量应用于人体治疗未经完全代谢以排泄物形式排至环境中，以及医疗用品的药物残留造成抗生素被广泛检出。通过对北京某医院污水进水口进行检测，检测出喹诺酮类抗生素浓度已达16 800 ng/L，在出水处仍检测出 10 430 ng/L 浓度的残留，污染情况较为严重。与污废水相比，地表水中抗生素种类虽多但残留浓度较低。已有调查显示，因禽畜粪便在堆肥过程中抗生素经地表径流进入地表水，造成水环境中的抗生素污染，在地表水中已检测出喹诺酮类抗生素的浓度在 2.4~8 770 ng/L 范围内不等;对珠江水体进行检测时发现两种抗生素,分别为氧氟沙星与诺氟沙星,两者浓度均在 13~166 ng/L;在欧洲西班牙的主要河流中检测到环丙沙星、诺氟沙星和氧氟沙星,浓度分别为 3 ng/L、10 ng/L、179 ng/L。根据目前调查显示,关于地下水中抗生素的污染报道要少于地表水,并且残留抗生素的种类较少,残留浓度较低,主要原因在于地下水要经过土壤渗透,而土壤本身起着天然的净化作用,减少了抗生素的残留。土霉素、氯四环素等多种抗生素药物已经在美国爱荷华州的地下水环境中被检测出来。地下水中的残留抗生素主要是通过农作物施肥及水产养殖等方式进入的,通过土壤层的自然净化作用,地下水中的抗生素检测浓度多在 0.02~0.05 μg/L,污染程度相对较低。通过对采自意大利北部的饮用水样及河流水样进行检测分析,发现了红霉素、螺旋霉素等多种抗生素及相关代谢产物。

三氯生(TCS)和三氯卡班(TCC)广泛用于牙膏、香皂、卫生洗液、除臭剂、消毒洗手液、伤口消毒喷雾剂、医疗器械消毒剂、卫生洗面奶、空气清新剂中添加的杀菌成分。三氯卡班、三氯生、吐纳麝香和佳乐麝香在污水处理厂的去除主要是通过活性污泥的吸附。在美国的污水处理厂出水中检出的三氯卡班的浓度为 110 ng/L,三氯生的浓度为 35 ng/L,在澳大利亚的污水处理厂出水中检出的三氯生浓度比美国高,为 23~434 ng/L。三氯卡班和三氯生在污水处理厂污泥中的浓度通常情况下都是 mg/kg 水平。许多研究表明,硝基麝香具有生物蓄积作用和潜在的致癌性,现在许多国家已经限制或禁止使用。合成麝香作为天然麝香的廉价替代品,被广泛用于化妆品、护肤品、香水、洗涤用品、食品等产品中。其中吐纳麝香和佳乐麝香是人工合成麝香中多环麝香的典型代表。吐纳麝香和佳乐麝香在污水处理厂出水的检出浓度较高,通常为几百 ng/L,甚至 μg/L 水平,在污泥中的检出率也很高,通常为几 mg/kg 到几十 mg/kg 水平检出。

15.4.2　环境内分泌干扰物污染现状

1.藻源有机污染物

藻源有机物(algal organic matter,AOM)是天然有机物的重要代表。藻细胞在生长过程中会向水体中分泌有机代谢物,这些有机物比藻细胞更难以通过传统的混凝过滤过程去除。藻源有机物具有种类复杂、数量多、比重小,且表面带较高的负电荷(Zeta 电位多在-40 mV 左右)、稳定性高等特点,其属于内源性的有机污染物,包括胞外有机物、胞内有机物和细胞残体等。AOM 会导致水中有机物浓度增加,使常规水处理工艺无法有效去除,降低混凝效率,严重影响水质安全性。2010 年我国环境保护部公布的《中国环境状况公报》中就明确指出,我国湖泊(水库)的富营养化现象仍较为严重,大部分水库在夏秋季节频频出现藻类暴发的水污染事件,严重地影响了周边城市的饮用水水质安全,尤其是2007 年先后在太湖、滇池、巢湖爆发了非常严重的水华,影响沿岸居民的正常生活。藻类的危害主要有以下几个方面:第一,藻类会恶化水质,影响水质安全,部分藻类还会释放甲基异冰片、土臭素等嗅味物质,影响水质的感官指标,且藻类易释放具有致畸和致癌作用的藻毒素,以及在新陈代谢过程中会产生大量的溶解性有机物,这些有机物在消毒过程中会形成具有"三致"作用的消毒副产物。第二,影响水处理工艺正常运行。藻细胞带负电性,不易于混凝脱稳,较难通过常规的混凝和沉淀过程去除,且在混凝过程中会增加混凝剂消耗量。第三,藻细胞及其代谢物进入混凝池、沉淀池、滤池等构筑物中,会堵塞滤池并使滤料泥球化,增加水头损失,缩短过滤周期,增加反冲洗强度和频率,导致产水量下降,且藻类进入消毒工艺时,不仅会大量消耗消毒剂,增加制水成本,而且在消毒过程中,也可能将细胞壁结构破坏,导致胞内代谢物释放,可能产生更大的水质恶化风险。

AOM 由胞外有机物(EOM)和胞内有机物(IOM)组成,EOM 通过藻细胞外部自身的新陈代谢形成,IOM 在细胞裂解过程中细胞自溶而形成。AOM 主要包括蛋白质、多肽、腐殖酸、淀粉糖和多糖、核酸、脂类和小分子物质构成等成分,其中蛋白质质量分数最高。水中 AOM 主要来自藻细胞的自然代谢,这个过程会导致 AOM 释放到水中;在预氧化过程中经过氯、高锰酸钾等化学氧化剂的氧化也会导致 AOM 的释放。AOM 的释放增加了水的色度、DOC 和 AOC 浓度,提高了消毒副产物(DBPs)生成势。

AOM 中的 IOM 和 EOM 区别较大。首先,IOM 比 EOM 含有更高的蛋白质,EOM 质量分数约为 35%,主要由低分子量的化合物如氨基酸组成,而 IOM 中蛋白质质量分数在 80% 以上,由大分子量的化合物组成,IOM 的藻毒素、致嗅物质等的浓度也远高于 EOM。其次,藻类的生长阶段也会影响 EOM 和 IOM 的浓度;EOM 的释放主要集中在藻类生长的指数期,IOM 的释放主要集中在藻类生长的稳定期及衰亡期,因此 IOM 可能会产生更多的含氮的消毒副产物,如卤乙腈(HANs)等。最后,IOM 含有的亲水性有机物约 85%,EOM 约 55%,在混凝过程中 IOM 对混凝效率的影响大于 EOM,这主要是由于 IOM 含有更多的易与聚合氯化铝(PAC1)形成络合物的蛋白质。

2.人工合成有机污染物

人工合成的化学物大多数都可进入环境,对环境造成严重污染。目前登记在美国化学文摘中的化学物质已超过 2 000 万种,而进入环境的就有数万种,此外,每年全球市场还要增加 1 500~2 000 种新的化学物质。研究证实,目前在环境中存在的环境激素已有 60~70 种,其中农药及其代谢物占 60% 以上,以杀虫剂居多,如以滴滴涕、六六六等为代表的有机氯、有机磷农药。

双酚 A 是目前已知的典型的环境激素,是苯酚和丙酮的重要衍生物,主要用于生产多种高分子树脂材料如环氧树脂、聚碳酸酯等的前体物质,在其他化工产品(如杀真菌剂、染料、增塑剂、农药等)的生产中也有重要的应用。双酚 A 与人们的日常生活密切相关,被广泛应用于机械仪表、医疗器械等领域。我国是生产和使用环氧树脂与聚碳酸塑料的大国,双酚 A 可通过多种途径被释放到水环境中并造成严重污染。水中双酚 A 的来源有多方面,一是生产工业品与日用品的企业大量使用双酚 A,使双酚 A 大量存在于于产生的污水及污泥中,给水环境造成了极大危害;造纸工业污水的排放是双酚 A 在污水处理厂进水中的重要来源。二是含有双酚 A 的污水处理厂的污泥或者垃圾场的沥出物进入土壤,被污染的土壤经地表径流或雨水冲刷可将双酚 A 带入水环境。三是卤代双酚 A 经脱卤作用会转化为双酚 A 或羟基苯甲酸酯,前者难以降解,后者仍是双酚 A 的类似物。四是双酚 A 制品在使用过程中,其单体的溶出也是水环境中双酚 A 的重要来源之一,其中以聚碳酸酯制成的医用软管中双酚 A 水溶出率约为最高。

水源中环境激素的来源十分广泛,包括工农业生产所排放的废水、生活污水等被雨水冲刷进入地表径流,造成水源污染;配水管网及一些化合物在氯消毒过程中的副产物、工业固体废弃物等的随意堆放也会导致环境激素渗入。水源中检出率较高的是壬基酚、双酚A、邻苯二甲酸乙基己基酯等来自人畜的雌酮;配水管网中检出率较高的物质主要是作为塑料添加剂的壬基酚、双酚A等;在氯消毒过程中,双酚A及壬基酚可以分解产生多种副产物。

我国许多水体中已检测出浓度不等的双酚A。嘉陵江和长江重庆段河流,双酚A浓度范围为0~6.9 g/L。对天津海河中的酚类内分泌干扰物检测调查得到海河水样中氮磷的浓度为87.4~9 207.2 ng/L(平均值为841.0 ng/L)、双酚A的浓度为12.7~9 198.0 ng/L(平均值为603.1 ng/L),得出氮磷是海河中的主要污染物,双酚A次之。在垃圾渗滤液中,双酚A的浓度可以达到17.2 mg/L。

2008年至2011年,诸多研究者测定和分析了陕西段干流8个断面和15条支流的入渭口断面,研究了平水期和枯水期五大类环境内分泌干扰物,结果表明,在各水期中,双酚A的平均浓度值均为最高,其他四种环境内分泌干扰物的平均浓度值相对较低。所有酚类环境内分泌干扰物均有检出,其中双酚A的检出率最高,均为100%。在所有酚类EEDs中,双酚A的值最高,且在渭河干支流中,双酚A的最大值达到24 538.14 μg/L。枯水期时,双酚A浓度值为7.83~128.12 g/L,平水期(春秋)时为0.52~2 556.47 g/L,丰水期时为208.11~24 538.14 g/L,各支流受酚类污染均较严重,临河检出双酚A浓度最高达24 538.14 μg/L。枯水期和春季平水期,双酚A和五氯苯酚的污染水平较高,丰水期干支流双酚A的浓度较高,干流最高浓度超过5 000 μg/L,支流中临河检测双酚A浓度最高为24 538 μg/L,远远超出了枯水期和春季平水期其他酚类的浓度水平,成为污染最显著、浓度最高的酚类内分泌干扰物,皂河和临河是受双酚A污染较大的支流。总体来说,渭河干支流双酚A的检测浓度在丰水期较高,秋季平水期次之,春季平水期最低。双酚A在2009~2010年在三个断面检测的年平均浓度(938.91 μg/L、209.61 μg/L和1 380.02 μg/L)较2007年的平均浓度水平(0.89 μg/L、7.97 μg/L和5.32 μg/L)高出的最高倍数为1 000倍以上。可见渭河流域近年来的双酚A污染浓度水平总体呈较大的增长趋势。

15.4.3　持久性有机污染物的污染现状

工业"三废"的肆意排放,农药、化肥的过量施用,致使有机污染物在环境中广泛分布,无论是大气、水体还是土壤中都能检测到有机污染物。

大气中的有机污染物以气体形式存在或吸附在悬浮颗粒物上,发生扩散和迁移后导致有机污染物的全球性污染。德国每天从空气中沉积落地的颗粒物中的二噁英浓度在5~36 pgTEQ/m³(TEQ为总毒性当量)。农村和城市空气中二噁英的污染状况不同,二噁英的长距离迁移导致了农村二噁英浓度的增加。滴滴涕已在美国禁用了20多年,但密西西比地区1995年空气中滴滴涕的浓度仍为0.13~1.1 ng/m³,较1967年的2.6~7 ng/m³有所下降。广州城市空气中含14种PAHs,其浓度高达8~64 ng/m³。

地面水及沉积物中的有机污染物主要由水和沉积物通过食物链发生生物积累并逐级

放大。我国水环境中广泛存在着全氟辛烷磺酸盐污染问题。地面水中全氟辛烷磺酸盐污染水平与城市生活污水和工业废水排放有关。工业废水、生活污水、垃圾堆放均造成水体污染，致使以这些水体为源水的生活用水也受到有机污染物的污染。意大利某湖沉积物中检测出六氯苯、滴滴涕、多氯联苯等多氯有机物，浓度分别为 0.26 ng/g、1.45 ng/g、2.3 ng/g。瑞士某河水中检测出总六六六、总滴滴涕浓度分别为 54 ng/g、3.1 ng/g。我国东海岸三个出海口的沉积物中也存在有机污染物。在闽江、九龙江和珠江的出海口沉积物中，多氯联苯和滴滴涕的总浓度都较高，其中滴滴涕的浓度可能已影响到深海生物。闽江河口水质中的多氯联苯超过美国环保局（US-EPA）沉积物的参考评价标准。我国珠江三角洲及其近海区沉积物中六氯苯、滴滴涕、多氯联苯 3 类物质的质量比分别为 0.14~17.04 ng/g、2.60~1 628.81 ng/g、11.54~485.45 ng/g。香港维多利亚港和海岸线的沉积物也存在二噁英、八氯二噁英的污染。

　　土壤是植物的营养源，所以土壤中的有机污染物在植物体中富集并在食物链上发生迁移。西班牙的土壤中同样存在二噁英，且在工业地区的二噁英浓度大于控制地区。莱比锡地区废弃工厂旁的农地土壤中存在六氯苯、滴滴涕、多氯联苯等物质。

　　生活垃圾的农用、生活污水灌田及大气污染物的沉降会导致土壤中的有机污染物污染，进而在农作物中富集。水体的有机污染物污染会导致水生生物的污染。通过对湖中鱼肉的研究发现，85%的鱼样能够检测到有机氯残留，75%的鱼样含有一种或多种六氯苯同系物。63%的有机氯农药是滴滴涕及其代谢产物。US-EPA 认为，人类摄入的有机污染物有 98%来自食物，在美国一些湖水及鱼体内曾检测到二噁英。在欧洲拉多加湖中，胡瓜鱼、白鲑鱼、梭鲈和拉多加海豹的食物链中也检测到了有机污染物。鱼的脂肪内六氯苯、多氯联苯的浓度分别为 0.07~0.5 mg/kg 和 0.65~1.0 mg/kg。有研究表明，通过母乳、牛奶等可使婴儿接触到环境中的有机污染物，从而可能会威胁到婴儿的健康。在西班牙的有害物焚烧炉附近地区，母乳中的二噁英浓度在 162 ~ 498 pgTEQ/L，平均值达310.8 pgTEQ/L。在韩国，母乳中也存在二噁英和多氯联苯。按照母乳的相应浓度计算，母亲体内二噁英和多氯联苯总负荷达 268 ~ 622 pgTEQ/L，一周岁婴儿每天估计摄入量为 85 pgTEQ/L。

　　化学消毒剂使用的强氧化性使其与含氮有机物反应产生含氮消毒副产物，会造成水体中有机污染物污染。含氮消毒副产物的研究对象主要是毒性较大的 N-亚硝胺类污染物（NDMA），主要研究地表水、地下水、自来水厂进出水和污水厂进出水。北美开展研究较早、较多，日本、中国等近年来也陆续开展了此类研究。前期关于亚硝胺类污染物的研究大多集中在其前体物及形成机理方面，在饮用水输配水系统中检出较多。例如，在加拿大亚伯达省某城市，水源水中未检出 NDMA，自来水厂出厂水中 NDMA 检出浓度为71 ng/L，而输配水管网中 NDMA 检出浓度更是高达 180 ng/L。由于污水回用的增加及污水厂越来越多采用氯胺消毒，水源水和给水厂进水中经常检出 NDMA。日本某一河流在接纳一个污水厂臭氧氧化工艺出水后，NDMA 检出浓度竟高达 10 000 ng/L。

　　2015 年，美国自来水协会更新了 UCMR2 数据库，对 50 个州的亚硝胺类污染物进行调研，包括 NDBA、NDEA、NDMA、NDPA、NMEA、NPYR 等六种亚硝胺，其中 17%的样品中检出 NDMA，平均检出浓度为 9.0 ng/L，而其他五种亚硝胺检出率仅为 1%。该研究不仅调查了亚硝胺的检出情况,还对其来源及规律进行了分析,结果表明,NDMA 的检出与氯胺消毒工艺具有极大正关联。同样地,地表水相较地下水而言,NDMA 污染明显加重,而且 NDMA 污染状况并没有随季节变化的明显规律。2009 年,日本首次在全国范围内对水中 NDMA 的污染状况进行了调研,包括水源水和自来水厂水,结果表明,冬季 NDMA 检出率较夏季高,但最高检出浓度较夏季低,而无论是冬季还是夏季,水源水中 NDMA 检出浓度均低于 5 ng/L,NDMA 的检出浓度与水中含氮污染物密切相关。自来水厂出厂水中 NDMA 最高检出浓度为 10 ng/L,而在处理过程中,经过臭氧氧化,NDMA 浓度急剧升高,但随后的生物活性炭单元能有效去除 NDMA。

我国在 2016 年完成的全国范围内饮用水中九种亚硝胺类污染物的分布状况调查,收集了全国 23 个省 44 个城市的 155 个采样点,共 164 个样品,包括水源水、出厂水和龙头水。结果表明,九种亚硝胺中 NDMA 检出最为频繁,检出浓度最高,在出厂水和龙头水中的检出率为 33% 和 41%,平均检出浓度分别为 11 ng/L 和 13 ng/L。长江三角洲地区亚硝胺污染最为严重,NDMA 在出厂水和龙头水中的平均检出浓度达 27 ng/L 和 28.5 ng/L。此次调查结果引起了人们对于饮用水中 NDMA 的极大关注,更多更系统详细的研究亟待进行。

15.5　新兴污染物的生态风险研究现状

新兴污染物具有种类多、用量大、分布广等特点,环境科学领域对此高度关注。实验室条件下的毒理学研究结果表明,大多数新兴污染物在低浓度下即可对水生生物(藻类、溞类、鱼类、虾类等)产生急性毒性和慢性毒性作用,在多种污染物共存的情况下会产生复杂的环境效应。对于暴露在其中的水生生物来说,长期积累的毒性效应不容忽视,具有极高的潜在危害,因此对新兴污染物的研究非常重要。

15.5.1　有机紫外遮光剂的生态风险研究现状

随着紫外遮光剂的大量使用,其毒理学研究日益受到人们关注,已证实大多数有机紫外遮光剂具有生态毒性和内分泌干扰效应,能够抑制藻类和无脊椎动物的生长。研究表明,BP、BP-1、BP-2、BP-3 和 BP-4 能够引起鱼类的雌激素效应和抗雄激素效应,BP-3、BP-4 对大型溞具有急性毒性,对藻类的生长繁殖有抑制作用,并且能够引起斑马鱼的畸变与死亡,BP-1、BP-2、BP-3 和 BP-8 能够导致人体血清蛋白的整体或局部发生改变。

目前,环境中的二苯甲酮系列化学品被频繁检出。调研一座英国的污水处理厂发现,污水处理厂进水中 BP-2 的检出浓度高达 403 μg/L,出水浓度最高可达 13 μg/L,BP-3 和 BP-4 在污水处理厂的检出浓度为 1.5~19 μg/L,BP-6 在沉积物中的检出率最高,为 1.2~6.1 ng/L,室内空气灰尘中 BPs 系列化合物均有检出,其中 BP-1 和 BP-3 的检出浓度最高。由于对二苯甲酮系列物质的研究起步较晚,相关的毒性实验数据很少,目前对二苯甲酮系列化合物的风险评价不全面。对 BP-3、BP-4、EHMC、4-MBC、OD-PABA 的风险评估结果表明,其急性毒性的预测无效应浓度(PNEC)值范围为 0.14~75.44 μg/L,BP-3 对藻类为高风险,对大型溞和虾类为中风险,BP-4 对藻类无风险,对大型溞为低风险,EHMC

对藻类、大型溞和虾类均为高风险,4-MBC 对藻类和虾类为高风险,对大型溞为中风险;慢性毒性的 PNEC 值范围为 1.1~4 897 μg/L,BP-3 对鱼类激素通路相关基因表达为高风险,EHMC 和 4-MBC 对大型溞为中风险,其余为低风险。本研究小组也对二苯甲酮系列物质 BP-1、BP-2、BP-3 和 BP-4 开展了小球藻、大型溞、斑马鱼的急性毒性研究,利用物种敏感度分布法推导出这四种化学物质的 PNEC 值,根据文献调研,目前这四种化学物质的生态风险还较小。

15.5.2　增塑剂的生态风险研究现状

增塑剂是目前世界上生产和消费量最大的塑料制品添加剂之一,对增塑剂的毒性研究结果证明,大多数增塑剂具有急性毒性、慢性毒性、内分泌干扰效应、生殖毒性等,对人类危害很大。邻苯二甲酸酯类增塑剂属于 EEDs,在生物体内起着类似雌激素的作用,白鼠经口实验中邻苯二甲酸二辛酯(DOP)、邻苯二甲酸二乙酯(DEP)、邻苯二甲酸二正丁酯(DBP)和邻苯二甲酸丁苄酯(BBP)的致死量分别为 5 370、5 000、8 000 和 2 330 mg/kg 体重。通过文献调研发现,对增塑剂向空气中的迁移行为的研究结果表明,增塑剂随温度升高和时间延长迁移量显著增加,密闭空间中的增塑剂浓度高于通风良好的环境。国际上目前针对食品包装所使用的部分增塑剂的浓度做出了限制,欧洲食品安全机构(EFSA)规定,邻苯二甲酸二(2-乙基)己酯(DEHP)在人体内浓度超过 0.05 mg/kg 就认为是不安全的,美国能源部(USDOE)下属国家实验室建立的风险评估信息中给出了 DEP、DBP、DEHP 等化合物的参考剂量,欧盟食品科学委员会(SCF)认为人体每日允许摄入 DEHP 的量为 50 μg/(kgbw·d)。

对珠江流域同沙水库水源地的库区及其上游汇水支流采样分析发现,各采样点中均检出 DBP、DEP 和 DOP,且邻苯二甲酸酯总浓度超过 1 000 ng/L,DBP 和 DOP 浓度超过国家地表水环境质量标准规定值,通过美国 EPA 的暴露风险评价方法,认为 DBP、DEP 和 DOP 的风险指数较低,该浓度下不会对人体产生明显的健康危害。但一项针对人体暴露评估的结果发现,正常成年人在日常生活中通过接触食品包装塑料摄入的 DBP 等增塑剂的总量为高风险水平。

15.6　新兴污染物的分析方法

15.6.1　提取方法

1.固相提取方法

固相提取方法主要有索氏抽提、超声萃取和加速溶剂萃取(ASE)。索氏抽提是从各种基质中提取分析物的一种经典方法,成熟、通用、简便易操作、分析成本低,但也存在着消耗大量萃取溶剂和时间等特点。超声萃取是一种成熟且广泛应用的提取技术,其原理是在溶剂和样品之间产生声波空化作用,从而使固体样品分散,增大样品与萃取溶剂之间的接触面积,提高目标物从固相转移到液相的传质速率。加速溶剂萃取又称加压溶剂萃取(PLE),该提取方法能大大缩短提取时间。但由于加速溶剂萃取处理过程温度较高,易引起污染物分解。因此,分析物的热降解是加速溶剂萃取技术有待解决的一个问题。

2.液相提取方法

液相提取方法主要有固相萃取(SPE)和固相微萃取(SPME)。固相萃取方法基于固液分离萃取原理,具有有机溶剂使用量少、简单快速、分离效率高、重复性好等优点,已广泛应用于新兴环境污染物的分析。固相微萃取技术是使用一根具有交联二甲基硅醚聚合物材料涂层的开口毛细管柱捕集被分析物。该方法分析成本较高,且与大多数常规萃取方法相比,该方法的萃取效率较低,需要校准。

15.6.2　仪器方法

1.高效液相色谱法

高效液相色谱法(HPLC)是常用的分析新兴环境污染物的方法。一般采用紫外检测(UVD)、荧光检测(FLD)、化学发光检测(CL)或电化学(ED)等检测方法,但这些检测方法都不能分析待测物的结构,分析结果的不确定因素较多,往往还需要色谱与质谱联用来确定。

2.气相色谱质谱联用法

气相色谱质谱联用法(GC-MS 或 GC-MS/MS)结合了气相色谱和质谱两种仪器分析方法,气相色谱分离效率高,质谱检测器可以提供丰富的结构信息而具有化合物的定性能力,且其灵敏度高,选择性好,能够适应目前待测新兴环境污染物种类繁多与应用领域多样化的需求,已成为新兴环境污染物的主要检测方法。

3.液相色谱质谱联用法

液相色谱质谱联用法(LC-MS 或 LC-MS/MS)是目前较流行的新兴环境污染物检测方法,该方法具有良好的灵敏度、选择性和检测能力及简化样品净化过程等优点,特别是三重串联四级杆质谱技术的发展,大大提高了分析痕量新兴环境污染物的灵敏度和准确性。

15.7　新兴污染物去除技术的研究进展

目前新兴污染物的去除技术非常多,既有传统的去除技术(絮凝、沉淀、过滤和消毒),也有非传统的处理方法(膜滤、臭氧氧化和生物滤池)。根据去除原理可将其分为物理法、化学法和生物法。此外,生物酶在去除新兴污染物方面也有不错的应用前景。

15.7.1　膜分离技术

膜分离技术通过半渗透性材料有效地从污水和海水或废水中去除各种有机、无机和固体颗粒,这些半渗透性材料可以分离水(渗透物)和浓缩物(保留在膜表面)。膜是由不同的材料制成的,它们具有一定的特性(孔径、表面电荷和疏水性),这些特性决定了可以保留哪种类型的污染物。膜分离技术主要以压力差为推动力促进溶质分离。根据所分离的污染物不同,膜分离技术可分为微滤、超滤、纳滤和反渗透等。其中,反渗透能够分离水中的无机盐,能够将水中的重金属离子完全去除,但同时也去除了水中一些人体所必需的微量元素,故该技术目前主要用于海水脱盐和淡化。纳滤膜具有纳米级的微孔,所分离物质的分子量为 200~1 000,操作压力达 1 MPa 左右,主要用于特殊用途用水的制备。微滤和超滤能够去除水中微生物、大分子、胶体和蛋白质等。由于超滤膜的小孔径范围与反渗透重叠,大孔径范围与微滤膜重叠,其使用压力为 1~0.5 MPa,具有所需操作压力小,处理水量大的特点,因此被广泛应用于饮用水处理领域。

膜分离技术的一个缺点是污染物被转移到精矿流中而不被破坏,因此,精矿需要进一步处理和处置。但同时也具有操作简便、适应现有的处理设施、模块化设计、非常小的化学要求、低能耗等优势。由于其孔径小,最适合去除双酚类物质的膜工艺为:UF、NF 和 RO。PVDF 膜表面装有单壁和多壁碳纳米管的复合膜,大大提高了双酚 A 的去除率,从而证明了 MF 技术对被 PPCP 污染的水的处理潜力。例如,三氯生(TCS)、对乙酰氨基酚(AAP)和布洛芬(IBU)的去除率从 10% 上升到 95%,随着芳香环数量的增加及填料比表面积的增加而增加。溶液 pH 的变化也影响 PPCP 的去除率,最高可达 70%,并且由于减少了静电排斥,中性 PPCP 的去除率高于离子去除率。

近年来,膜生产成本的降低促进了膜技术的开发利用,但是膜污染仍是该技术亟待解决的重要应用问题。另外,在得到广泛应用之前,关于膜技术处理饮用水过程中水中的大分子、胶体、蛋白质和颗粒物的去除情况仍需要展开更多的研究和探索。

15.7.2　高级氧化工艺

高级氧化工艺(advanced oxidation processes,AOPs)是指通过电、声、光和催化剂等方式,在水中产生羟基自由基,将水中有机污染物逐步降解甚至矿化的水处理工艺。该技术氧化能力极强,可用于多种用途的新兴污染物的去除和破坏,因此能够将有机污染物分解为二氧化碳和水,从根本上解决有机污染物问题。与传统的水处理技术相比,AOPs 氧化效率高,所需反应时间短,故具有巨大的优势。目前,AOPs 主要包括湿式空气氧化、光催化、Fenton 试剂、UV/H_2O_2、UV-air 和 UV/O_3 等技术。

1.湿式空气氧化技术

湿式空气氧化技术将空气或氧气作为氧化剂,在高温高压条件下将大分子有机物降解,达到去除水中有机物或者提高废水可生化性的目的。由于湿式空气氧化技术操作条件要求高,其改进技术——催化湿式氧化技术采用铜、稀土等作为催化剂,在较低压力和温度下实现了有机物的降解。但是,催化湿式氧化技术催化剂的制备技术需要的操作条件高,使该技术的应用受到限制。超临界水氧化技术也是在湿式空气氧化技术基础上发展起来的新技术,主要原理为通过高温高压使气液界面消失而形成均相氧化体系,后者为一种优良的反应介质,在该介质中有机污染物质能够被迅速去除。超临界水氧化技术已广泛地应用于多种有机物的去除。但是,该技术同样受到较高的操作条件的限制而难以大规模应用。

2.光催化技术

自从 1976 年美国人 Carey 发现光催化能够氧化水中的联苯和氧化联苯以来,人们开始对光催化氧化技术展开了深入的研究。光催化技术作用原理为:在一定波长的光照条件下,半导体催化剂的价带中的电子跃迁到导带,进而形成高活性的电子和带正电的空穴,活泼的光生电子和空穴迁移到催化剂表面时,则可能与表面吸附的物质(如有机物和金属离子等)发生氧化还原反应。目前,研究最多的催化剂为二氧化钛(titanium dioxide,TiO_2),采用 TiO_2 作为催化剂的光催化技术去除有机物能力、影响因素及反应机理已经得到了大量的研究并取得了丰硕的成果。但是,采用 TiO_2 作为催化剂的光催化技术也存在几个关键技术难题,如催化剂分离回收困难、光催化反应效率低等。另外,光催化氧化还原技术的基础研究尚不够全面和系统也是限制该技术大规模应用的原因之一。

3.Fenton 试剂技术

Fenton 试剂是由 Fe^{2+} 和 H_2O_2 组成的混合体系,通过 Fe^{2+} 促进 H_2O_2 产生羟基自由基($\cdot OH$),从而完成氧化有机物的目的。传统的羟基自由基理论认为,Fenton 试剂与有机物的反应过程如式(15.1)、式(15.2)和式(15.3)所示。

$$Fe^{2+}+H_2O_2\longrightarrow Fe^{3+}+OH^-+\cdot OH \tag{15.1}$$
$$RH+\cdot OH\longrightarrow R\cdot+H_2O \tag{15.2}$$
$$R\cdot+Fe^{3+}\longrightarrow Fe^{2+}+products \tag{15.3}$$

因此,在 $\cdot OH$ 的参与下,有机污染物能够被迅速降解甚至矿化。在此基础上发展起来的 Fenton 试剂技术如 UV/Fenton、超声-Fenton 和电-Fenton 技术等通过增加光照、超声或电化学反应可进一步改善 Fenton 试剂的作用效果,提高降解有机物效果。除此之外,UV/Fenton 能够使 Fe^{2+} 在反应中再生,从而降低其用量,且紫外光本身也能够促进 H_2O_2 分解产生 $\cdot OH$。超声-Fenton 则通过超声作用将中间体 $Fe-O_2H^{2+}$ 分解为 $HOO\cdot$ 和 Fe^{2+},后者可继续参与循环反应。电-Fenton 技术则采用电化学方式产生 Fe^{2+} 和 H_2O_2 作为补给源。目前,采用的阴极主要为石墨、活性炭纤维和玻璃碳棒,但是这些材料电流效率较低,难以满足实际需要。因此,高效催化性能的阴极材料的开发应用是该技术亟待突破的技术难点。

4.UV/H_2O_2技术

H_2O_2是一种典型的氧化剂,但是该氧化剂在降解许多有机物时效率较低。1975 年,国外研究者首先采用紫外光与 H_2O_2 联合,从而开始了 UV/H_2O_2技术的研究。随着研究的不断深入,该技术从开始用于处理染料废水到近年来作为饮用水深度处理技术。一般认为,UV/H_2O_2技术的反应过程如式(15.4)和式(15.5)所示。

$$H_2O_2+h\nu\longrightarrow 2\cdot OH \tag{15.4}$$
$$OH\cdot RH\longrightarrow R\cdot+H_2O \tag{15.5}$$

因此,UV/H$_2$O$_2$技术通过·OH 能有效去除水中有机污染物,并具有反应条件温和、反应速率快、操作简单等特点。目前,该技术已经得到了一定程度的应用。

5. UV-air 技术

众所周知,由于许多有机物对紫外光在 254 nm 波长处具有不同程度的吸收,因此,紫外光(254 nm)本身即具有一定的降解有机物能力。利用紫外光对有机物进行降解也得到过较为广泛的研究。20 世纪 90 年代,人们已经注意到水中溶解氧的存在有利于紫外光对有机物的去除。研究发现,在有溶解氧的条件下,254 nm 紫外光对酪氨酸的光解程度显著高于无溶解氧条件下的去除效果,且产生了更为彻底的降解产物,这是由于水中存在^{1}O$_2$和 O$_2$·$^-$。除此之外,在 UV-air 工艺对 4-氯苯酚的降解过程中,活性氧基团如 O$_2$·$^-$、HO$_2$·和 HO·等发挥了重要的作用,因此 UV-air 技术也是一种高级氧化工艺。

6. UV/O$_3$ 技术

臭氧是水处理领域重要的氧化剂,已有百余年的应用历史。但是,由于臭氧氧化能力有限,且为选择性氧化剂,对于臭氧氧化后的产物如羧酸类小分子有机物等去除效果有限。20 世纪 70 年代,学者们提出将紫外光与臭氧结合,即采用紫外光激发水中臭氧,通过式(15.6)、式(15.7)、式(15.8)和式(15.9)可产生·OH,使目标有机物得到有效去除。

$$O_3 + hv \longrightarrow O_2 + \cdot O \tag{15.6}$$

$$H_2O + \cdot O \longrightarrow R \cdot + 2 \cdot OH \tag{15.7}$$

$$O_3 + H_2O + hv \longrightarrow O_2 + H_2O_2 \tag{15.8}$$

$$H_2O_2 + hv \longrightarrow 2 \cdot OH \tag{15.9}$$

大量研究表明,UV/O$_3$技术对醚类、脂类、芳香族化合物、含氮杂环化合物和多种医药品、农药等有机物的试验研究表现出良好的降解性能。

综上所述,在目前饮用水水源受到不同程度污染,特别是有机污染物污染严重的情况下,学者们针对有机污染物的去除展开了大量的研究。在现有的技术中,高级氧化工艺因具有反应速率快、降解彻底、适用范围广和无二次污染等特点受到越来越多的青睐。而其中的 UV/O$_3$技术更由于其反应条件温和,且工艺中所需的臭氧容易现场制取使用等优势得到了广泛的研究和应用。尽管高级氧化等深度水处理技术能够有效去除水体中各类污染物,但高级氧化法需要添加化学药剂,药剂本身对环境会产生一定危害,同时在反应过程中也可能产生众多毒性高于母体的中间产物。

15.7.3　生物炭吸附

吸附是重要的去除新兴环境污染物的工艺,如果吸附剂具有高孔隙率和比表面积,易于操作和再生,则该方法高效且具有成本效益。吸附剂的去除能力取决于密度、孔隙率、外表面积、内表面积、孔径分布、表面化学和操作参数。生物炭是将生物质在氧浓度较低氛围或无氧下炭化制得的炭材料,具有高碳质量分数和离子交换能力及巨大的比表面积、孔容积、丰富的官能团和较稳定的结构。这些特性使生物炭具有不错的吸附性能,同时生物炭表面的芳香性和功能性使生物炭对疏水性有机物有较强的去除能力,是一种性能优越的生物质基碳材料吸附剂。在成本上,相比于商用活性炭,生物炭的价格要低许多,与其他低成本的非传统吸附剂相比,生物炭的单位质量成本也十分低。生物炭吸附技术作为物理处理方法,其运行效果稳定,对水质变化的适应能力较强,运用不同的吸附剂能达到对不同吸附质的有效去除。

生物炭来源于农业、生产或生活废料,是一种易得的低成本吸附剂,相比商用活性炭也具有巨大的比表面积、孔容积和丰富的官能团及对环境友好等优点。由于 PPCPs 和 EEDs 均是较不易降解的有机物,拥有上述优点的生物炭能在更低的成本下有效去除这些新兴污染物,同时考虑废物利用及减少环境污染等因素,生物炭在去除新兴污染物上具有很好的应用前景。随着全球污染的加剧,废物的回收利用能有效缓解现在的污染问题。

15.7.4　生物处理技术

生物处理技术用于降解水中有机污染物已经有百年的历史,随着水中有机污染物种类的增多,该技术不断得到研究和拓展。尽管水中许多有机物难被普通的微生物所降解,但是大量的研究表明,通过筛选、驯化甚至遗传改造菌株,可得到具有降解特殊有机物能力的菌株。采用共代谢降解技术、固定化微生物技术等,即可实现生物处理技术对有机污染物的有效去除。

1.共代谢降解技术

根据微生物共代谢理论,某种有机物单独存在时难被微生物去除,而当该有机物与一些易降解有机物(如葡萄糖)共存时,微生物巧用易降解有机物作为碳源和能量来源维持自身生长和繁殖,就能够将难降解的有机物作为第二基质并将其从水中去除。研究表明,常规的颗粒污泥对五氯酚废水的去除率为 30%~75%,而当水中存在一定浓度的葡萄糖后,五氯酚的去除率接近 99%。当向喹啉溶液中加入葡萄糖后,皮氏伯克霍尔得氏菌对喹啉的降解显示出明显的促进,在一定的浓度比条件下,葡萄糖的存在甚至能够改变喹啉的去除动力学级数,而喹啉的存在则减慢了微生物对葡萄糖的降解作用。当用甲醇或乙醇做一级基质时,可以提高产甲烷菌对漂白厂的废水中有机氯化合物的去除率。

2.固定化微生物技术

固定化微生物技术是指将游离的微生物(细胞或酶)固定在限定的空间区域内,使其保持活性并能够实现重复使用,从而达到去除水中污染物的目的。该技术利用固定化载体在微生物和污染物之间形成一道屏障,能够减轻有机污染物对载体内微生物的毒性,从而有利于微生物对有毒有机污染物降解能力的充分发挥。利用聚丙烯无纺布与 PVA 的复合材料固定化优势菌种,用于降解含有喹啉、异喹啉和吡啶的焦化废水,经处理后这 3 种有机物的去除率均在 80% 以上。将原玻璃蝇节杆菌固定在玉米穗粉末制成的球状载体上,并用其降解 4-硝基苯酚。研究结果表明,固定化微生物技术的使用能够使其去除率提高 25%。经过对比同一菌种在固定化状态和游离状态处理含酚废水的效果,发现采用红砖作为载体的固定化技术能够促进有机物的降解。

3.厌氧−好氧联合技术

厌氧预处理技术主要是通过改变有机物的化学结构来提高其生物降解性能。难降解的有机化合物在厌氧反应器中水解、酸化,分解成小分子易降解有机物,这些小分子有机物在后续的好氧反应器中进一步被好氧菌利用,分解成 CO_2、H_2O 等,或用来合成微生物细胞。因此,将厌氧和好氧联合应用,能够达到去除有机污染物的目的。人们早在 1994 年就已经发现,采用厌氧−好氧生物处理能够将 2,4,6−三氯苯酚完全降解,其中在厌氧过程中 2,4,6−三氯苯酚首先被转化为 2,4−二氯苯酚,再被降解为对氯苯氧乙酸。对氯苯氧乙酸在好氧过程中则被彻底矿化。利用厌氧−好氧−混凝工艺处理印染废水,当进水化学需氧量(chemical oxygen demand,COD)均值为 765.1 mg/L 时,厌氧单元、好氧单元出水 COD 均值分别为 399.6 mg/L 和 105.2 mg/L,再经混凝处理后 COD 降至 51.3 mg/L。

4.基因工程技术

生物处理技术去除有机污染物的核心问题之一在于培养高效的微生物菌株。虽然理论上能够选育出适宜降解所有有机污染物的微生物,但是由于菌种选育工作耗时费力,这种方法难以适应当前层出不穷的有机污染物的局面。在该情况下,构建基因工程菌,即对苗株进行遗传改造以提高微生物酶的活性,从而定向获得具有特殊降解性状的高效菌株,并使之用于污染处理,成为目前生物处理技术的一个重要发展方向。以能降解苯、苯甲酸的乙酸钙不动杆菌作为受体,以能降解对苯二甲酸的恶臭假单胞菌和能降解苯胺的节杆菌作为供体,并采用供体多基因对受体原生质球进行转化,培养出了 LEY6 工程菌。已经得到证实,该菌种能够同时降解苯、苯甲酸、苯胺及对苯二甲酸等有机污染物。针对天然氧合酶氧化三氯乙烯速率较低的问题,构建了包含甲苯双氧合酶大氧合酶亚单元的杂合联苯双氧合酶体系,该体系可以有效地氧化三氯乙烯,其氧化速率为天然甲苯双氧合酶的 3 倍。

通过上述技术的研究和应用,生物处理有机污染物技术得到了巨大的发展和进步,已经培育出针对多种有机污染物的菌种。但是该领域的研究主要针对单一物质,且一般仅在实验室里展开,与实际应用仍存在一定差距。另外,生物技术一般具有降解效率较低、维护要求高的特点,且人工驯化的微生物存在对环境中的土著微生物产生生物入侵的隐患。因此,采用生物处理技术作为饮用水中有机污染物的去除技术前仍需开展大量的工作。

15.7.5　光降解

光降解是指在自然光和人造光的照射下使有机物发生分解,最终生成 CO_2 和 H_2O 的过程。有一部分具有光敏性的抗生素(如喹诺酮类、四环素类和磺胺类等)能够被光解,但是对于卡巴多、磺胺氯达嗪、磺胺地索辛、磺胺甲基嘧啶、磺胺二甲基嘧啶、磺胺噻唑和甲氧苄啶等抗生素,即使是紫外光投射量达到常规处理投加量(30 mJ/cm^2)的 100 倍($3\ 000 \text{ mJ/cm}^2$),其去除率也仅有 $50\% \sim 80\%$,光降解只适用于去除特定种类的新兴污染物。NDMA 对光具有很高的敏感性,用紫外光辐射 5 min 就可以使 NDMA 去除 97.5%。

但是紫外光降解的费用太高，去除 90% 的 NDMA 大约需要 1 000 mJ/cm^2 的紫外光照射量，是灭活病毒和细菌所需量的 10 倍。

【阅读材料】

"新污染物"有哪些？如何治理？生态环境部有关负责人详解

"新污染物种类繁多，更重要的特点'新'是因为其种类还可能会持续增加。"2022 年 3 月 30 日，生态环境部举行 3 月例行新闻发布会。生态环境部固体废物与化学品司司长任勇在发布会上表示，随着对化学物质环境和健康危害认识的不断深入及环境监测技术的不断发展，可能被识别出的新污染物还会持续增加。

2022 年 3 月 5 日，李克强总理向十三届全国人大五次会议做政府工作报告时提出，加强固体废物和新污染物治理，推行垃圾分类和减量化、资源化。

什么是新污染物？任勇在发布会上解释，从改善生态环境质量和环境风险管理的角度来看，新污染物是指那些具有生物学毒性、环境持久性、生物累积性等特征的有毒有害化学物质，这些有毒有害化学物质对生态环境或者人体健康存在较大风险，但尚未纳入环境管理或者现有管理措施不足。目前国际上广泛关注的新污染物有四大类：一是持久性有机污染物（persistent organic pollutants，POPs），二是内分泌干扰物（endocrine disrupting chemicals，EDCs），三是抗生素（antibiotic），四是微塑料（microplastic）。当这四类污染物排放到环境中后，即可界定为新污染物。

任勇介绍，近年来，生态环境部会同有关部门，在有毒有害化学物质的环境风险管理领域主要开展了 4 方面工作，为后续新污染物治理工作打下了较好的基础。第一，推动建立法规标准体系。针对存在环境风险的有毒有害化学物质推动立法，修订《新化学物质环境管理登记办法》。同时，制定《化学物质环境风险评估技术方法》等技术规范。第二，加强源头准入管理。持续开展新化学物质环境管理登记，防范具有不合理环境风险的新化学物质进入经济社会活动和生态环境。举例来说，仅 2021 年，国家就共批准登记 564 种新化学物质，提出了 500 多项环境风险控制措施。第三，推动有毒有害化学物质环境风险管控。开展化学物质的环境风险评估，印发两批《优先控制化学品名录》，列入共计 40 种类应优先管控的化学物质，推动通过禁止生产使用，实施清洁生产，产品中含量限制管控，纳入大气、水、土壤有毒有害污染物名录等措施，初步沿着全生命周期环境风险管控的思路去管控有毒有害化学物质的环境风险。第四，积极参与全球化学品履约行动。以履行《斯德哥尔摩公约》《水俣公约》为抓手，限制、禁止了一批公约管控的有毒有害化学物质的生产和使用。在履行《斯德哥尔摩公约》行动中，我国已淘汰了六溴环十二烷等 20 种类持久性有机污染物。清理处置历史遗留的上百个点位 10 万余吨持久性有机污染物废物，提前 7 年完成含多氯联苯电力设备下线和处置的履约目标。全国主要行业二噁英排放强度大幅下降。

"开展新污染物治理是污染防治攻坚战向纵深推进的必然结果，是生态环境质量持续改善进程中的内在要求。"任勇表示，按照党中央、国务院决策部署，生态环境部会同发展和改革委员会等 13 个部门正在研究制定新污染物治理行动方案，提出了"十四五"期间我国新污染物治理工作总体要求、主要目标、行动举措和保障措施。

　　任勇指出,新污染物治理总体思路是通过对有毒有害化学物质进行环境风险筛查和评估,通过"筛""评"找到需要重点管控的新污染物,然后,对重点新污染物实行全过程管控,包括对生产使用过程中的源头禁限、生产过程中相关污染物的减排、必要的末端治理等措施。所以,总体思路可概括为:"筛、评、控"和"禁、减、治"。新污染物治理的很多措施是要在水、气、土壤污染治理的基础上实现的,这体现了化学品环境管理对环境污染防治的"牵引驱动"作用。下一步,新污染物管理行动方案印发后,生态环境部将会同有关部门认真落实方案规定的各项举措和任务。

　　(资料来源:光明网,网址:https://m.gmw.cn/baijia/2022-03-31/35624103.html)

复习与思考

1.什么是新兴污染物,有哪些代表物?

2.新兴污染物有哪些危害?

3.新兴污染物去除技术有哪些?

参 考 文 献

[1]马光.环境与可持续发展导论[M].北京:科学出版社,2001.

[2]陈英旭.环境学[M].北京:中国环境科学出版社,2001.

[3]钱易,唐孝炎.环境保护与可持续发展[M].北京:高等教育出版社,2000.

[4]郝吉明,马广大.大气污染控制工程[M].北京:高等教育出版社,2002.

[5]戴财胜.环境保护概论[M].北京:中国矿业大学出版社,2012.

[6]郭怀成,尚金城,张天柱.环境规划学[M].北京:高等教育出版社,2009.

[7]郭静,阮宜纶.大气污染控制工程[M].北京:化学工业出版社,2008.

[8]国家环境保护局.中国环境保护21世纪议程[M].北京:中国环境科学出版社,1995.

[9]海热提.循环经济与生态工业[M].北京:中国环境科学出版社,2009.

[10]邓仕槐.环境保护概论[M].成都:四川大学出版社,2014.

[11]何强,井文涌,王翊亭.环境学导论[M].北京:清华大学出版社,2004.

[12]胡保林.中国环境保护法的基本制度[M].北京:中国环境科学出版社,1994.

[13]中华人民共和国环境保护部.2010年中国环境状况公报[EB/OL](2011-04-28)
[2022-04-26]https://www.mee.gov.cn/hjzl/sthjzk/zghjzkgb/201605/P02016052656
2650021158.pdf.

[14]黄明生,何岩,方如康.中国自然资源的开发、利用和保护[M].北京:科学出版
社,2011.

[15]蒋展鹏.环境工程学[M].北京:高等教育出版社,2005.

[16]金适.清洁生产与循环经济[M].北京:气象出版社,2007.

[17]郎铁柱,钟定胜.环境保护与可持续发展[M].天津:天津大学出版社,2005.

[18]李定龙,常杰云.环境保护概论[M].北京:中国石化出版社,2006.

[19]李冬,张杰.水循环健康导论[M].北京:中国建筑工业出版社,2009.

[20]刘芃岩.环境保护概论[M].北京:化学工业出版社,2011.

[21]林肇信,刘天齐.环境保护概论[M].北京:高等教育出版社,1999.

[22]刘均科.塑料废弃物的回收与利用技术[M].北京:中国石化出版社,2000.

[23]曲向荣.环境保护概论[M].北京:机械工业出版社,2014.

[24]刘培桐.环境学概论[M].北京:高等教育出版社.2002.

[25]刘青松.环境保护1000问[M].合肥:安徽人民出版社,2006.

[26]刘志斌,马登军.环境影响评价[M].徐州:中国矿业大学出版社,2007.

[27]马太玲,张江山.环境影响评价[M].武汉:华中科技大学出版社,2009.

［28］齐建国.中国循环经济发展报告:2009~2010［M］.北京:社会科学文献出版社,2010.

［29］曲向荣.环境保护概论［M］.沈阳:辽宁大学出版社,2007.

［30］任效乾,王守信,张永鹏,等.环境保护及其法规［M］.北京:冶金工业出版社,2002.

［31］童志权.大气污染控制工程［M］.北京:机械工业出版社,2006.

［32］章丽萍.环境保护概论［M］.北京:煤炭工业出版社,2013.

［33］王丽萍.大气污染控制工程［M］.北京:煤炭工业出版社,2002.

［34］赵广超.环境保护概论［M］.芜湖:安徽师范大学出版社,2011.

［35］王岩,陈宜俍.环境科学概论［M］.北京:化学工业出版社,2003.

［36］魏立安.清洁生产审核与评价［M］.北京:中国环境科学出版社,2005.

［37］奚旦立,孙裕生,刘秀英.环境监测［M］.3 版.北京:高等教育出版社,2004.

［38］徐新华,吴忠标,陈红.环境保护与可持续发展［M］.北京:化学工业出版社,2000.

［39］徐炎华.环境保护概论［M］.北京:中国水利水电出版社,2009.

［40］杨慧芬,张强.固体废物资源化［M］.北京:化学工业出版社,2004.

［41］杨若明,金军.环境监测［M］.北京:化学工业出版社,2009.

［42］杨志峰,刘静玲,等.环境科学概论［M］.北京:高等教育出版社,2004.

［43］叶文虎,张勇.环境管理学［M］.北京:高等教育出版社,2006.

［44］张宝莉,徐玉新.环境管理与规划［M］.北京:中国环境科学出版社,2004.

［45］张承中.环境管理的原理和方法［M］.北京:中国环境科学出版社,1997.

［46］张锦瑞,郭春丽.环境保护与治理［M］.北京:中国环境科学出版社,2002.

［47］许兆义,李进.环境科学与工程概论［M］.2 版.北京:中国铁道出版社,2010.

［48］叶文虎,张勇.环境管理学［M］.3 版.北京:高等教育出版社,2013.

［49］张淑琴,张彭.电磁辐射的危害与防护［J］.工业安全与环保,2008, 34（3）: 30-32.

［50］张清东,谭江月.环境可持续发展概论［M］.北京:化学工业出版社,2013.

［51］赵景联.环境科学导论［M］.北京:机械工业出版社,2005.

［52］盖茨.气候经济与人类未来［M］.陈召强,译.北京:中信出版社,2021.

［53］刘锋平,丁贞玉,孙宁,等.运用数字孪生技术强化企业环境监管［N］.中国环境报,
     2022-05-10.

［54］孙涛,李然.我国环保产业链发展现状及其子行业的运营模式［J］.科技管理研究,
     2022,42（2）:209-216.

［55］王婷,王妍,王政,等.生态环保产业发展进入新阶段［J］.中国环保产业,2022（9）:
     8-12.

［56］匡必玲.食品中汞的危害和检测［N］.大众健康报,2022-08-30（013）.

［57］船舷.关注汞危害,从现在做起［J］.食品与健康,2012（3）:16-17.

［58］克文,郭友东,黄蓉,等.对汞危害防治理念与汞中毒诊断标准的新认知［J］.职业与健
     康,2012,28（22）:2825-2827.